# 30小時實戰精讀

大嶼surepass 著

非凡出版

# 序

2017 年，筆者第一次參加證券及期貨從業員資格考試，準備期間，感覺這個考試，無論是網上還是線下，除了官方溫習手冊之外，實在非常缺乏參考及溫習資訊。儘管市面上有少量輔導書籍，但其練習題的難度水平跟真實考試不太貼近，答案解析亦有改進空間，加上精讀部分編寫的結構也跟官方溫習手冊有很大差異，反而為考生帶來困惑。

後來，筆者自行編製了一些針對證券考試的練習題，重新總結出更精簡的講義，按照個人對考試內容的理解錄製了影片，又自建了網上學習系統，將這些內容放到線上供其他人研習，滿足了考生電子化學習的需要，但依然有不少人反映喜歡看紙質書籍，認為電子資料存在諸如不便做筆記等缺點。為了滿足大家的需求，筆者團隊整理了電子資料中的一部分精華，出版了這本書。

配合這本書，筆者將能進一步提供輔助考生的全方位服務，包括針對考試的周邊增值服務，如解答疑問、電子習題及教學影片，並且通過網絡提供最新的資訊。隨後我們還計劃建立讀者服務群，以便更快捷地為讀者提供服務，助考生提高通過證券考試的把握。

# 目錄

序　002
導讀　008

第一章　香港金融業監管概覽　012
1.1　金融產品與服務及其監管　015
1.2　監管當局　018
1.3　證監會　023
1.4　香港金融市場的參與者及中介人　028
第一章　模擬練習　030
第一章　模擬練習答案及解析　040

第二章　相關香港法例及《公司條例》原則　046
2.1　香港的法律制度　049
2.2　《公司條例》及相關事宜　054
第二章　模擬練習　070
第二章　模擬練習答案及解析　080

**第三章　《證券及期貨條例》** 085

3.1 《條例》釋義 087

3.2　投資要約及開放型基金公司 088

3.3　發牌及註冊 089

3.4　中介人規管及操守 091

3.5　證監會的監管及調查 099

3.6　紀律 102

3.7　干預的權力、法律程序及賠償 104

3.8　內幕消息及權益披露 106

3.9 《條例》雜項條文 109

第三章　模擬練習 111

第三章　模擬練習答案及解析 121

**第四章　發牌及註冊與附屬法例** 128

4.1 《證券及期貨條例》發牌和註冊制度 131

4.2　資本規定 142

4.3 《證券及期貨（客戶證券）規則》 147

4.4 《證券及期貨（客戶款項）規則》 152

4.5　備存紀錄的規則 153

4.6　審計的規則 157

4.7　受規管活動的特定規定 158

4.8　場外衍生工具交易匯報及備存紀錄責任 174

4.9　場外衍生工具交易結算 177

4.10　開放式基金型公司 180

第四章　模擬練習 185

第四章　模擬練習答案及解析 195

**第五章　業務操守與客戶關係** 201

5.1 《證監會持牌人或註冊人操守準則》 203

5.2 《基金經理操守準則》 238

5.3 《企業融資顧問操守準則》 246

5.4 《提供信貸評級服務人士的操守準則》 248

5.5 《開放式基金型公司守則》 252

第五章　模擬練習 259

第五章　模擬練習答案及解析 269

**第六章　業務運作與常規** 276

6.1 《內部監控指引》 279

6.2 《防止洗錢及恐怖分子資金籌集》 291

6.3 電子交易及另類交易平台 301

6.4 《個人資料（私隱）條例》 307

6.5 合規及管治 308

6.6 有關業務運作與常規的其他事宜 310

第六章　模擬練習 312

第六章　模擬練習答案及解析 322

**第七章　在香港交易所的參與** 328

7.1　香港交易及結算所有限公司 331

7.2　聯交所上市證券的交易（第 1 類受規管活動） 345

7.3　在聯交所買賣的交易所買賣期權 357

7.4　期貨合約交易（第 2 類受規管活動） 361

7.5　買賣及市場推廣 365

第七章　模擬練習 368

第七章　模擬練習答案及解析 378

**第八章　取得公開資本** 385

8.1　有關上市的規則 387

8.2　其他種類的證券 405

8.3　收購、合併及股份回購 407

8.4　證監會的認可產品 413

8.5　證監會對認可集體投資計劃所涉各方的特別規定 421

8.6　證監會對認可非上市結構性投資產品所涉各方的特別規定 427

8.7　取得公開資本的另類方法 431

第八章　模擬練習 434

第八章　模擬練習答案及解析 444

**第九章　市場失當行為及不當交易手法** 451

9.1 《證券及期貨條例》下的市場失當行為 453

9.2　市場失當行為的後果 461

9.3　未獲邀約的造訪 464

9.4　不當交易手法 466

第九章　模擬練習 471

第九章　模擬練習答案及解析 482

模擬試卷・一 488

模擬試卷・二 518

模擬試卷・三 544

模擬試卷・四 571

模擬試卷・五 599

模擬試卷・一　答案及解析 628

模擬試卷・二　答案及解析 645

模擬試卷・三　答案及解析 660

模擬試卷・四　答案及解析 676

模擬試卷・五　答案及解析 693

# 導讀

證券及期貨從業員資格考試（以下簡稱：證券考試）由證券期貨業的專業團體「香港證券及投資學會」（HKSI）舉辦，專為有志投身香港證券及投資業的人士而設。《證券及期貨條例》作為監管香港證券期貨業的主體法例，對合共 13 類受規管活動實施單一發牌制度（即證券考試），任何人士可根據單一牌照或註冊進行各類受規管活動。簡言之，在本港從事金融行業人士若參與受規管活動（包括金融買賣、提供投資意見等），就需要申報證券考試並取得合格成績。而證券考試亦有在內地、台灣和澳門舉行，對象是有意投身香港金融業的當地人。HKSI 每個月都會舉辦不同卷份的證券考試（因應不同業務範疇，共設有 16 份考卷），以應付投考者需要。

儘管 HKSI 提供有官方的溫習手冊，但內容十分龐大博雜，欠缺針對性；而 HKSI 也未有提供緊貼時代的陳舊試題供考生預習，本書希望補充現有相關書籍之不足。筆者會建基於官方溫習手冊和相關條例內容，撇除實際考試幾乎不會出現的內容，提供更迎合考試要求的溫習內容；同時，本書也會提供大量模擬試題並附有解題分析，並闡釋考題的其他可能變化，讓讀者在操卷練習之際，同步加深對溫習手冊內容的記憶，一舉多得。

# 淺談證券考試【卷一】



證券考試【卷一】以《證券及期貨條例》為本，檢視考生是否了解香港證券期貨行業的基本條例、守則及行為規範。而本書各章則分別對應了【卷一】考試的各部分內容，盼助讀者按圖索驥，提升過關把握：

第一章主要講解香港金融行業的概況，包括主要金融產品的類型，監管當局和交易所的基本情況，以及金融市場的參與者及中介人。這些內容是【卷一】考試的基礎，重點掌握一些基本背景和名字的含義，以便更全面地理解後續內容的邏輯。

第二章簡介香港的法律制度和香港的《公司條例》有關內容，因為《證券及期貨條例》屬於香港法例，所以也有必要了解香港的法律制度。加上《證券及期貨條例》的監管對象不止個人，亦包括公司，因此掌握香港的《公司條例》也有助於加深理解《證券及期貨條例》。

第三章就《證券及期貨條例》的框架和結構，以及每一部分條例內容作出概括介紹，方便考生從整體上了解《證券及期貨條例》所有內容。雖然第三章對《證券及期貨條例》的介紹較全面，卻算不上很深入，所以後續章節會更仔細講解《證券及期貨條例》。

第四章主要針對《證券及期貨條例》的發牌制度作深入介紹，也涵蓋《證券及期貨條例》內有關資本規定、客戶證券及款項、備存紀錄等附屬法規的內容，這些部分很重要，也是證券考試的常見題目，故第四章對於應付考試佔有很關鍵作用。

第五章主要介紹證監會的《操守準則》，該守則主要用於規範中介人開展業務的行為，讓中介人與客戶打交道的時的行為提供指引性的規範。

第六章內容主要涉及業務運作與常規，相關指引也屬於《證券及期貨條例》的一部分，該指引主要涉及合規與內部監控，即中介人內部的管理事宜，也涉及反洗錢及個人資料（私隱）方面的條例。

第七章內容主要介紹交易所以及在交易所內進行的證券、期貨和期權交易，這些交易也與《證券及期貨條例》受規管活動直接相關。

第八章主要講述了有關取得公開資本的事宜，在香港取得公開資本最主要的途徑是上市，同時上市活動也涉及收購、合併與股份回購；至於各類型的證券，以及集體投資計劃和結構性產品，也是取得公開資本的手段，本章更涉及虛擬資產的相關知識。因為取得公開資本是《證券及期貨條例》規定的相關受規管活動之一，所以本章內容也經常成為重點考問範圍。

第九章主要涉及《證券及期貨條例》下的市場失當行為，還有涉及不當交易手法及未獲邀約的造訪的內容，上述行為屬於違反《證券及期貨條例》，是所有金融從業員必須清楚了解並規避的紅線。

## 備試精讀及心得

筆者編撰本書的目標，是為了幫助讀者理解證券考試的重點，並輔以分章練習題，以鞏固所學的內容，最後透過本書較後部分的多張模擬考卷檢驗學習成果。而本書正文的精讀部分，不是簡單複述溫習手冊的主要內容，而是針對官方溫習手冊的關鍵語句，以及難以理解的條例，透過最簡單的語言作出標註，方便考生在最短時間內理解內容。各章節和模擬練習題則模仿實際考試的出題思路和風格，針對主要知識點、難點和易錯點進行研考。



對考生來説，首先要閱讀精讀部分，以便對考試的基礎內容建立清晰框架；會尤其是要注意精讀部分中方頭括號（【】）內的釋義，對了解具體內容帶來很大幫助。此外，建議考生仔細閱畢每章精讀內容後，才去試做每章的練習題，千萬不要跳過精讀直接做練習題。畢竟模擬練習是希望讓考生複習了精讀內容後，藉此檢測大致理解水平，絕不建議為刷題而刷題。

事實上，坊間常見的「題海戰術」（即反覆不斷做練習題），並不能幫助考生應付證券考試。因為根據筆者團隊研究，近年證券考試愈來愈側重考生對條例的理解，而且證券考試沒有十分明顯的重點內容，看似不太重要的內容都可能變成試題，所以只靠大量刷題而不細看精讀內容，絕對不足以應付靈活多變的證券考試，敬希讀者留意。

另外，跟市面上同類型的第三方應試參考書籍相比，本書的精讀內容具針對性，提供的練習題數量也多，而且筆者團隊還可提供一對一解難、深度講解影片和拓展練習題等線上服務，具體服務可以登入我們的線上學習系統或掃描二維碼跟筆者團隊聯繫（見封面摺頁作者簡介）。

# 第一章

# 香港金融業監管概覽

本章主要是介紹香港金融產品及服務，以及必須實施監管的原因。隨後探討政府官員及監管當局的規管職能，包括證券及期貨事務監察委員會（簡稱證監會，為證券及期貨業的主要監管機構）等機構，受證監會監督的香港交易所及結算所的角色、功能，並探討各類市場參與者的地位及角色。

## 1.1　金融產品與服務及其監管

※ 香港金融市場能滿足的需求

◆ 投資、獲得資本與收益及集資的需求，並促進現金及資本流動、保障資本及投資（例如：對沖）、保管及保安、**投機**及保險等。

**【投機需求並不是負面描述，而是客觀合理的市場需求。】**

※ 香港金融產品和服務包括——

◆ 產品：債務證券、股本證券、衍生工具等；

◆ 服務：證券交易、期貨交易、外匯交易等；

◆ 金融產品和服務旨在滿足**投資、獲得資本與收益及集資**的需求，並促進現金及資本流動、保障資本及投資（例如：對沖）、保管及保安、投機及保險等。

**【保險不屬證券及期貨市場範疇，但屬於金融市場提供的產品，即金融市場提供的產品不局限於證券及期貨範疇。】**

※ 香港監管機構提高市場素質的方法

◆ 鼓勵開發新產品及服務；

◆ 協助提高金融市場專業人員的質素及技能；

◆ 透過實施投資者教育計劃，協助提高公眾的投資知識。

**【總結：提供良好公平的市場環境，鼓勵參與者自律，提高公眾參與水平。】**

※ 香港監管架構的目標——

- ◆ 透過**必要**的監管，協助維持香港作為主要金融中心的地位；

**【注意「必要」一詞，意思是合適、不太多也不太少。】**

- ◆ 致力維持**可接納的**國際金融規則；

**【可接納表示該國際規則適用於香港。】**

- ◆ 使市場方便、開放及容易進入、而且公平及有效；

**【不會對進入市場的參與者設置不必要障礙。】**

- ◆ 確保金融監管的法律制度能明確、完善和公平地執行；
- ◆ 鼓勵建立穩健的技術性基礎設施，促進市場的運作，並跟全球交收及結算系統接軌。

**【建立了交易所及結算所等基礎設施，金融市場才可以發展。】**

- ◆ 提升國際及本港對金融市場的信心。

※ 兩種監管理念（**評審結果為本** VS. **披露為本**）的對比——

- ◆ 聯繫：兩者主要用在股票發售和上市事宜，通常無清晰界限，時有重疊；
- ◆ 區別：以評審結果為本是過濾掉不良的投資，讓投資者不會選到；常見於申請上市之際，將不符合條件的企業剔除出投資者的可選擇清單。而以披露為本是讓上市申請人充分披露自身狀況（好或壞的都要披露），供投資者選擇，往往見於上市後的披露過程中。

**思考：**為甚麼《公司條例》（常**以披露為本**）與《上市規則》（常**以評審結果為本**）監管理念不同？

**回答：**成立一家公司對金融市場的影響明顯小於該公司上市，所以對前者的監管也比後者寬鬆。

**【近年來較少就監管概念區分出題，因兩種概念有重複，生硬區分意義不大。】**



※ **以風險為本**指的是甚麼？跟以披露為本、以評審結果為本又有甚麼關係？

- 風險為本，意思是監管機構着重對市場及參與者構成最大風險的領域；
- 可理解為取大捨小。因監管機構資源有限，不可能甚麼都管，取大捨小在處理上可事半功倍。另外，以風險為本的適用範圍更大，不僅局限於上述股票發售和上市事宜；
- 風險為本跟披露為本、評審結果為本沒有直接關係，三者屬於不同層次的監管理念。前者側重於如果讓監管更有效率，後兩者側重於監管上是嚴格或是寬鬆一些。

※ 戴維森證券業檢討委員會觀點——

- 在戴維森（Ian Hay Davison）檢討前，香港沒有證監會，所有監管都由香港交易所執行。**戴維森改革的重點是建構獨立於交易所的監管機構**；
- 1987 年香港股災促使港府成立由戴維森任主席的**證券業檢討委員會**，檢視本港的金融市場；
- 建立了**以從業員為本**的監管制度；

**【即行內人擔任監管機構要員，可理解為技術官僚，或類近於找運動員當裁判。】**

- **有制約平衡制度**，由獨立於政府的委員會負責監督交易所；

**【注意，證監會是獨立於政府的。】**

- 市場參與者代表加入交易所及結算所。

**【呼應以從業員為本。】**

- 戴維森建議的改革架構自 1989 年起運作，基本上至今仍然不變。



## 1.2 監管當局

※ 香港政府各級的角色——

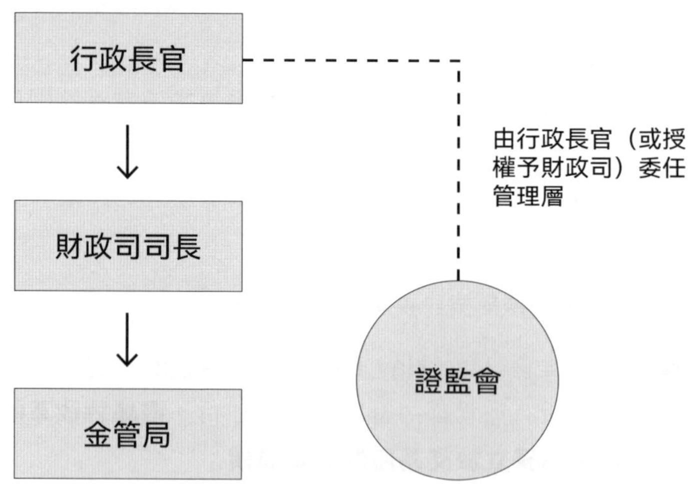

※ 行政長官及財政司對於證監會的規管權力——

| 行政長官 | 財政司司長 |
|---|---|
| 委任證監會的主席、副主席、行政總裁及董事。可罷免證監會任何董事。 | 對證監會均具有全部有效權力。 |
| 釐定證監會董事任職的條款及條件。 | 可要求證監會提供會方實踐目標及履職方面的資料。 |
| 可就證監會如何履職發出書面指示。 | 就公司而言，如發生事故，財政司司長可在必要時委任審查員及調查員加以處理。 |
| 審批證監會下一財政年度收支預算。 | |

**思考：**行政長官和財政司司長對證監會的權力有何區別？

**回答：**行政長官側重管理人和財，可行使權力大於財政司。行政長官主要負責事前工作（如開支預算、用人），財政司司長主要負責事後工作（如支出、用人的效果）。

※ 金管局的主要職責是——

◆ 維持貨幣穩定，確保香港銀行體系的安全及穩定，促進金融體系的效率、健全性與發展；

◆ 管理香港的外匯基金及貨幣政策，監督銀行體系。

**【上述兩項類近中央銀行的職能。】**

**思考：**金管局是否監管證券行業？

**回答：**不監管整個行業，只對其監管對象所涉及的證券和期貨業務作出前線監管。

※ 認可財務機構（包括銀行）如想從事受證監會規管的活動——

| **問題** | **答案** |
|---|---|
| 對於認可財務機構來説，誰是前線監管機構？ | 金管局 |
| 在審批認可財務機構為註冊機構時，誰扮演領導角色（誰的決定最重要）？ | |
| 在監管認可財務機構從事受證監會規管活動時，誰扮演領導角色（即肩負最多責任）？ | |
| 某註冊機構從事受證監會監管過程中存在不良手法，由誰處理？ | 金管局把個案提交證監會處理 |
| 違規機構會受到哪機構的何種處罰？ | 證監會：吊銷註冊或發表譴責 |
| | 金管局：暫時或永久地刪除該機構在紀錄冊上的名字（刪名後不能再從事受證監會規管的活動） |
| 為甚麼金管局和證監會如此緊密配合工作？ | 雙方已簽訂諒解備忘錄，訂明各自的角色與責任，儘量減少在規管制度下出現重疊情況 |

※ 香港保險業監管局（保監局）的職能

◆ 屬於法定機構，但財政和運作上**獨立於政府**；

**【與證監會類似。】**

◆ 職權包括向保險中介人發牌、進行監察和調查，以及向從事不當行為的受規管人士施加罰款或提出檢控；

◆ 可向從事不當行為的受規管人士施加罰款最高達 1,000 萬港元，或所獲取的利潤或所避免的損失的三倍（以數額較大者為準）的紀律制裁；

◆ 總結：保監局（對保險業）和證監會（對證券業）大部分監管職能很類似。

※ 強制性公積金計劃管理局（積金局）的職能

◆ 強積金計劃是強制性的退休儲蓄制度，僱主必須為未參加其他退休金計劃的僱員制定計劃。

◆ 負責核准並監督匯集投資基金及註冊計劃的行政與管理事宜，並制定規則及指引；

◆ 調查可能違反《強積金條例》的行為；

◆ 處理強積金產品及受託人的投訴，必要時**提交予證監會及其他監管機構**採取行動。

| **積金局**職能 | **證監會**職能 |
|---|---|
| 註冊強積金計劃 | 審批及認可強積金產品及相關推銷材料 |
| 核准匯集投資基金 | 註冊及核准投資經理 |
| 對違反《強積金條例》的行為進行調查 | 對提供強積金產品相關服務的投資顧問及證券交易商所推行的活動進行監督 |
| 審批及規管受託人的事務 | 處理積金局或公眾提交的有關獲證監會認可的強積金產品的投訴 |

**思考：**積金局和證監會在強積金監管方面的職責有何不同？

**答案：**不一樣。證監會着重監管投資產品、相關推銷資料、投資經理，以及處理由積金局轉交的投訴。

**【證監會的職能主要針對投資產品、相關推銷材料、投資經理。】**

※ 金銀業貿易場的職能（與證監會的關係）

- 金銀業貿易場經營的市場現時主要從事 99 金及公斤條黃金的交易；
- 不受證監會直接監管；

**【實體黃金交易不涉及證券，故不受證監會直接監管。】**

- 金銀業貿易場成員發起的「紙黃金計劃」等安排**被列作集體投資計劃**。因此，證監會負責認可該些計劃，並核准相關的廣告。

**【因為集體投資計劃產品屬於證監會管轄範圍。】**

※ 公司註冊處（金融監管機構之一）處長的職能——

| 實施及執行哪些條例 | 說明 |
| --- | --- |
| 《公司條例》<br>《公司（清盤及雜項條文）條例》<br>《有限責任合夥條例》 | 不僅僅涉及證監會規管的公司，其他所有公司都受公司註冊處規管。 |
| 《受託人條例》<br>《註冊受託人法團條例》<br>《放債人條例》 | 受託人和放債人表面上似是屬於證監會規管範圍，但其實歸由公司註冊處規管。 |
| 《打擊洗錢及恐怖分子資金籌集條例》（有關信託及公司服務提供者）<br>《證券及期貨條例》（有關開放式基金型公司的部分條文）及其他的法團條例 | 這兩個條例只有括號內標明的部分（而非整個條例範圍）由公司註冊處處長規管。 |

- 公司註冊處不直接監管公司、信託人、有限合夥業務的放款人，該些職能由不同的機構承擔。

**【可理解為：公司註冊處只從事跟註冊公司相關的事項，至於公司具體業務操作則由相應的監管機構負責。】**

## 1.3 證監會

※ 證監會的架構

◆ 屬於法定獨立機構，但並非政府公務員體系的一部分。證監會須向政府報告並對其負責。

**【留意上述說法並無矛盾，「獨立」是指證監會不屬於政府框架，人員亦非公務員；但證監會實際上提供着政府的職能。】**

※ 證監會的規管目標

◆ 向投資者提供保障；

**【注意，保障不等於投資結果的保證。】**

◆ 儘量減少證券及期貨市場的罪行及失當行為；

**【是儘量減少，並非消除。】**

◆ 減低證券及期貨業內的系統風險。

**【只針對系統風險，即是只維護良好的大環境。系統風險指全市場面對且無法規避的風險】**

※ 證監會的職能與權力

◆ 監管、監察和規管對象：

- 認可交易所、認可結算所、認可控制人（港交所）、認可投資者賠償公司，其他認可註冊機構機構或人士活動；

【具體內容見本書第七章。】

■ 中介人（註冊機構及持牌法團）。

◆ 向投資公眾提供**適當程度**的保障；

◆ 促進、鼓勵及**以強制方式**確保進行受規管活動的人士（包括註冊機構）採用內部監控及風險管理制度；

**【注意兩點：透過強制方式確保；註冊機構亦受監管。】**

◆ 促進投資者教育，包括讓投資者對投資產品、對作出知情投資決定的重要性，以及對通過受規管人士購買金融服務的好處，增加了解，從而讓投資者在投資過程中更好地保護自己。

◆ 證監會的以下職能**不可以**轉授權予其他機構（可理解為事情很重要，不適宜轉授權）：

■ 訂立附屬法例；

■ 根據《證券及期貨條例》組成委員會；

■ 撤回交易所公司；

■ 委任外界調查員；

■ 根據《證券及期貨條例》在市場失當行為審裁處提起研訊程序。

※ 證監會董事會

◆ 證監會的大多數董事必須為非執行董事（具有監督、檢查和平衡的作用），並且是業內或法律及會計行業的精英，或證券及期貨業內的領袖人物。

**【符合「從業員為本」的制度理念。】**

※ 證監會各類審裁處及委員會——

◆ 此部分內容較易混淆，要特別注意該委員會是否獨立於證監會。

| 證監會轄下，獲其授予部分職能 | 主要職能或涉及領域 |
|---|---|
| 收購及合併委員會 | 監管收購合併及股份回購活動 |
| 收購上訴委員會 | 覆核收購及合併委員會的紀律裁決 |
| 產品諮詢委員會 | 就投資產品及市場環境提供意見 |
| 投資者賠償基金 | 管理投資者賠償基金及相關程序 |
| 學術評審委員會 | 課程及考試 |
| 股份登記機構紀律委員會 | 股份登記機構 |

| 獨立於證監會 | 主要職能或涉及領域 |
|---|---|
| 證券及期貨事務上訴審裁處 | 就中介人的發牌或註冊、上市的新申請行使權力 |
| 槓桿式外匯交易仲裁委員會 | 槓桿式外匯交易 |
| 程序覆核委員會 | 覆檢證監會的運作程序，向財政司司長匯報 |

◆ 收購上訴委員會 VS 證券及期貨事務上訴審裁處

- 前者為證監會的一部分；後者是獨立於證監會；
- 前者主要關注收購與回購領域；後者主要關注中介人發牌註冊等領域。

◆ 程序覆核委員會 VS 產品諮詢委員會

- 前者對證監會運作進行覆核；後者向證監會提供意見，且不會監察證監會（即是沒有執行權，不會主動辦事）。

※ 證監會各營運部門的職能

<table>
<tr><th>部門</th><th>企業融資部</th><th>法規執行部</th><th>投資產品部</th></tr>
<tr><td rowspan="6">職能</td><td>審批上市</td><td>調查違規行為</td><td>促進市場發展與產品創新，對投資者適度保障</td></tr>
<tr><td>監督聯交所跟上市事務有關的活動</td><td>採取紀律行動</td><td>監管投資產品</td></tr>
<tr><td>規管公司收購、合併及股份回購</td><td>對疑涉不當行為的上市公司查詢簿冊及紀錄</td><td>註冊及規管開放式基金型公司</td></tr>
<tr><td>檢討《上市規則》及提出修訂建議</td><td rowspan="3">與其他機構合作進行調查</td><td>監察投資產品信息披露及合規事宜</td></tr>
<tr><td>審核非上市公司股份或債權證推廣材料</td><td rowspan="2">制訂與資產管理有關的政策</td></tr>
<tr><td>股份登記機構紀律委員會</td></tr>
</table>

<table>
<tr><th>部門</th><th>市場監察部</th><th>發牌科</th><th>中介機構監察科</th></tr>
<tr><td rowspan="4">職能</td><td>監督和監察交易所控制人、交易所及結算所活動</td><td>向個人和法團發出牌照</td><td>監察現場和非現場監察相關人員業務操守</td></tr>
<tr><td>制訂政策</td><td>制訂與發牌相關的政策；就持牌人勝任能力發指引</td><td>監察持牌法團的財政穩健性</td></tr>
<tr><td>監管自動化服務提供者、股份登記機構及投資賠償有限公司</td><td>監督相關人士是否遵循發牌規定</td><td rowspan="2">處理中介機構就各項規定提出的核准、寬免或修改意見</td></tr>
<tr><td>進行市場研究協助制訂政策</td><td>備存持牌人和註冊機構的公眾紀錄冊</td></tr>
</table>

※ 紀律處分權力、紀律行動、紀律處分程序及懲罰——

◆ 違反《證券及期貨條例》及附屬法例，即屬違法；

◆ 證監會可將嚴重個案提交予警務處商業罪案調查科或廉政公署等執法機構；

**【證監會與執法機構協同辦案。】**

- 證監會可向法庭申請禁制令，在符合公眾利益的前提下，禁止任何人士處置其資產，或繼續經營其全部或部分業務；

**【注意前提條件是符合公眾利益。】**

- 因市場失當行為而蒙受損失的人士可提出民事訴訟，而市場失當行為審裁處作出的裁斷，在私人民事訴訟中可獲接納為證據；

**【證監會的處分不影響當事人的民事訴訟。】**

- 證監會的守則及指引不具法律效力，故在法律上不可強制執行。然而，會方可引用總體原則懲處違反守則或指引的持牌人或註冊人；

**【注意，守則沒有法律效力，條例具有法律效力。】**

- 證監會有權作出公開或非公開譴責、罰款，以及就牌照或註冊證明書上列明的全部或任何部分受規管活動，暫時吊銷或撤銷牌照或註冊。

**思考：**證監會是否有權判監？

**回答：**不可以直接判監。如事情涉及刑事，證監會須轉交予律政司，由律政司起訴。

※ 證監會跟政府及境外監管機構的聯繫——

- 香港證監會是**國際證監會組織**的活躍成員兼多邊諒解備忘錄的簽署人，該組織提供全球主要證券及期貨監管機構間的調查互助及資料共享；

**【國際證監會組織對香港證監會沒有行政管轄權。】**

- **在無損公眾利益的前提下**，香港證監會可向若干人士及組織披露機密資料，以協助接受資料一方履行其職能；
- 如向境外監管當局或機構提供資料，對方須全面遵循保密條款。



## 1.4 香港金融市場的參與者及中介人

※ 組織及架構——

- 投資者大致可分為**散戶投資者**、**機構投資者**及**專業投資者**：

<table>
<tr><th colspan="2">分類</th><th>釋義</th><th>解說</th></tr>
<tr><td colspan="2">散戶投資者</td><td>為自身而非代表他人投資的個人或小型企業及公司</td><td>■ 投資額相對較小<br>■ 從監管角度看，這類投資者經驗較少，最需要監管制度提供保障</td></tr>
<tr><td rowspan="2">專業投資者</td><td>機構/法團專業投資者</td><td>代表他人進行投資的實體</td><td>■ 門檻高，是一些對金融市場有重要影響的組織<br>■ 以投資為業，專業知識豐富<br>例子：退休基金、單位信託及互惠基金、保險公司、認可財務機構、私人銀行、基金經理等</td></tr>
<tr><td>個人專業投資者</td><td>具備豐富投資經驗的人士</td><td>■ 擁有不少於 800 萬港元（或等值外幣）投資組合<br>■ 一般不會自動獲得與散戶投資者同等的監管保障</td></tr>
</table>

- 中介人（具體內容見第四章）：例如證券交易商、期貨交易商、槓桿式外匯交易商、財務顧問、資產及基金經理、投資銀行、機構融資顧問、信貸評級機構、證券保證金融資人、股份登記機構、認可財務機構、金融顧問

及財務規劃師、保險經紀及代理、受託人及保管人等。簡言之，中介人是**收費幫別人做事**。

- 主事人：主要為其自身行事，並非代理人。例如銀行、保險公司、投資銀行、莊家、香港按揭證券有限公司、公眾公司等。簡言之，**主事人是落指令、出錢，讓別人幫自己做事**。

**【注意，上述兩角色可互換，中介人有時會以主事人的身份行事，反之亦然。】**

- 專業支援：包括律師、會計師、核數師、估值師、財經分析員等**熟悉財經相關事務的專家**。

**思考：**會計師和核數師有何主要區別？

**回答：**核數師比會計師多了一個審計的職能。會計師只負責登記帳務，不會作出查核。

# 第一章　模擬練習

1. 范先生為 ZBC 強積金計劃的投資經理，受託人為中德公司，以下哪些陳述是**不正確**的？

   I　ZBC 計劃須向積金局申請註冊。
   II　中德公司應當接受證監會審批。
   III　范先生應當向積金局申請從業資格。
   IV　ZBC 計劃的註冊需要向證監會申請。

   A　只有 I、II、III
   B　只有 I、II、IV
   C　只有 II、III、IV
   D　只有 I、III、IV

2. 中德公司為一家持牌法團，在聯交所從事證券交易活動，以下陳述**正確**的是？

   I　證監會是中德公司在聯交所的前線監管機構。
   II　中德公司在聯交所內進行的交易活動，屬於證監會的監管範圍。
   III　如果在聯交所的交易和結算中出現問題，由證監會負責前線監管。
   IV　於聯交所外進行的交易，聯交所並無監管權限。

   A　只有 I、II
   B　只有 I、IV
   C　只有 II、IV
   D　只有 I、III、IV

3. 下列哪些有關「以風險為本」的陳述是**正確**？

I　這是香港的金融監管理念之一。
II　監管機構將視所有業務均存在風險。
III　監管機構會忽略無風險業務的監管。
IV　重點關注市場中的高風險業務。

A　只有 I、II
B　只有 I、IV
C　只有 II、III、IV
D　只有 I、III、IV

4. 以下哪些陳述是**正確**的？

I　財政司司長主要職責是督導經濟及就業事務的政策制定。
II　財政司司長是外匯基金諮詢委員會的主席。
III　外匯基金諮詢委員會是香港證監會的監督機構。
IV　財政司司長有權認可一些受證監會規管的產品。

A　只有 I、II、IV
B　只有 I、III、IV
C　只有 II、III
D　只有 II、IV

5. 中德公司是一家於聯交所申請上市的公司，以下有關監管部門監管理念的說法，**正確**的是？

I 要求中德公司披露自己所有的資料，以防止投資者利益受損，這是「以評審結果為本」的監管理念。

II 要求中德公司符合證監會上市條件，這是「以評審結果為本」的監管理念。

III 中德公司申請簡化上市程序，被證監會拒絕，這是「以評審結果為本」的監管理念。

IV 中德公司將自身不符合上市的內容公諸於眾，監管機構必須有所作為，否則違反「以披露為本」的監管理念。

A 只有I、II

B 只有I、IV

C 只有II、III

D 只有I、III、IV

6. 以下哪些是對證監會和政府關係的**正確**描述？

I 證監會獨立於政府體系。

II 證監會從屬於政府。

III 證監會受政府監管。

IV 證監會向政府負責。

A 只有I、II、III

B 只有I、II、IV

C 只有II、III、IV

D 只有I、III、IV

7. 維琪公司為香港一家認可財務機構，從事銀行業務，隨着其業務不斷壯大，該公司打算涉足證券交易業務，相關業務牌照是受證監會規管的，以下哪一項有關牌照申請事宜的陳述**正確**？

A 因為是受證監會規管的牌照，所以在審批過程中，證監會扮演着領導角色。

B 對維琪公司來説，金管局是其前線監管機構。

C 如維琪公司在成功申請牌照後有市場失當行為，只有證監會可對涉事者採取相應的紀律行動。

D 證監會和金管局兩者同屬財政司監管，財政司對兩機構的監管職權有明確分工，以防止兩者職權發生重合。

8. 維琪公司為一家在香港註冊的公眾公司，打算在聯交所上市，過程中該公司接觸到了多個香港監管機構。以下哪一項是對相關監管機構的監管理念及原則的**正確**陳述？

A 在上市過程中，聯交所依據《上市規則》對維琪公司進行監管，是基於以披露為本的監管理念。

B 在公司註冊過程中，香港公司註冊處依據《公司條例》要求申請者提供相應資料，是基於以評審結果為本的監管理念。

C 在上市過程中，維琪公司被聯交所要求提供相應的資料，是基於以風險為本的監管理念。

D 證監會與聯交所皆獨立於政府運作，且有專業人士加入其團隊。

9. 以下哪些陳述是**正確**的？

I 一個中介人只能以主事人或代理人的身份行事。
II 香港監管機構的目的之一是提高投資者對受監管市場的信心。
III 證監會對證券及期貨市場的監管方針為「以風險為本」。
IV 證監會的董事會成員由財政司司長任命。

A 只有 I、II
B 只有 III、IV
C 只有 II、III
D 只有 II、IV

10. 以下哪些陳述是**正確**的？

I 香港金融市場可以提供資金保管及保安、對沖等服務，以滿足投資者需求。
II 放債是香港金融市場的其中一項服務內容。
III 2008 年的全球金融危機促成了戴維森證券業改革的實施。
IV 1973 年之前成立的交易所，如期交所，受到政府的監管。

A 只有 I、II
B 只有 III、IV
C 只有 II、III、IV
D I、II、III 及 IV

11. 下列哪一項是有關香港證監會各職能部門及相關委員會的**正確**陳述？

A 證監會諮詢委員會是獨立於證監會的委員會，並且對證監會有監察權。
B 證監會產品諮詢委員會是獨立於證監會的，負責就涉及證監會的產品政策事宜提供意見，並無實際執行權。
C 證監會上訴審裁處接受涉及股份收購事項的上訴。
D 中介人如不滿證監會的發牌決定，不能向程序覆檢委員會提出上訴。

12. 以下哪些有關證券及期貨事務上訴審裁處職能的描述是**正確**？

I 負責覆核證監會根據《證券及期貨條例》所作出的監管決定。
II 就覆核引起或與覆核有關的任何問題或事宜，進行聆訊及作出裁決。
III 負責覆核投資者賠償有限公司就投資者向投資者賠償基金提出申索而作出的裁決。
IV 對證監會的運作程序作出覆檢及監察，向財政司司長作匯報並向證監會建議改進方法。

A 只有 I、II、III
B 只有 I、III、IV
C 只有 II、III、IV
D 只有 I、II、IV

13. 以下有關香港監管機構分工的描述，**不正確**的是？

I　由金銀業貿易場成員發起的「紙黃金計劃」由證監會監管，因為該類產品屬場外交易產品。

II　金銀業貿易場的產品受到證監會直接規管。

III　金管局規管強積金產品的受託人，因為受託人一般屬於認可財務機構。

IV　證監會直接處理與強積金核准受託人有關的投訴。

A　只有 I、II、IV

B　只有 II、III、IV

C　只有 I、II、III

D　I、II、III 及 IV

14. 公司註冊處處長實施及執行以下哪些條例？

I　《有限責任合夥條例》

II　《證券及期貨條例》

III　《放債人條例》

IV　《強積金條例》

A　只有 I、II

B　只有 I、III

C　只有 II、III

D　只有 II、IV

15. 以下關於香港金融市場及金融監管機構的描述，**不正確**的是？

I 香港證監會是國際證監會組織理事會成員之一。

II 近四十年來，香港境內的交易所及結算所數量一直呈上升狀態。

III 以評審結果為本的監管理念要求篩選出受歡迎的參與者。

IV 《公司條例》是以評審結果為本，且具有法律效力。

A 只有 II、III、IV

B 只有 IV

C 只有 I、II

D 只有 III、IV

16. 以下哪些有關香港金融監管機構的描述**不正確**？

I 證監會的董事多數為執行董事。

II 證監會董事均由香港特區行政長官委任。

III 金管局主席為香港外匯基金諮詢委員會的主席。

IV 香港特區行政長官對證監會具有全部有效權利。

A 只有 I、III、IV

B 只有 II、III

C 只有 I、II、III

D 只有 II、III、IV

17. 杜先生為維基公司的持牌代表，該公司為香港註冊機構，主要從事資金借貸業務；杜先生嘗試申請成為主管人員，但未獲證監會批准。關於此案例，以下哪項是**正確**陳述？

I 應當向註冊機構的主管部門——金管局——申請覆核。
II 應當向證券及期貨事務上訴審裁處上訴。
III 應當向證券及期貨事務監察委員會程序覆檢委員會上訴。
IV 可以向香港證券投資學會申請覆核。

A 只有 I、II
B 只有 III、IV
C 只有 II
D 只有 I、III、IV

---

18. 以下哪些有關香港金融監管及相關機構職責的陳述**不正確**？

I 外匯基金諮詢委員會是香港金融管理局的監督機構。
II 證監會只能向團體而非個人披露機密資料。
III 證監會的法規執行部負責監督和監察投資者賠償有限公司。
IV 證監會收購及合併委員會是獨立於證監會的。

A 只有 I、II
B 只有 I、III
C 只有 I、II、III
D 只有 II、III、IV

19. 以下哪些是有關香港金融監管機構的**正確**陳述？

I 審核與認可非上市股份或債權證的招股章程及推廣材料，屬於證監會職責。

II 證監會有義務協助財政司司長，以維持香港金融市場的穩定性。

III 維持及提高公眾對於證券及期貨業的信心，也是證監會的職能之一。

IV 證監會沒有義務去促使投資者透過受規管人士購買不同種類的金融服務。

A 只有 II、III

B 只有 II、IV

C 只有 I、II、III

D 只有 I、II、IV

20. 以下哪項是關於香港金融監管體系的**不正確**陳述？

I 證監會的運作資金，主要來自香港政府的財政撥款。

II 財政司司長對證監會具有全部有效權力。

III 證監會須向行政長官匯報日常管理事宜。

IV 證監會諮詢委員會負責就有關金融產品提供意見。

A 只有 I、II

B 只有 I、III、IV

C 只有 II、IV

D 只有 I、II、III

# 第一章 模擬練習答案及解析

1. 答案：C

**解析：**受託人的審批和強積金計劃的註冊均為積金局的職能，故選項 II 及 IV 錯誤。選項 III 應是向證監會申請。

2. 答案：C

**解析：**選項 I 說法不準確，因為要看是哪方面的監管，如涉及操守，由證監會規管，除此以外則由聯交所負責。選項 III 亦錯誤，正確說法是由聯交所負責。

3. 答案：B

**解析：**選項 II 及 III 的說法不準確。請小心理解「以風險為本」的含意，是指監管着重於對市場及參與者構成最大風險的領域；而對於風險較小的範疇，則投放較少精力和時間（而非不作監管）。

4. 答案：A

**解析：**只有選項 III 錯誤，外匯基金諮詢委員會是香港金融管理局的監督機構才對。

5. 答案：C

**解析：**選項 I 應該是「以披露為本」才正確。選項 IV 的說法不準確，監管機構對於「以披露為本」的監管理念，是要求市場參與者有責任運用所有資料作出獨立的投資決定。

另外，選項 III 的說法正確，該過程中體現監管當局主動排除和過濾掉不受歡迎的發售。

6. 答案：**D**

**解析**：選項 I 與 II 須二擇一。證監會是獨立於政府的監管機構，故選項 II 必然錯誤。

7. 答案：**B**

**解析**：選項 A 錯誤，雖然牌照歸受證監會管理，但對註冊機構來説，直接監管的部門是金管局，所以是金管局扮演領導角色。選項 C 説法有誤，金管局也可以採取紀律行動，比如暫時或永久刪除涉事者在紀錄冊上的名字。選項 D 是無中生有的説法，正確是：兩機構已簽訂諒解備忘錄，訂明各自的角色與責任，以儘量減少在規管制度下出現重疊的情況。

另外，有考生對前線監管的概念感疑惑。所謂前線監管是最直接監管被監管對象的意思。比如直接監管銀行的是金管局，直接監管持牌法團的是證監會，兩者都是被監管對象的前線監管機構。

8. 答案：**D**

**解析**：選項 A 説法錯誤，聯交所依據《上市規則》進行監管，過濾掉不符合上市條件的申請人，屬於以評審結果為本的制度。選項 B 亦有誤，《公司條例》主要基於以披露為本的理念。選項 C 錯誤，要求提供資料跟以風險為本的理念沒有直接關係；所謂以風險為本的監管理念，意思是監管上着重於構成最大風險的領域。

**9. 答案：C**

**解析：**中介人有時以主事人身份行事，有時以代理人身份行事，而非只能有單一身份，故選項 I 錯誤。證監會的董事會成員由特區行政長官任命，所以選項 IV 亦錯誤。

**10. 答案：A**

**解析：**選項 III 錯誤，戴維森改革為 1987 年實行的。選項 IV 亦不正確，1973 年之前香港的交易所實際上不受任何監管。

**11. 答案：D**

**解析：**選項 A 錯誤，該委員會並非獨立於證監會，且對證監會無監察權。選項 B 錯誤，該委員會不是獨立於證監會，但對證監會具有執行權。選項 C 錯誤，上訴審裁處負責覆核證監會所做的監管決定，至於有關收購事項則另由收購上訴委員會處理。

只有選項 D 正確，所述事項由上訴審裁處處理，而程序覆檢委員會則是監察並檢討證監會的內部運作。

**12. 答案：A**

**解析：**只有選項 IV 錯誤，選項中所述職能，屬於證券及期貨事務監察委員會程序覆檢委員會。

**13. 答案：D**

**解析：**選項 I 的邏輯不正確，説法亦欠嚴謹，因是否受規證監會監管跟場內或場外交易無關；而且紙黃金相關的認可、廣告，才歸證監會管理；選項 II 錯誤，只有部分產品的部分管理職能歸證監會；選項 III 説法錯誤，積金局是規管強積金計劃的受託人；選項 IV 錯誤，該事項由積金局直接處理，但「必要的時候提交給證監會採取必要的行動」。相關法規的原文如下——

**積金局負責：**

(a) 註冊強制性公積金（強積金）計劃；

(b) 核准匯集投資基金；

(c) 監督註冊計劃及匯集投資基金的行政與管理事宜，並就其製定規則及指引；

(d) 持續監察強積金產品遵守《強制性公積金計劃條例》（《強積金條例》）的情況；

(e) 對指稱違反《強積金條例》條文的行為進行調查；

(f) 審批受託人及規管該等核准受託人的事務及活動；

**證監會負責：**

(a) 根據《證監會強積金產品守則》及相關條例（包括《證券及期貨條例》）的條文審批及認可強積金產品及相關推銷材料；

(b) 註冊及核准投資經理，以及持續監察對強積金產品進行投資管理的投資經理的操守；

(c) 對提供強積金產品相關服務的投資顧問及證券交易商所推行的活動進行監督；

(d) 對指稱違反《證監會強積金產品守則》以及任何相關條例條文的行為進行調查，並採取執法行動；及

(e) 處理積金局或公眾提交的有關獲證監會認可的強積金產品的投訴，或有關獲證監會發牌對這些產品進行投資管理的持牌人的操守的投訴。

## 14. 答案：B

**解析：**公司註冊處處長實施及執行的條例為《公司條例》、《公司（清盤及雜項條文）條例》、《有限責任合夥條例》、《有限合夥基金條例》、《受託人條例》、《註冊受託人法團條例》、《放債人條例》、《打擊洗錢及恐怖分子資金籌集條例》（有關信託及公司服務提供者）、《證券及期貨條例》第 IVA 部（有關開放式基金型公司的部分條文），以及其他的法團條例。即只有選項 I 及 III 正確。

為何選項 II 不正確？因為公司註冊處處長只執行《證券及期貨條例》第 IVA 部這一小部分，故不能籠統地說《證券及期貨條例》完全由其實施及執行。

## 15. 答案：A

**解析：**選項 II 說法錯誤，不是一直上升，某些年份還下跌。選項 III 亦不正確，該理念的要求是篩選出不受歡迎的參與者。選項 IV 的前半句錯誤，正確是以披露為本。

## 16. 答案：A

**解析：**選項 I 說法錯誤，正確是非執行董事。選項 III 亦有誤，香港外匯基金諮詢委員會的當然主席應是財政司司長。選項 IV 不正確，對證監會具有全部有效權利的人是財政司司長。

另外，對於選項 II，不要混淆證監會和港交所的董事構成。港交所董事會是由政府委任的董事及股東推選的董事組成，再由董事會互選主席及委任行政總裁；而證監會董事則由特區行政長官委任。

## 17. 答案：C

**解析：**因選項 II 正確，所以選項 I 錯誤。選項 III 的委員會不適用於普通持牌法團的上訴，而是就證監會的運作程序進行覆核。選項 IV 的機構並不負責發牌。

## 18. 答案：D

**解析：**選項 II 說法錯誤，證監會只能向某些群體披露，包括某些政府官員及部門、法定及監管機構及境外監管當局。選項 III 有誤，該職能屬於證監會的市場監察部。選項 IV 錯誤，收購及合併委員會並非獨立於證監會。



## 19. 答案：C

**解析：**只有選項 IV 的說法有誤，證監會的職能之一是讓投資者了解透過受規管人士購買金融產品的好處。

另外，有考生對選項 I 竟是正確感疑惑。非上市股份或債權證也歸屬證券及期貨產品的範疇，雖然並無上市，但涉及證券期貨產品，故仍受證監會監管。

## 20. 答案：B

**解析：**選項 I 說法錯誤，證監會不是香港政府體系的一部分，所以其運作資金並非來自政府撥款，而是源於交易徵費。選項 III 錯誤，證監會只需報告下一年度的收支預算，不包括日常營運內容。選項 IV 亦不正確，其描述的是證監會產品諮詢委員會的職責；至於證監會諮詢委員會則是就證監會規管目標及職能的政策事宜提供意見。

# 第二章
# 相關香港法例及《公司條例》原則

本章主要介紹有關公司的基本概念，然後探討各種公司類別；具規管作用的組織章程細則所涵蓋的事項；不同的股本及債權證類別；公司的會議及程序；董事及高級人員的重要性、權力、職責和責任；對少數股東的保障；財政司司長發起調查的情況，以及有關清盤規則與程序的基本知識。

## 2.1 香港的法律制度

※ 香港法例包括——

- 普通法
- 衡平法
- 商法/ 商業法
- 各種條例及附屬法例
- 習慣法

**思考：**普通法與衡平法的關係？有何異同？

| | 共通點 | 區別 | 兩者關係 |
|---|---|---|---|
| **普通法與衡平法** | 同屬判例法 | 衡平法側重於解決有關公平及公正的問題，與金融業的聯繫較廣泛。 | 1. 兩者是平行的法律；<br>2. 兩者出現抵觸時，通常以衡平法為準。 |

※ 金融服務業適用的**衡平法補救**，包括——

- 禁制令：禁止某人作某事的法令。比如禁止正在進行的侵權行為。
- 強制履行令：某人必須履行其合約責任的法令（譬如要求某人繼續履行此前已簽訂的合同）。
- 撤銷令：由法院提供的補救指施，使合約雙方恢復至合約訂立前各自本來狀況。

  **【等於雙方不曾簽訂合約，常用於撤銷有損當事人利益的合約。】**

◆ 更正令：當合約未正確載列合約雙方的意圖時，法院為澄清合約而採取的行動。

**【即是明確合約內容以保當事人利益。】**

◆ 總結：**衡平法補救是借助法律的強制力，保證金融活動參與者的合法利益**。

**思考：**如何理解衡平法補救？

**回答：**衡平法補救可理解為司法救濟，藉法律維護當事人合法權益的途徑。倘出現普通法不能解決的問題或漏洞，就需要衡平法補救。

※ 主體法例及附屬法例——

**思考：**條例和法例的關係是？

**回答：立法會通過的法例稱為條例；由條例衍生的附屬內容，稱為附屬法例**。比如《證券及期貨條例》與其附屬法例《證券及期貨（財政資源）規則》。

**思考：**附屬法例的「附屬」體現在何處？

**回答：附屬法例不是立法會直接制定，而是立法會授權其他機構制定**。比如證監會獲授權根據《證券及期貨條例》制定附屬法例。另注意，附屬法例制定後，一般須提交立法會獲通過後才可生效。

※ 司法獨立——

◆ 司法機構完全獨立於其他政府部門。

◆ 法官並非政治任命，且基於對法例的詮釋而作出裁決，不會屈服於來自政府、立法會、公眾、傳媒或任何團體的壓力。

※ 刑事法與民事法——

| **刑事法** | **民事法** |
|---|---|
| 1. 針對社會罪行<br>2. 由律政司提出訴訟，個人或機構均無權提訴<br>3. 門檻高，證據須「無合理疑點」<br>4. 側重於懲罰<br>5. 有可能判監 | 1. 針對個人或公司的權益<br>2. 由個人提出訴訟<br>3. 對證據的要求較低<br>4. 側重於賠償而非懲罰<br>5. 不會判監 |

※ 其他法例——

◆ 合約法

■ 合約的定義：規管合約事宜，由兩名或以上人士訂立，所產生的責任可強制執行或獲法律承認。

**【注意是兩人或以上訂立。而合約內容須合法，形式是口頭或書面均可。】**

◆ 代理法

■ 代理的定義：根據明示或暗示的合約或法律建立的受信關係。

**【注意，暗示也可以建立代理與受信關係；另外，必須有商業利益才算代理關係。】**

■ 主事人須對其代理人的行為負責，代理人屬於受信人。

**【最終負責者是主事人，即下指令讓另一方做事的人。】**

- 受信關係例子：股票經紀與客戶；主事人與代理人；律師與客戶；受託人與受益人。

◆ 侵權法

- 規管對象：在並無訂立合約關係的雙方之間，一方違反應有的謹慎準則，引致另一方出現權益受損的行為。

**【重點：雙方必須無合約關係。】**

- 例如財務顧問在提供意見時有疏忽，而其他人由於依賴其建議而蒙受損失，則該財務顧問可能會遭提出侵權訴訟。

**【留意，疏忽也是侵權，儘管能以不是故意為由抗辯，減少賠償，但不能改變侵權事實。】**

◆ 僱傭法

- 確保勞資雙方遵守僱傭合約。
- 僱主：必須向其僱員提供薪酬，賠償僱員在履行其職責時產生的費用、損失及責任，以及為僱員提供安全工作環境。
- 僱員：必須展示技能與能力、服務忠誠、服從及保密。

※ 香港法院架構和層級——

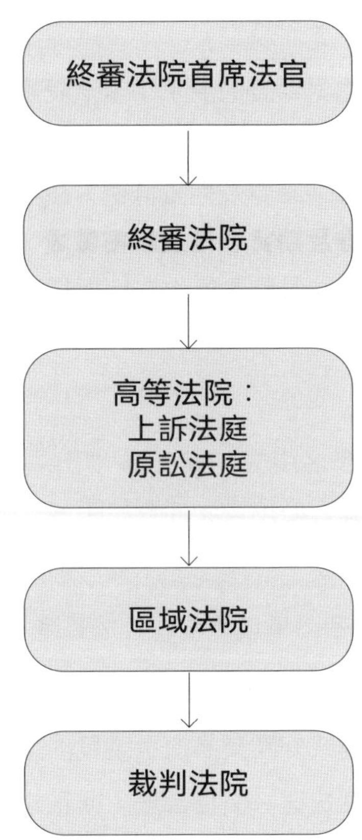


| 法院層級 | 組成 | 審理權限 |
| --- | --- | --- |
| 終審法院 | 以首席法官為首 | 香港的最高法院。 |
| 高等法院 | 上訴法庭<br>原訟法庭 | 上訴法庭：聆訊所有來自原訟法庭、競爭事務審裁處、區域法院及土地審裁處的民事及刑事案件的上訴。<br>原訟法庭：審理所有刑事及民事案件，亦聆訊審裁處的上訴及裁判法院的刑事上訴。 |
| 區域法院 | | 審理嚴重的刑事案件（謀殺等極嚴重罪行除外），以及爭議金額低於 300 萬港元的民事案件。 |
| 裁判法院 | | 審理輕微的刑事罪行，判罰較區域法院為輕。 |

※ 行政審裁處——

◆ 由政府按需要而設立。

◆ 行政審裁處對舉證的要求不及法院嚴苛，審理程序也較少，可迅速完成聆訊。

◆ 例子：根據《證券及期貨條例》設立的**市場失當行為審裁處**和**證券及期貨事務上訴審裁處**，分別聆訊市場失當行為個案和就證監會所作決定而提出的上訴。



※ 仲裁——

◆ 由一名或多名中立的第三方作出決定，以解決商業爭議。爭議雙方必須接受仲裁結果。

◆ 兩種仲裁服務：

■ 本地仲裁：爭議雙方均位於香港。

■ 國際仲裁：爭議雙方中一方位於境外。

◆ 例子：槓桿式外匯交易的爭議可提交仲裁解決。

◆ 優點：包括快速、價格合理、非正式及非公開。

## 2.2 《公司條例》及相關事宜

※ 公司的釋義——

◆ 獨立於公司成員（股東）的法律實體；

◆ 屬於法人，可訂立合同、採取法律行動、起訴及被起訴、擁有財產，以及犯罪和侵權；

◆ 具有永久性，除非被解散，否則可永久延續；

◆ 最常見的形式為**有限公司**，即公司成員的法律責任是有限的。

**思考：**公司成員和股東有甚麼區別？

**回答：**公司成員的範圍大於股東，成員除了股東外，還可以包含僱員。

※ 公司的種類——

◆ 根據《公司條例》，允許一人或多人成立公司。

◆ 香港每間公司均屬以下三類的其中一種，三類公司互不隸屬：

■ 私人公司：成員人數不超過 50 人，股份轉讓受限制，不可向公眾發售股份或債券證，而且不屬擔保公司。

**【注意，現在和過去的僱員人數不計算在這 50 人當中。】**

■ 公眾公司：不符合上列私人公司規定，也不屬於擔保公司。

**【公眾公司不一定是上市公司。公眾公司指可以對公眾募集股本的公司，但募集股本未必等於上市。】**

■ 擔保公司：沒有股本（即沒有股東和出資人），以及公司章程細則將其成員的法律責任限於該成員承諾在該公司清盤時支付作為該公司資產的款額（成員唯一的法律責任）。

**【擔保公司無實際業務，其存在目的是擔保在有事時支付款項。】**

※ 組織章程細則——

◆ 屬公司單一章程文件，構成公司及其成員間的協議，訂明公司內部管理及運作的規定。

**【簡言之，章程細則是公司的管理協議，全公司必須遵守。】**

◆ 公司可擬備自身的組織章程細則，只要獲公司註冊處接受。

◆ 內容包含與下列有關的事項：

- 高級人員：董事的權責、委任及資格取消，以及公司秘書的任免；
- 成員：成員會議及投票程序；
- 資本（如股本），股份的權利與交易及股息；
- 雜項條文：公司內部大小事務的處理規則，如公司與外間的通訊及行政安排。



※ 股本——

◆ 公司的股份沒有面值，而且沒有規定公司有法定股本（以區分已發行股本）。

◆ 公司根據其章程細則賦予的權力發行不同股份類別，各附有不同的權利及限制，如普通股、優先股及可贖回股份等。

※ 普通股——

◆ 普通股股東的權利：

- 有權攤佔公司過往及現時的溢利分派，順序排在優先股股東收取權益及債權證持有人收取利息之後；

- 在公司清盤時，普通股股東有權分取公司的剩餘資產，但順序排在債權人、優先股股東及債權證持有人之後；

  **【若剩餘資產被債權人及優先股股東等瓜分淨盡，普通股股東便甚麼都拿不回。】**

- 普通股股東在公司經營不佳時承擔最高風險，在經營理想時則獲得最大回報。

◆ 普通股的 A、B 類股份——

- 「A」類及「B」類別股份附有不同的權利（同股不同權），容許其中一組的股東可行使較大的投票權；
- 雙重股權架構被視為偏離「一股一票」原則，但現已獲得許可。

  **【上述內容在第八章另作詳細講解。】**

※ 優先股——

◆ 定義：賦予持有人權利優先於普通股股東按固定比率收取股息的股份；發行優先股須獲公司章程細則授權。

**【優先股的存在，減少了普通股獲利的可能性，因此要獲得公司章程細則授權。】**

◆ **可分紅優先股**定義：持有人除有權獲得固定股息外，亦可攤佔餘下的可分派利潤的某部分。

**【相當於同時取得普通股和優先股的利潤。】**

※ 可贖回股份——

◆ 須符合以下規定：

- 僅在公司已發行的股份中有不可贖回股份時，方可發行；及
- 僅可從以下資金來源進行贖回：

1. 可分派利潤；
2. 為贖回而發行新股的所得收益或資本（股本）。

**【注意：可贖回股份的發行條件和贖回資金來源有嚴格限制。】**



◆ 可贖回股份一經贖回，即被視為已經取消（可理解為公司還清負債後，就銷毀債券的憑證），而且：

- 若是從股本中撥款贖回，則公司減少股本款額；
- 若從利潤中撥款贖回，則公司減少可分派利潤；
- 若從資本及利潤中撥款贖回，則公司將按比例減少其股本及利潤的款額，減幅相等於該公司繳付的可贖回股份的價格總額。

**【簡言之，從哪裏撥出贖回款項，就要從哪裏減回等額的權益。】**

※ 債權證——

◆ 定義：由公司發行並作為貸款證明的文件，通常可予轉讓，持有者為公司的債權人。

◆ 債權證的特點：

- 可按固定利率收取利息，亦可由發行人提供的資產作為抵押（有抵押債權證），也可以無抵押（無抵押債權證）。在公司清盤時，有抵押債權證對抵押品享有優先權；
- 可在固定期間內贖回或不可贖回；

■ 分派股息前，先於股東收取利息；

■ 如為可贖回債權證，不論公司獲利與否，公司須於到期日支付利息及贖回債權證；

**【注意支付條件與獲利無關，這是債券的特點。】**

■ 公司清盤時，有權在向股東作出分派前獲償還貸款。

◆ 總結：債權證的特點很像債券，如收益固定性，可以無抵押，清償債務時順序靠前等。

※ 股東大會（成員大會）及程序——

◆ 成員大會的重要性：

■ 公司股東大會對股東非常重要，成員大會是股東對公司事務行使控制權及參與公司運作的**唯一機會**。

■ 根據《公司條例》，公司須舉行股東周年成員大會，除非得到豁免。公司獲准許**可藉一項書面決議**或**在某成員大會上一致通過的決議**而免除舉行周年成員大會。

■ 其他成員大會可由**董事**、**股東**及**法院**要求舉行。

◆ 周年成員大會具體程序和內容：

| **公司類別** | **會計參照期* 結束後 何時舉行周年成員大會** | **周年成員大會審議的事務** | **成員提問** |
|---|---|---|---|
| 公眾公司 | 6 個月內 | 包括：審議年度帳目、宣佈股息、選舉董事接替退任董事，以及委任核數師。 | 可就年度帳目及包括董事報告在內的年度報告向董事提問，亦可就核數師報告向核數師提問。【提問是成員參與公司經營的一種體現。】 |
| 私人公司/擔保公司 | 9 個月內 | | |

* 會計參照期不同於自然年。

※ 大會決議——

- ◆ 向所有成員發出通函並經簽署後可獲得通過（通函是用於企業之間就特定商務或法律問題事宜進行溝通交流的書面文件）。
- ◆ 若決議**沒有**遵照《公司條例》列明的決議程序規定而形成，是無效的。
- ◆ 以下決議**必須在成員大會上提交予成員通過**為普通決議（即不能僅發出通函來通過）：
  - ■ 罷免任期未屆滿的核數師；或
  - ■ 罷免任期未屆滿的董事。
- ◆ 決議案種類：

| **普通決議案** | 特別決議案<br>（所謂「特別」意味着涉及重大商業決定） |
|---|---|
| 在成員大會**獲超過 50% 贊成票**（即過半數）通過，其後須就此發出通知。 | ◆ 在成員大會上**獲至少 75% 的贊成票**通過；<br>◆ 特別議案須在召開**大會前 14 天**發出通知；<br>◆ 議案文本必須於**通過後 15 天內**遞送予公司註冊處處長。<br>◆ 特別決議案舉例：<br>■ 股本減少；<br>■ 公司自動清盤或由法院命令清盤；<br>■ 修改組織章程細則。 |

**思考：**普通決議案和特別決議案有何主要分別？

**回答：**特別決議案決定的事項比普通決議案重要，前者屬於影響公司發展的重大事項，所以要求以更高的比例通過。

※ 股東的權力（只能在成員大會上行使）——

- ◆ 更改組織章程細則及公司名稱；
- ◆ 與回購有關的事宜；
- ◆ 按折讓價發行股份；
- ◆ 資本的更改（包括削減資本）；
- ◆ 變更各類股份的權利；
- ◆ 公司安排及重整；
- ◆ 委任及罷免核數師；
- ◆ 罷免董事；
- ◆ 處置公司資產；
- ◆ 批准支付離職補償；及
- ◆ 根據法令提交清盤呈請及自動清盤。

※ 對成員及少數股東的保障——

- ◆ 《公司條例》允許公司更改某類股份持有人的權利；
- ◆ 若個別成員認為公司現時的行事方式損害普遍成員權益，也可以向法院提出呈請。
- ◆ 公司可透過召開成員大會處理事務，法院一般不會介入公司的內部管理事務。公司內部事務按多數權力原則處理，如公司的決定會直接影響債權人，則須獲得法院批准。

  **【注意，法院會在有特殊情況下才介入。而且法院可處理的爭議範圍更廣，更可針對個案擁有更大的效力。】**
- ◆ 異議成員可向法院上訴以撤銷某些決議。

  **【這是法院介入的形式之一。】**

- 持有 5% 附帶投票權的繳足資本成員可要求董事召開大會，如董事拒絕，有關成員可自行召開大會。
- 100 名成員或擁有 10% 已發行股份的持有人，可要求**財政司司長委任**調查員調查公司事務·
- **任何成員**均可向法院提出呈請將公司清盤。
- 除上列法定保障措施外，法院亦可介入，允許一名或多名成員就以下情況提出訴訟：
  - 個人訴訟：執行某些個人權力；
  - 共同訴訟：所有或部分成員的權利受到類似的侵犯；或
  - 衍生訴訟：公司的控制人（董事）或第三者對公司干犯不當行為。

※董事及高級人員——

- 董事
  - 人數要求：每間**私人公司**（上市公司集團成員除外）須有**最少一名**自然人董事。**非私人公司**則須有**最少兩名**董事。
  - 委任方法：董事必須由在成員大會行事的成員委任。

**【這是唯一途徑，也體現了成員大會的權力。】**

- 幕後董事：可對一眾董事或過半數董事下指示或指令行事的人，但不包括以專業身份提供的意見的人士（如律師、核數師等）。
- 高級人員的範圍：董事、經理或公司秘書。

**【公司秘書也掌握有內幕消息，而且可影響其他管理人員，所以列入高級人員。】**

※ 董事的資格——

- 年齡要求：須滿 18 歲
- 財政要求：不得為未獲解除破產的破產人

**【曾經破產不影響資格，重點關注當前是否為破產狀態。】**

- 負面清單（即不得出現以下的情況）：
  - 因欺詐或不誠實等**可公訴罪行**而被定罪；

**【注意須是公訴案件。】**

  - **屢次**違反《公司條例》；
  - 未能履行作為清盤人或接管人的責任；
  - 干犯涉公司事務的欺詐行為或進行欺詐性交易；
  - 出任無力償債公司董事期間被評定為不合適董事。

**【關鍵在於評定，而非曾否出任無力償債公司董事。】**

**思考：**不合適董事是甚麼意思？

**回答：**舉例說，比如法院認為董事沒有盡到應有的責任，從而致使其任職的公司資不抵債，法庭會下令取消董事資格。上述情況便被評定為「不合適」。

※ 董事的權力——

- 可以淩駕股東之上；

**【注意，這裏是指董事日常的管理權力不受股東干涉；股東要行使權力，只能通過成員大會的途徑。】**

◆ 一般情況下，可以行使公司所有權力；

**【非一般情況：例如組織章程細則或特別決議另作規定。】**

◆ 行使權力的方式：一般是通過董事會；董事會授權董事來執行公司的日常管理。

◆ 董事不受成員在成員大會上通過的決議所規限，成員亦不得淩駕董事日後的管理事宜；

**【注意，成員在大會上行使其權力，跟董事日常的獨立管理，兩者不矛盾。】**

◆ 成員僅可在下列情況介入公司管理事宜：

- 董事不願意行事；
- 董事尋求批准其越權行事；或
- 董事違反其受受信責任。

**思考：**成員是否會參加公司的日常管理？

**回答：**不可以。成員不能干涉董事的決定；只有通過召開成員大會，才能改變董事的行事。

※ 董事的法律責任——

◆ 違反董事職責的例子：在《招股章程》作出不正確的陳述，會被罰款或監禁。違反《公司條例》的規定，如要求董事擬備財政報表但未能完成，也會承擔法律責任。

◆ 公司成員就董事犯錯的應對：

- 取得禁制令（即禁止董事繼續做某些事情）；

- 如董事在代表公司訂立的合約中無披露個人權益，公司可取消該合約；
- 多名董事須共同及個別地對公司的損害賠償承擔責任；

**【董事之間的法律地位是平等的。】**

- 如董事因處置公司財產而獲得**不當利益**，須就這些利益向公司作出交代。

**【注意前提是不當利益。】**

※ 寬免違規的董事——

◆ 公司寬免：公司成員通過的決議批准（但關連人士的投票須除外）。

◆ 法院寬免：董事可證明自己經已誠實及合理地行事。

**【董事能夠證明盡了職，或可免責。】**

※ 與董事訂立的財務安排——

◆ 如與公司有重大關係的合約中，董事有相當的利害關係，則**訂立前或後都要向其他董事申報**。

◆ 董事酬金：須於成員大會上釐定，一般包括袍金。若董事在為企業工作，可另獲發薪金、佣金、花紅、車馬費等報酬。

**【袍金可理解為涵蓋的範圍更大。】**

**思考：**如董事也擔任其他職務，酬金怎麼算？

**回答：**如董事擔任執行董事，可另訂立服務合約，並按照合約獲發薪金。意思即是把董事當成普通員工，另予薪酬。

※ 董事的貸款（董事向公司借款的處理）

- 如未獲公司成員批准，不得進行下列貸款行為（倘獲批准則可借款）：
  - 向董事及其控制的企業貸款或提供擔保；或
  - 向控股公司董事或**關連人士**貸款。

    **【關連人士包括董事的成年子女、父母及同居者等。】**
- 不需要經過成員批准即可進行的貸款：
  - 貸款價值不超公司淨資產的 5%；或
  - 董事須支付公司為其失當行為而招致的法律程序或調查規管行動的支出。

    **【該支出為董事應當承擔，如董事沒錢支付，公司須先行墊付。】**

※ 公司的審計與調查——

- 誰可調查：財政司司長、公司本身、法院。
- 財政司司長調查的情況：
  - 指明數目的成員提出申請；

    **【數目是 100 名成員或擁有 10% 已發行股份的持有人。】**
  - 公司通過了要求委任審查員的特別決議；
  - 財政司司長懷疑公司處理事情方式不公或存在欺詐。

◆ 法院調查的情況：

■ 法院調查是通過財政司司長進行的。法院下令後，財政司司長須委任調查員並作出報告。

◆ 協助審查員的責任：

■ 公司現有及前高級人員及代理人（往來銀行、律師及核數師）均有責任提供協助。如相關人員拒絕，審查員可提出訴訟迫使對方配合。

■ 不能強迫**律師**提供特權通訊；**銀行**亦毋須提供與受查公司無關的資料。

※ 強制清盤與自動清盤——

◆ 區別：**強制清盤**是由**法院**下令，委任清盤人進行；**自動清盤**由**公司成員或債權人**發起，不涉及法院。自動清盤的程序比強制清盤簡單。

◆ 共通點：兩者的呈請人或發起人均可以是債權人。

※ 強制清盤——

◆ 基於以下情況由法院下令進行：

■ 公司的特別決議確認由法院清盤；

**【注意，公司內部須先作出決議。】**

■ 公司在其成立為法團時起計一年內並無開始營業，或停業一整年；

■ 公司並無成員；

- 公司無能力償付其債項；
- 公司的組織章程細則訂定某事件一旦發生則公司須予解散，而該事件已發生；
- 法院認為將公司清盤是公正公平的，例如：
  1. 公司未能達到其主要宗旨；
  2. 公司為從事欺詐活動而組成；或
  3. 公司成立時的互相信任、理解及信賴基礎已不再存在。

◆ 呈請人（誰有權提出申請強制清盤）：

- 該公司本身；
- 債權人；
- 分擔人（即在清盤時有法律責任分擔提供公司資產的人）；
- 財政司司長（如認為符合公眾利益）；
- 公司註冊處處長（如公司違反《公司條例》或正進行非法活動）；
- 破產管理署署長（如屬自動清盤）；
- 證監會（如認為清盤符合公眾利益）。

※ 自動清盤——

◆ 分為兩種類別（不能共存）：

1. 成員（有償債能力）自動清盤；
2. 債權人自動清盤。

◆ 特點：可由成員或債權人發起，不涉及法院，手續較簡單。

**【注意，自動清盤亦可由債權人發起。】**

◆ 基於以下情況發生：

- 組織章程細則述明的公司存在期限屆滿；
- 進行清盤的特別決議獲通過；

  **【清盤非小事，所以必須是特別決議。】**
- 當公司的過半數董事於董事會會議上通過決議將公司清盤。召集公司會議，將清盤陳述書交至公司註冊處處長，委任臨時清盤人

◆ 清盤過程：

| 成員（有償債能力）自動清盤 | 債權人自動清盤 |
|---|---|
| 1. 董事要發出**有償債能力證明書**，闡述以下事實：<br>【注意前提是「有償債能力」，如果沒有償債能力就是強制清盤了。】<br>■ 董事已對公司的事務作出全面查訊；及<br>■ 董事認為在清盤開始之時起計 12 個月的期間內，可以償付債項。<br>2. 於下一流程的 5 星期前發出有償債能力證明書（內容須載有最近期的公司資產負債表，以證明有償債能力），通過清盤決議；<br>3. 有償債能力證明書必須交付公司註冊處處長登記（要在清盤決議副本交付前完成）。<br>【即先證明有償債能力，後進行清盤。】 | 1. 提出清盤決議後的 14 天內，召開債權人會議（須提供最少 7 天的通知期）；<br>【先提出決議，後開會。】<br>2. 其他流程：開會通知必須在憲報刊登，會上交付公司事務狀況陳述書，委任清盤人及委出審查委員會監督清盤過程【注意債權人才有權委任清盤人】 |

# 第二章　模擬練習

1. 有關可贖回股份一經贖回後會發生的情況，以下哪些陳述是**正確**的？

I　如果是從股本中撥款贖回的，則公司應當補足股本。
II　如果是從利潤中撥款贖回的，則公司將減少可分派利潤的款項。
III　從資本及利潤兩者中撥款贖回的，則公司將按比例減少其股本及利潤的款額。
IV　可贖回股份一經贖回，即被視為已經取消。

A　只有 I、II、III
B　只有 II、III、IV
C　只有 I、III、IV
D　只有 I、II、IV

2. 以下有關《公司條例》的說法，**正確**的是？

I　公司發行優先股必須得到董事會的授權
II　優先股股東的「優先」體現在對利潤的分派上
III　可分紅優先股可以獲得浮動的股息
IV　核數師可於股東大會上委任

A　只有 I、II
B　只有 II、IV
C　只有 II、III、IV
D　只有 I、III、IV

3. 下列關於對普通股的陳述，**不正確**的是？

I 公司自動清盤時，普通股股東將收不到任何款項。

II 普通股持有人任何情況下，都有權攤佔公司過往及現時的利潤（累積利潤）分派。

III 普通股持有人在經濟環境欠佳時不會承受最大風險，而在公司表現良好時可獲得最大回報。

IV 普通股或權益股是公司所有權的基本單位。

A 只有 II、III、IV

B 只有 I、III、IV

C 只有 I、II、IV

D 只有 I、II、III

4. 以下哪些陳述是**不正確**的？

I 如果法院認為將公司清盤是公正公平的，則會觸發法院清盤。

II 如果公司存在欺詐行為，就一定會被法院清盤。

III 擔保公司擁有一定股本。

IV 擔保公司成員人數不超過 50 人。

A 只有 I、II、IV

B 只有 II、III、IV

C 只有 II、III

D 只有 I、II

5. 根據《公司條例》，有關一家私人公司的說法，**不正確**的是？

I 私人公司最多有兩名董事。
II 每間非私人公司最多有一名董事。
III 任何一間私人公司都須最少有一名自然人董事。
IV 其董事必須由在大會行事的成員委任。

A 只有 II、III、IV
B 只有 I、IV
C 只有 I、II、III
D 只有 II、IV

6. 下列關於香港特區法院分級的陳述，哪些是**不正確**的？

I 終審法院是香港的最高法院，以首席法官為首。
II 區域法院審理嚴重的刑事案件。
III 裁判法院審理輕微之刑事罪行，但判處的刑罰較區域法院為重。
IV 高等法院原訴法庭對刑事及民事案件的司法管轄權並無限制，亦聆訊審裁處的上訴，但裁判法院的刑事上訴由高等法院上訴法庭進行聆訊。

A 只有 I、III
B 只有 III、IV
C 只有 I、II、IV
D 只有 I、II、III

7. 以下有關公司條例的説法，**正確**的是？

I　自動清盤可以由成員發起。

II　如果為債權人清盤，法院會設立審查委員會監督清盤過程。

III　一般情況下，公司具有永久延續性。

IV　公司是一個獨立的法律主體。

A　只有 II、III、IV

B　只有 I、II、IV

C　只有 I、III、IV

D　I、II、III 及 IV

8. 以下哪些關於《公司條例》的陳述是**正確**？

I　一般情況下，公司具有永久延續性。

II　公司成員的法律責任都是有限的。

III　擔保公司的法律責任只存在於擔保業務開展時。

IV　擔保公司沒有股本。

A　只有 I、II、III

B　只有 I、II、IV

C　只有 II、III、IV

D　只有 I、III、IV

9. 以下有關債權證的陳述，**正確**的是？

I 一般情況下，債權證均可以轉讓。

II 債權證到期款項可以延期支付。

III 公司清盤時，債券證比起股票來，有優先獲償權。

IV 債權證在固定期限內是不能贖回的。

A 只有 I、II

B 只有 I、III

C 只有 II、IV

D 只有 III、IV



10. 李先生為持牌法團維基公司的持牌代表，該公司是一家從事證券交易，並獲證監會一號牌發牌的持牌法團。杜先生為另一家持牌法團的客戶，為了促使杜先生在維基公司開戶，李先生向杜先生提供了免費的口頭證券投資諮詢服務，但因為疏忽地用了一個錯誤的報表，導致杜先生投資受損。以下哪些關於上述案例的陳述**正確**？

A 李先生是以持牌代表的身份為杜先生服務的，所以維基公司應當賠償杜先生的損失。

B 因為當事人雙方並未簽署協議，所以李先生的行為一定屬侵權行為。

C 李先生的行為可能構成疏忽侵權。

D 李先生的行為無任何過錯。

11. 以下有關公司對失職董事的行為採取的補救措施，哪項是**正確**的？

A 公司可取得禁制令阻止有關行為。
B 所有已違反職責行事的董事，只需要個別地對公司的損害賠償承擔責任。
C 如董事因處置公司財產而獲得不當利益，如果股東豁免，則不須就這些利益向公司作出交代。
D 如董事並無在代表公司訂立的合約中披露個人權益，則公司可要求董事進行賠償。

12. 杜先生是維基公司的董事，他在管理公司的過程中存在失職行為；同時，另兩位董事也犯了一定過錯（但程度低於杜先生），維基公司想採取補救方法。以下哪一項相關陳述是**正確**的？

I 公司可以取得禁止令，禁止杜先生從事某方面的工作。
II 如果杜先生之前處理公司財產不當，則公司有權處置杜先生私人財產，以補償公司損失。
III 維基公司的三位董事需要共同承擔公司的損失，毋須分別承擔，因為三人都有責任。
IV 如杜先生並沒有在代表公司訂立的合約中披露個人權益，則公司可選擇取消該合約。

A 只有 I、II
B 只有 I、IV
C 只有 I、III、IV
D 只有 II、III、IV

13. 維基公司是一家香港成立的公司，因為經營不善，現在面臨清盤風險，公司的大部分董事認為公司有償債能力。關於此案例，以下哪些陳述是**不正確**？

I　只有公司董事發出「有償債能力證明書」，該公司才能實現清盤

II　如果公司董事想進行成員自動清盤，則公司需要在清盤開始之時起計 12 個月的期間內，悉數償付公司債項。

III　如維基公司是一家只有一名董事的私人公司，則不可以進行成員自動清盤。

IV　如公司想進行成員自動清盤，需要在清盤決議通過後發出「有償債能力證明書」，並轉送予公司註冊處處長。

A　只有 I、II

B　只有 I、III、IV

C　I、II、III 及 IV

D　只有 III、IV

14. 以下有關保障少數股東權益的說法，**正確**的是？

I　如公司的決定會直接影響債權人，則須獲得法院批准。

II　有異議成員可向法院上訴以撤銷某些決議。

III　持有 1% 附帶投票權的繳足資本的成員可要求董事召開大會；如董事拒絕有關要求，有關成員可自行召開大會。

IV　不是所有成員都可以向法院提出呈請將公司清盤。

A　只有 I、II

B　只有 I、IV

C　只有 I、II、III

D　只有 II、III、IV

15. 杜先生為維基公司的董事。在杜先生任職期間，因他管理不善，維基公司發生了多宗市場不當行為，導致該公司經營業績下滑，虧損嚴重，該公司認為杜先生並不稱職。以下哪些關於此案例的陳述**不正確**？

I 因為維基公司內部存在有市場不當行為，這一定會影響杜先生日後擔任其他公司的董事資格。
II 因為維基公司認為杜先生不稱職，會影響杜先生日後擔任其他公司的董事資格。
III 因為杜先生在維基公司期間經營不善，會影響日後擔任其他公司的董事資格。
IV 杜先生在維基公司的表現，未必會影響日後他擔任其他公司的董事資格。

A 只有 I、II、III
B 只有 II、III、IV
C 只有 II、IV
D I、II、III 及 IV

16. 以下有關可贖回股份贖回的說法，**不正確**的是？

I 該股份僅在公司的已發行股份中有可贖回股份時，才可發行。
II 只要是已繳足款的股份，都可以進行贖回。
III 可以從某些股份的可分派利潤及資本中贖回。
IV 不可以從「為贖回而發行新股份的所得收益中」撥款贖回。

A 只有 I、III
B 只有 I、II、IV
C 只有 I、II、III
D 只有 II、IV

17. 中德公司經營不善，準備清盤，以下哪一項對清盤的陳述**不正確**？

A 中德公司的債券人可以要求自動清盤。

B 中德公司如有償債能力，也可以進行成員自動清盤。

C 如中德公司是只有一名董事的私人公司，則不能進行自動清盤。

D 強制清盤的手續比自動清盤更為複雜。

18. 以下有關優先股的説明，哪項是**正確**的？

I 發行優先股不須獲公司章程細則授權。

II 是否按固定比率收取股息，是優先股與普通股的區別之一。

III 持有人有機會攤佔餘下的可分發利潤的某部分（可分紅優先股）。

IV 優先股均一定可由股東或公司選擇贖回。

A 只有 I、II

B 只有 II、III

C 只有 III、IV

D 只有 I、II、III

19. 以下有關公司由法院清盤的理由，哪項是**正確**的？

I　公司已通過特別決議，議決公司由法院進行清盤。
II　公司自其成立為法團時起計並無開始營業。
III　公司成員過少。
IV　公司無能力償付其債項。

A　只有 I、II
B　只有 I、IV
C　只有 II、III
D　只有 II、IV

20. 以下哪些情況下，公司**可以**進行自動清盤？

I　公司存在期限屆滿。
II　公司進行清盤的特別決議獲通過。
III　公司因負債而被債權人起訴至法院，並無能力償付其債項。
IV　公司的獨立非執行董事交付清盤陳述書。

A　只有 I、II
B　只有 I、II、IV
C　只有 I、III、IV
D　只有 II、III、IV

# 第二章　模擬練習答案及解析

1. 答案：B

**解析：**選項 I 的説法錯誤，正確的説法是從股本中撥款贖回的，則公司將減少其股本的款額。

2. 答案：B

**解析：**選項 I 的説法錯誤，不是得到董事會的授權，而是要獲得公司章程授權；選項 III 的説法錯誤，這裏應是固定的股息；其字面表述就是「固定股息」，跟固定比例股息是相同的意思。

3. 答案：D

**解析：**除非公司是在財政健全的情況下自動清盤（儘管這種情況不常見），否則普通股持有人通常不會收取任何款項，所以選項 I 説法不準確，因為是否能得到款項要看公司的狀況。選項 II 説法錯誤，這裏必須在優先股股東已收取權益及債權證持有人已收取應收利息之後，才有權攤佔公司過往及現時的利潤（累積利潤）分派。選項 III 説法亦錯誤，正確是普通股持有人在經濟環境欠佳時承受最大風險，而在公司表現良好時獲得最大回報，試題剛好説反了。

4. 答案：B

**解析：**選項 II 説法不正確，條例原文是「公司為從事欺詐活動而組成，會被法院清盤」；注意，「有欺詐行為」和「為從事欺詐活動而組成」是兩個不同的概念。擔保公司沒有股本，所以選項 III 錯誤。另外選項 IV 不是擔保公司的特點，只是干擾考生的選項。

## 5. 答案：C

**解析：**選項 I 的説法錯誤，正確是至少有一名董事，但沒有設上限。選項 II 的説法錯誤，非私人公司最少須有兩名董事。選項 III 亦錯誤，應該是上市公司集團的成員除外（舉例説：甲是一家私人公司，但從屬於乙公司；乙公司是上市公司，所以甲公司就毋須至少擁有一個自然人董事，其董事可以是法人）。

## 6. 答案：B

**解析：**選項 III 説法錯誤，正確的説法是「較區域法院為輕」。選項 IV 説法錯誤，裁判法院的刑事上訴也是由高等法院原訴法庭審理。

## 7. 答案：C

**解析：**選項 II 錯誤，正確的説法是「債權人」會設置審查委員會監督清盤過程。

## 8. 答案：D

**解析：**選項 II 錯誤，有限公司的責任才是有限的。

## 9. 答案：B

**解析：**選項 II 錯誤，條例中無此內容説法。債權證本質是貸款，不可以延期；選項 IV 錯誤，債權證是在固定期限內贖回（或不可贖回）；此外，關於債權證是否可以轉讓的問題，官方溫習手冊的原文是：「除非另有指明，否則通常可予轉讓。」意思即是允許轉讓，因此選項 I 正確。

10. 答案：**C**

**解析：**因為題目中所言，李先生是免費地提供口頭諮詢服務，且雙方並未訂立合約，因此有可能構成過失或侵權（疏忽侵權）。選項 A 的邏輯錯誤，是否賠償跟持牌代表無關；選項 B 邏輯錯誤，是否侵權要看具體造成結果的原因，而不是僅以是否簽署協議來判定。綜合判斷各選項後，應該選擇 C。

11. 答案：**A**

**解析：**所有違反職責行事的董事，須共同及個別地對公司的損害賠償承擔責任，所以選項 B 說法有誤。如董事因處置公司財產而獲得不當利益，須就該些利益向公司作出交代，不存在股東豁免的說法，所以選項 C 錯誤。另外，選項 D 也不正確，這種情況下公司可選擇取消該合約，並無要求董事作出賠償。

12. 答案：**B**

**解析：**選項 II 說法錯誤，正確說法是「如果董事透過處置公司財產獲得不當利益，則須就這些利益向公司做出交代。」選項 III 說法不正確，這裏應當定是共同和分別承擔。

13. 答案：**B**

**解析：**選項 I 的說法不正確，正確的說法是只有「有償債能力證明書」才可以進行成員自動清盤，如果沒有的話就可以進行債權人自動清盤。選項 III 的說法錯誤，這種情況也是可以清盤的。選項 IV 錯誤，正確應該是在清盤決議通過前發出。

## 14. 答案：A

**解析**：持有 **5%** 附帶投票權繳足資本的成員可要求董事召開大會，如董事拒絕有關要求，有關成員可自行召開大會，所以選項 III 不正確。任何成員可向法院提出呈請將公司清盤，所以選項 IV 不正確。

## 15. 答案：A

**解析**：選項 I 和 III 不正確。選項 I 應該按情況而論，如果這種市場不當行為只是公司而非個人行為所造成，即杜先生與不當行為之間沒有因果關係，這就不一定會影響今後杜先生擔任其他公司董事的資格。同樣道理，選項 II 亦不正確，只有「出任無力償債公司董事期間被評定為不合適董事」才會受影響，選項 II 不屬於此情況（題目只是説公司經營業績下滑，虧損嚴重，並未提及無力償債）。只有選項 IV 的陳述正確。

## 16. 答案：B

**解析**：選項 I 説反了，正確是有不可贖回的股份時，才可以發行。選項 II 錯誤，除了已繳足款，還要考慮其他條件，包括：

(a) 僅在公司的已發行股份中有不可贖回股份時，方可發行；

(b) 僅就已繳足款股份作出贖回及可從下列項目中撥款就贖回作出付款：

 (i) 其可分派利潤；

 (ii) 為贖回而發行新股份的所得收益；或

 (iii) 其資本。

因此選項 IV 説法不準確，正確是可以這樣做。

**17. 答案：C**

**解析：**選項 A 的說法正確，自動清盤可以由成員或債權人發起，只要不涉及法院，都算自動清盤，當然債權人也可以通過法院進行強制清盤。另外選項 D 說法亦正確，因為強制清盤涉及到法院，所以流程相對複雜。

只有選項 C 錯誤，正確的說法是假如公司為只有一名董事的私人公司，則該唯一董事可發出有償債能力證明書，以進行成員自動清盤。

**18. 答案：B**

**解析：**發行優先股須獲公司章程細則授權，所以選項 I 不正確。另外，只有可贖回優先股才可以贖回，「均一定」這個表述不準確，所以選項 IV 錯誤。

**19. 答案：B**

**解析：**按規例，公司在其成立為法團時起計一年內並無開始營業，或停業一整年，可由法院清盤。因此選項 II 錯誤；選項 III 的說法則不準確，正確是公司並無成員（而非過少）。

**20. 答案：A**

**解析：**選項 III 屬於強制清盤的範疇，至於選項 IV，正確是公司的董事或過半數董事（如公司有多於兩名董事）交付清盤陳述書，可通過這種方式進行自動清盤，而不是獨立非執行董事去交付，故不正確。

# 第三章

# 《證券及期貨條例》

本章旨在向考生簡介《證券及期貨條例》的架構及整體運作，該條例為構成規管香港證券及期貨業的基礎，對業界極之重要。

## 3.1 《條例》釋義

※ 持牌法團、註冊機構、中介人釋義——

| | 基本含義 | 受誰直接監管 | 舉例 |
|---|---|---|---|
| 持牌法團 | 獲證監會發牌及直接監督的法團 | 證監會 | 證券公司 |
| 註冊機構 | 受金管局直接監督並獲證監會註冊的認可財務機構 | 金管局 | 銀行 |
| 中介人 | 持牌法團及註冊機構 | 證監會/金管局 | |

※ 交易所公司、結算所、交易所控制人等機構釋義——

| | 含義 | 機構 |
|---|---|---|
| 交易所控制人 | 控制交易所或結算所的公司 | 香港交易及結算所有限公司 |
| 交易所公司 | 營辦證券或期貨市場的公司 | 聯交所，期交所 |
| 結算所 | 提供結算及交收服務的公司 | 香港中央結算有限公司，香港聯合交易所期權結算所有限公司，香港期貨結算有限公司，香港場外結算有限公司 |
| 投資者賠償公司 | 投資者賠償基金申索事宜的處理者 | 投資者賠償有限公司 |

※ 對場外衍生工具交易的監管——

◆ 提高交易透明度的方法：

- **金管局**獲指定為**交易資料儲存庫**，即須予匯報資料提交金管局；

  **【這系統由金管局運作，無論是持牌代表還是註冊機構都需要經此系統作匯報。】**

- **證監會**獲授權就各項匯報、結算及交易責任**制定規則**。

## 3.2 投資要約及開放型基金公司

※ 投資要約的主要涉及內容——

- 投資要約可簡單理解為**投資產品**。
- 證監會有權認可**集體投資計劃**和**結構性產品**，以使兩者得以向公眾推銷。

**【向公眾推銷就必須得到證監會認可。】**

- 證監會有權認可載有向公眾作出要約的**廣告及其他文件**的發出。若不獲認可，依然可銷售，但對象不能是公眾，只能是少數專業投資者。
- 賦予證監會權力可鼓勵業界在香港市場開發信譽良好及架構完善的投資產品，以及淘汰質素欠佳的產品及計劃。

※ 開放式基金型公司——

- 這是集體投資計劃的一種方式。另一種是根據信託契據成立的單位信託結構。

**【集體投資計劃的兩個表現形式。】**

- 未於證監會註冊卻以開放式基金型公司形式進行業務，即屬犯罪。

**【基金公司對公眾投資者影響較大，未註冊下開展業務屬嚴重罪行。】**

◆ 證監會對開放式基金型公司的監管權力：

■ 註冊/ 取消開放式基金型公司；

■ 如向證監會提供虛假或具誤導性資料或投資經理違反規定，證監會可指令公司、其董事、投資經理或保管人停止發行、贖回或轉讓股份；

**【注意，證監會有權監管涉及開放式基金型公司的多方人士，並採取多種命令。】**

■ 基於公眾利益，對開放式基金型公司進行調查或取消其註冊。

**【注意，須基於公眾利益。】**

◆ 開放式基金型公司制度將計劃准許海外公司型基金轉移至香港。適用於新成立的開放式基金型公司的所有規定。

**【為了鼓勵吸引海外基金公司來香港發展業務，推出的簡化程序。】**

**思考：**海外基金公司直接遷冊至香港有何好處？

**回答：**因開放式基金型公司的法律身份維持不變，所有其現有合約安排、決議、法律責任等將不受影響。總之就是程序比較簡單和方便。

## 3.3 發牌及註冊

※13 類受規管活動——

◆ 第 1 類：證券交易；

- 第 2 類：期貨合約交易；
- 第 3 類：槓桿式外匯交易；
- 第 4 類：就證券提供意見；
- 第 5 類：就期貨合約提供意見；
- 第 6 類：就機構融資提供意見；
- 第 7 類：提供自動化交易服務；
- 第 8 類：提供證券保證金融資；
- 第 9 類：提供資產管理；
- 第 10 類：提供信貸評級服務。
- 第 11 類：場外衍生工具產品交易或就場外衍生工具產品提供意見；
- 第 12 類：為場外衍生工具交易提供客戶結算服務；及
- 第 13 類：為相關集體投資計劃提供存管服務。

**【注意：各類受規管活動名字需要記憶，考試時不一定會給出全稱。各類受規管活動和證券考試的卷號不是同一概念，雖然兩者有對應關係，因涉及各位考生發牌事宜，有必要清楚明白。】**

※ 單一牌照制度——

- 證監會只會向**公司**/ **法團**，或隸屬於該公司/ 法團的**個人**發出單一牌照（或註冊）。

**【即牌照有兩類。】**

- 允許持有人進行前述 13 類受規管活動中的一項或多項活動。

**【注意，單一牌照也可以進行多項活動。】**

**思考：**單一牌照和一個牌照進行多項受規管活動是否有矛盾？

**回答：**不矛盾。因為單一牌照上面會列明多個受規管活動。

- 誰人可獲發牌/ 註冊：
  - 中介人：只有法團可以成為中介人。

    **【中介人不能是個人。】**
  - 代表：代中介人從事受規管活動的個人被視為代表，持牌法團和註冊機構都有代表。
  - 負責人員及主管人員：受**證監會**規管的**持牌法團**管理人員是**負責人員**；受**金管局**規管的**註冊機構**管理人員是**主管人員**。
  - 適當人選：符合擔任持牌代表/ 註冊機構，以及負責人員/ 主管人員的人士。斷定權歸證監會（須考慮資歷、經驗等事項）。

**思考：**怎樣理解持牌代表和負責人員？有何區別？

**回答：**持牌代表可理解為一般員工，負責人員/ 主管人員可理解為公司的管理層，負責管理特定的業務。

## 3.4 中介人規管及操守

※ 中介人的資本規定、客戶資產、紀錄及審計——

- 《財政資源規則》：

■ 持牌法團須維持的資金數額規定；及

■ 規則不適用於註冊機構，因註冊機構須遵守金管局訂立的另一套規定。

**思考：**為甚麼註冊機構不用遵守證監會《財政資源規則》？

**回答：**註冊機構要遵守金管局的財政資源規則，其標準較證監會為高。

◆ 違反規則：

| 違反內容 | 法團需要採取的行動 | 若法團有以下情況即屬犯罪 |
| --- | --- | --- |
| 《財政資源規則》所指明的資金數額 | 1. 在合理地切實可行的範圍內儘快以書面通知證監會；及<br>2. 立即停止進行任何受規管活動，但證監會所准許的情況則除外。 | 1. 法團沒有遵守若干證監會的財政資源規定；或<br>2. 在違反《財政資源規則》的情況下，未經證監會的許可繼續進行交易。 |
| 《財政資源規則》內除資金數額以外的其他規定 | 須在知悉有關違規的一個營業日內，以書面通知證監會。 | |

■ 如證監會合理相信持牌法團無法符合指明資金規定，證監會可發出書面通知**暫時吊銷該公司的牌照**，或**有條件地容許該公司繼續經營**。

**思考：**為甚麼違反財政資源中所指明資金數額，需要更快的向證監會報告？

**回答：**因為該規定對投資者的權益來説更重要，所以須以更重視的態度去對待。

◆ 證監會如何監察中介人是否滿足資本規定：

- 可隨時要求持牌法團證明其經營是否遵守《財政資源規則》；

  **【法團須自行提出證明。】**

- 可隨時授權任何人士查核持牌法團是否遵循規則。

◆ 保障及監控客戶證券：

- 涉及《證券及期貨（客戶證券）規則》。
- **客戶證券**定義：中介人或其有聯繫實體持有或其代表所持有及處理的客戶證券及抵押品。
- 適用範圍：所有中介人（包括註冊機構）都要遵守。

**思考：**《證券及期貨（客戶證券）規則》中的「證券」，是否包含證券抵押品？

**回答：**是的，證券包含證券 + 證券抵押品。

◆ 保障客戶款項：

- 涉及《證券及期貨（客戶款項）規則》。
- 違反有關規則即屬犯罪；
- **不適用於註冊機構**。註冊機構須遵守金管局制訂的有關規則。

◆ 有聯繫實體：

- 定義為公司，該實體具有以下特點：

  1. 與該中介人**有控權實體關係**。即控制法團不少於 20% 投票權或有權提名該法團任何董事，或

於該法團擁有股份權益可否決或修訂其決議案的人士；及

2. 在香港**收取或持有該中介人的客戶資產**的公司

**思考：**是否有控權關係的公司，就一定是另一間公司的有聯繫實體？

**回答：**不一定。除了有控權關係，有聯繫實體**還必須是在香港收取或持有該中介人的客戶資產**的公司，這兩個條件缺一不可。

- 有聯繫實體須在其成為或不再是有聯繫實體後的**7個營業日內**以書面通知證監會。

  **【注意，誰成為或失去有聯繫實體的身份，都必須讓證監會知曉。因為有聯繫實體直接持有客戶資產，關乎客戶的利益，所以比較重要，屬於證監會的重點監管對象。】**

- 除獲證監會書面認可的業務外，中介人的有聯繫實體不得經營任何其他業務，即一般情況下，有聯繫實體只能幫助中介人持有客戶資產。此規定不適用於認可財務機構。

  **【不適用的原因是，認可財務機構本身的業務就是收取客戶資產，常時受金管局的前線監管，故毋須證監會雙重規管。】**

◆ 備存紀錄：

- 中介人及其有聯繫實體必須備存的紀錄包括：成交單據、收據、戶口結單及通知書。

■ 規管要求：中介人（包括註冊機構）製備並向客戶發出成交單據、收據、戶口結單及通知單。

■ 任何人意圖詐騙而作出以下行為即屬犯罪：

1. 記入虛假或具誤導性的紀錄；
2. 銷毀任何紀錄；或
3. 沒有備存紀錄。

**思考：**為甚麼需要備存紀錄？

**回答：**證券期貨行業存在大量數據，為規範行業日常經營，保障投資者利益，須建立便於回溯數據的制度。



◆ 有關**審計事項**的條文：

■ 適用於持牌法團及其有聯繫實體，但不適用於註冊機構；

■ 持牌法團須於財政年度終結後，或者停止營業後 4 個月內將經審計帳目呈交證監會；

**【注意，不是結業後儘快呈交，而是有 4 個月的緩衝期。】**

■ 沒有按照規定呈交該等文件，即屬犯罪。

◆ 委任核數師——

■ 須在獲發牌或成為有聯繫實體後**一個月內委任**核數師，並在委任核數師後 7 個營業日內，將有關委任通知證監會。

**【因為核數師涉及審計、內部監管及合規事宜，比較重要，所以其委任須通報予證監會。】**

**思考：**為甚麼法團可以在獲發牌後才委任核數師？

**回答：**因為在發牌之後才委任核數師並不影響法團工作。畢竟核數師負責的是審核，公司成立一段時間後才需要進行審核工作。

◆ 辭退核數師或核數師離職：

- 須在此事發生後的**一個營業日內**，以書面通知證監會。
- 核數師主動請辭須書面向證監會報告，並陳述辭職的理由及有否證監會需注意的情況。



**思考：**為何辭退核數師或核數師離任，需要向證監會發出通知？

**回答：**因為發生這些事情時，有一定機會源於該法團的帳務出問題，證監會為免風險，遂要求相關人士進行報備。

◆ 核數師的特別報告

- 倘核數師察覺有需要報告事項，須在可行情況下向證監會／金管局提交書面報告。事涉持牌法團向證監會報告，涉註冊機構則向金管局報告（即向各自的前線監管機關作通報）。
- 凡真誠地傳達上述資料的核數師，不會因此被視為違反他作為核數師須履行的責任。例如：若核數師發現公司洗錢、做假帳、違規，核數師如實報告後便可免責。

**【盡職免責原則。】**

**思考：**特別報告與普通報告相比有何不同？

**回答：**只有當需要證監會注意到的事項發生時，才需要提交特別報告。

◆ 在下列情況下，證監會可委任核數師審查及審計有關持牌法團或其有聯繫實體：

| 情況分類 | 具體情況 |
|---|---|
| 違反法規 | 法團不遵從《財政資源規則》及其他訂明規定，沒有呈交經審計帳目及報告。 |
| 收到線索 | 證監會接到核數師的特別報告。 |
| 損害客戶利益 | 法團不能為可獲得的利潤向客戶作出交代；沒依循客戶的指令對應可避免的損失作出賠償。 |

**思考：**證監會委任核數師和中介人自簽委任核數師的情況有何區別？

**回答：**證監會往往會因為公眾利益、收到線索、執行法規等原因。才會委任核數師對中介人進行審查和審計。

◆ 證監會委任核數師所擁有的權力：

■ 詢問目標實體高級人員、僱員、代理人及核數師；及

■ 要求上述人士以及認可交易所、結算所交出紀錄。

■ 任何人無合理辯解而沒有遵從上列任何要求，即屬犯罪。

■ 總結：權力較大，類似於審查員。

◆ 干預審計的後果

■ 任何人以下列方式干預審計，即屬犯罪：

1. 刪除、銷毀、切割、揑改、隱藏、更改或以其他方法，使該審計有關的任何紀錄不能使用；

2. 處置或促致處置任何與該項審計有關的財產，或使相關資產離開或企圖離開香港。

◆ 證監會《證券及期貨條例》中，有哪些規則**不適用**於註冊機構？

■《財政資源》《客戶款項》《帳目及審計》三個規則，均不適用於註冊機構。



※ 中介人業務操守守則是否具有法律效力？

◆ 操守準則**不具法律效力**，中介人或其代表沒有遵從操守守則並不屬違法。但證監會可因此而考慮：

■ 該中介人是否繼續持牌或獲註冊的適當人選（**影響法團**）；

■ 該持牌法團代表是否繼續持牌的適當人選（**影響個人**）；

■ 註冊機構的代表應否繼續名列金管局備存的紀錄冊，並顯示為受該機構就某類受規管活動聘用的適當人選（註冊機構倘違反操守準則，會影響其本身從事受金管局監管的活動）。

**思考：**若證監會在法庭上引用操守準則提出指控，法庭會否接受？

**回答：**法庭會給與一定的認可。因為操守準則雖然不屬於法律，但其主要精神跟法律的要求一致。

◆ 中介人或其代表的表述

■ 《證券及期貨條例》禁止中介人或其代表以任何方式表示其能力或資格已獲政府或證監會認可或保證。

※ 賣空

◆ 甚麼是賣空？

■ 在**尚未擁有股份**或**尚未具有一項即時可行使的權利將證券轉歸予購買人**時，售賣股份；

■ 任何人在認可證券市場出售證券時，必須具有可即時行使而不附帶條件的權力，或將該等證券轉歸於其名下，否則不得出售該等證券。

◆ 擔保賣空：

■ 賣方已作出借股或借貸安排，使其出售證券時具有可即時行使而不附帶條件的權利，或以將該等證券轉歸於其名下。

**【賣的時候，手裏沒有股份或權利，但是已確定將來會擁有，也是可以的。】**

## 3.5 證監會的監管及調查

※ 證監會調查上市法團的權力：

◆ 有權要求提供所需資料，比如要求公司及當事人交出文件或回答問題；

◆ 如未能交出有關資料，則要宣誓說明原因；

**【可以不交出資料，但要有理由。】**

◆ 可被查訊的人士包括：上市公司現職及過往董事及僱員；**有連繫法團***；認可財務機構；核數師；或其他任何人。

***有連繫法團**的定義：

■ 如法團是另一法團的控股公司、另一法團的附屬公司或另一法團的控股公司的附屬公司，則該等法團屬彼此為有連繫法團。

■ 任何人如控制一個或以上法團的董事局的組成、控制一個或或以上法團在成員大會上的過半數投票權或持有一個或以上法團的過半數參與已發行股本，則每一個法團及其每一附屬公司屬彼此的有連繫法團。

**【上述兩概念可簡單理解為「上市公司的母公司、子公司、關聯公司」，即有相同的大股東或管理層的公司，便互為彼此的有連繫法團。】**

※ 對中介人及其有聯繫實體的調查

◆ 證監會可向在香港以外地方的主管當局提供協助，向該持牌法團或其有聯繫法團要求文件的副本或其事務作出查詢。

◆ 實地調查：證監會可授權任何人（通常為其僱員），視察持牌法團的處所，並要求持牌法團、有聯繫實體、有連繫法團，以及有連繫法團的有聯繫實體交出文件並作出解釋。

**【注意只是視察住所，如果要搜查住所，需要先獲法院批出搜查令。】**

- 獲授權人可以書面要求給予答案的人，在合理期間內藉法定聲明核實該答案，或是作出法定聲明説明沒有給予答案的理由是他不知道答案。

**【即容許回覆不知道答案，但需要有理由。】**

- 對**交易**的調查
  - 證監會可調查指明人士，包括**所涉交易的訂約方**，以及**任何參與執行交易的中介人**。
  - 無合理辯解而沒有遵從交出資料的恰當要求，即屬犯罪。
- 調查可能的罪行
  - 證監會可以對任何人士進行調查。受調查人須：
    1. 提供文件及解釋；
    2. 面見該調查員並回答問題；
    3. 向該調查員提供一切合理的協助；
    4. 藉法定聲明支持其證據；及
    5. 如不能提供證據，需作出法定聲明。
- 罪行
  - 無合理辯解而沒有遵從證監會委任的調查員要求，或作出虛假或具誤導性的回答，即屬犯罪。
  - 法團的高級人員或僱員致使或容許該法團犯罪，亦屬犯罪。

**【致使屬客觀結果，容許屬主觀意圖，都屬犯罪。】**

◆ 不遵守法規的後果

■ 證監會可向法院提出申請，要求發出手令：

1. 授權指明人士持手令隨時進入指明處所，如有必要，可強行進入；

**【注意前提是有法院手令。】**

2. 要求身處在該處所的任何人士交出任何相關文件；

3. 禁止任何人刪除或更改或移離任何相關文件；

4. 授權指明人士搜尋、檢取和移走任何相關文件；或保留該等文件 6 個月，保留期間可延長；及

**【注意不是無限期保留文件。】**

5. 任何人銷毀、揑改、隱藏或以其他方式處置要求交出的任何文件，即屬犯罪。



## 3.6 紀律

※ 假如**受規管人士干犯失當行為**或**並非受規管人士的適當人選**，則證監會可：

◆ 如為**持牌法團或代表**，可以就獲發牌進行的**所有或部分**受規管活動，撤銷或暫時吊銷該牌照；

◆ 如為**負責人員**，可以撤銷或暫時吊銷成為負責人員而給予的核准；

◆ 公開地或非公開地譴責該受規管人士；

**【非公開的意思是在小範圍內公布。】**

- 禁止該受規管人士申請牌照、註冊、獲核准成為負責人員或名列於金管局的紀錄冊或以主管人員的身份行事；及

  **【這是金管局最常用的紀律處分措施。】**

- 單獨或同時命令該受規管人士繳付罰款，最高金額為**1,000 萬港元**或因其失當行為而獲取的**利潤金額或避免的損失金額的 3 倍**，以較大者為准。

※ 證監會的其他處罰措施

- 證監會可採取紀律行動的其他情況，包括在以下情況暫時吊銷或撤銷牌照或註冊：
  - 破產或財產被接管或與債權人訂立債務安排；

    **【即中介人資不抵債，無法還清債務。】**
  - 沒有清償某項實施執行所涉及的款項；
  - 個人或董事在精神上無行為能力；或
  - 個人、法團或董事被裁定犯罪致使其適當性受質疑。

    **【注意即使不是因為金融從業活動導致的犯罪，也會影響其適當性。】**
- 證監會制裁的寬免
  - 證監會有可能透過寬減制裁的方式來對合作予以肯定。
  - 中介人愈早提出與證監會合作及愈早獲證監會認同，可獲寬減的制裁愈高。證監會可透過寬減最多 30% 所施加的紀律制裁來對合作予以肯定。

■ 與證監會合作的方式包括：

1. 以積極正面的態度，自發及迅速地向證監會報告任何違規行為或缺失；
2. 就違規行為或缺失提供真實及完整的資料；及

**【即向證監會披露有關細節。】**

3. 採取糾正措施，例如：及早主動採取步驟以遏制違規行為或缺失或就客戶的損失迅速向他們作出全額賠償。

**【客觀損失減少了，處罰也理應降低。】**

## 3.7 干預的權力、法律程序及賠償

※ 證監會將會在下列情況，可以行使其干預的權力：

- 在符合投資大眾或公眾利益時；
- 持牌法團出現不符合適當人選的標準時；
- 持牌法團違反指明《證券及期貨條例》的條文時；或
- 持牌法團的牌照已被暫時吊銷或撤銷時。

**【注意：證監會不能對註冊機構進行干預，因為註冊機構的直接監管機構是金管局。此外，干預的目的必須是正當的，即為了投資大眾的利益。】**

※ 證監會可作出的干預——

- 限制持牌法團的業務活動或禁止持牌法團進行某種活動；
- 禁止持牌法團處置其客戶或其本身的財產；或

**【以防止法團對客戶的利益構成損害。】**

◆ 證監會可要求持牌法團保存在香港或其他地方的財產，亦容許其自由轉移或處置該等財產，但財產的價值或種類由證監會指定，以確保持牌法團能夠應付債務。

**【證監會干預目的最終是為了確保法團償還債務。】**

※ 證券及期貨事務上訴審裁處——

◆ 由法官出任主席，就證監會及金管局作出的指明決定所提出的上訴進行聆訊。

**【注意，雖然有法官組成，但不歸屬香港法院系統。】**

※ 投資者賠償基金

◆ 設立目的：彌補一般中介人（包括非交易所參與者）的客戶蒙受的損失。

**【非交易所參與者也可能因中介人而蒙受損失。】**

◆ 受保範圍：因**中介人違責而引致**的損失才受保障。

**【正常的市場風險導致的損失（不涉人事違責），不在受保範圍。】**

◆ 基金來源：投資者賠償基金的資金主要來自買賣聯交所及期交所產品時收取的投資者賠償基金徵費，由買賣雙方按指明比率繳付。

◆ 與證監會關係：根據《證券及期貨條例》設立及認可的投資者賠償有限公司，是證監會的全資附屬公司。

◆ 投資者賠償有限公司的職責：

■ 負責治理、管理及營運投資者賠償基金；及

■ 處理投資者發出的申索（這是最主要的工作）。

◆ 賠償上限：向作出申索人士支付的賠償**最高金額為 50 萬港元**。

## 3.8 內幕消息及權益披露

※ 披露內幕消息——

◆ 內幕消息釋義：重要，能夠影響股價，而且並非公眾所知悉。

◆ 上市法團屬已知道內幕消息的情況：法團的**高級人員**[*]執行職責時，知道或理應知道該內幕消息（該高級人員必須是以工作身份執行職責）。

[*]高級人員定義：指法團的董事、經理或秘書（即公司秘書），或其他參與法團管理的人。

◆ 披露內幕消息的責任：除特定例外情況，上市公司須在知道內幕消息後，在合理切實可行的範圍內，儘快向公眾披露該消息。

**【向公眾披露，是為了減少市場信息的不對稱性。】**

◆ 披露規定的**例外情況**：

■ 法規或法庭命令所施加的限制禁止披露（法院禁止令）；

■ 該消息關乎一項未完成的計劃或商議；

■ 該消息屬商業秘密；或

**【比如披露消息將有損公司的經營。】**

■ 證監會就海外法例或法院命令所禁止的披露授予

豁免。

◆ 違反披露規定

■ 法團的某高級人員亦須承擔法律責任的情況：

1. 蓄意、罔顧後果或疏忽的行為所導致；或

2. 沒有採取一切合理措施防止該項違反（違反盡職原則）。

■ 此類行為可以被罰款或承擔民事法律責任。

**思考：**法團有內幕消息時，應保密還是向大眾披露？

**回答：**最終還是要向大眾披露，但須遵循程序，披露前要嚴格保密，控制知情人數。



※ 股權/ 權益披露責任——

◆ 目的：要求更大程度的披露及增加透明度。

◆ 披露內容：要求披露上市公司**「有關股本」的權益，即投票權**，而不論所涉及的股份是否已發行。

**【未發行的股份更加缺乏透明性，故須披露。總之，須讓公眾知悉有關股本都由哪些人控制。】**

◆ 披露的原則：

■ 董事及最高行政人員須披露所有權益（不論持有多少都要披露）；

■ 其他人**持有權益達 5%** 時，便須作出披露。

■ 「權益」的定義：

1. **股本衍生**工具：例如認股權證、期權等中的好倉及淡倉的權益，披露時不作任何淨額計算；

**【不作淨額計算的意思是買賣不相抵消。比如買100，賣60；需要披露160，而非40。】**

2. 應佔權益：如透過信託安排、公司股權、家族安排等持有的權益。

◆ 需要披露的情形：

■ 所持權益**變動的百分率水平**，即買賣所涉上市公司的有關股本權益；及

■ 所持**權益的性質變動**，例如通過行使認購期權收購股份。

◆ 何時及如何披露：

■ 時間：事件發生後的**3個營業日**內作出披露；

■ 渠道：透過香港交易及結算所有限公司操作的網上電子送交存檔系統作出披露，並可於香港交易所網站公開查閱。

**【注意，是在交易所披露。】**

■ 未能應要求作出存檔者，即屬犯罪。

※ 對上市法團的調查——

| 誰發起調查 | 發起門檻或流程 | 調查目的 |
|---|---|---|
| 法團成員 | 不少於10%已發行有投票權股份總數的成員提出。 | 確認持有法團股份的人士的股份權益。 |
| 財政司司長 | 上市法團成員提出，並獲財政司司長認為有必要。 | 認為有必要確定上市公司控制人的真正身份。 |

## 3.9 《條例》雜項條文

※ 一般原則：

◆ 真誠地執行證監會法定職能的人可獲豁免承擔法律責任；

◆ 上市法團的核數師在審計過程中舉報不當行為，可獲豁免承擔民事法律責任。

※ 向證監會提供虛假或具誤導性的資料：

◆ 任何人在知道有關資料屬虛假或具誤導性，或罔顧上述事實，向證監會提供此類資料即屬犯罪。提供上市資料也適用於此罰則。

※ 證監會介入民事法律程序的權力：

◆ 在法院批准下，證監會可以介入民事法律程序。

◆ 證監會可透過或不透過律師，開展或進行任何民事法律程序。

**【證監會作為一個獨立的民事機構，自然可以參加相應的訴訟。】**

※ 法團高級人員對法團所犯罪行的法律責任：

◆ 高級人員協助、教唆、慫使、促致下犯下《證券及期貨條例》相關罪行，高級人員同樣有罪；

**【高級人員有不當行為導致法團干犯罪行的情況，高級人員才有罪。】**

- 高級人員包括高級管理層，以及核心職能主管。

  **【核心職能主管不一定是持牌法團成員，但就此事項同樣受到證監會規管。】**

※ 可對虛假或具誤導性的公開通訊提出私人訴訟的權利：

- 發出此類通訊，且可能影響證券或期貨價格，有關人士須負上責任。

  **【儘管此類通訊可能沒有特定的發送目標，但依然會影響到特定的人，因而蒙受損失的人亦可以就此提出訴訟。】**

※ 財政司司長獲賦予認定新產品的權力：

- 有權將新金融產品訂明為屬或不屬證券或期貨合約，集體投資計劃，場外衍生工具產品。

# 第三章　模擬練習

1. 維基公司為香港一家持牌法團，以下哪家公司**可被視為**其有聯繫實體？

    A　甲公司，與維基公司有控權實體關係。
    B　乙公司，在香港收取維基公司客戶資產的公司。
    C　丙公司，與維基公司存在相同的股東。
    D　丁公司，與維基公司有控權實體關係且在香港收取維基公司客戶資產的公司。

2. 在香港的註冊機構，**必須遵守**以下《證券及期貨規則》內的哪些規則？

    A　《客戶款項規則》
    B　《財政資源規則》
    C　《帳目及審計規則》
    D　《備存紀錄規則》

3. 維基公司是一家持牌法團，持有客戶資產，杜先生是該公司的客戶。在維基公司的例行檢查中，發現有屬於杜先生的資金未存放到獨立的帳戶中，請問以下描述**不正確**的是？

I 該公司需立即停業，並向證監會報告。
II 停止任何受規管活動，並向證監會報告。
III 在知悉違規後一個營業日內，以書面通知證監會。
IV 在切實可行的範圍內，書面通知證監會。

A 只有 I、II、IV
B 只有 III、IV
C 只有 I、III、IV
D I、II、III 及 IV

4. 假如上市法團違反披露規定，在以下哪些情況下，該法團的某高級人員**必須**承擔法律責任？

I 該項違反是高級人員的下屬員工造成的。
II 該項違反是由該人員疏忽的行為所導致。
III 該項違反是由法團以外人員蓄意造成。
IV 該名高級人員採取了一項措施防止該項違反，但措施效果不佳，沒有成功阻止該項違反。

A 只有 I、III、IV
B 只有 I、III
C 只有 I、II、III
D 只有 II、IV

5. 維基公司是一家香港的持牌法團，證監會懷疑該公司有違法行為，以下哪項相關描述是**正確**的？

A 證監會的僱員可以直接進入維基公司的辦公處所作出檢查。
B 證監會在經相關部門的批准下，可以進入維基公司董事的私人處所。
C 證監會在經相關部門的批准下，可以永久保留在相關場所取獲的文件。
D 證監會可以直接強行進入相關處所。

6. 就證監會僱員是否可以向裁判官申請要求發出手令，以下描述**正確**的是？

I 可以，要求身處在某處所的任何人士交出任何相關文件。
II 不可以，此類申請只可以由調查員申請。
III 可以，禁止任何人刪除或更改或移離任何相關文件。
IV 不可以，因為此類權力僅向警務人員開放，證監會僱員不屬公務員體系，不具備執法資質。

A 只有 I、III
B 只有 I、II
C 只有 I
D 只有 II、III、IV

7. 維基公司是一家香港公眾公司，以下哪些**屬於**該公司的控權實體？

I 麗穎公司，擁有維基公司 20% 的股份。
II 甲公司，擁有維基公司 20% 的投票權。
III 乙公司，有權提名維基公司董事。
IV 丙公司，擁有維基公司 30% 的權益，從而可以否決公司的決議。

A 只有 I、II、III
B 只有 II、III
C 只有 II、III、IV
D 只有 I、III

8. 以下有關對投資者賠償的説法，**不正確**的是？

I 投資者賠償基金只彌補交易所參與者客戶的損失。
II 賠償基金的主要來源是投資者賠償基金的徵費，由賣方按比例收取。
III 證監會直接管理投資者賠償基金。
IV 投資者賠償基金的賠償上限會參考個人情況而定，目前最高的申索標準為 50 萬港幣。

A 只有 I、II、III
B 只有 II、III
C 只有 I、II、IV
D I、II、III 及 IV

9. 維基公司是一家香港持牌法團，最近該公司發現其未能遵守證監會的《財政資源規則》，相關帳務統計出現錯誤。以下説法、做法或理解是**正確**的？

I 應當在切實可行的範圍內，儘快以書面形式通知證監會。
II 必須立即停止受規管活動，待證監會核查清楚後恢復。
III 法團須在知悉有關違規一個營業日內，以書面通知證監會。
IV 如此時未經證監會的許可繼續交易，則有可能屬犯罪。

A 只有 I、II
B 只有 III、IV
C 只有 I、II、III
D 只有 II、III、IV

10. 維基公司是一家香港持牌法團，也是上市公司，當出現以下哪些情景時，證監會**可以**干預該持牌法團經營業務的方式？

I 維基公司的某些做法損害了大股東的利益。
II 維基公司的某些做法損害了少數股東的利益。
III 證監會認為其干預持牌法團的做法符合投資大眾的利益。
IV 維基公司的做法損害了某些供貨商的利益。

A 只有 I、II
B 只有 III、IV
C 只有 I、II、III
D 只有 II、III、IV

11. 杜先生為香港持牌法團維基公司的董事，他最近被裁定犯罪，請問這對於維基公司有何影響？

A 因為是董事個人的犯罪，所以對維基公司沒有影響。
B 如果犯罪的法律制裁已經結束，則對維基公司沒有任何影響。
C 維基公司會被證監會調查，但只會影響個人牌照。
D 維基公司的牌照可能被吊銷。

12. 維基公司是一家證監會 1 號牌照的持牌法團，當出現下列甚麼情況下，證監會**可以**干預持牌法團的經營業務方式？

I 公司僱員杜先生不符合適當人選的標準。
II 公司僱員李先生為持牌代表，及後因為違規，失去了適當人選資格。
III 維基公司違反《證券及期貨條例》中的任何一條規定。
IV 維基公司的牌照被暫時吊銷。

A 只有 I、II
B 只有 III、IV
C 只有 I、II、IV
D 只有 IV

13. 杜先生為維基公司負責合規工作的業務主管，但不是證監會持牌代表，他是否**屬於**證監會「受規管人士」？

A 屬於，因為他雖然不屬於持牌代表，但屬於負責人員。
B 屬於，非證監會的持牌人也可能屬於「受規管人士」。
C 不屬於，因為「受規管人士」必須是持牌代表。
D 不屬於，因為合規工作不屬於證監會的受規管活動。

---

14. 黃先生是中德公司的核數師，證監會擬委派核數師李先生審查中德公司，以下哪些是**正確**的陳述？

I 黃先生已在書面報告中向證監會告知中德公司存在的風險和問題，所以黃先生不會被控違反核數師職責。
II 證監會收到中德公司客戶劉女士的舉報信，因此可以委任李先生進行調查。
III 中德公司旗下的所有業務，無論是否涉及審計工作，李先生都有權行使其權力。
IV 李先生無權向黃先生提出詢問，因為黃先生現時已離職。

A 只有 I、II
B 只有 II、IV
C 只有 I、III
D 只有 I、IV

15. 維基公司為香港一家持牌法團，也是上市公司，該法團違反了披露內幕消息的規定，以下有關陳述，哪項是**正確**的？

I 該法團的高級人員一定需要承擔法律責任。

II 該法團的高級人員不需要承擔法律責任。

III 如果是高級人員蓄意、罔顧後果而導致的，則高級人員一定需要承擔責任。

IV 如果高級人員未採取一切合理措施，來防止違反該項規則，則高級人員需承擔責任。

A 只有 I、II

B 只有 III、IV

C 只有 II、III

D 只有 II、IV

16. 以下有關披露內幕消息的責任，哪項陳述是**不正確**的？

I 上市公司必須向公眾披露所有信息。

II 上市公司在知道內幕消息後，必須在三個工作日內披露。

III 上市法團的高級管理層在以該法團高層的身份執行責任時，即被看成知道該內幕消息。

IV 如果涉及一項已完成的商議或計劃，則該消息可以豁免被披露。

A 只有 I、II、III

B 只有 I、II、IV

C 只有 I、III、IV

D 只有 II、III、IV

17. 以下有關持牌法團的說明，哪項是**正確**的？

I 指受香港金融管理局直接監督並獲證監會註冊的認可財務機構

II 指獲證監會發牌及直接監督的法團

III 指受金管局監管的註冊機構

IV 指受香港金融管理局認可的財務機構

A 只有 I

B 只有 II

C 只有 I、II

D 只有 III、IV

18. 以下有關審計事項的陳述，**正確**的是？

A 證監會的審計條文適用於註冊機構。

B 與審計有關的主要規定載於《證券期貨條例》的附屬法例。

C 持牌法團需要於財政年度終結時將經審計帳目呈交證監會。

D 持牌法團如屬停業，也需要將經審計的營業帳目呈交證監會。

19. 以下有關《有關與證監會合作的指引》的陳述，**不正確**的是？

I　證監會根據案件的複雜性來寬減紀律制裁。
II　迅速地向證監會報告違規行為屬與證監會合作的方式。
III　證監會的寬減制裁的程度不能量化衡量。
IV　如就客戶的損失進行全額賠償，屬於與證監會合作的方式。

A　只有 I、II
B　只有 I、III
C　只有 I、IV
D　只有 II、III

---

20. 在以下哪些情況下，證監會**可以**採取紀律行動，暫時吊銷或撤銷某持牌法團牌照？

I　因為破產而與債權人訂立了債務安排
II　董事在精神上無行為能力
III　公司破產
IV　沒有償還供應商的欠款

A　只有 I、II
B　只有 III、IV
C　只有 I、II、III
D　只有 II、III、IV

# 第三章　模擬練習答案及解析

**1. 答案：D**

**解析：**只有選項 D 是符合的，因為有聯繫實體的明確定義是，有控股關係 + 保有客戶資產；注意兩者是相加而非或者關係。規例原文如下——

中介人的有聯繫實體界定為以下公司（包括在海外註冊成立但於香港設有營業地點的公司）：

(a) 與該中介人有控權實體關係；及

(b) 在香港收取或持有該中介人的客戶資產的公司。

**2. 答案：D**

**解析：**問題中的註冊機構只需要遵守《備存紀錄規則》。

**3. 答案：A**

**解析：**選項 I 為無中生有的不正確內容。選項 II 說法也不對，這是未能遵守《財政資源規則》指定資金數額時才需要做的。由於選項 III 的說法完全正確，所以選項 IV 錯誤。

## 4. 答案：D

**解析：**規例的原文為——

如上市法團違反披露規定，在以下情況下，該法團的某高級人員亦須承擔法律責任：

(a) 該項違反是由該人員的蓄意、罔顧後果或疏忽的行為所導致；或

(b) 該人員沒有採取一切合理措施防止該項違反。

基於此，選項 I 的説法含糊，既不符上文規定，也看不出下屬的行為是由於誰引起的，所以不選。選項 III 説由法團以外的人違反，明顯是不正確的説法。選項 IV 的正確説法是「如果高級人員沒有採取一切合理措施防止該項違反，則負有責任」，由於單從選項 IV 的描述，看不出有採取一切合理措施，所以應當負責。

## 5. 答案：B

**解析：**選項 A 和選項 D 錯誤，正確是需要向裁判法院申請手令。選項 C 錯誤，準確的説法是最長保留該等文件六個月，保留期可以延長。

## 6. 答案：A

**解析：**選項 II 説法錯誤，除了調查員外，證監會僱員、或獲授權人均可以申請；另外，證監會僱員、獲授權人或調查員在適當情況下可以向裁判官申請要求發出手令。

**7. 答案：C**

**解析：**就法團而言，控權實體指控制該法團不少於 20% 投票權，或有權提名該法團任何董事，或於該法團擁有股份權益可否決或修訂其決議案的人士。因此選項 II 正確，而選項 I 的說法則錯誤。

**8. 答案：A**

**解析：**選項 I 說法錯誤，該基金也可以彌補非交易所參與者的損失。選項 II 錯誤，徵費是同時對買賣雙方收取的。選項 III 錯誤，證監會不是直接管理，而是交由投資者賠償有限公司處理。

**9. 答案：B**

**解析：**選項 I 和選項 II 是未能遵守《財政資源規則》所指明的資金數額（主要是各項受規管活動需要維持的資金）時才需要的行動。另外，因為考題所說的是過去的錯誤，所以視錯誤的大小作出挽救，不一定必須停止受規管活動（如錯誤較輕微）。

選項 IV 正確，因為後面所說的是有可能犯罪，惟具體要看行為是否干犯罪行。

## 10. 答案：D

**解析：**選項 I 說法不準確，正確是損害了少數股東的利益的情況下，證監會才可以干預。另外，注意選項 IV 的說法是正確的，因為供應商屬於「與法團有業務來往的人士」。回顧一下相關的知識點——

證監會可干預持牌法團經營業務的方式的原因包括以下幾點：

(a) 可保障持牌法團的投資者及上市法團的少數股東的利益，並保障與該等法團有業務往來的人士及其他債權人的利益；

(b) 在符合投資大眾或公眾利益時可運用；

(c) 在持牌法團出現下列情況時運用：

　(i) 顯示其不符合適當人選標準；

　(ii) 違反指明的《證券及期貨條例》條文；或 (iii) 其牌照已被暫時吊銷或撤銷。

## 11. 答案：D

**解析：**個人、法團或董事被裁定犯罪，致使其適當性受質疑會被吊銷或撤銷牌照或註冊，個人的不當行為會對公司有影響，比如會被認為公司不具備合適的人力資源來進行經營，因此個人的行為有可能影響到公司。唯一合適的答案是選項 D。

## 12. 答案：D

**解析：**選項 I 的陳述不準確，因為並不是每名公司僱員都受到證監會的規管，所以不是每名僱員都要符合適當人選的要求。選項 II 不屬於**可以干預**的情況，因為違規後已經被處理，就不需要再作干預。選項 III 錯誤，正確説法是違反指明的《證券及期貨條例》，也就是説《證券期貨條例》裏有很多條規則，只有違反了當中的某些規則，證監會才能干預。

就以下情況，證監會獲《證券及期貨條例》授權干預持牌法團的經營方式：

(a) 可保障持牌法團的投資者及上市法團的少數股東的利益，並保障與該等法團有業務往來的人士及其他債權人的利益；

(b) 在符合投資大眾或公眾利益時可運用；及

(c) 在持牌法團出現下列情況時運用：(i) 顯示其不符合適當人選標準；(ii) 違反指明的《證券及期貨條例》條文；或 (iii) 其牌照已被暫時吊銷或撤銷。

## 13. 答案：B

**解析：**「受規管人士」指持牌法團、持牌代表、持牌法團的負責人員或參與持牌法團的業務管理的人。上述最後一類的受規管人士不一定是證監會的持牌人。而被視作核心職能主管的人士須承擔法律責任，即選項 B 正確。

總結一下，首先，所謂「負責人員」是受證監會監管的人員的一個特定稱謂。其次，合規工作不一定是證監會規管活動，所以相關人等可能不是證監會定義下的負責人員。須留意，證監會的監管範圍在某些情況下並不止於持牌代表或負責人員。

## 14. 答案：A

**解析：**由證監會委任的核數師，其權力僅限於關乎審計的業務，所以選項 III 錯誤。只要是受查公司的核數師，不管離職與否，證監會委派的核數師都有權詢問，所以選項 IV 錯誤。

## 15. 答案：B

**解析：**根據條文，如果高級人員蓄意、罔顧後果而引發披露內幕消息行為，則該人員當然需要承擔責任；而即使高級人員僅是不作為（即未採取一切合理措施來防止違規），也須承擔責任。換言之，選項 III 和 IV 均正確。

## 16. 答案：B

**解析：**選項 I 說法不準確，特定例外情況的除外，可以不披露。選項 II 說法不準確，正確是在合理地切實可行的範圍內，儘快向公眾披露該消息。選項 IV 說法也錯誤，正確是未完成的商議或計劃才可以豁免被披露。規列的相關原文是——

上市法團在若干情況期間無需根據《證券及期貨條例》第 307B 條披露任何內幕消息，包括以下情況：

(a) 如作出某項披露是被某成文法則或法庭命令所施加的限制禁止；

(b) 該消息得以保密：

  (i) 該消息關乎一項未完成的計劃或商議；

  (ii) 該消息屬商業秘密；

  (iii) 證監會就海外法例或法院命令所禁止的披露授予豁免。

**17. 答案：B**

**解析：**選項 I 的認可財務機構註冊後便變為「註冊機構」，所以選項 I 錯誤。選項 III 的持牌法團和註冊機構，兩者屬於並列（非從屬）概念，所以也錯誤，並按相同道理選項 IV 錯誤。

**18. 答案：D**

**解析：**選項 A 的説法錯誤，並不適用於註冊機構。選項 B 錯誤，那不是附屬法例。選項 C 亦錯誤，正確是終結後的四個月內呈交證監會。

**19. 答案：B**

**解析：**選項 I 的説法不準確，正確應該是根據中介人與證監會合作的時間早晚來判斷紀律制裁的程度。選項 III 説法亦不準確，那是可以量化的，按條文最高可減免 30%。

**20. 答案：C**

**解析：**選項 IV 的説法不正確，準確的説法應是「沒有清償某項實施執行所涉及的款項」；題目僅指單獨欠供應商的款項，無法判定是否為某項清償所涉及的款項。法規的原文如下——

《證券及期貨條例》闡明證監會可採取紀律行動的其他情況，包括在以下情況暫時吊銷或撤銷牌照或註冊：

(a) 破產或財產被接管或與債權人訂立債務安排；

(b) 沒有清償某項實施執行所涉及的款項；

(c) 個人或董事在精神上無行為能力；或

(d) 個人、法團或董事被裁定犯罪致使其適當性受質疑。

# 第四章

# 發牌及註冊與附屬法例

本章主要介紹證監會根據《證券及期貨條例》訂立的發牌要求和訂立規則的權力，以及若干較重要的附屬法例，如何應用於各種受規管活動，包括對場外衍生工具交易與開放式基金型公司的監管。

## 4.1 《證券及期貨條例》發牌和註冊制度

※ 證監會發出的牌照——

- 分兩類：**公司**，以及**個人**。
- 13 類受規管活動詳見第三章 3.3 節（本書第 89 頁）
- 特殊規定：
  - 認可財務機構可以豁免第 3 類及第 8 類發牌；

    **【因這兩類受規管活動對註冊機構來說屬其本職工作，已有金管局相關牌照。】**
  - 持牌代表隸屬於一名主事人（通常情況），也可隸屬於同一公司集團內的多個持牌法團；

    **【隸屬於多個主事人屬特殊情況，需獲證監會批准。】**
  - 單一發牌制度的含義：一種或多種受規管活動在一張牌照上。

    **【單一牌照不是說一個人只能獲發一張牌照，而是一張牌照上寫明多個受規管活動。】**

※ 董事會的責任——

- 中介人的董事會對中介人的操守、營運及財務穩健性負有**最終**的責任。

  **【就算是中介人的前線員工因犯錯產生問題，董事會也要負上一定的責任。】**
- 董事會通常將大部分決策權力轉授予高級管理層，包括負責核心職能主管的人士等。

**【換言之，日常從事管理工作的是高級管理層。】**

◆ 董事會仍須對上述監督該等權力負責。

**【董事會僅是授權高級管理層進行日常管理，前者仍是最終負責人。】**

※ 有關負責人員的規定——

◆ 負責人員是**持牌代表**；

◆ 持牌法團整體任命**至少 2 名**負責人員，其中一名必須為**執行董事**；

**【執行董事的參與能提高負責人員在公司中的地位，有利於監管。】**

◆ **每一類受規管活動有至少兩名負責人員**，同時至少有一名負責人員可時刻監督該活動及**長駐香港**。

◆ 每名執行董事獲核准為負責人員；

**【有些主管並不是直接從事受證監會發牌規管的人士，比如公司中從事合規工作的人，但因為整家公司受證監會規管，故這些人士也必須成為負責人員，以便監管。】**

◆ 證監會**期望**核心主管（整體管理監督職能的人，以及負責主要業務職能的人）成為負責人員。

**【期望，意思是僅為鼓勵，並非必須。】**

**思考：**負責人員是否必然為執行董事？

**回答：**執行董事一定是負責人員，但負責人員不一定都是執行董事。

※ 有關主管人員的規定——

◆ 主管人員是註冊機構中的職務管理人，其地位相當於持牌法團中的負責人員。

| | **負責人員** | **主管人員** |
|---|---|---|
| 所屬機構性質 | 持牌法團 | 註冊機構 |
| 由誰核准 | 證監會 | 金管局 |

◆ **每一類受規管活動有至少 2 名主管人員**，同時至少有一名負責人員可時刻監督該活動。

※ 大股東——

◆ 大股東身份需要證監會批准。

◆ 法團大股東定義：

- 擁有該法團（法團甲）**已發行**股份總數的 10% 以上權益；
- 直接或間接擁有法團甲股東大會 10% 以上的投票權；或

  **【間接擁有也算，比如說 A 公司全資擁有 B 公司，B 公司持有 C 公司 10% 投票權，則 A 也是 C 的大股東。】**
- 能夠在另一法團（法團乙）的股東大會上行使不少於 35% 的投票權，而法團乙在法團甲的股東大會上擁有 10% 以上的投票權。

  **【控制權可以傳遞。】**

**思考：**為何持牌法團的大股東身份要證監會批准？

**回答：**持牌法團受證監會規管，而大股東對持牌法團有重大影響力，故須作間接監管。

※ 註冊機構——

◆ 註冊機構是從事證券及期貨業務的認可財務機構，但認可財務機構不一定從事證券及期貨業務。

**【留意，註冊機構必然有銀行業務。】**

◆ 註冊機構須遵守《銀行業條例》，委任最少兩名主管人員負責直接監管其受規管活動；

**【人員配置數目與持牌法團一致。】**

◆ 獲委任的人士的名字必須已名列於金管局存置的名冊上，並顯示為替某註冊機構從事某類受規管活動。

**【注意，名冊由金管局規管，並非證監會。】**

◆ 認可財務機構（包括銀行）如從事證監會規管的活動，需要向證監會註冊，成為註冊機構。

**【可理解為認可財務機構不受證監會監管，也不能從事受證監會規管的活動，除非獲豁免。如果一家銀行不從事證券及期貨業務，就不用註冊為註冊機構。】**

◆ 證監會與金管局**共同規管**註冊機構，而金管局則為**前線**監管機構。

**【可理解為金管局管理註冊機構的日常經營，證監會則只管理註冊機構的受規管活動。】**

◆ 除**資本充足水平、處理客戶款項及審計規定**外，金管局採用證監會的規管準則來監管。

※ 有關豁除受規管問題——

| 受規管活動類別 | 其他可能涵蓋的受規管活動類別 |
|---|---|
| 第 1 類 | 第 4 類、第 6 類、第 9 類（若完全附帶於第 1 類）可提供財務通融（第 8 類），以利便持牌人為其客戶取得或持有證券。 |
| 第 2 類 | 第 5 類或第 9 類（若完全附帶於第 2 類） |
| 第 4 類 | 第 1 類 |
| 第 6 類 | 第 1 類 |
| 第 9 類 | 第 1 類、第 2 類、第 4 類或第 5 類（倘若完全附帶於第 9 類） |

◆ 豁除規則的邏輯如下：

■ 具備第 1 類及第 2 類受規管活動的牌照後，順帶進行的其他類別的活動，不需要發牌。

**【因為這兩類牌照的活動已受證監會規管，給予豁除有利於簡化行政流程和減輕被規管對象的負擔。】**

■ 具備第 4、第 6 號牌照也可以豁免第 1 號牌照。

**【4、6 號牌可以看成是在 1 號牌基礎上的綜合活動。】**

■ 具備 9 號牌牌照可以豁免一些為了從事 9 號牌業務而順便進行的活動。

◆ 其他豁除規則——

| 豁免的規例 | 其他可能涵蓋的受規管活動類別 |
|---|---|
| 專業人士附帶進行的 | 會計師、律師及大律師完全因其專業身份而附帶進行第 4 類、第 5 類、第 6 類及第 9 類。 |
| 不受證監會直接監管的機構 | 信託公司完全因其履行受託人職責而附帶進行第 4 類、第 5 類、第 6 類及第 9 類。 |
| 集團公司的豁免 | 純粹為其全資附屬公司、持有其所有已發行股份的控股公司，或該控股公司的其他全資附屬公司而從事第 4 類、第 5 類、第 6 類及第 9 類受規管活動的法團。 |

**思考：**專業人士為甚麼能豁免？何時能豁免？

**回答：**專業人士有一定的專業技能，也有對應自己本職工作的監管機構進行監管，所以毋須重複監管。專業人士必須在從事本職工作順帶而進行的受證監會規管的活動時才可獲豁免。

**思考：**為何信託公司能豁免？

**回答：**信託公司從事的資金管理業務本身就不是證監會規管範圍（集體投資計劃的資金託管除外），加上受到金管局等機構的監管，規管標準較證監會嚴格，所以毋須重複監管。

**思考：**為何集團公司能豁免？

**回答：**集團公司可看成一個整體，接受着整體監管，給予豁免可減省監管成本。



※ 短期牌照和臨時牌照——

| **牌照類別** | **發放對象** | **牌照的限制** |
|---|---|---|
| 短期牌照 | 主要在海外經營業務的公司 | 1. 有效期不超過 3 個月；<br>2. 同一人在 24 個月期間內持有短期牌照的總時間不得超過 6 個月。<br>3. **第 3 類**及**第 7 類至第 9 類**受規管活動不設短期牌照。 |
| 臨時牌照 | 對牌照正式申請前作出的 | 有效期為證監會對代表牌照申請作出最終決定前期間，證監會有決定後便撤銷該牌照。<br>【無論批准與否，臨時牌照都會被撤銷。】 |

**思考：**短期牌照和臨時牌照有何關聯？

**回答：**兩者劃分的標準完全不同，並無直接關係。

**思考：**為甚麼第 3、7、8、9 類受規管活動不會被核發短期牌照？

**回答：**第 3 類受規管活動有槓桿性質，風險較大。第 7 類涉及基本硬件條件是否滿足要求，審批時間或較長，而第 8、9 類屬長期業務，所以都不適合發放短期牌照。

**思考：**臨時牌照是否也有限制受規管活動類別？

**回答：**與短期牌照不同，從事任何受規管活動都可獲發臨時牌照。



※ 代表隸屬關係的轉移——

◆ 如持牌代表終止受僱，**法團**須於該項終止發生後的 **7 個營業日內**通知證監會。

**【注意這是法團需要做的事。】**

◆ 代表可於 **180 日內**將其隸屬關係轉移至另一個持牌法團，否則，其牌照會被撤銷。

**【撤銷後再申牌必須再次接受考試。】**

◆ 上述規則也適用於註冊機構，但要通知的是金管局。

※ 經紀的稱銜（指明稱呼的使用）——

◆ 未領有第 1 類受規管活動牌照的人士，不得使用以下稱銜：

■ 股票經紀；

■ 債券交易商；

■ 債券經紀；

■ 證券交易商；或

■ 證券經紀。

**【因這些稱謂都是需要獲發牌後才可從事的工作，隨便使用容易對公眾造成誤導。】**

※ 持牌代表及負責人員的適當人選指引——

| **主要考察項目** | **適當人選（個人）主要考察點** | **適當人選（公司）主要考察點** |
|---|---|---|
| 財政狀況或償付能力 | 1. 不得（在香港或香港以外）為未獲解除破產、近期獲解除破產、目前正進行破產訴訟；或<br>2. 未能償還法院裁定的債務的人士。<br>**【關注的是現在是否破產，而非曾否破產；另亦只關注涉法院裁定的債務。】** | 1. 持牌代表必須符合《財政資源規則》，註冊機構則須符合金管局的資本充足水平的要求；及<br>2. 不得為遭受破產訴訟或未能償還任何經法院裁定的債務的人士。 |
| 勝任能力及才能 | 年滿 18 歲，勝任能力測試要求的經驗和學歷。 | 擁有合適的業務架構、穩健的內部監控與風險管理系統，以及稱職的員工。 |
| 信譽、品格及財政穩健性 | 1. 未曾違反證監會守則或指引；<br>2. 未曾遭專業協會施以各類紀律處分；未曾遭法庭取消擔任董事的資格；及<br>3. 未曾擔任無力償債法團的董事或主要股東，或未曾參與管理有關公司。<br>**【注意這跟董事的任職標準有區別，董事的要求之一是「不得在擔任無力償債公司的董事期間被評為不稱職董事」。】** | 1. 信譽良好及財政穩健；<br>2. 證監會在必要時將與警方、海關及海外監管機構一併進行審核測試。 |

※ 保薦人、合規顧問、《收購與合併股份回購守則》相關額外規定——

| **保薦人** | **合規顧問** | **《公司收購、合併及股份回購守則》相關額外規定** |
|---|---|---|
| 持有第 6 類牌照，遵循《上市規則》中關於保薦人的規定。<br>【注意，證監會也會引用聯交所的規則。】 | 1. 時刻擁有至少兩名主要人員來監督交易小組。主要人員必須為保薦人商號的負責人員或主管人員；及<br>【主要人員可簡單理解為保薦人內部的主管。】<br>2. 時刻維持 1,000 萬港元最低實繳股本。 | 至少有一名收購及回購守則負責人員監督並參與每項提供意見的交易。 |

- 總結：因為保薦人、合規顧問、《收購與合併股份回購守則》等相關活動屬第 6 號牌照中特殊的受規管活動，所以如果打算從事上述受規管活動，僅具備 6 號牌的一般資格並未夠，還要具備上述相應的特殊資格。

※《持續培訓的指引》

| **人員身份** | **規定每個曆年參加持續培訓的時數** | **備註** |
|---|---|---|
| 持牌代表或有關人士 | 至少 10 個小時 | 不論人員從事多少及哪類受規管活動 |
| 負責人員 | 至少 12 個小時 | 該兩個額外小時的持續培訓應與監管合規相關 |

| **人員身份** | **規定** |
|---|---|
| 個人從業員 | 至少 5 個小時的培訓內容與其在參加該持續培訓期間獲發牌進行的受規管活動直接相關 |
| 從事保薦人工作的個人從業員 | 至少 2.5 個小時培訓內容與的保薦人相關 |
| 收購及回購守則顧問和收購及回購守則負責人員 | 至少 2.5 個小時的培訓內容與兩份守則相關 |

| 人員身份 | 規定 | 備註 |
|---|---|---|
| 每名從業人員 | **每個曆年**完成不少於 **2 個小時**職業道德與合規方面的持續培訓 | |
| 在香港的新入行個人從業員 | 於 **12 個月內**必須完成 **2 個小時**有關職業道德的持續培訓（此為**一次性**要求） | 短期牌照持有人除外 |

**思考：**持牌代表（或負責人員）與個人從業員的區別？

**回答：**後者包含前者，後者的範圍更大。因為只有一部分從業人員才是持牌代表（或負責人員）。

**思考：**為甚麼負責人員要求高於持牌代表，而持牌代表的要求又高於個人從業員？

**回答：**如上一題所述，個人從業員中只有一部分持牌代表（或負責人員），加之又是證監會直接規管人員，所以要求較高。

**思考：**曆年和週期年有何分別？

**回答：**曆年（Calendar year）是指每年 1 月 1 日到 12 月 31 日的期間；而週期年是指從現在（或任何時點）往後推的 12 個月期間。注意兩者在相關規定中的表述區別。

◆ 持續培訓的認可內容：

■ 包括認可的課程、研習班、講授班、研討會、遙距課程、需要呈交習作的自修課程、業內研究、發表論文及作出演講等方式。

【必須與金融業有關。】

- 正常金融業務工作、閱讀財經報刊等毋須與他人交流的活動，不被視作持續專業培訓。

【正常工作無法確定是專門為了學習而做。】

◆ 培訓課題

| 課程分類 | 一般人員 | 負責人員（僅列較一般人員多出的培訓內容） |
|---|---|---|
| 行業法律法規 | 合規準則；法例規定及監管標準；業務操守及職業道德操守；一般法律原則 | |
| 金融產品 | 市場發展；新推出的金融產品及風險管理系統 | |
| 職業技能 | 商業傳訊技巧及業內的作業方式 | 業務管理；一般管理及監督技巧 |
| 理論知識 | 基本會計理論；基礎經濟分析；金融科技；網絡保安；資訊科技 | 風險管理及監控策略；宏觀及微觀經濟分析；財務匯報及定量分析 |

◆ 總結：一般人員與負責人員的主要區別在於前者培訓課題為較基礎內容，後者更加側重管理和宏觀概念。

◆ 違反《持續培訓的指引》的後果：

- 其繼續持牌或註冊的適當人選資格將受到質疑；及
- 可能導致證監會或金管局展開紀律行動。

※ 金管局對於註冊機構人員的要求——

◆ 受規管活動的人士必須名列於金管局的紀錄冊中；

【列於名冊上，才屬金管局規管框架下合資格的從業人士。】

◆ 註冊機構每一類受規管活動委任至少兩名主管人員，且至少一名時刻監督有關活動的業務。

【與對持牌發團的要求一致。】

**思考：**註冊機構不用遵守哪些《證券及期貨條例》的附屬法例？

**回答：**《證券及期貨（財政資源）規則》《證券及期貨（客戶款項）規則》《證券及期貨（帳目及審計）規則》。

【即所有關於錢的規則，註冊機構都不用遵守（因另受金管局監督）。】

## 4.2 資本規定

※ 資本對中介人的重要性（實施《證券及期貨（財政資源）規則》的理由）

◆ 穩健充足的資金可確保持牌法團：

■ 支持其業務活動水平；

■ 債務到期時能償還債務；及

■ 在發生突發事件時可提供緩衝。

**【重點仍是保障債權人，尤其是投資者的權益。】**

◆ 《財政資源規則》對資產負債表的基準編製要求——

■ 必須根據普遍接納的會計原則草擬；

**【以防標準不一致。】**

■ 採用的基準必須反映交易的實質情況；

■ 個別項目必須於交易日而非交收日計算；及

■ 未於資產負債表中呈列的負債一般須計算在內，除非獲證監會豁免。

※ 速動資產、認可負債及速動資金——

◆ **速動資產**

- 釋義：根據資產變現速度來考慮資產的價值。
- 對資產進行分類的原因：資產變現速度關乎持牌人的償債能力。
- 分類結果：

1. 可以隨時動用的現金及近似現金項目：以全值100%計算；
2. 不能迅速轉換為現金的資產（如房地產、商譽、專利權等）：扣減率為 100%，即其價值減至零；
3. 介乎以上兩類資產之間的不同資產，可予不同扣減百分比率。

**【例如股票，因為變賣過程中有損失，折扣率須根據監管機構經驗釐定。】**

◆ **認可負債**

- 釋義：簡言之，就是證監會認可的負債。
- 證監會允許某些負債可從總負債中扣減出來，例如後償貸款。

**思考：**為甚麼後償貸款可以從總負債中扣減出來？

**回答：**後償貸款是優先級的貸款被償還後才能得到償還的貸款，之所以能被扣減，是因為這種貸款相對穩定，償還壓力小。

◆ **速動資金**及其規定

■ 釋義：速動資產 - 認可負債 = 速動資金

**【注意，速動資產和速動資金的區別是，前者的資產範圍大，要包含資金。】**

■ 持牌法團在任何時候均須維持規定的速動資金或最低資金水平。

■ 核准介紹代理人及從事第 4、5、6、9、10 類受規管活動，**並且**沒持有客戶資產的持牌法團具有較低的規定速動資金要求。

**【注意，是上列受規管活動 + 沒持有客戶資產，兩者是並存關係。】**

**思考：**為甚麼負債還需要證監會認可（稱為「認可負債」）？

**回答：**因為根據上述公式，認可負債的金額大小，直接關係到速動資金的水平。

※ 繳足股本規定

◆ 持牌法團須根據其從事的受規管活動，須維持最高 **3,000 萬港元**的繳足股本。

**【各類受規管活動的要求不同，例如槓桿類活動，證券保證金融資需要較高的繳足資本要求。】**

◆ 持牌法團倘從事一項以上的受規管活動，必須維持適用於個別活動的最高單一規定。

**【就高原則。】**

- 核准介紹代理人，以及並無持有客戶資產的證券顧問、企業融資顧問、資產管理人及信貸評級機構，沒有繳足股本規定。

  **【沒持有客戶資產，即是對客戶沒有風險，所以也沒有繳足股本要求。】**

※ 向證監會發出通知（或停止活動）的要求——

- 如未能維持前述各項資本規定，必須**立即停止**受規管活動並通知證監會；
- 舉例：除非證監會容許法團繼續進行有關活動，否則未能遵守速動資金或繳足股本規定的法團，必須停止活動。
- 須於**一個營業日內**以書面通知證監會的情況：
  - 速動資金低於規定速動資金的 120% 或低於規定速動資金，或低於最近申報速動資金的 50%；
  - 先前申報表中提交的資料已變成虛假或誤導性資料。

    **【次項情況較首項輕微，所以如果發生資項情況，還是可以繼續進行受規管活動。】**

※ 向證監會呈交申報表——

- 從事受規管活動的獲發牌持牌法團，必須**每月**編製速動資金及規定速動資金申報表。
- 上述屬一般情況，例外情況為：第 4、5、6、9、10 類活動持牌人（即不涉及持有客戶資產，純顧問的公司），可**每半年**編製申報表一次；
- 所有申報表均須載有證監會指明的申報資料。

**思考：**為何對於不同的持牌法團，呈交申報表的頻率亦不同？

**回答：**對於持有客戶資產的持牌法團，要求更頻繁地提交速動資金申報表，以進一步保障客戶利益。

※ 證監會的要求及核准——

- 可**隨時**要求持牌法團提供資料，以檢討法團的財政狀況。
- 證監會可應提出的申請，批准如下事項：
  - 批准持牌法團為「核准介紹代理人」(只介紹特定種類業務，並且沒持有客戶資產)；

    **【核准介紹代理人一般情況下毋須承擔法律責任。惟在特殊情況，如涉故意失責或欺詐時，也要承責。】**
  - 批准可贖回股份成為核准可贖回股份，以及核准後償貸款成為核准後償貸款；

    **【批准後，這兩個項目可以不計入認可負債，令中介人速動資金變多。】**
  - 批准修改或豁免有關速動資金的計算；
  - 批准《財政資源規則》的修訂或豁免；

    **【有前提條件：所作的修訂或豁免不得損害任何客戶或投資大眾的利益，並須於互聯網上公告發表，以保持透明度及公眾知情權。】**
  - 批准採納普遍接納的會計原則以外的會計原則。

## 4.3 《證券及期貨（客戶證券）規則》

※ 誰可收取或持有中介人的客戶資產——

◆ 中介人；

◆ 中介人的有聯繫實體；或

**【有聯繫實體定義中就有收取中介人客戶資產的內容。】**

◆ 其他獲認可人士，包括：認可財務機構、可存放客戶抵押品的其他中介人、經證監會核准的任何境內外公司，或證監會指明的任何人士。

※《證券及期貨（客戶證券）規則》適用對象——

◆ 所有中介人都需要遵守，具體適用情況如下：

■ 於認可證券市場（聯交所）上市或交易的證券；或屬經證監會認可的集體投資計劃；及

■ 中介人或其有聯繫實體，於香港進行受規管活動的過程中收取或持有。

◆《客戶證券規則》不適用於以下情況：

■ 由中介人客戶以其本身名義於該中介人或其有聯繫實體以外的人士開立的帳戶內的客戶證券。

■ 舉例：客戶 A 在中介人 B 和 C 分別開立帳戶，中介人 B 只能依據《客戶證券規則》適用於 A 在其公司開立的帳戶，而不能適用於 A 在 C 公司開立的帳戶。

◆ 第 13 類受規管活動中介人及其有聯繫實體的責任：

■ 儘快確保該等證券存放於獨立的帳戶作穩妥保管或已獲登記；

■ 其後僅可按照書面指令處理該等證券。

**【因為此類受規管活動主要管理的是集體投資計劃的資產，涉及到大量人的投資，規管標準要求較高，因此只能按照書面指示處理。】**

**思考：**《客戶證券規則》是否適用於**非認可交易所**上市或交易的證券？

**回答：**不適用。因為證監會制定規則也要考慮其可行性。如果不在認可交易所，證監會便難以監管，因此無法執行該規則。

**思考：**如果不是在香港收取的客戶證券，《客戶證券規則》是否適用？

**回答：**不適用，理由同上。

**思考：**不在受規管活動中收取的客戶證券，《客戶證券規則》是否適用？

**回答：**不適用，這不屬《客戶證券規則》規管的對象。因為此規則的立法初衷不是保護這類證券，而是由其他法律規管。

※ 常設授權——

| **目的和作用** | 方便獲授權單位處理客戶資產 |
|---|---|
| **可獲授權對象** | 中介人或其有聯繫實體 |
| **有效期** | 不超過 12 個月（若客戶身份屬專業投資者，則不設限期） |
| **可否撤銷** | 可，且授權協議中會指明方式 |

◆　常設授權的續期——

| **何時可以續期** | 有效期屆滿前的任何時候 |
|---|---|
| **續期方法** | 1. 客戶書面要求；或<br>2. 自動續期*。 |
| **每次續期時長** | 不超過 12 個月（若客戶身份屬專業投資者，則可不設限期，或設任何期限） |
| *常設授權**自動續期**方法 | 1. 第一步：在有效期屆滿前的 14 天之前，中介人向客戶發出書面通知提醒客戶，該授權的有效期即將屆滿；<br>2. 第二步：通知該客戶除非提出反對，否則該授權會按相同條款續期（續期時長為此前授權的相等期間，或以不超過 12 個月的期間續期）；<br>3. 第三步：自動續期完畢後，需要在該授權屆滿日期後的一星期內，提供該授權續期的確認書。 |

※ 客戶證券／證券抵押品的處理——

◆　首先區分證券和證券抵押品，兩者要分開存放。

<table>
<tr><th>客戶資產類別</th><th>可存放在哪裏</th><th>帳戶的性質</th><th>以誰的名義登記</th></tr>
<tr><td>證券</td><td rowspan="2">1. 認可財務機構；<br>2. 核准保管人；或<br>3. 另一持有第 1 類牌照的中介人。</td><td>獨立帳戶存放（專設的信託或帳戶客戶帳戶）</td><td>1. 有關客戶；或<br>2. 中介人的有聯繫實體。</td></tr>
<tr><td>證券抵押品</td><td>獨立或非獨立帳戶</td><td>1. 有關客戶；<br>2. 中介人的有聯繫實體；或<br>3. 中介人本身。</td></tr>
</table>

**思考：**為甚麼證券和證券抵押品要分開存放？

**回答：**兩者性質不同。證券應當被視為客戶的資產，而證券抵押品則可被視作中介人的資產。

**思考：**證券抵押品是否可以存放到中介人處？是否能夠以中介人的名義登記？

**回答：**不可以存放到中介人處。但因為證券抵押品可以看成是中介人暫時控制的資產，所以准許以中介人的名義登記。

- 客戶證券及證券抵押品的處理（三種基本授權）——
  - 常設授權；
  - 書面指示；或
  - 某項出售進行交收的口頭或書面指示。

    **【注意，口頭指示也是接受的。而三種處理方法的區別是，常設授權強調的是中介人經常性的委託操作；餘下的書面/ 口頭指示則未強調經常性地授權予中介人按照一定規則操作，即可以是一次性的指示。】**
- 與客戶訂立書面協議後，中介人獲**允許**進行的事項——
  - 代表客戶把證券出售；
  - 處置客戶證券或證券抵押品，以償還欠付中介人、有聯繫實體或第三者的債務。

    **【注意，僅限償還債務。】**
- **不允許**通過常設授權進行的事項——
  - 以將客戶證券或證券抵押品，轉移至中介人或其有聯繫實體；
  - 或轉移予中介人的高級職員及僱員（除非該高級人員或僱員就是該客戶）；或

**【這兩項規定源於前述的客戶證券/ 證券抵押品，禁止存放到中介人或有聯繫實體名下。】**

- 以不合情理的方式處理客戶證券或證券抵押品。

  **【不合情理意指不公正、不適宜或不合理，比如明顯的低價賤賣。】**

◆ 常設授權的**許可交易**——

- 中介人取得客戶的常設授權後，可以使用客戶證券或證券抵押品：

  1. 進行股票借貸交易；
  2. 押予認可財務機構以借取款項（即再質押）；或
  3. 存入認可的結算所或另一持第 1 類牌照的中介人，作為償債的抵押品。

**思考：**許可交易對中介人有何好處？

**回答：**中介人可以利用客戶的證券或證券抵押品，通過再質押等方式獲得新資金，有利於提高中介人的資金流動性。

- 許可交易對再質押抵押品的要求：

  1. 第 1、8 類牌照的中介人依抵押品在該營業日的**收市價**，確定被再質押的證券抵押品之總市值；
  2. 如總市值超過保證金貸款總額之 140%，則在下個營業日結束前，降低抵押品之總值至低於保證金貸款總額總額的 140% 之下。

  **【因為抵押品價值過高明顯對客戶不公，同時也防止中介人過分依賴舉債投資。】**

## 4.4 《證券及期貨（客戶款項）規則》

※《客戶款項規則》適用範圍——

| | |
|---|---|
| **適用範圍** | 由以下單位收取或持有的客戶款項：<br>1. 持牌法團；或<br>2. 其有聯繫實體 |
| **不適用範圍** | 1. 在香港以外地方收取或持有，而仍留在香港以外地方的客戶款項；<br>2. 在香港收取或持有，但已按照《客戶款項規則》轉移往香港以外地方的客戶款項；或<br>3. 客戶以本身名義存於銀行帳戶的持牌法團客戶款項。 |
| **獲保障的客戶款項範圍** | 從客戶收取的款項（須減去客戶欠款及應付恰當費用） |

※ 收到客戶款項後的處理程序，主要為兩種形式：支付或存放——

1. 必須在收取有關款項的 3 個營業日內，將款項存入相關集體投資計劃指定的信託帳戶或客戶帳戶內；
2. 該帳戶必須在認可財務機構或由就上述目的獲證監會批准的任何其他人士處開立及維持；
3. 可根據集體投資計劃的計劃文件或書面指令，從帳戶提取款項。但不得支付予持牌法團、其有聯繫實體或與其有控權實體關係的高級人員或僱員。

**【嚴格控制提取款項的方式和給付人員，以保障投資者的資金安全。】**

| | |
|---|---|
| **收取款項後的行動** | 1. 建立一個或多於一個帳戶；<br>2. 帳戶須在認可財務機構或經證監會核准的機構維持；及<br>3. 指定為信託帳戶或客戶帳戶。 |

| **收取款項後的一個營業日內，將款項：** | 1. 存入獨立帳戶；<br>2. 直接支付予客戶；或<br>3. 按照**書面指示**/ **常設授權**支付該款項。 |
|---|---|
| **如未立即支付，後續處理方法** | 款項應一直存放於獨立帳戶，直至：<br>1. 向有關客戶支付該款項；<br>2. 按照**書面指示**/ **常設授權**支付該款項；或<br>3. 履行該客戶進行證券交易或期貨交易，支付該款項以遵從關於交收或保證金規定。 |
| **其他相關事項** | 除非有特別約定，否則所持客戶款項產生的利息歸客戶。<br>【因為該筆款項本質上是客戶資產。】 |

## 4.5 備存紀錄的規則

※ 中介人須備存紀錄的理由：

- ◆ 解釋和反映受規管業務的財務狀況及運作；
- ◆ 方便不時擬備財務報表；
- ◆ 顯示所處理的所有客戶資產及有關資產的變動；
- ◆ 按月與外間人進行對帳；
- ◆ 顯示中介人設有監控系統確保遵守法例規定；
- ◆ 方便妥善審計，並按照普遍接納的會計原則備存。

※ 備存紀錄規則的細則——

| **備存紀錄的格式** | **保存期** |
|---|---|
| 1. 中文**或**英文；及<br>2. 書面方式保存。 | 1. **所有紀錄**均應保存**最少 7 年**；<br>2. **收取指令及指示、成交單據副本**均應保存**最少 2 年**；<br>3. **電話錄音**不在《備存紀錄規則》要求中；而《操守準則》訂明應保存**最少 6 個月**。 |

※《成交單據規則》——

◆ 規則釋義：不僅規範成交單據，更涵蓋戶口結單和收據。

◆ 此規則僅在以下情況**不適用**於專業投資者：

■ 中介人已以書面通知客戶不會提供該等文件，客戶並無反對；或

■ 客戶已以書面同意不收取該等文件。

◆ 此規則也不適用於獲發牌（或註冊）從事 13 類活動的中介人或其有聯繫實體。

**【因為 13 號牌持有人的客戶是基金經理，而基金經理屬專業投資者，故不適用於此規則。】**



※ 成交單據

◆ 定義：載有交易合約詳情的文件。

| 成交單據應載列內容 | 製備成交單據的數量 | 發出成交單據的時間 |
|---|---|---|
| 1. 客戶的姓名；<br>2. 帳戶號碼；<br>3. 中介人經營業務所用的名稱；<br>4. 交易合約的所有詳情；<br>5. 中介人以哪種身份行事；<br>6. 帳戶是否屬保證金帳戶。 | 1. 通常就單一交易製備一份成交單據；<br>2. 同一日為同一客戶訂立的數份合約可列入同一份成交單據或綜合印在日結收單上。<br>【節省資源。】 | 於訂立合約後不遲於第二個營業日內向客戶或指定人士發出。<br>【如果太晚發出，會造成客戶遺漏重要資訊。】 |

※ 戶口日結單

◆ 定義：載有帳戶一天內所有交易明細及結餘的文件。

| 由誰製備 | 在甚麼情況下製備 | 在甚麼時間發出 |
|---|---|---|
| 1. 提供證券保證金融資*的中介人及其有聯繫實體；<br>2. 與客戶或代客戶進行保證金交易的中介人。 | 1. 存入或提取客戶資產時；<br>2. 訂立保證金交易，以及保證金交易平倉時。 | 須在指明事件發生後的第二個營業日終結前向客戶發出。 |

* 保證金融資：簡言之就是借錢買證券、外匯等，但是要支付一定的保證金以防止違約。

◆ 戶口日結單中包含的信息——

| 日結單的種類 | 具體載有的內容 |
|---|---|
| 與證券保證金融資有關 | 1. 該日開始及終結時該帳戶的結餘及結餘在當日的所有變動的細節；<br>2. 各種客戶證券及抵押品的數量、市場價格及市值；<br>3. 該日終結時各種證券及抵押品的保證金比率，以及保證金價值；及<br>4. 客戶證券及抵押品在該日內所有變動的細節。 |
| 與保證金交易有關 | 1. 在該日開始時及終結時該帳戶的結餘，以及該結餘在當日的所有變動的細節；<br>2. 由客戶或代客戶就每項保證金交易提供的各種保證的數量及市場價格，以及任何該等保證在該日內的所有變動的細節；<br>3. 每項在該日內完成的保證金交易詳情，包括由中介人平倉的交易；<br>4. 在該日終結時計算該帳戶所持未平倉交易的所有浮動利潤及浮動虧損，以及計算時所採用的價格；<br>5. 在該日終結時該帳戶的權益淨額；及<br>6. 在該日終結時為該帳戶而持有的未平倉持倉的一覽表、最低保證金規定及保證金溢差或逆差。 |

**思考：**成交單據和戶口結單有何分別？

**回答：**成交單據側重合約交易的詳情，戶口結單側重於整個戶口的全況，後者包含更詳盡的內容。

※ 戶口月結單

◆ 定義：載有客戶當月交易情況的文件。

| **載有的內容** | **在甚麼時候發出** | **特殊規定** |
|---|---|---|
| 1. 該月內為客戶訂立的所有合約；<br>2. 帳戶在該月開始及終結時結餘，及該月內的變動；及<br>3. 該月終結時的所有未平倉合約。 | 1. 在按月會計期*終結後的 7 個營業日內向客戶發出；<br>2. 資產管理人於 10 個營業日內發出月結單；<br>3. 只有當帳戶在該月內無任何活動而月底並無結餘時，才毋須發出月結單。 | 資產經理毋須就其管理的獲認可**集體投資計劃**的帳戶製備戶口月結單。<br>【因集體投資計劃的交易和餘額是匯集的，所以無法區分到每位客戶的交易和餘額。】 |

* 按月會計期：未必為曆月，可能以 4 個星期為一周期。

**思考：**資產管理人是否需要發出月結單？

**回答：**一般情況下需要發出，但如果涉及到其管理的集體投資計劃，則毋須發出。



※ 收據

◆ 收據的發出時間：在收取客戶資產或保證物後的第二個營業日終結前，即**交易日後的兩日**向客戶發出。

◆ **非必須**發出收據的情況：如客戶已經其他方式收到令其滿意的確認，則毋須發出收據。

**【因為收據可以看成是交易憑證，目前獲取的方式很多，證監會的規定並不是強硬的注意形式上的內容】**

※ 其他備存紀錄事項

◆ 客戶的權利：

■ 有權在向中介人提出要求後，儘快收取成交單據、戶口結單及收據；及

■ 在向證監會提出申請及獲指示後，查閱中介人備存的成交單據、戶口結單及收據的文本。

**【注意須先向證監會申請。】**

◆ 中介人保存單據的時間要求：

| 單據類別 | 至少保存為期 |
|---|---|
| 成交單據、戶口日結單、收據 | 2 年 |
| 戶口月結單 | 7 年 |

**思考：**為甚麼戶口月結單要求更長的保存期？

**回答：**月結單發放的頻率低，一旦要進行回溯調查，需要查詢較長時間的單據。

## 4.6 審計的規則

※ 財務報表

◆ 根據《證券及期貨（帳目及審計）規則》，中介人及其有聯繫實體須擬備**財務報表**：

| 一般擬備帳目包含的內容 | 針對活躍持牌法團的特殊要求 |
|---|---|
| 損益及其他綜合收益表、財務狀況表及帳目附註，停止營業帳目 | 速動資金計算表、業務及風險管理問卷、對各種借款及客戶帳戶的分析 |

**思考：** 活躍持牌法團的財務報表為何須提供更多內容？

**回答：** 因為該類法團涉及的帳目內容複雜，更詳細的披露有利於保護投資者權益。

※ 帳目及審計規則之核數師報告——

- 核數師可呈交兩份報告：
  - 載有「一般」、「真實而中肯」的意見（篇幅較短的報告）；及
  - 關於所有其他事項（整份報告）。
- 可以不出具整份報告，用真實而中肯的報告來傳閱。
- 特定情況下（如發生有重大影響的事件），核數師須向證監會提交特別報告。

**思考：** 為甚麼要提供兩份報告？

**回答：** 因為核數師有時候需要將報告呈交給不同的人閱讀。對於非專業人士，只需要提供真實而中肯的報告即可。

## 4.7 受規管活動的特定規定

※ 第 1 類受規管活動（證券交易）

- 證券的定義：

1. 股權類：股份、股額

2. 債權類：債權證、債權股額、債券

3. 票據

4. 集體投資計劃中的權益（一般多指基金）

   **【在此類文書中的權利、期權或權益、權益證明書、參與證明書、認購或購買此類文書的權證，證券的權益、權利或財產，全都算是證券。】**

5. 財政司司長根據《證券及期貨條例》訂明為證券的權益、權利或財產

6. 結構性產品（向公眾作出要約且已被認可的）

   **【期貨不屬證券。證券及期貨是兩者並列的存在。】**

◆ 證券交易的定義：訂立協議，交易證券，從中獲得利潤。

**【證券交易是以盈利目的，為他人或誘使他人進行的交易。】**

◆ 以下為**不屬於**證券交易的活動：

| 活動類別 | 具體活動 | 不屬證券交易的理由分析 |
|---|---|---|
| 平台提供服務 | 認可交易所、結算所、自動化交易服務的交易 | 只是提供平台及靠平台賺錢，而不是靠證券交易賺取佣金。 |
| 自己為自己做事 | 自己透過中介人進行證券交易 | 這不屬於為別人做事從而收取佣金的情況。 |
| | 發行人發出招股章程 | |

<table>
<tr><td rowspan="3">專業人士</td><td>發出證券交易的廣告的印刷商及媒體</td><td>並非依靠證券交易賺取佣金。</td></tr>
<tr><td>為某集體投資計劃行事的信託公司</td><td>只是保管資金，並非通過證券交易而盈利。</td></tr>
<tr><td>第 4、6、9 類受規管活動中的若干行為</td><td>這裏僅指完全附帶於這三類牌照的證券交易。不屬證券交易的原因是，在附帶進行的前提下，客戶並沒有為證券交易支付額外的佣金。</td></tr>
<tr><td>特殊豁免</td><td>以主事人身份跟某些類別的專業投資者進行證券交易</td><td>專業投資者資金雄厚，專業知識豐富，本身就不需要太多保障，此類活動不納入受規管活動對交易雙方影響不大。</td></tr>
</table>



◆ 如上表**中的**活動是為賺取報酬而進行以下事項，則屬證券交易：

1. 將協議或要約從第三者傳達予證券交易商；
2. 代第三者與證券交易商訂立協議或要約；
3. 為證券交易商接受第三者提出的要約；或
4. 使證券交易商與第三者互相介紹。

**思考：**為甚麼上述活動屬證券交易？

**回答：**因為上述活動雖然形式多樣，但本質上還是屬通過證券交易獲取利益。

◆ 參與第 1 類受規管活動的人士，包括——

1. 聯交所參與者，不論其參與聯交所或以外的交易所活動；

2. 其他在香港進行證券交易的證券交易商及其持牌代表；

**【因受規管人士除了公司，也包括個人。】**

3. 獲證監會註冊的認可財務機構，及其受聘於從事該等活動的職員；

4. 持有 1 號牌的證券交易商的投資組合經理；及

5. 證券介紹代理人。

**思考：**為甚麼聯交所參與者參與交易所以外的活動，也是 1 號牌照的受規管人？

**回答：**因為證監會對於受規管活動的監管是通過監管參與者的方式實現的，只要從事受監管活動，都要被監管。



◆ 證券介紹代理人——

- 這屬於證券及期貨交易商中的一類，**須獲證監會核准**。從事的業務包括：

    1. 從客戶接收要約，然後以客戶的名義將該等要約轉交予交易所參與者或其他持牌交易商；或

    **【注意是以客戶的名義，這才算是代理人，否則就類似於做市商或莊家的角色。】**

    2. 向交易所參與者或其他持牌交易商介紹有意進行證券交易的客戶。

    **【僅提供介紹，不涉及買賣證券的交易。】**

- 介紹代理人並無處理客戶資產，允許較低的速動資金水平，且毋須維持繳足股本。

  **【不需要維持繳足股本，不等於不需要速動資金。只要公司運營，無論是否持有客戶資產，都需要速動資金。】**

- 除非自身有錯，介紹代理人不會因介紹業務而承擔任何法律責任。

  **【自身有錯的意思是，如涉及欺詐等。】**

※ 第 2 類受規管活動（期貨合約交易）

◆ 期貨市場

- 定義：簡單理解就是一個提供交易場所，實現買賣的地方（平台）。
- 具體買賣以下兩種項目：
  1. 以議定價格在議定的將某個時間，交付議定的財產（實物交收）；或
  2. 在議定的將來某個時間對彼此價格進行調整（對沖平倉）。

◆ 期貨合約交易

- 定義：幫助別人訂立、取得、處置期貨合約進行期貨交易以獲取報酬。

  **【關鍵是通過該項活動獲取利潤。】**

- 定義中**不包括**以下人士：
  1. 認可結算所；

     **【因為只是為客戶提供平台，是靠平台而非客戶期貨交易的佣金盈利。】**

2. 訂立市場合約的人士；

3. 中介人自己透過註冊機構或持牌法團進行交易（因為這種交易不能為中介人帶來佣金收入的增加，故不適用）；

4. 以主事人身份與專業投資者就並非在認可期貨市場交易期貨合約的人士；及

**【期貨交易定義是規定必須在認可交易所進行交易。】**

5. 第 9 類受規管活動的持牌人純粹為進行第 9 類受規管活動而訂立市場合約的人士。

**【只是順帶其他業務進行，故獲豁免。】**

- 然而，**如上述人士是為賺取報酬而進行以下事項**，則**屬於**進行期貨合約交易：

1. 將從第三者接收為訂立期貨合約的要約或邀請傳達予期貨交易商；

2. 透過期貨交易商為第三者達成期貨合約的取得或處置；

3. 為交易商向第三者提出取得或處置期貨合約的要約；

4. 為期貨交易商接受第三者提出的取得或處置期貨合約的要約；或

5. 使期貨交易商或其代表與第三者間互相介紹，以使該第三者可從事期貨合約交易。

**思考：**為何上述行為被視作進行期貨合約交易？

**回答：**上述行為屬於為別人創造交易機會，從而收取佣金的行為，故符合期貨合約交易的定義。

※ 第 3 類受規管活動（槓桿式外匯交易）

◆ 外匯交易的定義：

■ 與另一人兌換貨幣；

■ 將外幣交付另一人；或

■ 將外幣存入另一人的帳戶內。

◆ 槓桿式外匯交易的定義：

■ 屬於其中一種外匯交易。簡單説就是有財務融通的行為，即投資者以保證金形式購買外幣，使之具有槓桿的效應。

◆ 槓桿式外匯交易合約協議方同意以下事項：

■ 兩人之間按照某貨幣相對於另一貨幣的增值或減值作出調整（即匯率變動衍生的差價）；

■ 向另一人支付按照某貨幣相對於另一貨幣在幣值上的變動而厘定的款項；

■ 承諾在未來將一筆按議定代價計算的議定數額的貨幣，交付另一人。

**【適合於有鎖定匯率需求的人士。】**

◆ 總結：

■ 合約可以實貨交收，也可以淨額交收。

■ 該交易都是未在交易所訂立合約的。

**【外匯交易屬於場外交易。】**

- 認可財務機構及銀行**不需要**領取相關牌照。

  **【因銀行業務本身已牽涉大量外匯買賣，故其從事外匯交易僅須遵循金管局的相關規定即可。】**

◆ 槓桿式外匯交易中獲豁免發牌的人，包括——

- 認可財務機構或中央銀行執行的交易；

  **【均屬專業從事外匯業務的機構，故不用發牌。】**

- 屬《貨幣兌換商條例》所指的兌換交易；及

  **【已受該條例監管，就不必重複地受證監會規管。】**

- 第 1 類及第 2 類受規管活動獲發牌的人或透過該人在證券交易所或期貨交易所執行的交易，或屬完全附帶於該等交易的交易等。

  **【簡言之，若進行的槓桿式外匯交易是附帶或為了證券/ 期貨交易的目的，本身也沒多收佣金，這種情況可豁免。】**

◆ 市場中介人，包括——

- 槓桿式外匯交易商：須向證監會申請及取得第 3 類牌照
- 核准介紹代理人：

  1. 僅擔當介紹人，將客戶的買賣盤轉交予其他交易商；
  2. 並不持有或控制客戶的資產或處理委託帳戶；

     **【注意代理人不一定要處理委託帳戶，可純粹擔當介紹的角色，不涉及交易。】**

  3. 資本規定較槓桿式外匯交易商為低，但須持有**第 3 類牌照**。

     **【注意，資本要求低不等於不需要牌照。】**

◆ 認可對手方——

■ 釋義：一般為具規模的機構，可能是持牌槓桿式外匯交易商或獲豁免人士，包括：

1. 認可財務機構；
2. 指與該人士進行交易的另一第3類持牌人；或
3. 獲證監會認可為對手方的機構。

■ 認可對手方進行的交易會獲特殊處理，例如認可對手方不會被視為槓桿式外匯交易商的客戶。

**【原因是兩個實體都算是商戶，雙方交易可理解為業務中間步驟，而非客戶性質。）**

**思考：**在金融行業中，「對手」的意思是？

**回答：**簡單的可以理解為交易對象，A和B進行一筆金融交易，則雙方互為交易對手。

◆ 認可財務機構——

■ 獲豁免遵守證監會的持牌規定，不受該制度的司法管轄權所限。

**【因為已受金管局監管。】**

◆ 仲裁（解決槓桿式外匯交易爭議的方法）——

■ 如客戶與持牌交易商之間就關於進行槓桿式外匯交易的任何事宜產生爭議，則在客戶要求下，持牌交易商有責任以仲裁方式解決該爭議。

**【因為仲裁的流程和成本較法院程序簡單，故一般在提交法院解決前，會先作仲裁。】**

※ 第 4 及第 5 類受規管活動（就證券及期貨合約提供意見）

◆ 定義：提供意見或發出分析或報告，而目的是為便利受眾就交易作出決定。

**【注意是涉及提供服務取得酬勞，才歸屬此類受規管活動。】**

◆ 具體活動為就以下事項提供意見：

<table>
<tr><td>1. 應該</td><td rowspan="4">取得或處置</td><td>哪些證券及期貨合約；</td></tr>
<tr><td>2. 應否</td><td rowspan="3">證券及期貨合約。</td></tr>
<tr><td>3. 於何時</td></tr>
<tr><td>4. 按哪些條款或條件</td></tr>
</table>

■ 上述意見**不包括**符合「就機構融資提供意見」或「提供信貸評級服務」涵義的意見。

**【上述兩類活動被歸屬為別的單獨受規管活動，與第 4、5 類受規管活動並列。】**

◆ 毋須發牌即可提供意見的人士，包括：

| | **可豁免的情況** | **豁免理由** |
|---|---|---|
| 專業人士 | 1. 律師、大律師、會計師、信託公司及獲發牌從事資產管理的人士，完全因其專業身份附帶提供諮詢類意見；<br>2. 財經記者及廣播業者，不論是否須付費，向公眾提供投資意見或發出投資分析或報告。 | 專業人士主要以本專業工作為主，不涉及專門以附帶的諮詢類活動來盈利。 |
| 股權有關係的公司 | 股份的控股公司，或該控股公司的其他全資附屬公司，提供上述意見或發出上述分析或報告。 | 為有控權關係的公司提供諮詢服務，可以不看成專門以諮詢活動賺取盈利的行為。 |
| 持牌人附帶其他受規管活動 | 獲發牌進行證券交易或期貨合約交易的人士，完全因為進行該類交易活動而附帶提供諮詢。 | 主業是交易行為，現在只是順帶提供諮詢，可豁免申請牌照。 |

※ 第 6 類受規管活動（就機構融資提供意見）

◆ 定義：

■ 就《上市規則》及《公司收購、合併及股份回購的守則》提供意見；

**【分別是證券考試的卷 16 和卷 17 內容。】**

■ 處置證券，在將證券交給公眾、或公眾取得證券的事項中，提供意見；

**【涉及向公眾發售證券相關的活動，比如 IPO，以及股份回購與收購。】**

■ 給證券或某類別證券的持有人提供意見；或

■ 就上市法團或公眾公司提供關於機構重組而在證券方面（如股份回購與收購）的意見。

※ 第 7 類受規管活動（提供自動化交易服務）

◆ 定義：透過並非由認可交易所或認可結算所提供的電子設施而運作的自動化系統。

■ 由經紀提供交易確認及對盤系統；及

■ 為非本地證券提供全面交易及交收系統。

**【注意，兩者都屬於場外交易機制的一部分。】**

※ 第 8 類受規管活動（證券保證金融資）

◆ 證券保證金融資的定義：

■ 通過提供財務融通，即貸款，取得在香港或其他證券市場上市的證券；及

■ 繼續持有該等證券，該證券可能被質押作為該項融

通的抵押。

**【簡言之，是借錢給投資者，供其購買或繼續持有證券。】**

- 然而，證券保證金融資**不包括**以下各項：
  - 由第 1 類持牌人提供財務融通，以利便該人為其客戶從事證券保證金融資；

    **【因為附帶於第 1 類受規管活動，故可豁免 8 號牌照(亦即不被視為受規管的證券保證金融資)。】；**

  - 為包銷或招股提供財務融通；

    **【因為其目的不是單純靠借錢盈利，而是為了通過借錢助客戶持有證券，從而便利於自身發行或銷售證券。】**

  - 由銀行提供的融資（銀行提供融資屬於其本職工作，故毋須獲發證監會的牌照）；
  - 集體投資計劃向投資者提供本身計劃的財務融通；

    **【因為目的並非靠借貸收益獲利。】**

  - 由持有某公司不少於 10% 已發行股份的個人，向該公司提供財務融通，以利於證券保證金融資；或

    **【持有股份較多的個人與公司之間的財務融通，可以看成是專業投資者的投資，與公司之間的關係更傾向視為普通借貸關係。】**

  - 由某中介人藉使某人與該中介人的有連系法團互相介紹以使該法團可提供證券保證金融資予該人而提供財務融通。

    **【因為中介人只作出介紹，而並未直接向資金需求人借出資金。】**

◆ 證券保證金融資的特別操守規定：

| **規定類別** | **規定內容** | **規定的原因／目的** |
|---|---|---|
| 與貸款本身額度風險控制有關 | 1. 審批客戶的信用、設定保證金貸款限額、貸款比率及追繳保證金的政策及程序；<br>2. 向銀行借貸的限額、控制使用客戶的證券抵押品及有關客戶及證券抵押品的集中風險；<br>3. 列明重大客戶的貸款結餘、所持抵押品詳情、保證金融資比率及涉及證券抵押品的集中風險的貸款結餘；及<br>4. 給客戶的貸款不得超過證券抵押品的可變現價值的貸款。 | 證券保證金融資業務本身屬資金借貸業務，必須要有相應的控制程序。 |
| 不同帳戶的管理 | 1. 顯示客戶帳戶為保證金帳戶，在所有的戶口結單中披露向客戶提供所有財務融通詳情；及<br>2. 保證金客戶的帳戶及現金客戶的帳戶分開。 | 保證金帳戶是一個獨立的專門帳戶，所以要獨立區分並進行管理。 |
| 對證券保證金融資提供者的單一業務限制 | 只可提供財務融通以利便取得及繼續持有上市證券，比如不可代客戶進行證券交易。 | 持有第 8 號牌照並不能豁免第 1 號牌照的受規管活動。 |

◆ 保證金貸款協議——

■ 與客戶訂立明確的書面保證金客戶協議前，不得為客戶作出保證金買賣。

**【即進行此活動前必須先簽合同。】**

■ 以下內容應確保客戶理解：

1. 如何計算保證金貸款的利息；
2. 貸款的還款時間及方式；
3. 客戶授權容許的抵押品用途；

4. 獲准貸款限額、貸款比率，以及不同類別的證券是否使用不同的貸款比率；

5. 追繳保證金的程序；及

6. 證券保證金融資人為彌補保證金不足而出售客戶證券抵押品前，應向客戶發出通知。

◆ 再質押客戶證券抵押品——

■ 定義：中介人先為客戶提供保證金融資，再以客戶提供的抵押品向另一中介人或銀行貸款。

**【即以客戶的抵押品進行二次抵押，換取資金。】**

■ 中介人須遵從以下規定：

1. 再質押客戶證券抵押品的上限為140%（例如客戶從中介人處借100元，所提供的證券抵押品價值不得超過140元）；

2. 相關扣減百分率的若干變動；及

**【比如説隨着證券風險變動，證券價值波動，扣減比率亦隨之變動。】**

3. 向保證金客戶額外披露匯集及質押風險的規定。

※ 第9類受規管活動（資產管理）

◆ 資產管理的定義：

■ 房地產投資計劃管理；或

■ 證券或期貨合約管理。

◆ 此定義**不包括**在以下計劃中的權益：

- 《強積金條例》下的註冊強制性公積金計劃或其成分基金；
- 《職業退休計劃條例》下的職業退休計劃；或
- 《保險業條例》指明的保險業務類別有關的保險合約。

**思考：**為甚麼上述權益不包括在資產管理活動當中？

**回答：**上述活動具有資產管理的特點，但因其涉及的產品和服務不受證監會規管，故被排除在外。

◆ 第 9 類別受規管活動的特點：

- 中介人為了賺取利潤而進行的資產管理；及
- 為他人進行的資產管理，投資者本人並不參與日常管理。



※ 第 10 類受規管活動（提供信貸評級服務）

◆ 信貸評級的服務對象特點：

- 不屬個人的人；
- 債務證券；或
- 任何提供信貸協議（如房貸、車貸）。

**【可以看成是有借貸關係的內容。】**

◆ 提供信貸評級服務定義要點：

- **地域性**：香港或其他地方。

**【香港機構對境外債券進行評級也是受規管活動，即只要含有香港的元素，都納入規管。】**

- **目的性**：以向公眾散發信貸評級為目的。

 **【不是作內部參考，而是向公眾散發。】**

◆ **不被視作**提供信貸服務的活動：

- 專為該人擬備並只提供予該人的信貸評級（如只供內部使用）；
- 收集、整理、散發任何人的負債或信貸歷史的資料。

 **【因為屬正常的信用風險管理，不算是靠信貸評級賺取費用。】**

※ 第 13 類受規管活動（為相關集體投資計劃提供存管服務）

◆ 「存管人」定義

- 相關集體投資計劃的受託人或保管人，具體為兩種形式：

| 計劃的構成方式 | 存管人所指對象 |
| --- | --- |
| 1. 以信託方式 | 通過信託契據獲委任的受託人 |
| 2. 信託以外的方式（例如以法團形式） | 保管人 |

- 無論是受託人或保管人，就集體投資計劃的資產均履行相同的保管職能。

◆ 「相關集體投資計劃」定義：根據《證券及期貨條例》第 104 條獲證監會認可的集體投資計劃，但不包括受《強積金條例》規限的計劃以及作為彙集投資基金受到監管的計劃等特定集體投資計劃。

**【強積金與集體投資計劃是分開規管的，所以儘管強積金具有集體投資計劃的特點，但還是分開來定義。】**

◆ 該受規管活動界定為「存管人」向「相關集體投資計劃」提供以下一項或兩項服務（即滿足下列任一項便符合定義）：

■ 託管及保管相關集體投資計劃財產；及/ 或

■ 監察相關集體投資計劃，以確保該計劃按照其計劃文件運作。

**【注意，除了資金保管外，還有相關的監察職能。】**

## 4.8 場外衍生工具交易匯報及備存紀錄責任

※ 場外衍生工具交易匯報責任

◆ 甚麼情況下需進行匯報：

■ 以對手方的身份訂立指明場外衍生工具交易；

**【即持牌法團是交易協議的另一方。】**

■ 代表聯屬公司「在香港」進行指明場外衍生工具交易；或

**【聯屬公司的即表明與持牌法團同屬一個公司集團的另一家公司。】**

■ 失去獲豁免（匯報）待遇的資格。

◆ 其他有關匯報責任的說明：

■ 一旦匯報責任已產生，須匯報所有未完結的指明場外衍生工具交易；及

**【注意，只要是未完結的都需要匯報。】**

■ 訂立交易後發生並影響交易的事件也需要匯報。

**思考**：為甚麼場外衍生工具交易需要進行匯報？

**回答**：因為衍生工具屬於風險較大的產品，再加上場外交易（相比場內交易）受到的監管較少，交易風險更高，所以證監會須透過匯報制度來監察並管控風險。

※ 匯報方式及時間

| | |
|---|---|
| **匯報的系統** | 須通過由**金管局**操作的**香港交易資料儲存庫**（香港儲存庫）電子匯報系統。 |
| **匯報的時間基準** | 交易事件發生後的**兩個營業日內**（T+2）作出。 |
| **是否有寬限期** | 1. 再獲豁免的持牌法團可享有寬限期，容許最遲於**不獲豁免當天起後的三個月內**呈交資料；及<br>【即失去豁免資格後毋須立即匯報，而是享有較長的緩衝期。】<br>2. 呈交資料必須包含自寬限期開始日期或之後的交易事件。<br>【即失去豁免資格後，之前所有的需要匯報的內容都要呈交。】 |
| **交易完結後的匯報** | 1. 於該交易仍未完結期間持續存在；<br>2. 交易估值數據須每一天呈交；及<br>3. 任何影響未完結交易的條款及條件的事件，即其後事件的詳情，將須匯報。<br>【原因是未完結的交易對現在都會有影響。】 |
| **須匯報的資料** | 1. 有關交易所屬的產品類別或類型的詳情；<br>2. 交易的訂立日期、生效日期及到期日；<br>3. 對手方的詳情；<br>4. 結算資料；<br>5. 編配予交易的參考碼；<br>6. 交易的詳情（包括相關的名義數額、貨幣、協定價格、息率或指數及交收細節等）；及<br>7. 其後事件。 |

※ 寬免及豁免待遇

- ◆ 聯屬公司代為匯報的情況：

  - ■ 如當有關交易由持牌法團代表聯屬公司進行，可由該聯屬公司代為作出匯報；

    **【集團公司可以看成一個整體，這樣可減省不必要的程序。】**

  - ■ 此情況下，需要從聯屬公司獲得書面確認，確認已作出匯報。

- ◆ 其他豁免的情況：

  - ■ 如所有未完結的指明場外衍生工具交易的名義數額總和**不超過 3,000 萬美元**，該持牌法團可獲豁免匯報責任。

  - ■ 一旦該持牌法團的持倉超過上述門檻，將會當日失去豁免待遇，並且**永久失去**豁免待遇（即未來持倉降至 3,000 萬美元以下，也不會獲得豁免匯報待遇）。

  - ■ 以集體投資計劃受託人的身份作為該項交易的對手方的持牌法團，在進行第 13 類受規管活動的過程中毋須負有匯報責任。

    **【因為該類受規管人只是進行資金管理，並不涉及交易，故不用承擔上述責任。】**

※ 場外衍生工具交易備存紀錄：

- ■ 交易的紀錄須於交易終止日或到期日後備存至少 5 年，不論交易在香港境內或境外進行。

**【注意，香港境外的交易紀錄也要備存！】**

- ■ 如獲豁免匯報，持牌法團仍須備存紀錄，而且紀錄須能證明持牌法團符合豁免資格。

  **【留意這裏沒有矛盾，因為備存紀錄目的就是為了將來可查閱。】**

- ◆ 違規的後果：證監會獲賦予權力向原訟法庭提出訴訟，法庭可施加**最高 500 萬港元罰款**。

## 4.9 場外衍生工具交易結算

※ 強制性結算責任

- ◆ 除非相關豁免適用，否則就場外衍生工具交易的結算責任產生後，必須在訂立該場外衍生工具**交易後的一個營業日內**透過指定**中央對手方**結算該項交易。

**思考：**何謂中央對手方？

**回答：**主要包括證監會認可結算所，證監會授權的提供自動化交易服務人士。即該結算對象是證監會所規管到的機構。

**思考：**場外衍生工具交易的匯報和強制結算責任有何區別？

**回答：**兩者區別很大。前者強調的是持倉量大的情況下，須向監管機構匯報自身的持倉情況。後者是未平倉且持倉多的前提下，須強制平倉結算。

◆ 不遵守強制結算的的後果：

- 如未能及時結算交易，則必須終止有關交易；及
- 結算責任沒有獲得遵守，亦不會影響該項交易的有效性。

**【注意兩項沒有矛盾，前者是為了補救，後者是為了保證交易順利進行。】**

| | |
|---|---|
| **負有結算責任的產品** | 固定對浮動掉期息率、浮動對浮動掉期息率（亦稱為基準掉期），以及隔夜指數掉期。 |
| **負有結算責任的人士** | 1. 交易的雙方須為場外衍生工具市場中，規模較大及較主要的參與者；<br>2. 結算門檻**只**適用於「訂明人士」*；<br>3. 必須是交易商對交易商，而且是超過結算門檻的訂明人士之間的交易。或者為訂明人士與「金融服務提供者」# 的人士之間的交易。 |

* 訂明人士，是指有結算責任的人士，包括認可財務機構、核准貨幣經紀及持牌法團，或場外結算規則指明負有結算責任的其他人士。

\# 金融服務提供者，是在香港境外從事場外衍生工具產品活動，且被證監會指定的人士，包括所有具系統重要性的銀行。

**思考：**開放式基金型公司與基金有何關聯？

**回答：**基金常見的形式有兩種：一種是信託型，另一種是公司型。所以開放式基金型公司其實是基金的其中一種組成形式。

**思考：**為甚麼負有結算責任的人士都必須是交易商對交易商產生的交易？

**回答：**只有交易的雙方必須都是提供金融服務的機構，才涉及負有結算責任，此限制也是為了合理限制結算責任，在效率和風險控制中取平衡。

◆ 結算責任在以下三種情況中，不適用於訂明人士：

■ 該成員先前已被識別為符合豁免規定，相關交易是該成員與聯屬公司進行的交易；

■ 訂明人士涉及另一司法管轄區，而該司法管轄區先前已被識別為符合被視為獲豁免司法管轄區的有關規定，這個做法被稱為替代遵守；及

■ 該交易是由某第三方依據指示，就降低交易方的業務操作風險或對手方信貸風險按多邊基準而訂立（稱為多邊投資組合壓縮行動）。

**思考：**何謂多邊投資組合壓縮行動？

**回答：**多個交易對手共同調整或消除所持有的投資，來進行合併和抵消相似元素的交易，簡化投資組合從而降低投資風險的行為。比如三角債，三方可以彼此人為的抵消和減輕債務，降低風險。

※ 結算門檻

◆ 定義：某人士一旦已達到相關結算門檻，則會被視為隨後任何時間均已超越結算門檻。

■ 然而，某人士其後更改業務模式或交易組合，而令他們的持倉量於連續 12 個月跌至低於結算門檻的指明數額，則他們可以遞交退出通知以免之後負有結算責任。

**【除此之外，超過門檻後就一直需要負上結算責任。】**

- ■ 以上退出通知發送的要求：有關通知應向他們的前線監管機構發出，即若為認可財務機構或核准貨幣經紀，向金管局發出通知；若為持牌法團，則向證監會發出通知。

※ 備結算存紀錄的責任及違反後果

- ◆ 備存紀錄：不論該項交易是否局部或完全於香港境外，紀錄必須能於交易結束或到期日期後備存至少 5 年。
- ◆ 違反的後果：法庭可施加**最高 500 萬港元罰款**。證監會可能考慮就違反事項施加**紀律制裁**。

## 4.10 開放式基金型公司

※ 組成及權力

| 成立前須遞交的申請資料 | 負責管理的機構 |
|---|---|
| 公司名稱 | 註冊成立由公司註冊處處長進行 |
| 註冊辦事處、地址 | 成立所需的費用及文件將需提交予證監會 |
| 董事 | 證監會決定註冊，再由證監會轉交予公司註冊處處長 |
| 投資經理及保管人的身份 | 獲證監會決定註冊並正式成立後，其法團成立文書的更改須受到一定限制 |

**思考：**為甚麼開放式基金型公司的註冊事宜要證監會參與？

**回答：**因開放式基金型公司的主要職能跟證監會的受規管活動密切相關。

◆ 有關開放式基金型公司的權力的其他事宜

■ 開放式基金型公司不得作出其法團成立文書沒有授權的行為。

**【基金的性質是管理別人資金，此規定能有效減低風險。】**

■ 開放式基金型公司若作出違反上述限制的行為，任何法律責任不得因此而無效。

**【遇此情況，要保護真誠地與開放式基金型公司交易之第三方，讓第三方可依據合同起訴公司並要求其履約。】**



※ 股本

| **可發行甚麼類別的股本** | **有關股東登記冊** |
|---|---|
| ◆多於一個類別的股本，且股份所附帶權利（如投票權、利潤分派）可以不同，一切依據該法團成立文書而定；<br>【允許同股不同權。】<br>◆股份可予以轉讓，但必須完成正式手續，例如呈交轉讓文書；<br>◆開放式基金型公司有權拒絕登記轉讓。如該轉讓將導致出讓人或受讓人持有少於所規定的開放式基金型公司須持有任何最低持股量。<br>【可拒絕出售股票。】 | ◆須將股東登記冊存置於其註冊辦事處或香港其他地方；<br>◆登記冊必須讓他人公開查閱；<br>◆可查詢的內容包括：任何股東、開放式基金型公司之投資經理或保管人。 |

※ 股東大會及決議

| 股東大會相關內容 | 決議相關事項 |
| --- | --- |
| ◆持有全體股東總表決權至少10% 的股東，有權要求董事召開股東大會，並要求於股東大會上納入一項決議。<br>【注意，一般的公司的規定是 5%，開放式基金型公司的要求高於一般公司，目的是為了公司的經營保持穩定，針對變動的可能性設置更高門檻。】<br>◆有關會議通知不得少於 14 天。<br>【一般公司特別決議及清盤公告通知期都是 14 天。】 | ◆發出特別通知，可罷免或委任董事、核數師，只須不少於 28 天前發出特別通知。<br>◆董事或不少於 5% 的股東可提出書面決議。所提出的書面決議之文本必須送交全體股東、核數師、保管人及投資經理。<br>【書面決議需要經過對公司有重要影響的人士審閱。】<br>◆任何決議可經書面決議方式提出及獲得通過，而無需事先通知（例外情況：有關罷免董事或核數師的決議）。 |

※ 董事

◆ 是否可以在周年股東大會上委任董事，要視法團成立文書規定而定。如有此規定必須於股東大會上委任；如並無該等規定，則該權力歸由董事行使。

◆ 需存置一份董事登記冊，公開予任何**股東免費查閱**及可供**任何其他人士付費查閱**。

◆ 凡董事在與該開放式基金型公司訂立的交易、安排或合約中有利害關係，且屬屬重大的，該董事須向其他董事作利益申報。如上述交易已訂立，董事應儘快作出申報；如交易未訂立，董事應於訂立前申報。

※ 保管人

◆ 已獲委任的保管人，應列入首次向證監會遞交申請註冊文件內。

◆ 委任新保管人須取得證監會的事先批准。

**【更換保管人關乎公司投資者的資金安全，故須報備。】**

◆ 保管人不再擔任其職，便須就是否有任何應讓開放式基金型公司股東或債權人知悉的情況作出陳述。

**【與核數師的要求一致，能最大限度地防範風險。】**

※ 投資經理

◆ 已獲委任的投資經理，應列入首次向證監會遞交申請註冊文件內。

◆ 委任新投資經理須取得證監會的事先批准。

**【以上兩項要求與保管人的一致。】**

**思考：**投資經理和基金經理有何區別？

**回答：**投資經理側重指個人，基金經理側重指公司。投資經理是基金經理中負責管理投資活動的人。

※ 核數師

◆ 每間開放式基金型公司均須委任一名核數師，委任的權力歸由董事。

◆ 核數師有權閱覽公司的會計紀錄。

◆ 不論開放式基金型公司的法團成立文書有否任何規定，核數師均可在任何時間於股東大會上經普通決議被罷免，但需要發出大會特別通知。

- 核數師如辭任，公司股東、債權人和證監會需要知悉。如核數師要說明有特別的地方，需要向證監會遞交該陳述的文本。

**【委任核數師事先並不需要證監會的事先批准，只需要委任後通知證監會即可。】**

# 第四章　模擬練習

1. 以下有關負責人員和主管人員的描述，**正確**的是？

   I 兩個概念是互斥的，沒有關聯性。
   II 持牌法團的負責人員必須有被授予的充分的權限。
   III 持牌法團的執行董事一定是負責人員。
   IV 持牌法團中應至少有一名執行董事為該法團的負責人員。

   A 只有I、II
   B 只有I、III
   C 只有II、III
   D 只有III、IV

2. 維基公司為一家持牌法團，以下陳述**正確**的是？

   I 證監會可要求維基公司提供資料，以協助證監會檢討該持牌法團執行《財政資源規則》的狀況。
   II 維基公司可以向證監會申請，修改速動資金計算方法。
   III 維基公司可以向證監會申請，進行關於《財政資源規則》的修訂或豁免。
   IV 維基公司必須向證監會提出特別申請，才能批准採納普遍接納的會計原則。

   A 只有I、II、III
   B 只有I、II、IV
   C 只有I、III、IV
   D 只有II、III、IV

3. 維基公司和麗穎公司分別是一家「持牌法團」和「註冊機構」，以下陳述**正確**的是？

A 麗穎公司只需受到金管局規管。
B 麗穎公司的前線監管機構是證監會。
C 麗穎公司不必遵守證監會的每一個守則、指引。
D 維基公司如果是一家期貨公司，則香港交易所會對其操守進行前線規管。

---

4. 維基公司為香港的一家持牌法團，提供證券保證金融資業務，李先生是維基公司該業務的客戶，以下有關該公司發出的戶口日結單，哪項陳述是**正確**的？

I 李先生從維基公司提取個人資產，此時維基公司需要製備戶口日結單。
II 維基公司代李先生進行了證券保證金交易，在保證金平倉時，需要製備戶口日結單。
III 日結單需要在指明事件發生後當天的營業日終結前向李先生發出。
IV 結單上必須有李先生證券及抵押品在該日內變動的細節。

A 只有 I、II、III
B 只有 I、II、IV
C 只有 II、III、IV
D 只有 II、IV

5. 杜先生為一名資深證券投資者，他在多家持牌法團開設有證券交易帳戶，他經常將自己認為優秀的經紀人介紹給朋友，並收取少量費用。以下有關杜先生行為的陳述，哪項是**正確**的？

A 杜先生的行為屬於核准介紹代理人，他需要領取 1 號牌照。

B 杜先生的行為屬於核准介紹代理人，但不需要領取牌照，因為他不持有客戶資產，所以可以豁免發牌。

C 杜先生的行為屬於就證券或期貨合約提供意見，需要領取 4 號牌照。

D 杜先生的行為屬於就證券或期貨合約提供意見，但毋須領取 4 號牌照。

6. 以下哪些是有關向證監會呈交申報表的**不正確**陳述？

I 持牌法團從事任何一項受規管活動都需要向證監會呈報申報表。

II 從事第 4、5、6、9、10 類受規管活動可以豁免提交申報報表。

III 所有持牌法團均需要每一年提交一次申報報表。

IV 不持有客戶資產的持牌法團，需要每半年提交一次申報報表。

A 只有 I、II

B 只有 III、IV

C 只有 II、III

D I、II、III 及 IV

7. 維基公司是香港證監會 1 號牌照的持牌人，而李先生是維基公司的客戶。李先生為方便交易，簽有常設授權和相關書面協議，以下哪項有關陳述是**正確**或**符合**要求的？

I 《客戶證券規則》允許維基公司代李先生提取其資產並出售。

II 《客戶證券規則》允許維基公司將李先生的資產存放到麗穎公司（維基公司持有該公司 30% 的投票權）。

III 維基公司不准以遠低於市價的方式變現李先生的證券或證券抵押品。

IV 李先生拖欠王先生一筆錢款，維基公司可以賣出李先生的證券，來償還李先生對王先生的欠款（獲李先生同意的前提下，且王先生與李先生存在業務往來）。

A 只有 I、III

B 只有 II、IV

C 只有 I、II、III

D 只有 I、III、IV

8. 以下有關成交單據的說明，哪項是**正確**的？

I 成交單據載有證券交易的信息，但不包括證券借貸交易。

II 成交單據載有相關期貨合約交易和杠杆式外匯交易的信息。

III 單一交易可以製備一份成交單據；而於同一天內為同一客戶訂立的數份合約，必須分別開列到多份成交單據中。

IV 成交單據中必須顯示該帳戶是否屬保證金帳戶。

A 只有 I、II

B 只有 II、IV

C 只有 I、II、III

D 只有 II、III、IV

9. 以下關於場外衍生工具交易匯報及備存紀錄責任，描述**正確**的是？

I 除非豁免，所有持牌法團都須遵守《場外衍生工具匯報規則》。
II 一般情況下，匯報必須按照「T+1」的基準進行。
III 匯報須通過證監會操作的香港交易資料儲備庫進行。
IV 匯報責任於交易未完成期間持續存在。

A 只有 I、II
B 只有 IV
C 只有 I、IV
D 只有 II、III、IV

10. 以下哪些有關場外衍生工具的交易匯報及備存責任的陳述是**正確**？

I 編配予交易的參考碼也是匯報內容。
II 有關交易由持牌法團代聯屬公司進行，便可以由聯屬公司代為公司匯報，此種情況需要持牌法團書面確認，確定持牌法團已作出匯報。
III 如果交易在香港境外進行，指明場外衍生工具交易紀錄也需要於交易開始後備存至少五年。
IV 匯報新交易及每日估值資料時，必須使用 LEI。

A 只有 I、II
B 只有 I、III
C 只有 II、III
D 只有 I、IV

11. 中德公司進行場外衍生工具交易，以下關於其匯報及備存紀錄的責任，描述**正確**的是？

I 興業公司是中德公司的聯屬公司，中德公司代表興業公司在香港進行場外衍生工具交易，則中德公司具有匯報責任。

II 中德公司與其他公司訂立了場外衍生工具交易，中德公司之後向證監會申請被獲批准為持牌法團，則中德公司在成為持牌法團的第二日開始，具有匯報責任。

III 持牌法團中德公司此前被證監會豁免進行匯報，但之後被取消豁免資格，從取消豁免的第二天，該法團就必須提交資料，否則屬犯罪。

IV 持牌法團中德公司之前訂立的場外衍生工具交易並未完成，此時報告責任一直存在，並且要每天呈交估值資料。

A 只有 I、II

B 只有 I、III

C 只有 I、IV

D 只有 II、III

12. 下列哪些陳述是**正確**的？

I 證監會授權單位信託。

II 如果評級並非擬向公眾散發或以訂閱的方式分發，則不屬提供信貸評級服務。

III 收集和散發任何人的負債或信貸歷史資料，屬於提供信貸評級服務。

IV 信貸評級可以就優先證券進行評級。

A 只有 I、II、IV

B 只有 I、III、IV

C 只有 II、III、IV

D 只有 I、II、III

13.《客戶證券規則》涵蓋以下哪些中介人客戶證券或證券抵押品資產？

A 張先生於場外交易的證券
B 李先生於美國持有的股票
C 中介人 A 得到的一筆司法賠償，為一萬股 B 公司股票
D 黃先生購入的證監會認可的基金（屬經證監會根據《證券及期貨條例》第 104 條認可之集體投資計劃的權益）

14. 以下哪項活動**不屬於**證券保證金融資？

I 中德公司為光大公司提供資金融通，以便光大公司報銷興業公司的上市證券。
II 中德公司為一家基金公司，經營認可集體投資計劃，為了使客戶能更順利的購買他的產品，中德公司提供相應的資金融通。
III 李先生持有中德公司 10% 已發行股份，李先生向中德公司提供資金融通，以便中德公司開展證券保證金業務。
IV 中介人中德公司，介紹高先生與中德公司的有聯繫實體中德銀行建立聯繫，以便中德銀行向高先生提供證券保證金融資。

A 只有 I、II、IV
B 只有 I、II
C 只有 I、III、IV
D I、II、III 及 IV

15. 以下哪些陳述是**正確**的？

I　在成交單據及戶口月結單中，顯示客戶的帳戶屬保證金帳戶與否的註明。

II　在所有戶口結單中披露向客戶提供的所有財務融通詳情。

III　在再質押客戶的證券抵押品之前，需要取得該客戶的書面授權。

IV　保證金貸款協議應當以中介人等專業人士可理解的語言來製備。

A　只有 I、II、III

B　只有 III、IV

C　只有 I、IV

D　只有 II、III

16. 以下哪些陳述是**正確**的？

I　財經記者及廣播業者向公眾提供投資意見或發出投資分析報告時，如果涉及收費性質的，必須獲發牌。

II　法團向其全資附屬公司提供意見，不用獲發牌照。

III　為上市公司提供關於機構重組有關證券方面的意見，屬於第 6 類受規管活動。

IV　為某人從公眾取得證券的要約提供意見，可被看成是第 6 類受規管活動。

A　只有 I、II、III

B　只有 I、II、IV

C　只有 II、III、IV

D　只有 I、III、IV

17. 以下哪些是有關第 7 類受規管活動的**正確**陳述？

I 第 7 類受規管活動指透過認可交易所或結算所提供的服務。

II 由經紀提供交易確認及對盤系統屬於第 7 類受規管活動。

III 第 7 類受規管活動必須是為本地證券提供交易和交收。

IV 該類受規管活動的中介人所提供的交易服務，類似於認可交易所或認可結算所提供的服務。

A 只有 I、II

B 只有 I、II、IV

C 只有 I、III、IV

D 只有 II、IV

18. 以下有關第 8 類受規管活動的陳述，**正確**的是？

I 只限於取得在香港上市的證券。

II 證券保證金融資人在辦理業務時，需要設定保證金貸款的限額。

III 客戶保證金帳戶及現金帳戶不可以合併，必須分別開立。

IV 證券保證金融資人不允許客戶從保證金帳戶提取款項。

A 只有 I、III

B 只有 I、IV

C 只有 II、III

D I、II、III 及 IV

19. 以下各項陳述，內容**正確**的是？

I 《客戶證券規則》適用於非證監會認可的集體投資計劃。

II 收取客戶款項後，可於一個營業日內存入獨立帳戶或直接支付予有關客戶。

III 《成交單據規則》有關成交單據、戶口結單等的規定，一定不適用於專業投資者。

IV 持牌法團代表聯屬公司在香港進行指明的場外衍生工具交易時，即具有匯報責任。

A 只有 I、II

B 只有 I

C 只有 II、IV

D I、II、III 及 IV

20. 某人士達到場外衍生工具的強制結算門檻後，以下哪些陳述是**正確**的？

I 無其他情況發生，則該人士會被視為隨後任何時間均已超越結算門檻。

II 沒有辦法豁免結算責任。

III 改變業務模式或交易組合後，只要持倉量連續 12 個月跌至低於結算門檻的指明數額，即可自動免除結算責任。

IV 如該人士的制定中央對手方已在指定司法管轄區的法律下進行了結算，則毋須於香港進行結算。

A 只有 III、IV

B 只有 I、IV

C 只有 I、III、IV

D 只有 II、III、IV

# 第四章　模擬練習答案及解析

1. 答案：**C**

**解析**：選項 I 不正確，持牌法團的負責人員為主管人員，所以概念上兩者有關聯性。選項 IV 也錯誤，正確說法是持牌法團的**每名**執行董事應當獲核准為負責人員。

2. 答案：**A**

**解析**：選項 IV 中正確的說法是「普遍接納的會計原則**以外**的會計原則」；如果是使用普遍接納的會計原則（GAAP），是不需要特別申請批准。

3. 答案：**C**

**解析**：選項 A 錯誤，既然是註冊機構，肯定也要受到證監會規管。選項 B 錯誤，註冊機構的前線監管機構應是金管局。選項 D 錯誤，此等職能由證監會執行，並非交易所。

另外，選項 C 正確，因為有些金管局的規定較證監會所要求為高，這時註冊機構只需要遵守金管局的有關規定即可。

4. 答案：**B**

**解析**：僅有選項 III 的說法錯誤，正確是指明事件發生後的第二個營業日終結前向客戶發出。

## 5. 答案：A

**解析**：選項 A 說法正確，該人的行為屬於核准介紹代理人所從事的業務，跟證監會規定的 1 號牌照內容相符，所以必須要持牌。值得一提的是，由於核准介紹代理人承擔的風險有限，故允許其維持較低的速動資金水平，且毋須維持繳足股本。

由於選項 A 正確，所以選項 B 便不正確。另外，因為杜先生本人並不提供投資方面的意見，所以選項 C 和 D 皆不適用。

## 6. 答案：C

**解析**：選項 II 錯誤，這五類受規管活動的持牌法團需要每半年提交一次申報報表。選項 III 的說法顯然錯誤，不同法團的要求不一樣，也不是一年一次。

## 7. 答案：D

**解析**：只有選項 II 的陳述不正確，在選項中的情況下，麗穎公司屬於維基公司的控權實體，而該種安排是不符合《客戶證券規則》要求的。

《客戶證券規則》允許持牌人在與客戶訂立書面協議後：

(a) 代表該客戶提取客戶證券以出售或就出售指令進行交收；或

(b) 處置或促使處置客戶證券及證券抵押品，以償還該客戶欠付該中介人、有聯繫實體或第三者的負債。（所以選項 IV 是正確的）

**8. 答案：B**

**解析：**選項 I 説法錯誤，正確是**包括**證券借貸交易的。選項 III 的説法亦錯誤，正確説法是在同一天內為同一客戶訂立的數份合約，可納入同一份成交單據或與日結單結合。

**9. 答案：C**

**解析：**選項 II 的説法不準確，因為一般情況下是 T+2；選項 III 的説法不準確，系統是由金管局控制的。

**10. 答案：D**

**解析：**選項 II 需要做確認的是聯屬公司，不是持牌法團；選項 III 錯誤，前半句陳述正確，不論交易是局部或完全在香港境外進行，只要是含有香港的元素（即公司是在香港註冊的），都需要備存紀錄；但後半句説法錯誤，應是在**交易終止日或到期日後**備存至少 5 年。

另外，考生請注意選項 IV 中的名詞 LEI（Legal Entity Identifier，法律實體識別編碼），其作用是讓參與金融交易的法律實體能以清晰且獨一無二的方式被識別出來。

**11. 答案：C**

**解析：**選項 II 正確的説法是當天開始（而非第二天）具有匯報責任，所以錯誤。選項 III 亦不正確，取消豁免後仍然有三個月的寬限期。

**12. 答案：A**

**解析：**選項 III 所述的「收集和散發任何人的負債或信貸歷史資料」，不屬於提供信貸評級服務。

**13. 答案：D**

**解析：**選項 A 不符合「於認可證券市場交易的證券」；選項 B 也不符合「在香港收取或持有的」這個條件；選項 C 不符合「只適用於中介人在進行受規管活動中收取的股票」這一項要求。

**14. 答案：D**

**解析：**全部四個選項都是證券保證金融資定義中的**豁除**情況。

**15. 答案：A**

**解析：**只有選項 IV 錯誤，正確的陳述是：「保證金貸款協議應當以客戶理解的語言製備。」

**16. 答案：C**

**解析：**選項 I 無論是收費還是免費，都可以豁免發牌；豁免發牌的原因是：因為這個是順帶自己專業進行的，不是為了專門向別人提供意見來牟利的，所以可以豁免。

至於於選項 IV，請注意：處置證券而將之轉予公眾或從公眾取得證券的要約提供意見，這屬第 6 類受規管活動，因為這是為從公眾處取得證券提供意見，亦即是合乎為機構融資提供服務的意思。規例上也講得清楚，第 4 類受規管活動不包括符合「就機構融資提供意見」或「提供信貸評級服務」涵義的意見。

## 17. 答案：D

**解析**：選項 I 錯誤，正確應是透過並非認可交易所或結算所提供的服務。選項 III 錯誤，因為第 7 類受規管活動也可以為非本地證券提供交易和交收。

## 18. 答案：C

**解析**：選項 I 錯誤，事實上是適用於在其他地方上市的證券。選項 IV 亦不正確，證券保證金融資人**允許**客戶從保證金帳戶提取款項。

## 19. 答案：C

**解析**：選項 I 的正確説法是**不適用於**非證監會認可的集體投資計劃。選項 III 的描述不完整，需要具備一定的前提條件下才不適用。有關規則的原文是——

《客戶證券規則》只適用於符合以下説明的中介人的客戶證券或證券抵押品的資產：

(a) 於認可證券市場上市或交易的證券；或屬經證監會根據《證券及期貨條例》第 104 條認可的集體投資計劃的權益；

(b) 由或代表該中介人（在進行受規管活動的過程中）或其有聯繫實體就進行該受規管活動而在香港收取或持有；

(c) 該規則不適用於由中介人客戶以其本身名義於該中介人或其有聯繫實體以外的人士開立的帳戶內的客戶證券。

《成交單據規則》在以下情況不適用於專業投資者：

(a) 如他們為《證券及期貨條例》附表 1 所指明的專業投資者，中介人已以書面通知客戶不會提供該等文件，而有關客戶並無反對；或

(b) 如他們為《證券及期貨（專業投資者）規則》所指明的專業投資者，而有關客戶已以書面同意不收取該等文件。

## 20. 答案：B

**解析：**選項 II 説法明顯錯誤，因為根據規例，有 3 種情況可以豁免，具體見後面詳述。選項 III 不是自動免除，而是需要申請，遞交退出通知；而《場外衍生工具結算規則》規定，結算責任在下列 3 種情況下不適用於訂明人士：

(a) 該交易是與公司集團成員公司訂立，而該成員公司先前已被識別為符合被視為獲豁免聯屬公司的有關規定；

(b) 該交易記錄在該訂明人士於另一司法管轄區的簿冊，而該司法管轄區先前已被識別為符合被視為獲豁免司法管轄區的有關規定；

(c) 該交易是由某第三方依據指示就降低交易方的業務操作風險或對手方信貸風險按多邊基準而訂立。

# 第五章
# 業務操守與客戶關係

本章涵蓋證監會就各類中介人及代表的操守準則。重點除了《操守準則》的內容概念、基本原則及實踐應用，也旁及《基金經理操守準則》《企業融資顧問操守準則》《提供信貸評級服務人士的操守準則》《開放式基金型公司守則》和《股份登記機構操守準則》等。總體而言，本章與證券工作有緊密聯繫，包含很多實務知識，需要慎重理解，不能死記硬背。

## 5.1 《證監會持牌人或註冊人操守準則》

※ 各項《操守準則》的適用範圍——

| 守則名稱 | 適用範圍 |
|---|---|
| 《操守準則》 | 所有持牌人及註冊人 |
| 《基金經理操守準則》 | 以委託形式管理集體投資計劃的持牌／註冊人 |
| 《企業融資顧問操守準則》 | 就機構融資提供意見人士 |
| 《信貸評級機構操守準則》 | 提供信貸評級服務人士 |
| 《開放式基金型公司守則》 | 在香港成立，並具有限法律責任及可變動股本的註冊公司的基金，以及該等基金的主要經營者（即董事、投資經理及保管人） |
| 《股份登記機構操守準則》 | 沒有涵蓋特定的受規管活動，但與第6類受規管活動有關 |

注意：《操守準則》是業內所有人均須遵守，也是訂立其他準則的依據。其他準則只適用於指定人士。

◆ 《操守準則》9項一般原則（《操守準則》的重要組成部分）：

- 誠實及公平；
- 勤勉盡責；
- 能力；
- 有關客戶的資料；
- 為客戶提供資料；
- 利益衝突；
- 遵守法規；
- 客戶資產（已於上一章詳述，本章不贅）；及
- 高級管理層的責任。

※ 誠實及公平原則：

◆ 作出的陳述和提供的資料，須準確及沒有誤導成分。

◆ 合理及公平地向客戶收費。

◆ 邀請及廣告內容不應載有虛假、具誤導成分或有欺騙性的資料，也不應載有貶抑他人所提供產品及服務的資料。

◆ 熟悉及遵守《防止賄賂條例》，不應該索取或收取不公平利益。

◆ 在未獲主事人許可下，代理人不應索取或收受任何可能影響或妨礙其行為操守的利益，例如金錢、禮品、僱傭、服務或優待等。

**【如獲主事人許可，則代理人可收取利益。】**

※ **勤勉盡責**原則：

◆ 儘快執行：中介人應儘快依照客戶及執行客戶的交易指示；

◆ 以最佳條件執行：中介人應基於其所能取得的最佳條件，執行客戶的交易指示（比如不能故意高買低賣）；

◆ 儘快及公平地進行分配：代表客戶執行的交易，應儘快和公平地分配至該等客戶的帳戶內；

**【公平的意思是按照時間順序處理交易指示。】**

◆ 中介人應以適當的技巧、小心謹慎和勤勉盡的態度向客戶提供建議及行事（即不能提供不適合客戶的投資建議）；

◆ 在向客戶推廣個別投資產品時，除了費用或收費的折扣之外，持牌人或註冊人不應提供任何贈品；

**【過度向客戶提供贈品，容易誤導客戶投資不適合的產品。】**

- ◆ 不應因方便而暫緩執行客戶的交易指示（例如就多名客戶於不同時間發來的交易指示，中介人不能為求方便合併處理而怠慢較早收到的指示）；及
- ◆ 就每名客戶的不同受規管活動而保存獨立客戶帳目、將適用的持倉限額及申報限額通知客戶，並作出監察（比如證券交易和資產管理就不能放到同一個帳戶）。

  - ■ 保存客戶交易指示的規定：記錄交易指示並在有關紀錄蓋上時間印章；中介人透過電話收取客戶的交易指示。應利用電話錄音系統記錄有關交易指示，並保存紀錄至少 6 個月。
  - ■ 有關流動電話接受客戶指示的規定：證監會**不鼓勵**中介人利用流動電話接收客戶的交易指示（注意是不鼓勵而非禁止）。若以流動電話接收交易指示，應立即致電辦事處的電話錄音系統以記錄收到指示的時間及內容詳情。中介人**禁止**在營業地點內，包括辦公場所及交易場所，使用流動電話接受客戶交易指示。

**思考：**可否使用流動電話接收客戶交易指示？

**回答：**總體來看，證監會不鼓勵，並禁止在某些特定場合使用，而且被允許使用的場合也要求有相應的使用紀錄。

※ **能力**原則：

- ◆ 委任適當職員執行職責；
- ◆ 充分及勤勉盡責地監督被委任的職員；
- ◆ 具備妥善的內部監控程序、財政資源及操作系統、程序及技術。

**【能力是指中介人能夠監督職員及公司運作，確保營業符合公司政策和法規要求。】**

※ 有關客戶資料的原則：

- ◆ 依循合理步驟認識客戶：
  - ■ 中介人應瞭解客戶的真實和全部的身份；及
  - ■ 瞭解每位客戶的財政狀況、投資經驗和投資目標。

  **【注意，毋須瞭解客戶的投資表現。】**
- ◆ 身份規定：
  1. 在交易前，中介人須確認最初發出交易指示的人士及該交易的最終受益人之身份、地址及聯絡詳情。
  2. 中介人須確立集體投資計劃帳戶及其經理人的身份，除非該受益人已發出交易指示，否則中介人毋須知悉管理基金的最終受益人。
  3. 《客戶身份規則的政策》：當證監會要求提供最終客戶的身份資料時，中介人需要在**兩個營業日內**提供。在若干商業情況下，中介人可能難以取得並提供相關資料，證監會將考慮此情況而不作出強行要求。

4. 以第三方授權操作客戶帳戶：中介人接納第三方就一名客戶的帳戶而發出的指示前，須採取合理步驟，以確立第三方的真實和全部身份，並保存有關資料的紀錄。同時，中介人應就第三方操作客戶的帳戶取得客戶的書面授權（防止第三方沒有得到充分授權）。

◆ 合適性（目的是保障投資者）：

■ 定義：在向客戶作出建議或招攬行為時，中介人應確保就其所察覺或查證後該客戶的資料而言，所提出的建議是合適。

■ 有關合適性的主要責任，由持牌人或註冊人負擔，而非客戶。具體要求包括：

1. **除了在香港或指明司法管轄區內的交易所買賣的衍生產品外**，持牌人或註冊人應確保複雜產品在所有情況下都適合該客戶（適合客戶不代表使客戶盈利，而是產品匹配客戶的風險承受能力。）；

2. 應評估客戶對衍生工具的認識，並根據客戶對衍生工具的認識將客戶分類。若客戶並不認識衍生工具，但有意認購，中介人須向客戶解釋相關風險並提供適當意見；

3. 如評估結果顯示有關交易並不適合該客戶，可在以維護客戶最佳利益的行事方式為前提下，執行有關交易；而任何所給予的警告及其他與該客戶溝通的紀錄，均應保存。

**【即只要充分揭示了相關風險，而且客戶也同意交易，中介人便沒有責任。】**

**思考：**為甚麼有關複雜產品的合適性，要排除掉衍生產品？

**回答：**因衍生產品具有很高的風險，無法適用於所有客戶，所以需要排除。

◆ 投資者識別碼制度：

- 定義（用途）：中介人若代表客戶進行交易活動，則須為每名客戶編配一個獨特且永久的券商客戶編碼（目的是識別客戶）；
- 當中介人為客戶向聯交所提交自動對盤交易指令時，中介人必須同時提交投資者者識別碼和中央編號。

**【注意中央編號是識別券商，投資者者識別碼是識別客戶，兩者結合使用。】**

**思考：**投資者識別碼制度該制度有甚麼好處？

**回答：**準確識別交易者身份，加強對市場交易的監督和管理。

◆ 場外證券交易的匯報制度：

- 目的：提高場外交易及參與人士的透明度，並有助證監會擔當市場監察的角色。
- 需要匯報的情況：

1. 毋須向聯交所作出交易匯報的場外證券交易，須直接向證監會匯報；

**【聯交所是前線監管部門，不屬其監管的才需要向證監會匯報。】**

2. 交易於聯交所上市的普通股及房地產投資信託基金，且被徵收香港印花稅的交易；
3. 存放或提取實體股票證書。

■ 何時匯報：於交易後 3 個香港交易日內進行。

■ 匯報內容：中介人的中央編號、證券交易的詳情、參與轉移的客戶的客戶識別信息，以及任何其他參與交易的證監會持牌中介人的中央編號。

■ **毋須**匯報的內容：根據結構性產品或衍生工具的條款，或將預托證券轉換為股份（反之亦然）而進行股份轉移。

**【因證監會監控的主要是交易（涉權益數量增減），但股份轉移不會改變權益數量，故可豁免匯報。】**

◆ 客戶協議：

■ 合約須根據客戶的選擇以中文或英文編印（可二擇其一）；

■ 若該協議並非由中介人與客戶親身訂立，則中介人應向客戶提供副本（保障客戶的知情權）；

■ 倘證監會要求，中介人應在 2 個營業日內提供最終客戶的身份資料；

■ 客戶合約或協議的基本內容須包括：

1. 客戶及中介人的全名和地址；
2. 雙方作出承諾，就資料的重要變更通知對方；
3. 中介人給客戶提供的服務，客戶需繳納的費用的詳情；及

4. 適當的風險披露聲明（表明中介人推薦產品已經過慎重考慮）。

■ 客戶協議中所禁止的內容：

1. 任何與《操守準則》所訂明的中介人責任相抵觸；及

2. 失實描述的條款、條文或條件（即協議所描述與事實不符）。

■ 客戶協議的法律責任：

1. 中介人應確保客戶協議不會消除、排除或限制客戶的法定權利或持牌人或註冊人的法律責任。

2. 訂立協議方式：親身或非親身（比如由其他人進行驗證，透過驗證服務、郵遞方式、透過使用指定香港銀行帳戶在網上與客戶建立業務關係，透過遙距程序與海外個人客戶建立業務關係等，下詳）。

- **由其他人進行驗證：**透過另一持牌人或註冊人、太平紳士或專業人士（如銀行分行經理、執業會計師、律師、公證人或特許秘書）取得令人滿意的驗證。

**【另一持牌人和註冊人也具備相應的專業能力，所以也可以進行驗證】**

- **驗證服務：**使用獲得由《電子交易條例》提供的服務（例如香港郵政提供附數碼簽名的驗證）。

- **郵遞方式：**取得客戶的身份證明文件副本，已簽署的客戶協議的副本，新客戶以本身名義在香港持牌銀行開立的帳戶所簽發及兌現的支票（支票數額不少於 10,000 港元），並確保該客戶支票上的簽名與客戶協議上的簽名相同。

- **透過使用指定香港銀行帳戶在網上與客戶建立業務關係：**取得由客戶透過電子簽署方式簽訂的客戶協議，連同該客戶的身份證明文件副本，將數額不少於 10,000 港元的首筆存款，由以客戶名義在香港持牌銀行開立的銀行戶口成功轉帳至其本身的銀行戶口內收取；日後就客戶交易戶口作出的所有存款及提款只能透過指定銀行戶口進行。

- **透過遙距程序與海外個人客戶建立業務關係：**取覽客戶官方的身份證明文件（例如生物特徵護照或身份證）的嵌入式數據，或取得證件上有關部分的電子版副本（包括客戶的高質素照片），並採用有效且適當的應用技術和流程來認證客戶的身份證明文件（如通過生物特徵、容貌識別技術等）。若有任何第三方人士進行開戶程序，則應事先取得客戶的許可和授權，並須設置適當的措施以保障及保護客戶個人資料的保密（與海外客戶建立聯繫，最重要的是識別及確認客戶身份）。

- 之後，取得由客戶透過電子簽署方式簽訂的客戶協議，將數額不少於 10,000 港元的首筆存款（或折算為等值之其他貨幣），由在受合資格司法管轄區內的銀行監管機構所監督的海外銀行開立的客戶銀行帳戶成功轉帳至其本身的銀行帳戶內收取，日後就客戶交易帳戶作出的所有存款及提款只能透過指定海外銀行帳戶而作出。

就每名客戶的開戶過程備存適當及可供隨時取覽的紀錄，並確保負責在網上與客戶建立業務關係的人員擁有充足的知識和技能，以施行和監督有關程序。至少每年進行一次詳盡的評估，由合資格、具備足夠的勝任能力及獨立的評估員評定所採用的流程和技術是否適當而有效。

◆ 委託帳戶：

■ 委託帳戶為客戶帳戶（雖非客戶本人操作，但帳戶的名字為該客戶）。

■ 該帳戶的客戶授權持牌人或註冊人或其僱用的任何人士（須為持牌人或註冊人）在代表該帳戶進行每項交易前，毋須事先獲得該客戶批准。

■ 客戶可作出全權委託，亦可施加若干條件。例如要求持牌人或註冊人只可在特定限制下進行交易。

**【無論何種委託形式，前提是須獲授權。】**

**思考：**如何理解委託帳戶？

**回答：**委託帳戶可理解為以客戶本人名字開戶，但交由中介人遵照着客戶授權進行日常操作的帳戶。

■《操守準則》對委託帳戶的具體規定：

1. 以書面形式作出授權；
2. 列明獲授權操作有關帳戶的人士，注明該人士為持牌人或註冊人的僱員或代理人；
3. 獲授權操作帳戶的人士應向客戶解釋授權的條款（保證客戶的知情權）；

4. 每年一次與客戶確認授權；可在屆滿日期前通知客戶，指明除非客戶在授權屆滿的日期前以書面通知取消有關授權，否則該項授權將會自動續期（類近於常設授權）；

5. 該帳戶應指明為委託帳戶；

6. 委託帳戶的開立應由高級管理層審批（委託帳戶的本質是在客戶授權的前提下操作客戶的帳戶，操作者有可能因便利而損害客戶利益，所以中介人內部須作嚴格審批）；

7. 在開戶階段或訂立委託帳戶的客戶協議書前，以書面形式向客戶披露其為客戶的帳戶執行交易時所收取的利益；及

   **【可以收取利益，但須先作出披露，否則可能損害客戶利益。】**

8. 確保具有妥善的內部監控制度。

◆ 風險披露聲明：客戶協議應載有風險披露聲明（客戶可選擇英文或中文），並邀請客戶閱讀該聲明、提出問題及徵求獨立的意見。

■ 各類別金融活動的風險聲明——

| **風險聲明** | **含意** |
|---|---|
| 證券買賣的風險 | 指證券價格可能突然變動。 |
| 買賣期貨及期權的風險 | 作出小額買賣（以保證金作出）而引致的額外風險，而相關風險可能只存在於大額買賣；客戶虧損的情況下如未能追繳保證金，則可能被平倉，客戶並要對短欠數額負責。即使設定了「止蝕」指示，市場情況仍可能會使該指示無法有效地限制損失。 |

| | |
|---|---|
| 買賣 GEM 股份的風險 | GEM 股份的波動性較高，往績記錄較短的股份及其公開程度不足，需要尋求專業意見。 |
| 保證金買賣的風險 | 客戶蒙受的損失可能超其保證金款項，並會被要求存入更多款項；如果客戶未能應付追補保證金，則中介人可能會替客戶平倉及出售抵押品。 |
| 在香港以外地方收取或持有的客戶資產的風險 | 海外及香港法律可能有所不同，在海外收取或持有的資產可能不會受到香港法律的保障（比如無法享受消費者賠償基金的保障）。 |
| 買賣槓桿式外匯合約的風險 | 客戶可能承受類似保證金買賣的虧損風險，以及承受由於市況因素而無法執行客戶指示的風險。 |
| 提供將客戶的證券抵押品再質押的授權書的風險 | 容許其將客戶的證券抵押品再質押以取得財務通融，如持牌人或註冊人失責，客戶可能會損失其證券。 |
| 授權代存郵件或將郵件轉交第三者的風險 | 客戶需要儘快收回成交單據及戶口結單以作為偵查任何錯誤（信息延誤或丟失可能導致交易損失）。 |

**思考：**保證金買賣的風險，期權及期貨買賣的風險，兩者有何區別？

**回答：**保證金買賣一般需要抵押品，用於現貨交易。期權和期貨則是用「小額買賣」去博取未來更大額的交易。相比之下，期權和期貨的風險更高。

**思考：**保證金買賣的風險，買賣槓桿式外匯合約的風險，兩者區別在哪裏？

**回答：**前者側重於股票交易，後者側重於外匯交易。

※ 為客戶提供資料的原則

◆ 為確保透明度，中介人應向客戶提供以下數據：

■ 有關其業務的資料，包括：聯絡詳情、所提供的服務、將會與客戶聯繫的僱員及其他代表中介人的人士的身份和受僱狀況；

■ 當個別連絡人為某個金融服務集團行事時，需要提供有關該人士屬哪家公司的資料；及

■ 在客戶要求時，應提供經審核財務報表及關於公司行動的資料。

■ 中介人亦應儘快與客戶確認為其進行的交易的重要資料，**此規定不適用於委託帳戶**。

**【因委託帳戶的操作指令不是客戶直接下達，而是已經先進行授權。】**

◆ 中介人需要提供的交易資料：

■ 於何時提供：在訂立交易前或在訂立交易時；並以一次性基準（一次性披露）作出（一次性基準的意思是，在此時將全部能提供的資料提交出來）。

■ 中介人須披露事項：

1. 中介人以何種身份行事（主事人或代理人）。

**【不同身份在交易中的地位和行為準則不一樣。】**

2. 中介人與產品發行人的任何聯繫；

3. 中介人是否獨立及有關的釐定基準；

4. 中介人向該客戶提供費用及收費折扣的任何條款及細則；及

**【有利於客戶的事項也要作出披露。】**

5. 披露有關金錢收益及非金錢收益的資料：

- **披露金錢及非金錢收益：**中介人應披露其將會從該項產品的供應及分銷中取得收益。有關披露應該為具體披露，並且以交易為本，不能僅作出一次性披露。

  **【因為交易是動態的，所以要動態披露，不能僅作出一次性披露。】**

- **需要披露的三類收益：**可量化計算的金錢收益（收取投資額的特定百分比或背對背交易）；不可量化計算的金錢收益（將取得金錢收益及該等收益的性質，以及每年可取得的金錢收益的最高百分率）；非金錢性質的收益。



**思考：**甚麼是背對背交易？背對背交易與「代理人行事」的身份有何不同？

**回答：**背對背交易指中介人作為主事人與第三方進行交易，以滿足客戶指示（例如，客戶欲購買某特定產品，中介人首先以主事人身份向第三方購入該產品，然後再以主事人身份將該產品轉售予客戶）。其本質是中間商的角色。這有別藍中介人以代理人身份行事，代表客戶買賣產品。

◆ 中介人以何種形式進行披露：

■ 以書面形式作出披露。

■ 如無法在交易完成前以書面形式披露，應作出口頭披露，並在交易完成後，在切實可行的範圍內儘快向客戶以書面形式作出披露。

- ◆ 中介人被視為並非獨立的情況：
  - ■ 其就向客戶分銷投資產品收取金錢收益，無論是否可量化計算；
  - ■ 其就某特定投資、投資產品類別或產品發行人從任何可能損害其獨立性的人士收取任何非金錢收益；及／或
  - ■ 其與產品發行人有緊密聯繫或其他經濟關係。

※ **利益衝突**的原則

- ◆ 利益衝突發生的範圍：
  - ■ 兩名客戶之間；及／或
  - ■ 客戶與持牌人或註冊人或其職員。
- ◆ 可能出現衝突的情況（後文將分別講解）：
  - ■ 處理客戶交易指示（主要是交易先後順序容易產生衝突）；
  - ■ 倘出現實際或潛在且不可避免的衝突時，持牌人或註冊人須採取的行動；
  - ■ 因持牌人或註冊人的回佣及非金錢利益的做法而產生的潛在衝突事宜；及
  - ■ 因編製及發出研究報告而產生的潛在衝突（如分析員報告可能存在傾向性）。
- ◆ 處理客戶交易指示：
  - ■ 時間優先：優先處理先收到的指示；及
  - ■ 客戶優先：客戶的交易指示應較持牌人或註冊人本

身的帳戶，或持牌人或註冊人任何僱員或代理人本身的帳戶發出的交易指示，獲得優先處理。

- 持牌人或註冊人如將數名客戶的交易指示或將某客戶的交易指示與持牌人或註冊人本身帳戶的交易指示合併處理，而後來無法完成所有的交易指示，則持牌人或註冊人在隨後的分配時，應優先滿足客戶的交易指示。
- 公平分配交易指令：在無法為多名客戶完成全部交易指示的分配時，應避免不公平地偏袒任何客戶。
- 禁止的行為：先於替其他客戶進行交易之前（扒頭交易）；或者因掌握一經公開發佈即可能影響金融工具價格的其他非公開資料。
- 不再經營業務：如持牌人或註冊人不再進行受規管活動，應儘快通知客戶（以便讓客戶有選擇退出的機會）。
- 實際或潛在衝突的處理方法：當無法避免衝突時，中介人應該已向客戶披露有關利益衝突，並已採取一切合理步驟確保客戶獲得公平對待，否則不應就交易提供建議或進行有關交易。
- 回佣、非金錢利益及關連交易：行使投資酌情權代表客戶行事的中介人（這裏指以委託管理方式進行），只可根據《操守準則》訂明的規定收取由經紀提供的金錢（回佣）或物品或服務（非金錢利益），作為代表其客戶將交易交由經紀執行的代價。

**【即中介人可收取利益，但必須合規。】**

**思考：**中介人與客戶之間的利益衝突是否一定可以避免？

**回答：**不一定。如實在無法避免，中介人只要有充分披露及公平對待客戶即可。

- 可收受的回佣或非金錢利益之情況：
  1. 該物品或服務明顯對收受人的客戶有利（即不損害客戶利益）；
  2. 收受人收取的經紀佣金，不超過一般的佣金比率；

     **【佣金過高對中介人有利，違反公平原則，容易損害客戶利益。】**
  3. 獲客戶以書面方式同意其收取及保留有關回佣，而有關披露及同意可以在客戶協議或其他投資管理協議上載列；及
  4. 中介人已向客戶披露收取物品或服務，並每年向客戶發出聲明，表述其收取非金錢利益的詳情。
- 可以接受的物品：研究及顧問服務；市場分析報告；投資組合分析；數據及報價服務；與上述物品及服務有關的計算機硬件及軟件；結算及代管服務；以及與投資有關的刊物。

**思考：**可以接受的物品有何共通點？

**回答：**均是對客戶有利的。即使為中介人所獲取，也有利於提高中介人的服務水平。

- 禁止收受的物品和服務：旅遊、住宿、娛樂；一般行政所需的物品或服務；一般辦公室設備或處所；

會籍費用、僱員薪酬；以及直接金錢支出。另外，除非先取得客以書面形式同意，否則中介人禁止收取保留與客戶交易有關的現金或金錢性質的回佣。

**思考：**禁止接受的物品和服務有甚麼特點？

**回答：**對中介人有利，而且難以直接增加客戶利益。

- 冷靜期：如客戶根據投資產品設有的冷靜期機制行使其權利，則應儘快執行客戶的指示，並向客戶發還包括任何銷售佣金在內的全額退款。中介人可扣除合理的行政費用，惟須在銷售時或銷售前向客戶披露，且不應包含任何邊際利潤。

**思考：**冷靜期出發點是甚麼？

**回答：**出發點是防止中介人誤導客戶，使客戶購買不合適的投資產品。

※ 因編製及發出研究報告而產生的**潛在衝突**（對分析員的要求）：

◆ 分析員定義：商號（即中介人及其公司集團）及分析員（即個人）。

◆ 對分析員的要求：交易活動或商務關係，不應妨礙其投資研究及建議。

◆ 甚麼情況下需要作出披露：

- 分析員是該報告所涉及的公司或新上市申請人的高級人員或於該公司擁有任何財務權益；及

- 商號與研究報告所涉及的公司或新上市申請人擁有指明的財務權益或商務關係，則應作出適當的披露。
- 上述的財務權益並不包括貸款及集體投資計劃的投資。

◆ 中介人應設立適當的書面政策及監控程序，對以下情況作出限制：

- 有違其已發出的建議的交易；
- 於研究發出前 30 日內及研究發出後的 3 個營業日內作出交易；
- 如分析員曾在該 30 日期間內進行交易，則不應發出有關研究；
- 在公開發售中擔任經理人、保薦人或包銷商的商號，不應在「安靜期」內（首次公開招股定價後的 40 日內或第二次公開發售定價後的 10 日內）發出研究，除非發出涉及該公司或新上市申請人的研究屬其正常業務過程中的一部分；
- 商號不應為求影響與上市公司或新上市申請人的商務關係而提供任何保證，表示其將會發表對該公司或新上市申請人有利的報告，或更改其研究的涵蓋範圍或評級。

**思考：**為甚麼限制交易員在發出報告前後的交易？

**回答：**使其研究報告更為中立、公正。

◆ 應設立匯報途徑、補償及監察制度，以消除、避免或管理實際或潛在的利益衝突。包括：

- 不容許投資銀行部預先核准研究；

  **【核准研究指的是研究報告內容事先交投資銀行部門審閱。】**

- 分析員的報酬不應與投資銀行交易直接掛鈎；
- 不容許研究分析員招攬投資銀行業務（研究與招攬涉利益衝突）；及
- 不向負責就新上市申請人提供非合理地預期將會載於招股章程的數據或非公開資料（即應當保證非公開資料不會被無關人士知悉）。

  1. 外來影響：應消除或應付證券發行人、機構投資者及其他外間人士對分析員施加的任何不當影響。倘研究涉及的公司或新上市申請人或第三方就該研究提供補償或其他利益，應披露該事實（即可以收取補償或利益，但收取後要作出相應披露）。
  2. 大眾媒體：倘分析員以個人身份在大眾媒體中出現並作出評論或建議，如內容涉及的公司擁有任何權益，應披露該事實。倘有關披露已向媒體作出，但媒體並無報道有關披露，分析員將毋須為此承擔責任。

※ 遵守法規原則

- 法規的範圍包括：法律（包括證監會訂立的附屬法例）、規則、規例及證監會所執行或發出的守則、持牌人或註冊人參與的交易所及結算所的規則，以及適用於該等持牌人或註冊人的任何其他監管當局的規定。
- 《操守準則》涵蓋的範圍：金融糾紛調解計劃之下的責

任、僱員的交易、對僱員的行為負責、投訴及須向證監會作出匯報的情況。

- 中介人處理投訴需要：
  - 及時及適當地（即按客觀公正原則）處理客戶投訴；
  - 儘快進行調查及作出回應；
  - 如投訴未有實時予以處理，則中介人應知會客戶在監管制度下可採取哪些其他步驟，包括將糾紛轉介到調解中心的權利；及

    **【當投訴不能實時處理，就作出轉介。】**
  - 在接獲投訴後適當地審核投訴所涉事項。採取步驟作出調查及補救，即使其他客戶沒有向中介人或調解中心作出任何投訴也不例外。
- 在調解計劃下合作：中介人應就調解計劃對調解員或仲裁員作出誠實及勤勉盡責的披露，以及對調解計劃提供一切合理協助。
- 僱員交易：
  - 中介人應就是否容許僱員本身交易或買賣證券或期貨合約制定有關政策，並以書面方式告知僱員。
  - 中介人如容許僱員進行交易，須列明以下事項：
    1. 僱員為自身帳戶進行交易時須遵守的條件；
    2. 僱員應向高級管理層匯報有關帳戶的情況，包括僱員未成年子女的帳戶，以及僱員擁有實益權益的帳戶；

       **【僱員實際能控制到的帳戶均要披露。】**
    3. 在一般情況下，應規定僱員須透過中介人或其聯

繫公司進行交易（即僱員只能通過所屬公司進行交易）；

4. 僱員需要將交易確認及帳戶結單的複本提供予中介人高級管理層；
5. 所有交易均應作出記錄及清楚識別；及
6. 僱員交易應向高級管理層申報，並且由高級管理層進行密切監察。
7. 若無僱員的主事人的書面同意，中介人不得在知情的情況下，把其他中介人的僱員作為客戶。

**【此規則也約束了其他中介人，在接待另一個中介人僱員開戶時，要求對方出示所屬公司同意到別處開戶的文件。】**



**思考：**為何僱員自身交易須作規定？

**回答：**因為此種交易並非是僱員的工作職責的一部分，本身僱員會接觸到一些內部資訊，如果僱員濫用這些資訊，會損害客戶及整個市場的利益及穩定。

◆ 對僱員的行為負責：中介人應就其僱員及代理人在處理其業務時的作為或不作為負責。

◆ 專家證人：除非有合理辯解，中介人作為商號**不應禁止**其僱員為證監會及金管局執行專家證人服務。

◆ 中介人須通知證監會的事項：

■ 持牌人或註冊人或其僱員或代理人嚴重地違反或涉嫌嚴重地違反任何法例、證監會執行或發出的規則、規例及守則、或持牌人或註冊人所參與的交易所及結算所或適用於該持牌人或註冊人的其他機構的規則；

**【涉及嚴重違規就須匯報，不一定是違反了金融方面的法例法規才匯報。】**

- 任何影響中介人自身、其大股東或其董事的無力償債情況；
- 監管機構或其他專業或行業組織對其行使的任何紀律行動；

**【注意，不一定是有關金融方面的紀律行動才要匯報。】**

- 本身業務系統或工具出現的任何重大問題；
- 中介人的客戶涉嫌嚴重違反《證券及期貨條例》的任何市場失當行為條文（客戶行為也關乎中介人是否合規經營，故客戶若有異常行為亦須匯報）；或
- 有關方面就調解計劃的投訴作出裁定或達成和解。

※ 高級管理層責任的原則

◆ 中介人的高級管理層「應承擔的**首要責任**，是確保商號能夠維持適當的操守標準及遵守恰當的程序」。

◆ 高級管理層須妥善管理與業務有關的風險，瞭解中介人的：

- 業務性質；
- 內部監控系統及程序；
- 風險管理政策；及
- 權責範圍。

同時擁有下列權力：

- 及時地取覽所有與該等業務有關的資料；及
- 獲得一切與該等業務或本身責任有關的必需意見。

◆ 證監會視下列人士為高級管理層（高級管理層之定義）：

- 法團的全體董事，包括任何幕後董事；
- 獲委任為法團的負責人員的人士；
- 以下 8 項核心職能的主管：

1. 整體管理監督；
2. 主要業務；
3. 營運監控與檢討；
4. 風險管理；
5. 財務與會計；
6. 資訊科技；
7. 合規；及
8. 打擊洗錢及恐怖分子資金籌集。

**思考：**核心主管是否一定是負責人員？

**回答：**不一定。證監會只是**建議**所有核心主管成為負責人員，並非強制規定。

◆ 如何判斷某人士是否為核心主管：

- 證監會考慮多種因素，如職位、資歷及權力範圍等。
- 不一定是持牌代表才會被視為核心職能主管。

■ 若某人士被認定為核心職能主管，倘公司對該人士的委任有任何更改，必須通知證監會，而該公司需更新及告知證監會其新訂的組織架構圖。

**【可理解為核心主管受到證監會的間接監管。】**

※ 專業投資者

◆ 定義：就其知識、經驗及財務資源而言，**適用不同的法律及監管規定的人士**。其**具有一定程度投資經驗、知識及擁有財政資源**，這些投資者不需要一般散戶投資者的保障。

◆ 因上述理由，故可豁免遵守一些《操守準則》條文（後文再詳述）。

◆ 專業投資者被劃分為以下 3 類：

■ 機構專業投資者；

■ 法團專業投資者；及

■ 個人專業投資者。

**思考：**將專業投資者和普通投資者區分開的目的是甚麼？

**回答：**為了更有針對的進行金融監管，對於不同客戶採用不同的保障水平。

※ 機構專業投資者

◆ 特點：主要是幫人做投資的大型專業機構，其經營的業務已代表其有足夠的實力。

◆ 機構專業投資者包括：

■ 交易所等機構；

■ 持牌法團或註冊機構及受境外規管的類似投資服務提供者，包括其全資附屬公司、控股公司(持有100%股權)，以及控股公司的全資附屬公司；

■ 認可財務機構及類似海外機構，同樣包括其全資附屬公司、控股公司及控股公司的全資附屬公司；

■ 根據《保險業條例》獲授權及受規管的保險人及其受規管的境外同業；

■ 在香港獲認可的集體投資計劃及其營辦商，包括其受規管的境外同業；

■ 註冊計劃及其核准受託人、服務提供者、投資經理、管理人及受規管的境外同業；及

■ 政府、中央銀行及多邊機構。

**思考：**機構專業投資者與其他兩類專業投資者的最大區別是？

**回答：**機構專業投資者為具規模的大型機構，專業程度是三者中最高的。

※ 法團專業投資者

◆ 定義：

■ 獲委託總資產不少於4,000萬港元（或等值外幣）的信託公司；

■ 擁有不少於800萬港元(或等值外幣)的投資組合，

或擁有不少於 4,000 萬港元（或等值外幣）總資產的法團或合夥；及

- 上述人士的全資附屬公司。

**思考：**法團專業投資者和機構專業投資者有何區別？

**回答：**兩者同屬法團，而非個人。但機構專業投資者包含的範圍較小，且有特定的對象。

※ 個人專業投資者

◆ 定義：

- 擁有不少於 800 萬港元（或等值外幣）的投資組合之人士；
- 個人持有，或與其共同擁有該投資組合的配偶及子女（前提是該投資組合必須是共有的），一律視為個人專業投資者。



※ 專業投資者可獲豁免的條文

| 有可能豁免的內容（概述） | 有可能豁免的內容（詳情） |
|---|---|
| 為客戶提供資料 | ■ 提供中介人及其僱員的資料，儘快對各項交易作出確認；<br>■ 提供有關納斯達克 - 美國證券交易所試驗計劃的數據文件；<br>■ 披露與交易有關的資料；及<br>■ 確保複雜產品的合適性，提供相關複雜產品的資料及警告聲明。 |
| 有關客戶的資料 | ■ 確立客戶的財政狀況，投資經驗及投資目標；<br>■ 確保所作出的建議是合適的；及<br>■ 評估客戶對衍生工具的認識。 |

| 客戶協議 | ■ 須訂立書面客戶協議及提供風險披露聲明。 |
|---|---|
| 委託帳戶 | ■ 進行交易前須獲得客戶的書面授權；<br>■ 解釋書面授權並每年進行確認（注意，仍應獲得授權）；及<br>■ 披露因應在委託帳戶下為客戶進行交易而可取得的收益。 |

◆ 機構專業投資者可以豁免上述所有內容。至於法團和個人專業投資者則可以有條件豁免部分或全部內容，具體情況如下：

| 額外條件 1 | 客戶需要被告知有關被視為專業投資者身份僅與特定產品及市場有解釋其享有與任何時候撤回轉投資者身份的權利。以及獲得客戶的書面同意，每年應確認專業投資者身份狀態，並以書面形式提醒客戶有關專業投資者身份的風險及後果。 |
|---|---|
| 額外條件 2 | 法團專業投資者擁有合適的企業架構及投資程序和監控措施，負責做出投資決定的人士擁有充足的投資背景及經驗，以及法團專業投資者對作出投資決定人士的風險有所認知。 |
| 法團專業投資者 | 可以豁免前述條文，前提是同時滿足「額外條件 1+2」。 |
| 個人專業投資者 | 滿足「額外條件 1」，可豁免以下條文：<br>■ 提供中介人及其僱員的資料；<br>■ 儘快對各項交易作出確認；及<br>■ 提供有關納斯達克 - 美國證券交易所試驗計劃的數據文件。 |

**思考：**為甚麼機構專業投資者可豁免的條文，多於法團和個人專業投資者？

**回答：**因為機構專業投資者通常更專業、資金更雄厚、抗風險能力更強，故需要的規管保障更少。而法團和個人專業投資者須具備一定條件，才可豁免全部或部分條文。

※ 保薦人

◆ 應遵從下列規定：

■ 向籌備上市的上市申請人提供意見及指引；

■ 在呈交上市申請前，保薦人應完成對上市申請人的所有合理盡職審查，但有關在本質上只能於較後日期處理的事項除外；

■ 採取合理步驟以確保向公眾就上市申請人的披露是真實、準確及完整；

■ 確保以坦誠、合作的態度和迅速的方式與監管機構溝通；

**【與監管機構溝通是保薦人的重要職責之一。】**

■ 備存足以顯示其已遵從《操守準則》規定的妥善的簿冊及紀錄；

■ 維持充足的資源和有效的系統及監控措施，使保薦人的工作得以妥善執行並受到管理層充分監察；

■ 擔任公開發售的全盤經辦人，以確保公開發售以公平有序的方式進行；及

■ 採取合理步驟以確保分析員不會收到沒有在上市文件內披露的重大資料。

**【因分析員和上市活動之間有利益衝突。】**

※ 有關場外衍生工具交易的操守規定

◆ 制定此操守規定的原因：2008 年金融危機後，國際間致力減少場外衍生工具的系統性風險。

◆ 下列人士受風險紓減規定所規管：

- 身為非中央結算場外衍生工具交易訂約方的持牌法團為自身進行的交易；

  **【不適用於註冊機構，因其已受到金管局更高標準的監管。】**

- 獲發牌進行第 9 類受規管活動，並就集體投資計劃管理非中央結算場外衍生工具投資組合的持牌法團（但如風險紓減規定是由集體投資計劃透過其管治團體或獲其轉授職能者自行承擔，則屬例外）。

**思考：**為甚麼 9 號牌從事集體投資計劃要進行風險紓減？為甚麼可以自主進行風險紓減？

**回答：**因為集體投資計劃也屬交易投資，也會使風險傳導到其他經濟活動主體。如果自主進行紓減，則不會產生風險傳導，對整個金融系統的風險較小。

◆ 有關文件的要求：

- 持牌法團應確保在訂立非中央結算場外衍生工具交易之前或之際，以書面妥善記錄與對手方的交易關係。**所有重要條款**應反映在該書面協議。

  **【注意，只有「重要條款」才需要。】**

- 訂立交易後，應在切實可行的情況下儘快**以書面方式**確認交易的重要條款，以提高該交易在法律上的確定性及使各方負上具法律約束力的責任。

◆ 有關估值的要求：

- 持牌法團與其對手方應作出**書面協定**，反映釐定非中央結算場外衍生工具價值的方法及程序（衍生品的市場價值變化急速，所以重視估值方法及程序）。

■ 亦應考慮任何市況變化對經協定的估值程序所造成的影響，就此及就估值其他方面而進行的過程應獲妥善地以**文件記錄**。

**【均強調是書面及文字記錄，以便日後查閱。】**

◆ 有關投資組合的要求：持牌法團的政策及程序，應確保定期與對手方互換重要條款及進行估值對帳。

◆ 處理爭議：就釐定分歧應在甚麼情況下視作爭議，以及如何解決爭議而與對手方協定的程序。

※ 集團聯屬公司及其他有關連人士

◆ 風險管理：

■ 持牌法團的風險概況，可能會因應其對任何相關第三方的財務風險承擔而受影響（相關第三方包括持牌法團的集團聯屬公司、有關連人士和獨立第三方）。

■ 持牌法團應對所有有關訂約方應用相同的風險管理標準。

**思考：**為甚麼要特別提到與第三方有關的風險管理內容？

**回答：**因為持牌法團和第三方的關係可能牽涉抵押和擔保關係，承擔的風險會隨着第三方的情況而改變。

◆ 交易：招攬、建議或安排集團聯屬公司與客戶（身為集團聯屬公司的客戶除外）訂立場外衍生工具交易的持牌人，應總是顧及該客戶的最佳利益行事。

**思考：**此處為何特別提及集團聯屬公司？

**回答：**集團聯屬公司與中介人屬於同一個集團，故中介人在對待它時應一視同仁，避免有利益衝突。

◆ 有關**與非持牌人**交易的披露：

■ 當持牌法團招攬、建議或安排客戶與非證監會持牌人的集團聯屬公司訂立場外衍生工具交易，**書面客戶協議應包括額外風險披露**，以使客戶注意到集團聯屬公司並無獲證監會發牌，並通知客戶**可能完全不會獲得任何規管監察保障**。

■ 當客戶本身屬於「持牌法團或認可財務機構」，或「在由證監會釐定的可資比較的場外衍生工具司法管轄區內作為受規管的場外衍生工具交易商或銀行」，上述規定不適用。

**【此類客戶具有較高專業性，故毋須過多保障。】**

※ 適用於非中央結算場外衍生工具交易的保證金規定：

◆ **開倉保證金**及**變動保證金**均為由非中央結算場外衍生工具交易其中一方提供予另一方的抵押品，旨在保障該另一方免受第一方違責的影響。

◆ 規定之目的：作為 2008 年金融危機後改革場外衍生工具市場的一環，冀降低系統性風險及鼓勵採用中央結算。

◆ 涉及的保證金類型：

■ 開倉保證金：反映於進行場外衍生工具交易時的對潛在未來風險承擔的量度；及

■ 變動保證金：反映其中一方因場外衍生工具隨時間按市值計算的價值的變動，而已經產生的現行風險承擔。

**思考：**兩類保證金的作用有甚麼不同？

**回答：**開倉保證金只能按照開倉時的風險計算，保障的是風險一直不變的情況。如果後期風險發生變化，需要變動保證金來持續保障。

◆ 開倉保證金的含義：雙方為了防止未來可能的虧損，預先給對方抵押品，如果其中一方違約，另一方可以得到賠償。

**【雙方互相交換保證金。】**

◆ 變動保證金的含義：在交易過程中，合約的價值通常隨着時間而波動，市場變化可能令其中一方更不利。因此需要違約風險變高的一方向另一方支付額外保證金。

**【只需要由風險升高的一方支付予另一方。】**

◆ 適用範圍：

■ 適用於作為訂約方與「受涵蓋實體」進行相關非中央結算場外衍生工具交易的任何持牌人。此規定不適用於註冊機構。

■ 「受涵蓋實體」**包括**金融對手方，重大非金融對手，以及證監會指定的其他實體。**不包括**：官方實體、公營單位、金管局指明的多邊發展銀行，以及國際結算銀行。

- 非中央結算場外衍生工具的平均總計名義數額超過相關門檻才適用。

  **【避免適用範圍太廣泛，影響金融交易效率。】**

◆ 開倉和變動保證金**不適用**的情況：

- 若干實物交收外匯交易、若干商品遠期交易、在《證券及期貨條例》下的附屬法例所特別豁除的若干貨幣合約；及

  **【因這類產品價值變化較小。】**

- 已遵守並被收取了中央結算衍生工具交易有關的保證金之交易。

> **思考：**何謂重大非金融對手方？
>
> **回答：**重大非金融對手方是指在金融交易中，不涉及貨幣、證券、保險等金融產品交易或服務的對手方。而是主要從事實體經濟中的其他領域，如企業運營、資金託管、融資擔保等，即不是金融機構的核心業務。

◆ 保證金規定的 **3 種特定例外**情況：

- 對開倉保證金或變動保證金的相關淨額結算協議或開倉保證金的相關抵押品保障安排可否得以強制執行存有合理懷疑（需有適當理由及以書面法律意見支持）；

  **【此情況往往是抵押品牽涉法律糾紛，難以執行。】**

- 就集團以內並記帳的交易而言，以綜合基準管理風險；及

**【因為是集團內部的交易，這種情況下違約風險不高。】**

- ■ 當持牌人已通知證監會，其將會進行「替代遵守」。

  **【替代遵守：持牌人選擇遵守交易對手方所屬另一司法管轄區的保證金規定（監管水平須不低於香港，即被證監會或金管局視為可資比較的保證金規定）。】**

※ 變動保證金規定：

- ◆ 當非中央結算場外衍生工具平均總計名義數額均超過相關門檻時，則一般必須交換開倉保證金及變動保證金。
- ◆ 當變動保證金需要交換時，變動保證金需要至少每日計算一次並儘快收取。

  **【每日計算才能保證保證金的數量和風險暴露保持一致。】**

- ◆ 以下情況不需要遵守上列兩項規定：
  - ■ 當持牌人不會承受對手方風險，就不需要交換開倉保證金；及
  - ■ 當對手方為**重大非金融對手方**，並已聲明其主要利用非中央結算場外衍生工具作對沖用途時，均不需要交換開倉保證金及變動保證金。

※ 開倉保證金的安排：

- ◆ 提供或收取開倉保證金的持牌人必須確保資產受到適當保障，資產必須具有適當及法律上可被強制執行的保障，包括使用第三方保管人。
- ◆ 持牌人應將開倉保證金當作客戶資產處理，不得以再質

押等方式再使用該開倉保證金。

**【如開倉保證金被質押，會降低其流動性，提高風險。】**

- **可接受**的保證金包括：合資格資產，包括現金、有價債務證券、黃金及上市股份等資產。惟若干證券**不合資格**，包括：與持牌人屬同一綜合集團的公司所發行的證券、與對手方的信用質素或相關非中央結算場外衍生工具的價值有重大相關性的證券，以及信貸質素並非屬投資級別的證券。

**【上列證券不合資格的原因是，它們與交易對手的相關程度太高，不利分散風險。】**

## 5.2 《基金經理操守準則》

※《基金經理操守準則》規管對象——

- **基金經理**，即獲證監會發牌或註冊，且業務涉及管理以下各項的人士：
  - 集體投資計劃（不論該計劃是否已獲得認可）；及/ 或
  - 委託帳戶。

**思考：**為甚麼從事未獲認可的集體投資計劃，也受到《基金經理操守準則》規管？

**回答：**證監會透過規管從業人員，對未獲認可的集體投資計劃作間接監管。

**思考：**集體投資計劃和委託帳戶有何區別？

**回答：**集體投資計劃指的是對投資者的資金集合起來進行投資；而委託帳戶指的是投資者授權予中介人，讓中介人依授權操作客戶的帳戶。委託帳戶本質還是客戶的帳戶，只不過是讓中介人去操作；而集體投資計劃的投資則不受個別投資者控制。

※ 基金經理與客戶的關係——

◆ 誠實及公平：

■ 向客戶作出的陳述須為準確及沒有誤導成分，市場推廣資料須按證監會規定得到認可，具體要求如下：

1. 並無虛假、偏頗、具誤導或欺騙成分；
2. 清晰、公正及以持平的觀點呈述基金，並附有充分的風險披露；
3. 載有適時及與基金銷售文件一致的內容；及
4. 所載關於基金表現的聲稱均可證明屬實。

**【對基金表現的描述不能與事實不符。】**

■ 關於收費價格：

1. 所有會影響基金及基金投資者的費用、收費及將價格標高的做法應屬公平和合理。

**【即在合理公平的前提下，標高費用價格是被允許的。】**

2. 當基金經理是以**代理人**身份行事時，將價格標高的做法應予以**禁止**；當基金經理是以**主事人**身份行事時，將價格標高的做法應予以**允許**。

3. 向基金披露可將價格標高的情況，有關交易應在定期報表或交易通知單中作匯報。

**思考：**基金經理的身份不同，為何關乎價格標高的做法獲允許與否？

**回答：**若以代理人身份將價格提高，容易將提高的收費作為自己佣金，對客戶產生代理風險。

◆ 饋贈及利益：

■ 基金經理不應提供或接受可能會其對客戶的責任相互衝突的誘因；

**【換言之，關鍵在於會否損害對客戶責任；若無損害，是允許的。】**

■ 基金經理應設立關於職員收受饋贈、回佣或其他利益的書面政策指引（此規定不僅限於基金經理，也適用於其他中介人）；

■ 基金經理應備存一份登記冊，以記錄所收取並高於指定限額的任何利益。

◆ 勤勉盡責：基金經理應確保基金的買賣盤是基於其**所能取得的最佳條件**而執行。

◆ 為客戶提供資料：

■ 基金經理管理投資組合時，應訂立書面客戶授權書；

■ 協議書須列明投資策略、目標、投資限制及投資指引。

◆ 基金經理應提供的資料，包括：

- 向基金（包括基金管理者及投資者）提供以下充分資料：

1. 基金經理的營業地址；
2. 經營業務的條件或限制；及
3. 代表基金經理執行工作並可能與基金有所聯繫的人士的身份和職位；

- 當基金要求時，披露其財政狀況；及
- 披露氣候相關風險的資料，尤其是監察有關風險的管治安排及如何將有關風險加入在其投資及風險管理流程內（氣候風險是關乎企業社會責任的內容）。

※ 避免利益衝突——

◆ 基金經理應建立並實施適當的組織及行政安排，以便識別或防止該等衝突：

- 如衝突得以識別，基金經理應向基金投資者妥善披露。有關衝突亦應加以管理及監察，以儘量減少衝突及確保基金投資者獲得公平對待（衝突難以完全免除，故只能夠儘量識別、披露，確保公平）。
- 交易應總是在符合客戶最佳利益並按照公平原則，以及最佳條件的一般商業條款的情況下進行。

**思考：**符合「客戶最佳利益」和「最佳條件的一般商業條款」有否矛盾？

**回答：**不矛盾。因為中介人與客戶相比，客戶處於弱勢，所以要先保障客戶的最佳利益。

◆ 優先處理客戶的帳戶：

■ 基金經理不應涉及利用機密的價格敏感資料進行的交易；

■ 基金經理應確保所有客戶的買賣盤都得到公平分配，在輸入買賣盤前記錄分配意向並加以遵守；

■ 如果經修改後的分配方法不會使客戶遭受損失，而重新分配的原因亦已清楚地以書面方式記錄下來，則可以對買賣盤進行修改；

**【注意，修改有嚴格條件限制，即在達到公開、公平的情況下，可作出重新分配。】**

■ 基金經理不得在分配過程中偏袒個別客戶，並且須將擬採納的分配基準及實際分配情況記錄下來；

■ 基金經理應顧及基金所闡明的目標，而不應替基金進行過量的買賣。

**【過量買賣可讓基金經理取得更多收費，卻損害客戶利益。】**

◆ 回佣、非金錢利益及關連交易：

■ 除非有關交易是按照公平條款及最佳條件執行，而佣金率不高於慣常適用於機構投資者的比率，否則基金經理不應代基金與關連人士進行交易（佣金率過高會損害客戶利益，並使中介人有尋租的空間）。

■ 基金經理應按照標準息率或更優惠的息率條款，向關連人士借入款項或存入款項。

◆ 應避免的其他潛在利益衝突：

■ 客戶帳戶之間的交叉盤交易應公平地進行，並應向客戶匯報該等交易；

- **公司帳戶與客戶帳戶之間的交叉盤交易**，必須在**事前獲得客戶書面同意**的情況下進行，並應向客戶披露所涉及的任何實際或潛在的利益衝突；
- 應**先處理客戶**買賣盤，才**再處理公司**帳戶交易；
- 職員的私人帳戶與客戶的帳戶之間的交叉盤，應予以禁止。

  **【此種交易風險較大，很容易產生利益衝突。】**

**思考：**甚麼是交叉盤交易？

**回答：**基金經理管理的多個基金，或者多個客戶之間直接進行的買賣交易。如張先生管理 A 基金和 B 基金，A 基金想賣出證券 C，而 B 基金想買入證券 C。張先生直接讓該兩隻基金之間進行交易。



◆ 公司帳戶交易

- 基金經理通常操作一個帳戶，稱為「公司帳戶」。
- 公司帳戶是由基金經理或其關連人士控制的帳戶，需要確保所有客戶獲得公平對待：

  1. 一般會**優先執行**客戶的買賣盤；
  2. 公司和客戶的買賣盤僅應在符合客戶的最佳利益下，才可合併處理；

     **【即在滿足前提下，可以合併。】**
  3. 不論是為了自己或客戶，基金經理在客戶收到有關建議、研究或分析報告及有合理機會根據該等資料作出決定之前，不應利用預先知悉的資料進行交易；及

4. 除非事前獲得合規主任或高級管理層指派的其他人員的書面同意，並應以書面方式記錄同意理由，否則不應先於基金進行任何交易。

**【請小心區分公司帳戶和基金帳戶。前者是代表公司，後者是代表客戶。】**

◆ 基金經理合規事宜

■ 基金經理須具備有效的監察職能，**聘請一名合規主任**。如有需要，該項職能可由高級管理層擔任。

■ 基金經理須確保及時識別和向證監會（或任何其他有關監管機構）匯報重大不合規事宜，並實時予以糾正。

■ 基金經理須及時以開放及合作的方式回應證監會的查詢以及提供所要求的資料。

■ 當向證監會提供資料時，基金經理應確保資料完整及沒有誤導成分，如基金經理其後知悉先前向證監會提供的資料出錯，應從速通知證監會。

**【注意先後順序，這裏肯定是先通知證監會，然後再處理出錯的資料。】**

◆ 基金經理僱員的交易限制：

■ 替其私人帳戶進行買賣前，必須從合規主任或其他指定人士取得書面批准，有關**批准的有效期不得超過 5 個交易日**，並須受若干規定限制；及

■ 必須持有其私人投資項目最少 30 日（但事前獲得書面批准者除外）。

**思考：**為甚麼基金經理僱員進行私人帳戶交易會設上述限制？

**回答：**因為私人帳戶交易容易產生利益衝突，為了讓基金經理僱員與基金的利益一致，必須對其私人帳戶交易進行一定限制。

※ 基金資產的管理——

- ◆ 基金經理在牌照允許的前提下，可將託管的資產存放在獨立信託帳戶內，或委任具備適當資格的保管人，例如：
  - ■ 註冊信託公司；
  - ■ 認可財務機構；
  - ■ 受到嚴格監管的海外銀行；
  - ■ 任何其他合資格機構；或
  - ■ 獲發牌或註冊進行第 13 類受規管活動的存管人。

**思考：**合資格保管人有何共通點？

**回答：**都是監管門檻較高，並且具備規模和實力的機構，同時也受到證監會直接或間接監管。

- ◆ 基金經理有責任確保代管人具備適當資格，包括要求：
  - ■ 獲委任代管人訂立正式的託管協議書，訂明代管人的職責及責任範圍。
  - ■ 基金經理應監督代管人遵守協議書條款的情況。
- ◆ 基金之高級管理層的責任：
  - ■ 與《操守準則》所載者相似。

■ 特別規定：基金不論是否已獲得認可，高級管理層應確保至少每年檢討一次基金經理在管理基金方面的表現。

## 5.3 《企業融資顧問操守準則》

※ 企業融資顧問的業務操守——

◆ 確保從事第 6 類受規管活動的董事及代表，均適當地獲發牌或獲註冊；

◆ 需要遵守三大守則：《上市規則》《公司收購及合併守則》(《收購守則》) 及《公司股份回購守則》;

◆ 企業融資顧問須維持有效的合規職能，聘有專責的合規主任掌管有關工作；

◆ 該職能應獨立於其他業務部門，並**直接向高級管理層匯報**。如有必要，此職能可由高級管理層負責執行。

※ 勝任能力——

◆ 企業融資顧問應為人誠實、信譽良好、品格高尚；

◆ 在行事時應高度持正及以公平方式處事；

◆ 企業融資顧問及其職員應能顯示出其具備資源、勝任能力及適合擔當有關工作；及

◆ 企業融資顧問應就其遵守適用法律及規例事宜諮詢專業意見。

※ 處理利益衝突——

◆ 職能分割制度：避免機密資料或對股價敏感數據在機構

融資活動與其他業務活動之間流傳（這個制度應包括辦公室的間隔安排）。

◆ 保薦人：企業融資顧問如果擔任保薦人，應符合《上市規則》的規定。

**【企業融資顧問的工作職責範圍大於保薦人，所以前者可兼任後者。**

◆ 餽贈及利益：企業融資顧問在未有事先作出適當披露前，不應提供或接受任何涉及客戶業務的誘因，並須制訂有關餽贈的書面政策和程序。

**【作出披露後則可以收取，與基金經理的操守準則相同。】**

※ 工作水準——

◆ 企業融資顧問應以書面方式記錄與客戶之間的聘用條款（注意，此條文與其他準則不同，是建議執行，並非必須執行）。

◆ 如有意倚賴專家或其他專業人士的工作，便應進行合理的查證來評核有關專家所屬公司的有關經驗和專業知識。

◆ 企業融資顧問應提醒其客戶應採取一切合理步驟，以確保所提供以載於上市文件的資料和陳述都是真實、準確、完整及非誤導性的。

※ 對客戶的責任——

◆ 企業融資顧問須確保其客戶明白相關的監管規定，並要求客戶向監管機構報告任何不合規的事項。如客戶在缺乏確實理由的情況下拒絕這樣做，則企業融資顧問應考慮是否需要請辭（意思是企業融資顧問也擔負一定的監管責任）。

- ◆ 若被監管機構問及是否有人可能已違反有關的規例時，企業融資顧問應與監管機構合作。
- ◆ 相關具體要求：
  - ■ 確保所有對客戶作出的陳述及提供予客戶的資料，是準確及沒有誤導成分；
  - ■ 全面和及時地向客戶提供資料，使客戶可以作出有根據的決定；
  - ■ 在接獲要求時，就其向客戶履行的職責作出全面及中肯的交待；
  - ■ 就一切有關及重要的資料，向客戶作出充分披露；及
  - ■ 確保客戶資料獲得保密，包括合理地盡一切努力，確保其他從企業融資顧問收取機密資料的人士將會避免意外地將有關資料外洩。

## 5.4 《提供信貸評級服務人士的操守準則》

※《信貸評級機構操守準則》主要着眼於維持評級過程的客觀性及廉潔穩健，以及促進信貸評級機構在金融市場上擔當適當角色。

- ◆ 評級方法：
  - ■ 能力

1. 信貸評級機構**必須確保其有能力及具備充足的資源**，對該評級對象進行優質的信貸評核；

2. 其中須考慮其人員的經驗及技能、可用作進行評級的資源，以及其是否能取得具備充分質素的資料。

- 書面程序：應採用嚴謹、系統化的評級方法，及如有可能，得出的評級可根據過往經驗（包括回溯測試）作出某種形式的客觀核實。
- 已發出的評級：應持續監察已發出的評級，並在有需要時更新評級；並應最少每年一次檢討評級對象的信用可靠性。
- 評級方法/ 模式/ 主要假設的變動：

1. 如信貸評級機構對其評級方法、模式或主要假設作出變動，須同時應用於首次評級及繼後評級；

2. 任何有關變動須全面公開披露。

**【以保證評級結果的一致性和公平性。】**

◆ 提供信貸評級服務人士的獨立性

- 代表的匯報途徑及報酬安排，應避免實際或潛在的利益衝突；
- 在釐定信貸評級機構代表的報酬時，不應以該信貸評級機構從該代表負責評級或與該代表經常接觸的獲評級實體得到的收入額為基準；

**【若與收入掛鈎，將產生很大的利益衝突。】**

- 與獲評級實體有某種形式關係的代表不應涉及或以任何方式影響該特定評級對象的評級。某種形式的關係包括：擁有相關財務投資或與現時為獲評級實體工作的人士有近親關係，即配偶、伴侶、父母、子女或兄弟姊妹或任何其他關係。

- 直接參與評級過程的代表不應：

  1. 與其負責評級的任何實體就收費或付款事宜展開討論，或參與有關討論（參與這種討論往往會產生利益衝突）；

  2. 買賣由該代表分析責任範圍內的任何實體發出、保證或以其他方式支持的任何證券或其衍生工具，但持有集體投資計劃則不在此限。此限制亦適用於其配偶、伴侶、未成年子女或由該代表控制而該代表擁有實益權益的任何帳戶。

  **【不包含集體投資計劃的原因主要是該類計劃的投資產品較多樣性，變化也較大，評級機構評級對其影響相對間接。】**

- 信貸評級機構的代表及僱員不得向任何與該信貸評級機構進行業務的人士索取金錢、饋贈或優待，及不得收受以現金形式提供的饋贈或任何超逾最低金錢價值的饋贈。

**【即是可接受饋贈，但有金額限制，且不能收現金。】**

- 信貸評級機構的附屬業務或報酬安排均可能引致利益衝突。當實際或潛在利益衝突出現時，必須全面公開披露。

**【解決利益衝突問題的常見思路，就是進行全面披露。】**

- 信貸評級機構不得進行任何可被合理認為可能產生與其提供信貸評級服務業務有關的利益衝突的業務。例如，提供與該獲評級實體或其有連系人士的企業或法律架構、資產、負債或活動有關的諮詢或顧問服務。信貸評級機構須公開披露與獲評級實體訂立的報酬安排的一般性質。

**【提供的多項服務中，不能有與信貸評級相衝突。這是對信貸評級公司的特殊要求。】**

■ 信貸評級機構不得就提供信貸評級服務訂立任何有條件收費安排。

**【即信貸評級的結果不能與收費相關聯。】**

※ 信貸評級對投資大眾及獲評級實體的責任——

◆ 信貸評級機構須透過披露，協助投資者瞭解一般層面信貸評級及給予特定評級對象的評級。

◆ 有關披露須讓投資者清楚理解評級的意義。

◆ 發出或修訂評級前須知會獲評級實體，並且給予機會讓獲評級實體澄清可能對事實的任何誤解或其他與評級準確性相的因素。

◆ 信貸評級機構應確保其代表及僱員沒有選擇性地披露某些數據。

**思考：**為甚麼發出評級前要知會獲評級實體？

**回答：**這樣可以讓獲評級實體更好地提供其資訊，讓評級機構更完善地瞭解評級對象，也使整個評級過程更透明。

## 5.5 《開放式基金型公司守則》

※ 開放式基金型公司簡介——

- ◆ 具有限法律責任及可變動股本的註冊公司；
- ◆ 作為**單位信託結構**以外的一種另類形式。

**思考：**與單位信託結構的基金最大區別是甚麼？

**回答：**單位信託結構本質上屬契約型基金，而開放式基金型公司屬公司型。

- ◆ 《開放式基金型公司守則》的規管範圍：適用於公眾及私人開放式基金型公司以及其主要經營者。

**思考：**公眾及私人開放式基金型公司的區別在哪裏？

| **公司類型** | **是否可以向公眾發售** | **是否要獲得證監會的認可** |
|---|---|---|
| 公眾開放式基金 | 是 | 必須 |
| 私人開放式基金 | 否 | 不需要 |

※《開放式基金型公司守則》載有 7 項**一般原則**：

1. 開放式基金型公司的主要經營者必須以誠實、公平及專業的態度行事；
2. 主要經營者必須以適當的技能、小心審慎和勤勉盡責的態度行事；
3. 開放式基金型公司的**計劃財產必須交由保管人持有**，及必須獲得**妥善保障**；

4. 主要經營者必須避免利益衝突，而當利益衝突無法避免，須確保利益衝突可獲管理和儘量減少衝突，並向投資者作出相應妥善披露；

   **【利益衝突重點在於進行披露，因為偶爾會出現無法避免的情況。】**

5. 披露應於適時發佈以及清晰、簡明、有效及不時作出更新；

6. 必須確保適用監管規定獲得遵從、與監管機構合作及在出現重大違反《開放式基金型公司守則》的情況下實時通知證監會；及

7. 開放式基金型公司及其主要經營者，應確保遵循開放式基金型公司的法團成立文書及要約文件。



※ 註冊及名稱：

- 必須以指明格式遞交予證監會；
- 公司名稱不可具誤導性；
- 不得與另一間現有的開放式基金型公司的名稱相同；及
- 必須以「開放式基金型公司」作結尾。
- 董事：
  - 開放式基金型公司必須有至少一名獨立董事，該董事不得為保管人的董事或僱員。
  - 獨立董事毋須獨立於投資經理。

**思考：**為甚麼獨立董事毋須獨立於投資經理，但不得為保管人的董事或僱員？

**回答：**因為這條守則所要求獨立性，主要是考慮客戶的資金安全，重點強調與資金相關的人士；至於投資行為不是這裏重點關注的目標。

- ◆ 投資經理：
  - ■ 開放式基金型公司的投資管理職能必須轉授予獲證監會發牌或註冊以進行第 9 類受規管活動的投資經理。

    **【即投資經理的權力是通過轉授權而獲得的。】**
  - ■ 開放式基金型公司可委任多於一名投資經理。
  - ■ 核心職責為根據開放式基金型公司的**法團成立文書**及開放式基金型公司的**投資管理協議**，以管理開放式基金型公司的計劃財產。
  - ■ 應**備存足夠的交易、會計及其他紀錄**，以解釋和反映財務狀況及其活動的運作情況。紀錄應保存在已獲證監會批准的處所，令審計備存在一段**不少於 7 年**的期間。

※ 開放式基金型公司資產的保管

- ◆ 開放式基金型公司**必須委任一名保管人**以保管開放式基金型公司資產。
- ◆ 保管人須將該等資產與屬其他類別的財產分開存置。

  **【把不同類別的資產分開保管，有利於保障資產安全。】**
- ◆ 私人開放式基金公司的保管人也要遵守證監會有關保管人資格方面的規定。

  **【分別在於，私人開放式基金公司的保管人可以是進行**

**第 1 類活動的中介人；而公眾型開放式基金型公司則不可以如此存放。】**

※ 開放式基金型公司的行政

◆ 公司的法團成立文書須載列一系列最低要求，例如召開股東大會及董事會議的程序以及其股本結構，其中包括股份所附帶的權利。

◆ 公司的要約文件應說明，股東能夠取得有關開放式基金型公司相關資料的途徑。

◆ 核數及年度帳目：

■ 開放式基金型公司必須委任一名核數師，而該核數師必須獨立於投資經理、保管人及董事；

■ 帳目必須根據《香港財務報告準則》**或**《國際財務報告準則》**或**根據證監會按個別情況可能批准的其他準則編製；

**【注意是「或」的關係，即可以選擇。】**

■ 經審計帳目須每年於開放式基金型公司的**財政年度結束後 4 個月內**作出披露；

■ 經審計帳目須載有可讓股東對開放式基金型公司的表現作出有根據的評估的指明資料，包括開放式基金型公司的投資組合、資產、負債、收益及支出。

◆ 終止運作及取消註冊：

■ 開放式基金型公司需先向證監會提交建議並聲明（其中包括）開放式基金型公司具有償債能力，並提出終止理由。

■ 開放式基金型公司需將資產變現、清償所有負債以及將所得款項分派予股東，方可就取消開放式基金型公司註冊採取下一步所需行動。

**思考：**為甚麼終止運作及取消註冊需要先走上述流程和步驟？

**回答：**因為開放式基金型公司屬特殊的公司，其經營狀況對於投資者有較大的影響，在註銷時應當更審慎和重點保護投資者的權益。

※ 僅適用於**私人開放式基金型公司**的規定——

- ◆ 定義區別：獲得認可的開放式基金型公司即為公眾開放式基金型公司，而不屬公眾開放式基金型公司的即屬私人開放式基金型公司。

  **【兩者的區別主要在於是否向公眾發售。】**

- ◆ 投資範圍：私人開放式基金型公司的建構旨在作為投資工具，故不應像企業實體般經營一般商業或貿易（不能經營實體）。
- ◆ 計劃的更改：
  - ■ 除非有明顯的錯誤，開放式基金型公司的法團成立文書僅可經獲股東批准後方可更改；
  - ■ 倘建議更改可能影響股東權利，則就該更改向股東發出合理的事先通知。

  **【上述兩項措施的目標都是保障股東權利。】**

- ◆ 基金運作及披露：
  - ■ 法團成立文書或要約文件應清晰載列其運作詳情，

包括定價、交易、股份發行和贖回、估值、分派政策、槓桿的使用、費用及收費等，並包括披露開放式基金型公司定期對資產進行估值以及對其股份定價及贖回的適當方法等及其他規定。

- 在切實可行的範圍內儘快送交證監會存檔其要約文件。如其後該文件有任何更改，則須送交證監會存檔。

**【要約文件牽涉投資者利益，相關變動須告知證監會。】**

◆ 保管安排：

- 若保管人不是銀行，收取客戶款項時，應存放在**香港的獨立銀行帳戶**內。
- 若保管人不是銀行，收取客戶證券時，應在合理切實可行範圍內儘快存放於獨立帳戶或以私人開放式基金型公司，或保管人的有聯繫實體的名稱登記。
- 當保管人代表私人開放式基金型公司收取款項或證券，可根據該公司的書面指示或常設授權交易。

**【即保管人收取後的操作，將按照基金公司之前的授權來執行。】**

- 當私人開放式基金型公司的其他計劃財產並非由保管人收取或持有時，該保管人應核實該私人開放式基金型公司或其投資經理已適當地授權有關交易。

**【即保管人也起着監督基金型公司或投資經理的作用。對於有可能損害投資者的行為，保管人可以要求基金或投資經理作出解釋。】**

- **保管人可委任次保管人**，然而有關的委任不得減損保管人的責任和義務。

**【保管人的責任和義務均高於次保管人。】**

- 保管人必須**備存不少於 7 年的會計及其他紀錄**。相關紀錄應備存在獲證監會批准的處所及足以顯示該保管人已遵守所有適用的監管規定。
- 股份登記機構指備存其客戶公司發行的證券的證券持有人登記冊（股東名冊）的機構。
- 《上市規則》訂明，上市公司只可委聘獲認可的股份登記機構替其於香港備存股東或認股權證持有人登記冊。
- 股份登記機構必須為證券登記公司總會有限公司的成員，方會獲得認可。

**【這是被認可的先決條件。】**

# 第五章　模擬練習

1. 根據《操守準則》的規定，持牌人或註冊人將須向客戶作出多項交易相關的披露，具體**包括**以下哪些內容？

   I　持牌人或註冊人以主事人還是代理人行事。
   II　持牌人或註冊人與產品發行人的任何聯繫。
   III　持牌人或註冊人是否獨立及有關的釐定基準。
   IV　概括地説明持牌人或註冊人向該客戶提供費用及收費折扣的任何條款及細則。

   A　只有 I、II、III
   B　只有 I、II、IV
   C　只有 II、III、IV
   D　I、II、III 及 IV

2. 為了向客戶提供最佳服務並將客戶及中介人自身的風險減至最低，持牌人或註冊人**應該**採取哪些合理步驟以確立客戶？

   I　真實和全部的身份
   II　財政支出或實力
   III　投資經驗
   IV　投資目標

   A　只有 I、II、III
   B　只有 I、II、IV
   C　只有 I、III、IV
   D　只有 II、III、IV

3. 根據《操守準則》，如果客戶協議並非由持牌人或註冊人的職員與客戶親身訂立，而是透過其他實體對客戶協議的簽立及相關身份文件的見證的方式進行，請問上述的實體，可以包含下列哪些？

I 另一持牌人或註冊人
II 太平紳士
III 證監會
IV 執業會計師

A 只有I、II、III
B 只有I、III、IV
C 只有I、II、IV
D 只有II、III、IV

4. 高先生是香港證監會一號牌照持牌法團——維基公司的客戶，高先生為個人專業投資者，以下有關維基公司在日常與高先生的業務中可以豁免的陳述，**不正確**的是？

I 可以毋須確立高先生的財政狀況、投資經驗及投資目標
II 可以毋須確保所對高先生作出的建議或正面邀請是合適的
III 可以毋須評估高先生對衍生工具的認識
IV 可以毋須與高先生訂立書面客戶協議及提供風險披露聲明

A 只有I、II、III
B 只有I、II、IV
C 只有II、III、IV
D I、II、III及IV

5. 以下有關證監會《操守準則》中為客戶提供資料的陳述，**正確**的是？

I 中介人應當向客戶提供跟客戶聯繫的僱員，以及其他代表中介人的人士的身份和受僱狀況。

II 當個別連絡人為某個金融服務集團行事時，中介人應向客戶提供有關該人士屬哪家公司的明確資料。

III 有關經審核財務報表及關於公司行動的資料，不能單獨提供給某個客戶。

IV 對於委託帳戶來說，持牌人或註冊人應儘快跟客戶確認為其進行的交易的重要資料。

A 只有 I、III

B 只有 I、IV

C 只有 III、IV

D 只有 I、II

6. 維基公司是香港一家持牌法團，李先生是該公司的個人專業投資者，根據《操守準則》條文，以下哪些內容是維基公司**可以豁免**向李先生提供的？

I 提供持牌人或註冊人及其僱員的資料

II 披露與交易有關的資料

III 確保複雜產品產品交易的合適性

IV 提供有關納斯達克－美國證券交易所試驗計劃的資料文件

A 只有 I

B 只有 II、III

C 只有 I、II、III

D 只有 I、IV

7. 根據《操守準則》，以代理人身份行事的代表是否**可以**收取饋贈？

A 任何情況下都不可以。
B 金錢不可以，但是饋贈可以。
C 在客戶同意的前提下可以。
D 代理不能索取，但是可以收受相關饋贈。

8. 維基公司是一家香港的持牌財務顧問公司，具有保薦人的資質，以下有關該公司分析員如何遵守證監會《操守準則》的陳述，**正確**的是？

A 維基公司分析員的報酬不應與投資銀行交易直接掛鈎
B 維基公司分析員可以參與商務推銷及交易巡迴推介
C 維基公司投資銀行部可以預先核准研究部門的報告
D 維基公司可以向負責就新上市申請人擬備研究報告的分析員，提供非公開資料

9. 高先生是中介人中德公司僱員，想為本身帳戶進行證券交易，如中德公司的內部政策允許進行此類交易，以下哪一項陳述是**正確**？

A 高先生向高級管理層匯報自己名下的帳戶即可。
B 一般情況下，對於高先生是否通過中德公司進行交易，沒有限制。
C 高先生在本身帳戶進行交易，不需要提供交易確認及帳戶結單複本予公司的高級管理層。
D 高先生不願意在中德公司開戶交易，他直接拜訪了持牌人招商公司並表明自己是中德公司僱員，以及想開戶的意願，招商公司可以直接為高先生開戶。

10. 維基公司為一家香港持牌法團，以下哪些人員被證監會視為維基公司的高級管理層？

I 張先生，為公司的幕後董事
II 高先生，為公司任命的負責人員
III 杜先生，為公司負責合規的主管，但不是證監會受規管活動的持牌代表
IV 陳小姐，為公司從事打擊洗錢及恐怖分子資金籌集的持牌代表

A 只有 I、II、III
B 只有 II、III、IV
C 只有 I、II、IV
D 只有 I、III、IV

11. 以下有關回佣、非金錢利益及關聯交易的陳述，**正確**的是？

I 經紀佣金比率不高於一般提供全面服務經紀所收取的佣金比率。
II 中介人收取回佣的前提之一是客戶要以書面方式同意。
III 收取回佣和回佣大概價值的情況，必須最少每年一次向客戶作出披露。
IV 收取的非金錢利益應當明顯的對客戶有利。

A 只有 I、II
B 只有 I、IV
C 只有 I、II、III
D 只有 I、II、IV

12. 黃先生在中介人中德公司處購買了一份投資產品，該產品設有冷靜期，在冷靜期結束前一天，黃先生打算退出該產品，以下陳述**正確**的是？

I 中德公司應在冷靜期結束後開始執行客戶的指示。

II 中德公司向黃先生退回款項，其中應當扣除合理的銷售佣金。

III 中德公司向黃先生退回款項，其中應當扣除合理的行政費用。

IV 中德公司無權拒絕黃先生的要求。

A 只有 II、IV

B 只有 I、II

C 只有 I、II、III

D 只有 III、IV

13. 以下關於風險披露聲明中各項相關陳述，內容**正確**的是？

I 證券交易的風險指的是股票價格的大幅波動，可能招致損失。

II 不允許中介人將客戶的證券抵押品再質押。

III 中介人提供代存郵件或將郵件轉交第三方的風險，主要是信息洩密。

IV 在保證金買賣中，客戶有可能無法有效的限制自己的損失。

A 只有 I、II

B 只有 I

C 只有 I、IV

D 只有 II、III、IV

14. 以下哪些陳述是**正確**的？

I　商號不應該對上市公司或新上市申請人提供任何保證，表示要發表對其有利的報告。
II　在公開發售中擔任保薦人的商號，不應在安靜期內發出有關屬正常業務的研究。
III　不應當容許投資銀行部預先核准研究。
IV　分析員的報酬與投資銀行交易間接掛鈎是不允許的。

A　只有 I、II、IV
B　只有 I、II
C　只有 I、III
D　只有 II、III、IV

15. 以下哪些陳述是**正確**的？

I　《操守準則》中有關客戶資料的原則，是要求中介人向客戶提供有關中介人的資料。
II　中介人應該確立客戶真實和全部的身份。
III　就集體投資計劃或委託帳戶而言，中介人須確立集體投資計劃或帳戶及其經理人的身份。
IV　中介人應該拒絕第三方操作客戶的帳戶。

A　只有 I、II
B　只有 I、III
C　只有 II、III
D　只有 III、IV

16. 以下哪些陳述是**正確**的？

I 《防止賄賂條例》僅包括關於防止公職人員的收受賄賂的條文。

II 以代理人身份行事的代表不應該收受任何利益。

III 中介人應該以最佳條件替客戶執行交易。

IV 代表客戶執行交易，應當儘快和公平分配入該等客戶的帳戶內。

A 只有 I、II

B 只有 I、II、IV

C 只有 III、IV

D 只有 II、III

17. 以下哪些陳述是**正確**的？

I 除在香港或指明司法管轄區內的交易所買賣的衍生產品之外，持牌人應當確保特定的複雜產品的交易在所有情況下都適合其客戶。

II 機械理財建議指運用算法程序或其他技術，在網上環境提供理財建議。

III 客戶協議必須由持牌人或註冊人的職員與客戶親身訂立。

IV 在委託帳戶中，客戶可授權非持牌人或註冊人代表客戶進行交易。

A 只有 I、II

B 只有 I、III

C 只有 II、III

D 只有 II、IV

18. 李先生是持牌法團中德公司的客戶，他想購買一款集體投資計劃，惟經中德公司評估，該計劃並不適合李先生，以下陳述**正確**的是？

I 中德公司應該拒絕該交易，因為違反《操守準則》。

II 中德公司應當給予李先生建議，並將溝通的紀錄予以保存。

III 中德公司可以執行該交易。

IV 為避免風險，中德公司可以與李先生簽署一份免責合約後，執行該交易。

A 只有 I、II

B 只有 I、III

C 只有 I、IV

D 只有 II、III

19. 以下哪些陳述是**正確**的？

I 應當記錄客戶的交易指示並在記錄上蓋上時間印章。

II 證監會禁止中介人利用流動電話接收客戶指示。

III 中介人可以在自己家中利用流動電話接收客戶指示。

IV 電話錄音系統記錄有關交易指示，需要保存至少 6 個月。

A 只有 I、II、III

B 只有 I、III、IV

C 只有 II、III、IV

D I、II、III 及 IV

20. 以下哪些陳述或做法是**不正確**的？

I 向客戶收取較高的費用，一定違反了誠實及公平的原則。

II 如果向客戶提供的材料中有貶低同行的內容，則違反了勤勉盡責的原則。

III 中介人中德公司向客戶建議購買甲基金，客戶後來有虧損，中德公司一定違反了勤勉盡責的原則。

IV 中介人中德公司的客戶李先生在中介人進行炒股票、買基金、炒期貨活動，中德公司應該開三個獨立的帳戶處理。

A 只有 I、II、III

B 只有 I、II

C 只有 I、III、IV

D 只有 II、III、IV

# 第五章　模擬練習答案及解析

1. 答案：D

**解析：**四個選項都應選擇。另外，注意選項 III 說的「是否獨立及有關的釐定基準」，補充如下——

如下列任何一項或多項因素適用，持牌人或註冊人將被視為並非獨立：

(a) 其就向客戶分銷投資產品收取金錢收益（無論是否如上文所論述可量化計算）；

(b) 其就某特定投資、投資產品類別或產品發行人從任何可能損害其獨立性的人士收取任何非金錢收益；及/ 或

(c) 其與產品發行人有緊密聯繫或其他經濟關係。

另外，或許會有人問，選項 IV 中「概括地」的說法是否正確，這句話是官方溫習手冊上的原話，也呼應了後面提到的「任何條款及細則」，所以並不矛盾。

2. 答案：C

**解析：**為了向客戶提供最佳服務並將客戶及中介人自身的風險減至最低，持牌人或註冊人應採取所有合理步驟以確立客戶的：(a) 真實和全部的身份；(b) 財政狀況或實力；（所以 II 的說法不準確，這裏的財政狀況指的是客戶是否破產，大致收入情況，並不用精確的了解客戶的支出情況）(c) 投資經驗；(d) 投資目標。

**3. 答案：C**

**解析：**根據條文，只有選項 III 不包含在內。因為作為監管部門，證監會並不會直接參與題目中所述事項的商業範疇。

另外。有些人或許不太了解「太平紳士」這個身份。其實這跟英聯邦的社會管理制度有關，簡單來説就是：太平紳士是一種由政府委任民間人士擔任維持社區安寧、防止非法刑罰及處理一些較簡單的法律程序的職銜。

**4. 答案：D**

**解析：**根據規例條文，這裏應當全選。注意以上內容是個人投資者所無法豁免的，但如果題目換成機構專業投資者，都是可以自動豁免的。而法團專業投資者在具備一定的條件的前提下，是可以豁免上述所有內容的。

**5. 答案：D**

**解析：**選項 III 説法錯誤，正確的説法是：應在客戶要求時，向客戶提供經審核財務報表及關於公司行動的資料。

選項 IV 説法亦有誤，正確是：持牌人或註冊人應儘快與客戶確認為其進行的交易的重要資料（不適用於委託帳戶）。

**6. 答案：D**

**解析：**依據條文，面對不同類別的專業投資者，法團根據與客戶建立業務關係過程中經常進行的評估及合規安排的規限下，可獲豁免的規定為：

(a) 為客戶提供資料：

(i) 須提供持牌人或註冊人及其僱員的資料；

(ii) 須儘快向客戶作出交易確認；

(iii) 須披露與交易有關的資料；

(iv) 須提供有關納斯達克－美國證券交易所試驗計劃的資料文件；及

(v) 須確保複雜產品交易的合適性，提供有關複雜產品的充分資料及提供警告聲明；

(b) 有關客戶的資料：

(i) 須確立客戶的財政狀況、投資經驗及投資目標（與提供企業融資意見有關的除外）；

(ii) 須確保所作出的建議或正面邀請是合適的；及

(iii) 須評估客戶對衍生工具的認識；

(c) 客戶協議：須訂立書面客戶協議及提供風險披露聲明；

(d) 委託帳戶：

(i) 在進行交易前須獲得客戶的書面授權；

(ii) 須解釋書面授權並每年進行確認（注意：仍應獲得授權）；及

(iii) 須披露因應在委託帳戶下為客戶進行交易而可取得的收益。

持牌人或註冊人須告知客戶有關被視為專業投資者身份的後果，說明作為專業投資者身份僅與某特定產品及市場有關，解釋其享有於任何時候撤回專業投資者身份的權利，以及獲得客戶的書面同意。每年應確認專業投資者身份狀態，並以書面形式提醒客戶有關專業投資者身份的風險及後果。**倘遵守上述內容，持牌人或註冊人將獲豁免有關上文 (a)(i)(ii) 及 (iv) 節載列的客戶規定的資料，亦即只有選項 i 和 iv 可豁免。**

7. 答案：**C**

**解析：**在未獲得其主事人許可的情況下，以代理人身份行事的代表不應索取或收受可能在任何方面干預或妨礙其行為操守的利益，例如：金錢、饋贈、僱傭、服務或優待。所以只能選擇 C。

8. 答案：**A**

**解析：**選項 B、C、D 說法錯誤，該三個選項的情況，都是「不可以」才對。

9. 答案：**C**

**解析：**選項 A 錯誤，不僅要匯報自己名下的，也要匯報「有關的帳戶」。選項 B 錯誤，一般情況下，會規定要通過僱員所在的中介人公司進行交易。選項 D 錯誤，違反了「若無僱員的主事人的書面同意，中介人不能在知情的情況下，把其他中介人的僱員作為客戶」。

選項 C 的陳述正確，因為透過其他中介人進行交易才需要額外提供交易確認及帳戶結單複本，而題目中是僱員透過本身帳戶進行交易，就不需要提供該些複本。

**10. 答案：A**

**解析：**選項 III 正確，只要是八項核心職能主管中任何一項或多項的每名人士，都可以被看成是持牌法團的高級管理層，而無論是否為持牌代表。這裏合規主管不為證監會的持牌代表也是很正常的事情，因為合規本身就是屬公司內控範疇，而不一定必然屬受證監會規管的活動。

至於選項 IV 不選擇，因為單獨從事這個工作的持牌代表肯定不算是高級管理層，只有是「負責」這項工作的人員才算是高級管理層。

**11. 答案：D**

**解析：**選項 III 說法錯誤，回佣和回佣價值情況的披露是**每年至少兩次**；注意這裏和收取非金錢利益（物品及服務）有區分，收取非金錢利益（物品及服務）是每年至少一次披露。

另外，選項 IV 的說法其實是正確的，這裏主要考慮到在日常業務中，客戶與中介人的地位其實是不平等的，客戶容易處於劣勢地位，所以在這裏要制定一些對客戶有利的政策。

**12. 答案：D**

**解析：**選項 I 錯誤，應當儘快執行客戶的指示；選項 II 亦錯誤，退出產品時不應向客戶收取銷售佣金，故退款中應該包含銷售佣金。

**13. 答案：C**

**解析：**選項 II 錯誤，這做法是允許的；選項 III 亦不正確，主要風險是發生錯誤或差異不能夠及時偵查到。

**14. 答案：C**

**解析：**選項 II 錯誤，正確説法是**可以**發出屬於其正常業務過程中一部分的研究內容；選項 IV 間接掛鈎是可以的，只要不是直接掛鈎就行。另解釋一下何謂商號，這可理解為從事相關工作的中介人。

**15. 答案：C**

**解析：**選項 I 錯誤，正確的中介人向客戶索取有關資料；選項 IV 的説法太含糊，中介人允許第三方操作客戶的帳戶，但前提是必須取得客戶的書面授權。

**16. 答案：C**

**解析：**選項 I 錯誤，因為還包括有關代理人的貪污交易方面的內容；選項 II 的説法不準確，因未提到兩個前提，一是未經主事人同意，二是收受的利益可能干預或妨礙其行為。

**17. 答案：A**

**解析：**選項 III 錯誤，客戶協議不一定要雙方親身訂立；選項 IV 亦錯誤，授權對象必須為持牌人或註冊人。

另補充一下，選項 I 陳述中的「適合」，是指符合客戶的風險偏好、資產狀況和投資經驗等。而選項 I 之所以排除衍生品，是因為該類產品的風險較大，持牌人須向客戶充分揭示風險，但不必保證該產品一定適合客戶。

**18. 答案：D**

**解析**：選項 I 錯誤，公司應當根據客戶意願執行交易；選項 IV 也不正確，在與客戶簽訂的合約中，都不應該消除中介人的法律責任。

**19. 答案：B**

**解析**：選項 II 不正確。證監會**極不鼓勵**中介人利用流動電話接收客戶指示。

另外，注意選項 III 的説法正確。因證監會的要求是「禁止中介人在交易場地、盤房、收取交易指示的通常營業地點或通常經營業務的地點內使用流動電話接收客戶的交易指示，但若以流動電話於以上所提及的禁止地點以外的地方接收交易指示，便應立即致電辦事處的電話錄音系統以記錄收到交易指示的時間及有關指示的詳情」，換言之，在交易場所或營業場所禁止使用流動電話接受交易指示，但在家裏就可以。

**20. 答案：A**

**解析**：誠實公平原則要求收取的費用公平合理，但不以絕對數為衡量標準，所以選項 I 説法不準確；選項 II 違反了誠實及公平的原則；選項 III 説法含糊，因為勤勉盡責原則要求向客戶作出的推薦是經過透徹分析和考慮的，題目中看不出這個過程，單從虧損角度無法判斷有否違反原則，故不能視為正確。

940

# 第六章

# 業務運作與常規

本章探討中介人業務運作與實務的監管規定及相關事宜。首先討論的是《內部監控指引》，其着眼於企業內部的管治，並涵蓋八大範疇，主要表明證監會對企業內部合規控制的期望。其次是有關洗錢及恐怖分子資金籌集問題，並討論《打擊洗錢條例》等相關反洗錢規定。隨後介紹電子交易及另類交易平台。本章也涉及一般法律及合規問題，如私隱及保障資料、合規及管治、共同匯報標準作等事宜。

## 6.1 《內部監控指引》

※ 全稱為《適用於證券及期貨事務監察委員會的註冊人或持牌人的管理、監督及內部監控指引》。此指引**不具法律效力**，任何人即使未能遵守其規定，也不會遭受檢控，但對其持牌資格將會構成負面影響。

◆ 適用範圍：

■ 證監會將顧及現實，不會強硬地或以官僚方式在小型企業應用《內部監控指引》。

**【因為小型企業內部框架較簡單，若強硬地應用指引，會增加小企業的負擔，而且也不一定能達到更好的管治效果。】**

■ 證監會預期小型企業不會有複雜的職能區分，而監察及內部審計部門不會聘請大量員工。

■ 小型企業實施其他監控措施，可以彌補在規模及僱員數量上的不足，也是符合證監會要求。

◆ 內部監控的目標：

■ 能有秩序及具效率地經營業務；

■ 能保障其客戶及該業務本身的資產；

■ 能**保存完備的紀錄**，以及確保所製備的財務及其他資料都是可靠的；及

**【備存紀錄是對中介人的一項重要要求。】**

■ 能遵守所有適用的法規和監管規定。

**思考：**本章講解的《內部監控指引》與上一章的《證監會操守準則》有何分別？

**回答：**《內部監控指引》主要側重於中介人內部的管理，目　是滿足證監會的合規要求，使企業營運更安全、高效。而《證監會操守準則》主要側重於中介人業務方面的規則，即與客戶在業務交往上須注意的事項。

◆ 《內部監控指引》的8個監控領域（後文將逐項解說）：

1. 管理及監督；
2. 責任及職能的劃分；
3. 人事及培訓；
4. 資料管理；
5. 監察事宜；
6. 內部審計；
7. 運作監控；及
8. 風險管理。

※ 管理及監督

◆ 目的：**高級管理層**維持有效的組織架構，使業務得以有效地運作。

◆ 高級管理層在組織架構下的角色特徵：

■ 對運作承擔全部責任；

■ 制定和執行內部監控制度，確保其持續有效及有關制度獲得遵從；

■ 界定清楚的匯報途徑，並指派監督和匯報職責；

- ■ 就重要職位、政策及程序，詳細界定權力以便作出必要授權，並傳達至業務各處；及

  **【高級管理層妥善地下放及分派其權力。】**

- ■ 管理及監督職能應指派予具備合適資格及經驗豐富的人士負責。

◆ 高級管理層需要具體密切關注及作溝通的事項：

- ■ 商號的政策、程序、運作及財務狀況；
- ■ 質量風險及已發現的弱點；
- ■ 任何未能遵守法律及規例的情況；及
- ■ 任何偏離業務目標的事宜。

※ 責任及職能的劃分

◆ 目的：防止當某些責任及職能由同一人執行時，可能讓違規者有機可乘或導致忽略錯誤情況，致使中介人及其客戶面臨風險。

◆ 理想的職責劃分：

- ■ 制定政策、監督、諮詢、監察及內部審計職能不應由負責前線業務運作的職員執行。

  **【即把前線和後台的職能區分開來。】**

- ■ 銷售、交易、會計及交收等職能應各自分立。
- ■ 研究職能亦應與銷售及交易職能區分。
- ■ 監察及內部審計應得以劃分及獨立於運作職能之外，並直接向高級管理層匯報。

※ 人事及培訓

◆ 目的：確保中介人的運作及內部監控政策和程序，以及所有適用法律及監管規定均獲遵守。

◆ 相關指引：

■ 實施聘請適當人選的程序，並在有需要時安排有關人士領取牌照或註冊；

**【不一定每人都必須有牌照，有需要時才需要獲得牌照。】**

■ 向職員提供全面及最新的中介人政策和程序資料，包括有關內部監控及私人買賣的該等資料，即員工需要充分瞭解中介人（公司）自身的規則；及

■ 為職員提供充分的培訓，以配合其執行特定職責及符合持續培訓的規定。

※ 資料管理

◆ 目的：確保所有與公司業務運作有關的資料及文件都是完整、保密、齊備、可靠和詳盡的。

◆ 指引內容：

■ 由具備資格及經驗的職員管理。

■ 公司的運作及資料管理系統，包括電子數據處理系統，均應足夠完善，並在保密及有監控的環境下運作。

■ 應明確界定資料管理的匯報要求，以確保內部及對外報告能及時編制，並載有所需資料。

■ 應以文件詳細說明資料管理系統的設計規格及實施計劃，並定期加以檢討，以確保系統是妥善及有效的。

■ 應施行妥善而有效的電子數據處理及保密政策和程序，以防止或偵察出下列問題：

1. 錯誤、遺漏或未經授權而對資料進行加插、更改或刪除；

**【注意，是未經授權才不允許，經授權後則容許。】**

2. 入侵數據處理系統及其數據庫；或

3. 未經授權而進入及／或提取機密資料，例如屬客戶的資料或容易引起價格波動的資料等。

■ 建立有效的紀錄保存政策，以確保一切有關的法律及監管規定均獲得遵守，而中介人、核數師、證監會和其他獲授權機構或人士可能要求取閱的有關資料，得以保存在該等紀錄中。

◆ 使用外間電子數據儲存供應商時的責任：

■ 持牌法團應知悉使用外間電子數據儲存供應商（External electronic Data Storage Providers，簡稱 EDSP）時的責任，包括不能因此而使該持牌法團可免除備存紀錄責任。

**【數據備存仍是持牌法團的責任，只是存放處位於第三方。】**

■ 當持牌法團並不打算按相關法律及法規所規定去儲存其紀錄而只存置於 EDSP 時，須獲得證監會的事先批准。

■ 所有使用 EDSP 的持牌法團應（對 EDSP 的監管要求）：

1. 對 EDSP 的監控措施進行適當的盡職審查；

2. 確保 EDSP 維持適當的資訊保安政策；

3. 確保持牌法團與 EDSP 之間的責任獲清晰界定；及
4. 知悉當一家 EDSP 向大量金融公司提供數據服務時，可能會產生的集中風險等（即因大量不同公司的數據集中在一起，容易會出現錯誤）。

**思考：**外間電子數據儲存供應商是甚麼？

**回答：**即是持牌法團使用，由第三方提供的數據存儲系統。

※ 監察事宜

- 目的：確保中介人及其僱員均知悉並遵守所有適用的法例、規例及程序。
- 高級管理層應：
  - 建立並維持有效的**監察職能（應獨立於所有運作及業務職能）**，並直接向高級管理層匯報；

    **【把監察職能獨立出來，能確保其更加公平地運作。】**
  - 確保執行監察職能的職員擁有所需的技能、資歷及經驗；
  - 確保執行監察職能的職員在切實可行的情況下，有權獲得所有業務範疇所需的所有紀錄及文件而不受制肘；
  - 確立妥善的投訴處理程序，而該等程序必須以書面進行；
  - 建立機制，讓執行監察職能的職員在發現嚴重地違

反法律及監管規定、或中介人本身的政策及程序時，立即向高級管理層作出匯報；及

- 如發現中介人或其職員嚴重地違反法律及監管規定，應立即向適當的監管機構匯報。

**思考：**監察事宜的核心內容是？

**回答：**是高級管理層採取措施或建立相應的制度，讓公司遵守相應的法律法規。

- 執行監察職能的職員，應監察的事項：
  - 法律及監管規定，包括發牌、註冊及財政資源規定；
  - 紀錄的保存；
  - 業務經營手法；
  - 洗錢活動的防範；
  - 內部監控事宜；及
  - 客戶、中介人本身及職員的交易。

※ 內部審計

- 目的：須制定及實施審計政策和覆核職能，從而獨立地就中介人的管理、內部監控及運作的充分程度、效用和效率作出審視、評估及報告。
- 覆核職能可由內部職員或外聘顧問承擔。

**【留意，內部審計工作也可以由外部職員擔任。】**

- 指引具體要求：

- 在切實可行的情況下，高級管理層**應將審計設為獨立職能，不承擔運作責任**，並直接向高級管理層或審計委員會匯報。

  **【審計職能獨立化，才能保證公正性。】**
- 執行覆核職能的人士應具備所需的專業技能及經驗。
- 明確界定職權範圍，確定工作範圍、目的、方法及匯報規定

  **【高級管理層無法透過訂明職權範圍來限定外間核數師的責任，因外間核數師須對股東、監管機構及客戶負責，而非對高級管理層負責。高級管理層總可要求外間核數師執行額外工作，作為特別協議之一部分。】**
- 可以與外間核數師協議界定內部審計及外間核數師間彼此的角色、責任及工作關係。

  **【一般而言，外間核數師只會在其信納內部審計職員擁有勝任能力及獨立授權時，才會接受劃分工作職責。】**
- 高級管理層應確保所執行的審計及覆核工作，均有充分的策劃、控制及紀錄。

※ 運作監控

◆ 目的是確保：

- 中介人與客戶之間有效地交換資料；
- 中介人的交易手法的持正程度，並以公正、誠實及專業的態度對待客戶；
- 妥善保管客戶及中介人的資產；
- 保存可靠而準確的紀錄及資料；及
- 中介人及代表中介人行事的人士遵守有關的法律及監管規定。

**思考：**何謂運作工作？

**回答：**即中介人進行日常業務本身的一系列工作事項和流程。

◆ 高級管理層應如何監控運作：

■ 在開立帳戶之前，取得及確認每位客戶、其帳戶的實益持有人及經授權就帳戶操作發出指示的人的真正身份，以及有關客戶的財政狀況、投資經驗與目標的資料；

**【識別客戶身份是控制風險的第一步。】**

■ 就操作委託帳戶制定明確的條款及條文並傳達予客戶，以確保交易跟有關客戶的資料一致；

■ 確保收取酬金的投資意見均有**顧問合約作為依據，並確保投資意見是經過深入分析而作出**，並適合有關客戶；同時，妥善記錄有關資料；

■ 減低出現利益衝突的可能性，而當可能出現利益衝突且不能合理地避免時，須確保客戶完全掌握有關情況，並得到公平對待；

■ 確保當中介人或其職員與客戶的交易涉及重大的利害關係時，應在執行有關交易之前向客戶披露有關事實（保障客戶的知情權）；

■ 確保客戶的買賣盤得以公平的方式處理，並符合守則及法規所訂定的程序。

**【包括處理的先後順序和價格公平。】**

**思考：**為甚麼要備存提供給客戶的投資意見？

**回答**：因為給客戶提供的投資意見對客戶來說很重要，如果今後與客戶在投資意見上發生爭執，備存紀錄是比較好的證據。

**思考**：給客戶提供的投資意見，在甚麼情況下才會被認為是合適的？

**回答**：只要是經過中介人深入分析研究，且投資建議適合有關客戶，就是合適的。

◆ 相關防範措施：

■ 保障客戶及中介人的資產不會因盜竊、欺詐及其他擅自挪佔的行為而蒙受損失，方式為：

1. 明確界定中介人及其職員處理客戶及中介人資產的權力，並嚴加遵守；及
2. 建立審計線索，以便中介人偵查及調查任何不當行為。

■ 有關處理客戶買賣盤需要注意的事項：

1. 保留全面的審計線索，利用按時序加上編號及蓋上時間印章以記錄客戶或來自內部的買賣盤，由接獲或發出以至獲得執行及進行交收的整個過程的紀錄及時間；及
2. 公平而及時地分配客戶的買賣盤。

**【主要關注的是有否按照指令接收時間來順序處理買賣盤。】**

※ 風險管理

- 目的是建立並維持有效的政策及程序：

  - 確保中介人及其客戶所承受的風險獲得適當的管理；

    **【注意，是管理風險，而非一味降低風險。】**

  - 識別和**量化**這些風險；及

  - 向高級管理層提供及時與充分的資料，使其能夠採取行動以規限及管理這些風險。

    **【由高級管理層承擔最終的決策。】**

- 風險管理的具體指引：

  - 風險管理職能由符合資歷及經驗豐富的專業人士組成；

  - 程序以使中介人因客戶失責或市場情況改變而蒙受損失的風險，得以維持在可接受的水平；

    **【注意，不是消除風險，而是使風險可控。】**

  - 如中介人本身參與買賣，在每日收市後對買賣限額及持倉限額加以覆核（防止超出限額，產生風險）；

  - 在適當的相隔時間，及在業務、運作或主要職員出現重大變動時，進行以風險為目標的全面檢討，以降低中介人因欺詐、錯誤、遺漏、干擾或其他運作上或監控上的錯失而蒙受之損失；

  - 定期向高級管理層匯報風險及重大偏差；及

  - 由高級管理層界定之風險政策，包括：配合其業務的策略、規模、複雜程度和中介人業務可承受的風險，維持風險量度及申報方法。

◆ 證券業的常見風險類型：

| 風險類型 | 定義 | 處理方法 |
|---|---|---|
| 信貸風險 | 因客戶或交易對手未能履行其對中介人的責任，或無法履行其合約責任而出現的風險。 | 公司應建立及維持有效的信貸評級制度，以客觀地評估客戶及交易對手的信用可靠性。 |
| 市場風險 | 是中介人因其資產或負債的市場價值有不利變動而可能蒙受損失的風險。 | 高級管理層應訂明公司可以買賣的產品及投資工具，並執行程序以確保有關規定獲得遵守，以及制定及維持有效的風險管理措施，以便衡量不斷轉變的市場情況對公司及客戶所造成的影響，並採用風險調整的薪酬措施。 |
| 資金流通性風險 | 某產品不能在無重大損失的情況下於短期內變現，或因市場流通性不足而無法出售，或某人無法於短期內償還債務所引致的風險。 | 高級管理層應就某特定產品、市場及業務上的交易對手，按照資金流通性風險政策，制定、監察及執行有關風險集中程度的規定，並制定適當的處理失責的程序。 |
| 運作風險 | 運作風險可指中介人因運作上或在遵守適用的法律及規例方面的錯誤、遺漏、效率欠佳及疏忽而可能蒙受損失的風險。 | 高級管理層應定期檢討公司的運作，以確保公司因欺詐、錯誤、遺漏及其他運作及監察事宜而須承擔財政或其他方面的損失的風險，都能夠得到妥善的管理，包括制定有效的業務延續計劃及投購足夠的保險。 |

**思考：**上表的四種風險有何區別？各自的側重點是？

**回答：**信貸風險側重於涉及信貸業務的風險。市場風險側重於因市場波動所導致的價格變動風險。資金流通性風險側重於因資金的流通性不同，無法適時變現的風險。運作風險側重於中介人因運作過程不善所導致的風險。

## 6.2 《防止洗錢及恐怖分子資金籌集》

※ 洗錢的意思及相關法例——

- 定義：改變來自非法活動所得財產的活動及過程，使人以為該財產是來自合法途徑（即是將非法金錢變合法）。
- 涉及法例，包括：《打擊洗錢條例》《販毒（追討得益）條例》《有組織及嚴重罪行條例》《聯合國反恐條例》《聯合國制裁條例》及《大規模毀滅武器條例》。

  **【留意，儘管有些條例名稱沒有「反洗錢」的字眼，但實質內容依然涉獵到反洗錢的。】**

※《打擊洗錢條例》

- 適用範圍：涵蓋指定的非金融業務及專業，包括從事指定交易的律師、會計專業人士、房地產代理以及信託及公司服務提供者。

**思考：**《打擊洗錢條例》是否只規管金融行業？

**回答：**該條例不單只規管金融行業，其他行業均需要遵守該條例。但證券考試只涉及該條例內，有關持牌法團、註冊機構及持牌虛擬資產服務提供者的適用範圍。

- 《打擊洗錢條例》主要涉及以下事宜（僅列與本考試相關的內容）：
  - 實施有關客戶盡職審查的規定；

■ 實施備存紀錄的規定；

■ 給予「有關當局」調查及監督金融機構是否遵守《打擊洗錢條例》規定，以及在發現該等金融機構違規時對其採取紀律行動的權力；及

■ 成立紀律覆核審裁處。

**思考：**為甚麼要對上述事宜進行規定？

**回答：**因為上述事項均屬反洗錢的重要措施，可以有效的打擊洗錢活動。

◆ 違反《打擊洗錢條例》處罰的規定：

■ 屬刑事罪行，最高可處罰款 100 萬港元及監禁兩年。

■ 持牌法團及註冊機構的僱員及管理人員，如出於詐騙的意圖而致使或准許該法團實體違反《打擊洗錢條例》指明的條文，亦屬刑事罪行。最高可處監禁 7 年及罰款 100 萬港元。

※《販毒（追討得益）條例》

◆ 任何人如處理其已知或相信為販毒得益的財產，即屬犯罪。「處理」一詞包括：

■ 收受或取得該財產；

■ 隱藏或掩飾該財產；

■ 處置或轉換該財產；

■ 把該財產運入香港或調離香港；及/ 或

■ 以該財產借款或作保證。

◆ 合適做法：

■ 任何人士如知悉或懷疑任何財產與販毒有關，須在合理範圍內**儘快向獲授權人員舉報**。

■ 獲授權人員包括：警務人員、海關人員或由香港警方與香港海關成立並運作的聯合財富情報組。此外，亦可向其僱主就此目的而委派的人士作出舉報。

**【聯合財富情報組屬跨政府部門組織，是專門為了應對此類違法行為而設。】**

■ 沒有合理理由而未能披露即屬犯法。

※《有組織及嚴重罪行條例》

◆ 此條例授權警方取得法令，強制任何人士提供與調查有組織罪行相關的資料或材料，並進行搜查。

◆ 作披露及接受搜查的規定淩駕任何保密責任之上。

**【此披露屬強制性的，高於其他抗辯理由。】**

◆ 此條例亦訂有與《販毒（追討得益）條例》中有關財產的處理、披露、豁免以及發出限制令的條文。

**【限制令是為了防止轉移，處理財產。】**

※《聯合國反恐條例》

◆ 具體規定：

■ 任何人士如向恐怖分子或與恐怖分子有聯繫者提供財產或金融服務，或為恐怖分子或與恐怖分子有聯繫者籌集財產或尋求金融服務，即屬犯罪；

■ 容許將恐怖分子的財產凍結或充公；及

■ 要求知悉或懷疑財產屬恐怖分子的人士，向獲授權人員作出披露，違者即屬犯罪。

**【是強制性的披露。】**

※ 證監會的相關規例

◆ 《打擊洗錢及恐怖分子資金籌集指引（適用於持牌法團及獲證監會發牌的虛擬資產服務提供者的有聯繫實體）》；

◆ 註冊機構及其有聯繫實體須遵守金管局發出的指引，而非證監會發出的《打擊洗錢及恐怖分子資金籌集指引（適用於持牌法團）》，但金管局的指引內容與該規例相差不大。

**思考：**上述兩個指引的區別是？

**回答：**發出者和適用對象均不同。

※ 洗錢活動常見的三個階段：

| 階段 | 活動 | 釋義 |
|---|---|---|
| 第一階段 | 存放 | 以實物方式處置非法現金。 |
| 第二階段 | 分層交易 | 透過不同的金融交易來隱藏款項的來源，然後將非法款項抽離其來源，使人誤以為有關款項來自合法的活動。 |
| 第三階段 | 整合 | 營造假像使人以為犯罪得來的財富是從表面合法的來源所得，使經清洗的收益回流到一般金融體系之內（即收益已脫離其不法來源）。 |

※ **風險為本**的打擊洗錢方法

- 風險為本的方法能讓持牌法團更有效益地分配其資源，從而採取與該等風險相稱的打擊洗錢/ 恐怖分子資金籌集措施。

  **【即將資源分配到風險最高的地方。】**

- 持牌法團須進行兩種截然不同的風險評估，並須將兩者記錄在案：

  1. 機構風險評估：持牌法團的業務性質、規模及複雜程度，該風險評估應由高級管理層批准，並至少每兩年更新一次。
  2. 客戶風險評估：視乎客戶或擬建立的業務關係相關的評估風險水平而有所不同。

**思考：**以風險為本的監管思想體現在哪些方面？

**回答：**將精力重點花費在風險較大的領域。

※ 持牌法團如何落實《打擊洗錢/ 恐怖分子資金籌集制度》的要求——

- 設立與所識別的洗錢/ 恐怖分子資金籌集風險相稱的打擊洗錢/ 恐怖分子資金籌集制度；

  **【意思是由持牌法團根據證監會的法規設立自身的反洗錢制度。】**

- 在所識別的風險較高或較低的情況下，分別加強或簡化該制度；

◆ 應該委任適當的合資格員工擔任合規主任及洗錢報告主任一職；

◆ 洗錢報告主任應作為讓員工報告可疑交易的中央聯絡點，以及作為與聯合財富情報組和執法機構的主要聯絡點。

**【注意此職位的重要聯繫作用。】**

※ 管理客戶的洗錢風險——

◆ 識別客戶的身份及風險狀況：

■ 就**個人**而言，包括提供身份證明文件（如護照及住址證明文件等）。

■ 就**公司**而言，需要獲取諸如公司註冊證書、公司註冊紀錄或其他材料。

◆ 值得信賴的文件：應為從可靠及獨立來源取得的文件，例如政府機構、有關當局（包括在香港以外的地方執行與有關當局類似職能的機構）或經有關當局認可的其他可靠及獨立來源。

◆ 持續監察：一旦已開立客戶戶口，須**持續監察**客戶戶口的活動，以便偵察異常或可疑活動。

◆ 備存及保留紀錄：

■ 作用：有助執法機構調查洗錢/ 恐怖分子資金籌集相關事宜。

■ 具體備存對象：

1. 識別及核實客戶身份的文件，包括任何實益擁有人或代表客戶行事的人或其他有關連者（即不限於客戶本人）；

2. 與客戶存有業務關係的目的及擬具有的性質；

3. 有關客戶戶口的表格；及

4. 任何已進行的分析的結果。例如查詢複雜、款額大得異乎尋常或進行模式異乎尋常且無明顯經濟或合法目的的交易的背景和目的。

**思考：**為甚麼要備存上述內容？

**回答：**主要是便於核實相關客戶及交易的洗錢風險。

- 有關**客戶**的文件，應在維持業務關係的期間內備存，及在**關係終止後的至少 5 年期間內**備存。
- 有關**交易**的文件，應在自有關**交易完成日期後的至少 5 年內備存**，不論是否仍持續存在任何關係。

**思考：**為甚麼有關客戶及其交易的文件，要在交易完結或關係終結後，繼續備存？

**回答：**因為在關係存續期或交易時，有可能因各方面限制，無法發現客戶的洗錢行為，所以要備存相關紀錄，以備後續查詢。

※ 交易監察

- 應設有充分的系統與程序，例如人額交易的特殊報告以監察交易。
- 交易監察系統應向相關人員提供適時和足夠的資料，以識別、分析及有效監察客戶的交易。

◆ 可疑交易的例子：

| 類別 | 行為特點 |
|---|---|
| 與客戶有關 | 1. 客戶要求提供投資管理服務，而有關資金來源不明或與客戶財務背景不相符；及<br>2. 與同一實益擁有人或不尋常的控制者開立多個戶口。 |
| 與交易有關 | 1. 買賣活動不尋常或並無明顯目的；及<br>2. 頻繁地進行小額交易，並以現金購買，然後再一次過出售，但售賣所得款項則交給第三者。 |
| 與資金和證券的交收及調動有關 | 1. 以現金或不記名方式交收的大額或不尋常的交易，或進行交易只使用現金或等同於現金的金融工具；<br>2. 客戶利用持牌法團持有閒置資金；及<br>3. 未經核實或難以核實的第三者有頻繁的資金調撥或支票付款活動。 |
| 與僱員有關 | 1. 僱員生活在無合理原因下有變，例如開支龐大或不願休假；<br>2. 僱員的銷售業績出現不尋常或預期以外的增幅；及<br>3. 為客戶提供轉遞地址，例如僱員或與其有關的人士的地址。 |

※ 第三者的參與

◆ 持牌法團應就**看似代表客戶行事的人**採取額外行動，不論是建立業務關係或於開立戶口後發出指示。

**【因為第三者的參與將使客戶業務風險提升，所以法團要採取額外防範行動。】**

◆ 持牌法團應採取合理措施，以與核實客戶身份相同的方式核實看似代表客戶行事的人的身份。【第三者也要比照當事人客戶進行審核。】

※ 跨境代理關係

◆ 持牌法團可為位於香港境外的金融機構提供服務（「受代理機構」）。

- 此種關係中，因為通常能獲得的資料有限，持牌法團將需要採取額外步驟進行盡職審查。

**【獲得資料有限，意味着風險較高，故須按風險調整盡職審查程度。】**

- 額外步驟包括對受代理機構及對能夠直接使用代理戶口的相關客戶進行客戶盡職審查；持牌法團應定期監察及覆核在有關盡職審查時取得的資料。

- 集團公司可簡化盡職審查：

  - 如持牌法團與相關外地金融機構（屬同一個集團）建立跨境代理關係，則可以簡化的方法來採取額外盡職審查措施及其他減低風險的措施。

  - 但要滿足以下前提：

    1. 其集團政策涵蓋與證監會對業務關係的持續監察及備存紀錄所施加的相類似的規定；

       **【即集團公司首先要保證較高的風險管理水平。】**

    2. 其集團政策能夠充分地減低較高的風險因素；及

    3. 由主管當局在集團層面上對該集團政策是否有效實施進行監管。

- 如該金融機構在持牌法團獲授權地方並無實體存在（空殼公司），並且為非受到整個集團有效監管的受規管金融集團的成員，則持牌法團不得與金融機構建立跨境代理關係。

**【由於空殼公司沒有受到有效監管，所以這種代理關係風險太高。】**

**思考：**為甚麼可以對集團公司進行簡化的盡職審查？

**回答：**集團公司架構決定了母公司對子公司有一定的監管，簡化的盡職審查足以保持監管水平。

※ 聯合財富情報組建議的披露程序（舉報可疑交易）

◆ 一旦發現可能涉及洗錢的可疑情況，應考慮是否須作出披露，並且可能須與高級管理層緊急討論、向客戶作出適當質詢及審閱所有手上有關該客戶的資料。如仍存疑慮且決定作出舉報，應立刻向聯合財富情報組舉報（必要可致電該組）。

◆ 聯合財富情報組將確認收到可疑交易報告。如毋須立即採取行動，聯合財富情報組一般會同意有關持牌法團繼續運作該戶口。

**【並不是有可疑交易就要立即停止該戶口運作。】**

◆ 當持牌法團或有聯繫實體、其董事及僱員已向聯合財富情報組作出信息披露，他們便不能向其客戶發出通知或警告。

**【可以向客戶詢問及收集線索，但不能告知客戶已經對其展開調查。】**

※ 相關的評估、教育及培訓

◆ 自我評估：證監會已製備《打擊洗錢/ 恐怖分子資金籌集的自我評估查檢表》，旨在為幫助持牌法團及其有聯繫實體覆核及監察其在打擊洗錢/ 恐怖分子資金籌集方面的合規情況。

- ◆ 教育及培訓：持牌法團須提供培訓內容，令員工妥善地實施打擊洗錢/ 恐怖分子資金籌集制度，並配合持牌法團業務所涉的風險及相關員工擔任的角色。應儘快在新入職員工被僱用或委任後給予培訓。
- ◆ 對僱員的要求：
  - ■ 了解持牌法團及個人的責任，以及未能遵守的後果；
  - ■ 知悉持牌法團有關打擊洗錢的政策及程序，包括識別及舉報可疑交易；
  - ■ 留意可能進行洗錢的嶄新及新興技巧，以便履行僱員的職責。

## 6.3 電子交易及另類交易平台

※ 電子交易包括以下在交易所買賣的產品：

| 定義 | 定義及特點 |
|---|---|
| 互聯網交易 | 利用互聯網接收客戶的交易指示。 |
| 直達市場安排服務 | 為客戶提供直達市場安排服務，即不需要經紀，將交易指令直接傳到交易所的對盤系統進行執行。 |
| 程式買賣 | 使用電腦程式產生的交易活動，即電腦根據預設的規則執行買賣。 |

**思考：**上述概念的異同？

**回答：**這些概念之間並不存在從屬及包含的關係，僅僅是交易的途徑和方法有別。

※ 電子交易的一般規定

◆ 管理及監督的要求：

■ 該系統的運作的書面內部政策及程序，應由持牌人或註冊人訂立並實施；

■ 應有至少一名負責人員或主管人員負責該系統的整體管理及監督；及

**【注意職能層級須達負責人員或主管人員。】**

■ 應為該系統的設計及運作調配具備足夠資格的職員、技術設備及財政資源。

◆ 系統的充足性（監控措施）：

■ 應設置有效的監控措施可即時制止該系統產生及向市場傳送交易指示，以及取消市場上任何尚未執行的交易指示（即假如系統發出了錯誤指示，必須能夠及時撤回）；

■ 電子交易系統在應用前應經過測試，並定期進行檢視，及應從速向證監會匯報任何重大的服務中斷；

**【重大事故應當向監管機構匯報。】**

■ 持牌人或註冊人應監察電子交易系統的容量使用情況及規劃所需的備用容量，並就其備存紀錄；

■ 應對該系統的容量進行定期壓力測試，並應以文件載明壓力測試的結果；

■ 該系統應設有應變安排以處理超出系統可處理容量的客戶交易指示，以及確保向客戶提供其他可用途徑以執行交易指示；及

**【即緊急情況下可確保交易正常進行。】**

■ 適當的保安監控措施，包括：

1. 可靠的認證或核實技術，確保只有**獲核准**的人士在**有需要時**方可接觸或使用系統；

2. 有效的技術，藉以確保儲存在系統內及在內部與外間網絡之間傳遞的資料的保密性及完整性；及

3. 運作監控措施，藉以防止及偵測未經授權的入侵、違反保安事件及對安全性的攻擊。

◆ 相關備存紀錄，要求包括：

■ 有關電子交易系統的設計及開發（包括任何測試、檢視、改動、升級或糾正）；

■ 有關該系統風險管理監控措施的全面文件，為期不少於該系統停用後兩年；及

■ 該系統活動的稽查紀錄及有關系統的所有重大系統延誤或故障的事故報告，為期不少於兩年。



※ 互聯網交易及直達市場安排服務的規定

◆ 互聯網交易的自我評估：證監會已製備一份自我評估查檢表，協助持牌法團對其可能有待改善之處進行定期檢視，證監會亦可能會利用評估的結果，檢視持牌法團的互聯網交易系統。

◆ 中介人應對使用「直達市場安排服務」的客戶有以下基本要求：

■ 該客戶設有適當安排，以確保其使用者能熟練及勝任地操作直達市場安排服務的系統；

■ 該客戶理解並有能力符合適用的監管規定；及

■ 該客戶採納足夠安排，以監察透過直達市場安排服務輸入的交易指示。

◆ 持牌人或註冊人應根據當前市況**定期評估**對客戶的基本要求，及該名使用其直達市場安排服務的客戶是否繼續符合對客戶的基本要求。

**【定期評估是要保證客戶是否有使用該系統的能力。】**

**思考：**為甚麼中介人就客戶使用「直達市場安排」會有一些要求？

**回答：**因為「直達市場安排」毋須通過居中的經紀執行，若客戶操作系統不善，恐使客戶蒙受損失。

※ 程式買賣

◆ 定義：指由電腦根據一套旨在達成特定執行結果的預設規則而產生的交易活動，包括由公司內部或第三方服務提供者設計及開發的系統。

**【該買賣全以電腦程式進行，設定好後無需人手操作或干預。】**

◆ 資格：應訂立並實施有效的政策及程序（或提供相關培訓），以確保有具備合適資格的人士參與設計及開發，或獲核准使用其程式買賣系統及買賣程式。

◆ 中介人需要透過**應用前測試**以確保：

■ 該系統及該等買賣程式將按設計運作；

■ 在其設計及開發的過程中已考慮到可預見的極端市場情況及不同交易時段的特點；及

■ 市場公平有序的運作將不會被干擾。

◆ 該程式買賣系統及買賣程式會被定期（每年不少於一次）檢視和測試。

※《降低及紓減與互聯網交易相關的黑客入侵風險指引》

◆ 目的是保護客戶的互聯網交易帳戶，具體要求：

■ 於客戶的登入程序實施**雙重認證**；

■ 在出現某些指明的活動（例如登入系統、重設密碼及執行交易）後，立即通知有關客戶（例如透過電子郵件、短訊服務或其他推播通知）；及

■ 實施有效的監察及監督機制，並採用強效的加密程式。

◆ 就基礎設施保安管理的要求：

■ 透過設有多重防火牆的隔離區保護其互聯網交易系統、交收系統及客戶數據；

■ 設有政策及程序，以確保只容許有需要的人士接達；

**【對使用的人員設限。】**

■ 及時監察和評估保安修補程式或修正程式；

■ 訂立實體保安政策及程序，以確保關鍵系統組件（例如系統伺服器及網絡裝置）處於安全的環境下；

■ **至少每天**將紀錄及數據庫**在離線媒體進行備份**，並確保重大系統變更得以成功還原；及

■ 確保適當的應變程序可有效地執行。

※《操守準則》有關另類交易平台的規定

◆ **另類交易平台**的定義：中介人的電子交易系統（不屬於認可交易所的系統）。

■ 被稱為「另類」的原因：其交易信息是不透明、不公開的。

■ 使用對象：合格投資者（即機構專業投資者、法團專業投資者）。散戶**不可以**操作。

**思考：**為甚麼另類交易平台不是誰都可以用？

**回答：**因為另類交易平台具有缺乏透明度，為了保障投資者的利益，必須限制使用者群眾。

◆ 另類交易平台營運商在管理及監督上應確保：

■ 有至少一名負責人員或主管人員負責另類交易平台的整體管理及監督；

■ 管理監控措施及監督管制措施均適當地用以管理與另類交易平台運作相關的風險；

■ 制定在風險及合規部門共同參與下正式的管治程序；及

■ 設有清楚界定的匯報途徑，將監督和匯報職責指派予合適的職員執行。

◆ 另類交易平台系統的充足性

■ 營運商應對職員可取覽買賣資料的程度作出限制：

1. 限制職員只在有需要的情況下取覽有關在另類交易平台上發出的買賣資料，以確保另類交易平台妥善及有效率地運作；

2. 讓證監會知悉每名獲准進入另類交易平台的有關職員的身份，以及其可取覽的資料和獲准有關取覽的理由；

**【旨在拒絕無理由的隨意獲取資料行為。】**

3. 備存一份紀錄，記載有權進入之職員的詳細資料（以便於發生重大事件時可確定責任）；及

4. 禁止自營買賣人士取覽有關在另類交易平台上的任何買賣資料或交易資料（以防利益衝突）。

**【以杜絕客戶資訊遭濫用的可能性。】**

## 6.4 《個人資料（私隱）條例》

※《個人資料（私隱）條例》釋義及應用——

◆ 「個人資料」的定義：任何直接或間接與一名**在世**的個人有關的資料，而該等資料**可切實用以直接或間接地確定有關人士的身份**，並且其存在形式令查閱及處理均是切實可行的。

**【注意，不在世者除外；而且無法確定到具體人士的資料也除外。】**

◆ 本條例適用於任何資料使用者，即任何單獨或共同，或聯同其他人士控制個人資料的收集、持有、處理或使用的人士。

◆ 個人資料私隱專員是獨立公職人員，獲委任執行《私隱條例》及促進遵行《私隱條例》。

◆ 資料使用者須遵守下表的 6 項保障資料原則：

| 原則 | 簡要內容 | 具體要求 |
|---|---|---|
| 第 1 原則 | 收集個人資料的目的及方式 | 個人資料應當是**為直接與資料使用者的職能或活動有關的合法目的**而收集，而且是必需的或直接與該目的有關，並不超乎適度。<br>在向資料當事人收集資料時，當事人應在訂明的時限內獲告知該等資料將會用於甚麼目的、該等資料可能轉移予甚麼類別的人士及他要求查閱該等資料，以及要求改正該等資料的權利。 |
| 第 2 原則 | 個人資料的準確性及保留期間 | 個人資料**應準確及最近期**，且**保留時間不得超過使用該等資料所需的時間**，而當知悉個人資料是不準確時，應加以更正。並防止轉移予該資料處理者的個人資料的保存時間超過所需的時間。 |
| 第 3 原則 | 個人資料的使用 | 未經資料當事人同意，個人資料不應用於新的目的。 |
| 第 4 原則 | 個人資料的保安 | 確保個人資料受保障，而不會在未獲准許或意外的情況下被查閱、處理、刪除、喪失或作其他用途。 |
| 第 5 原則 | 在一般情況下可獲提供的資料 | 確保任何人能確定資料使用者在個人資料方面的政策及實務，並且獲告知資料使用者所持有的個人資料的種類，以及使用該等資料的主要目的。 |
| 第 6 原則 | 查閱個人資料 | 資料當事人有權確定資料使用者是否持有其個人資料，並有權要求在合理時間內和支付合理費用下，查閱個人資料；以及要求改正該等資料，並在上述要求被拒絕時向個人資料私隱專員提出反對。 |

## 6.5 合規及管治

※ 高級管理層的職責

- 推動、鼓勵及實行（如需要）良好的合規，並建立：
  - 良好的匯報途徑及架構；
  - 清楚界定的職能及責任；

- 有效的溝通方式；
- 適當的透明度及披露常規；
- 清晰明確的書面政策、常規及程序；
- 將監督及覆核職能與營運及業務職能區分；
- 與外部機構（如監管機構及核數師）維持良好關係；
- 開拓處理投訴的渠道，並應從投訴人及業務的角度迅速及妥善地處理投訴；及
- 良好的企業管治。

※ 企業管治（上述高級管理層的最後一個職責）

◆ 釋義：主要關注公司的管理層、董事會與股東，或其利益相關者（即在公司的穩健存續中持有利益者，如僱員、債權人及客戶等）之間的恰當關係。

**思考：**企業管治定義的本質是甚麼？

**回答：**企業經營過程中的利益相關者的關係融洽，而且這種關係不會影響企業發展。

◆ **企業管制不足**會導致以下不當行為：

- 內幕交易或其他形式的市場失當行為；
- 董事及經理作出欺詐、不當行為及失當行為，而導致公司或其股東蒙受損失；及
- 關連交易的價格過低或過高。

◆ 公司的企業管治可透過以下途徑得到提升：

- 建立恰當制衡，例如把主席與行政總裁的職能區分、委任獨立非執行董事、成立獨立的審計委員會、成立薪酬委員會對董事及高級管理層的薪酬及利益加以監控；

  **【關鍵是不讓多數職權由一個人承擔。】**

- 提高透明度及向股東、利益相關者及公眾作出披露；
- 採納國際會計及審計標準；
- 為小股東、債權人及其他貸款人設立穩健的保障架構；及
- 識別企業的不當行為，並就有關行為作出懲罰。

## 6.6 有關業務運作與常規的其他事宜

※ 投保

- 適用對象：持牌法團
- 豁免對象：不持有客戶資產，以及並非聯交所或香港期貨交易所有限公司參與者的持牌法團。

  **【前者對客戶來說風險很低，後者本身有較高的風險承受能力，故不被納入受保範圍。】**

- 受保的風險範圍：持牌法團的客戶資產，包括該持牌法團的有聯繫實體收取或持有的客戶資產，因欺詐或盜竊等原因而蒙受損失的風險。

  **【不管是中介人還是非中介人造成的風險，都受保。】**

- 保障：《保險規則》指明各類受規管活動的投保額。例如：證券交易、期貨合約交易及提供證券保證金融資的

投保額各為 1,500 萬港元，每個情況的可扣除款額都是不超過 300 萬元。其他受規管活動則無指定款額。

**思考：**為甚麼投保額會根據不同的受規管活動而不一致？

**回答：**因為不同的受規管活動持有的客戶資產情況不一，對客戶來説風險不一樣。

※ 共同匯報標準

◆ 背景（推出該制度的目的）：經合組織制訂共同匯報標準，以提升稅務透明度和打擊跨境逃稅活動。

◆ 香港的要求：規定持牌法團及註冊機構應進行必要的盡職審查程序以辨識**申報稅務管轄區**[*]的稅務居民持有的財務帳戶，並每年向稅務局提交報告。

[*] 申報稅務管轄區：已與香港簽訂自動交換財務帳戶資料協議的稅務管轄區。

# 第六章　模擬練習

1. 張先生是香港持牌法團維基公司的董事，有關張先生在該公司日常經營過程中須負擔的責任，以下哪些陳述是**不正確**的？

    I　張先生對維基公司的運作承擔全部責任，包括需要制定和執行內部監控制度，確保其持續有效及有關制度獲得遵從。

    II　維基公司任何偏離業務目標的事宜，都需要定期與張先生或其他高級管理層溝通。

    III　張先生應界定清楚問題的匯報途徑，大多數公司經營事宜都要由他直接監督。

    IV　公司重要的職位、政策及程序，由張先生直接監督並聽取匯報。

    A　只有 I、III、IV

    B　只有 I、IV

    C　只有 I、II、IV

    D　只有 II、III

2. 以下有關電子交易平台的陳述，**不正確**的是？

    A　包括利用互聯網接受客戶的交易指示。

    B　包括使用電腦程式產生的交易活動。

    C　應有至少一名負責人員或主管人員負責該系統的整體管理及監督。

    D　系統應當有可靠的核實技術，確保只有獲核准的人士隨時可以接觸或使用系統。

3. 李先生是中德公司的員工，以下**哪一項**是有關反洗錢的**不正確**做法？

A 黃先生開戶後頻繁進行大額轉帳，李先生加強了對黃先生帳戶的審查。

B 杜先生開戶後，經常進行無明顯目的的轉帳，李先生調查轉帳原因，並持續關注。

C 王先生是一名專業投資者，而且態度隨和，李先生因而簡化對王先生的盡職審查。

D 趙先生在中德公司銷戶，李先生繼續備存趙先生之前的交易紀錄 5 年。

4. 根據證監會《內部監控指引》，以下哪些涉及企業風險管理的描述或做法是**正確**的？

I 信貸風險是由於客戶或交易對手的原因而產生的。

II 市場風險是由於交易對手的原因而產生的，不可以規避，但可以進行有效的風險管理。

III 高級管理層應訂明公司可以買賣的產品及投資工具，並採用風險調整的薪酬措施。

IV 某產品不能於短期內變現，才構成了資金流通性風險。

A 只有 I、III

B 只有 I、II

C 只有 I、III、IV

D 只有 II、III、IV

5. 中德公司是一家持牌法團，以下哪一項是關於反洗錢措施的**不正確**陳述？

A 任命李先生為洗錢報告主任，參與識別及報告交易。

B 任命李先生為洗錢報告主任，作為中德公司跟聯合財富情報組及執法機構的主要聯絡點。

C 客戶經理杜先生，通過政府機構的紀錄來驗證客戶提供的身份證明。

D 客戶經理黃先生，對辦理同一業務的所有客戶採用相同的盡職審查措施。

---

6. 維基公司是香港一家提供互聯網交易的 1 號持牌法團，以下根據證監會頒佈的《降低及紓減與互聯網交易相關的黑客入侵風險指引》，描述**正確**的是？

I 於客戶的登入程序實施雙重認證。

II 如遇到客戶重設密碼時 ，應當立即通知有關客戶，暫時將客戶進行凍結。

III 維基公司應該設有政策及程序，以確保只容許有需要的人士接達。

IV 維基公司應當每月將紀錄及數據庫在離線媒體進行備份，並確保重大系統變更得以成功還原。

A 只有 I、III

B 只有 I、II

C 只有 I、IV

D I、II、III 及 IV

7. 維基公司為一家在香港從事另類交易平台的持牌法團，該平台應該設有保安措施限制維基公司的職員可取覽買賣資料的程度，以下有關説法**正確**的是？

A 維基公司的職員將被禁止取覽有關在另類交易平台上發出的買賣資料。

B 維基公司應當讓客戶知悉每名獲准進入另類交易平台的有關職員的身份。

C 備存一份紀錄，記載有權獲進入的職員的詳細資料。

D 維基公司應當設有措施，以確保在該另類交易平台上處理自營買賣指示最初負責發出該項指示的任何人士，可取覽有關在另類交易平台上的任何買賣資料或交易資料。

8. 根據證監會《內部監控指引》，風險管理上有哪些風險種類？

I 信貸風險

II 市場風險

III 資金流通性風險

IV 信譽風險

A 只有 I、II、III

B 只有 I、II、IV

C 只有 I、III、IV

D 只有 II、III、IV

9. 交易手法處理買賣盤的程序應**包括**以下哪些行為？

I 記錄客戶及其他買賣盤，並實時蓋上時間印章。
II 查核是否有可運用的資金或信貸或者證券。
III 查核個別客戶是否有任何特別指示，如運作授權及對落盤人的限制等。
IV 不容許延遲或拒絕執行客戶買賣盤的情況。

A 只有 I、II、III
B 只有 I、II、IV
C 只有 I、III、IV
D 只有 II、III、IV

10. 根據《私隱條例》，以下哪些做法**不符合**保障資料原則？

I 所收集的資料並不超乎適度，而且資料以合法及公平的方式收集。
II 向資料當事人收集的資料不應轉移予其他類別的人士。
III 一般來說，個人資料的保留時間不得超過 7 年。
IV 個人資料在任何情況下都不應用於新的目的。

A 只有 I、II、III
B 只有 I、II、IV
C 只有 I、III、IV
D 只有 II、III、IV

11. 以下哪些陳述**符合**《私隱條例》?

I 須採取所有切實可行的步驟,以確保個人資料受保障,而不會被處理、刪除、喪失或作其他用途

II 資料使用者所持有的個人資料的種類,以及使用該等資料的主要目的應當確保被查詢者所知

III 資料當事人有權確定資料使用者是否持有其他屬其資料當事人的個人資料

IV 如中介人持有的資料不準確,任何人都有權要求改正該資料

A 只有I、II

B 只有I、IV

C 只有I、III

D 只有II、III

12. 趙先生曾經是香港一家持牌法團維基公司的活躍客戶,但十年前因為一次炒股巨額虧損,趙先生隨後淡出了該投資領域。近日,趙先生偶然發現在維基公司留存的個人資料有誤,趙先生是否可以要求查詢及進行修改呢?

A 資料已經不能修改了,因為留存期已超過七年。

B 可以進行查詢,但不能進行更改。

C 如果維基公司允許趙先生查詢,則必須要免費進行。

D 如維基公司拒絕趙先生的查詢要求,李先生可以就此向個人資料私隱專員提出申訴。

13. 從合規及管治角度來看，高級管理層需要做某些事情，以下有關陳述，**正確**的是？

I　企業應當保持完全的透明度，以便讓社會大眾了解企業各方面的信息。

II　將監督職能與營運職能 進行整合，以提高工作效率和部門協同的水平。

III　與外部機構（如監管機構及核數師）維持良好關係。

IV　開拓處理投訴的渠道，並應從投訴人及業務的角度迅速及妥善地處理投訴。

A　只有 I、II

B　只有 I、IV

C　只有 III、IV

D　只有 II、III

14. 以下有關投保的説明，哪項是**不正確**的？

I　持牌法團須投購保險，方能獲證監會發牌。

II　《保險規則》適用於非聯交所或期交所參與者的持牌法團。

III　受保的風險範圍是指，持牌法團的客戶資產因市場原因而蒙受損失的風險。

IV　證券交易的投保額為 2,000 萬港元。

A　I、II、III 及 IV

B　只有 II、III

C　只有 I、II、III

D　只有 II、III、IV

15. 以下哪些有關《個人資料私隱條例》的陳述是**正確**？

A　個人資料是指直接與一名個人有關的資料，該等資料可以直接確定有關人士的身份。
B　《個人資料私隱條例》只適用於單獨使用資料者。
C　個人資料私隱專員並非公職人員。
D　對個人資料的收集不能超乎適度。

16. 維基公司是香港一家從事另類交易平台的運營商，維基公司在該本台開立了一個自營帳戶甲，日常為公司進行交易；同時，維基公司的客戶張先生開立了一個帳戶乙。某天張先生通過維基公司的另類交易平台發送了一條購買指令，但 10 分鐘前維基公司帳戶甲也發出了相同價格的購買指令（該指令尚未被執行），有關此案例的陳述，**正確**的是？

A　應當先執行甲帳戶的指令，因為甲帳戶的指示發出時間早於乙帳戶。
B　應當先執行帳戶乙的指示，因為以相同價格進行交易的前提下，乙帳戶的優先程度高於自營帳戶。
C　因為價格一樣，所以執行順序並沒有硬性規定。
D　應當先執行 B 帳戶，因為任何情況下 B 帳戶都應當優先於 A 帳戶被執行。

17. 李先生是香港持牌法團維基公司的董事，根據證監會《內部監控指引》，以下哪些做法和描述**符合**規定？

I 李先生可以外聘會計師，獨立地就中介人的會計運作情況作出報告。
II 李先生將內部審計部門從業務運作中獨立出來，並直接向董事會報告。
III 李先生可以通過訂明職權範圍，以限定外聘會計師張先生的責任。
IV 李先生不能要求外聘會計師張先生執行額外工作。

A 只有 I、III
B 只有 II、IV
C 只有 I、II
D 只有 I、III、IV

18. 王先生是持牌法團——維基公司的一名僱員，他發現一名客戶的財產疑似與某販毒組織有關，以下陳述**正確**的是？

I 應當通知該客戶，要求出具更多證據以證明其跟販毒組織無關。
II 王先生可以向維基公司的任意管理層進行舉報。
III 王先生以洩露客戶隱私為由不舉報該名客戶，並非合理抗辯理由。
IV 王先生不會因舉報而被視為違反自己作為金融從業者的專業責任。

A 只有 I、II
B 只有 I、IV
C 只有 III、IV
D 只有 II、III

19. 以下有關持牌法團合規及管治方面內容的陳述，**不正確**的是？

A 企業管治是指公司內部管理，包括管理層，董事會與股東之間的關係。
B 證監會為了調查上市公司，有權從銀行、核數師及公司交易對手處取得文件及解釋。
C 主席與行政總裁的職能區分，以及委任獨立非執行董事，均可以提升企業管治水平。
D 採取國際會計和審計標準可以提升管治水平。

20. 李先生是香港持牌法團——維基公司的董事，根據證監會《內部監控指引》，以下哪些做法和陳述**符合**規定？

I 設立監察部，直接向李先生及董事會進行匯報。
II 建立並執行政策及程序，以確保行使監察職能的職員張小姐能夠獲得所有業務範疇所需的所有紀錄及文件。
III 要求公司建立妥善的投訴處理程序，而該等程序必須以書面進行。
IV 建立機制，允許任何職員在發現違反中介人本身的政策及程序時，立即直接向高級管理層作出匯報。

A 只有 I、II、III
B 只有 II、III、IV
C I、II、III 及 IV
D 只有 I、III、IV

# 第六章　模擬練習答案及解析

1. 答案：A

**解析：** 選項 I 錯誤，正確說法是高級管理層對運作承擔全部責任，但單一位董事不能代表整個高級管理層。選項 III 不正確，不可能所有事情都由董事自行直接監督，而是要界定清楚的匯報途徑，並指派監督和匯報職責。同一道理，選項 IV 也不正確，正確的說法是：就重要職位、政策及程序，詳細地界定權力以便作出必要授權，並於業務各處予以傳達。

2. 答案：D

**解析：** 選項 D 的正確說法是「有需要時」可接觸，而非「隨時」可接觸。

3. 答案：C

**解析：** 選項 C 錯誤，不能以專業投資者的身份作為簡化盡職審查的依據。

4. 答案：A

**解析：** 選項 II 說法錯誤，正確是：市場風險是中介人因其資產或負債的市場價值有不利變動而可能蒙受損失的風險。選項 IV 說法亦錯誤，正確是「某產品不能在沒有重大損失的情況下於短期內變現，也會構成資金流通性風險」，選項誤解了此定義。

**5. 答案：D**

**解析：**選項 D 錯誤。持牌法團應當採取「風險為本」的方法，對風險較高的客戶採用更嚴格的客戶盡職審查措施，對風險較低的客戶則可採用簡化的措施。

**6. 答案：A**

**解析：**選項 II 明顯錯誤，重設密碼不一定是出現異常事件，正確說法應是：在出現某些指明的活動（例如登入系統、重設密碼及執行交易）後，立即通知有關客戶（例如透過電子郵件、短訊服務或其他推播通知）。

選項 IV 的頻率不對，正確應該是「每天」而非「每月」。

**7. 答案：C**

**解析：**選項 A 錯誤，正確說法是「限制職員只在有需要的情況下取覽有關在另類交易平台上發出的買賣資料，以確保另類交易平台妥善及有效率地運作」。選項 B 不正確，法團應當讓證監會知曉，而非讓客戶知曉。

選項 D 錯誤，正確說法是「設有措施以確保就在該另類交易平台上處理自營買賣指示最初負責發出該項指示的任何人士，均不可取覽有關在另類交易平台上的任何買賣資料或交易資料」。因為另類交易平台屬於中介人自建的交易系統，而中介人又可以參與到利用該系統進行自營買賣的過程，這樣勢必產生利益衝突，所以不允許交易者查看平台上其他人的買賣資料和信息。

**8. 答案：A**

**解析：**只有選項 IV 有誤，正確是包含信貸風險、市場風險、資金流通性風險及運作風險，並沒有「信譽風險」。

**9. 答案：A**

**解析：**只有選項 IV 説法不正確，應該是「交易手法處理買賣盤的程序應容許延遲或拒絕執行客戶買賣盤的情況」。注意這個經常有人質疑，為甚麼可以拒絕執行客戶買賣盤，其實簡單理解就是客戶所有的指示都未必是一定可以執行的。比如客戶帳戶裏沒有錢卻發出買入指示，就顯然無法執行了。

**10. 答案：D**

**解析：**選項 II 錯誤，正確説法是「可以轉移予其他類別的人士，但是必須告知該等資料將會用於甚麼目的、該等資料可能轉移予甚麼類別的人士及他要求查閱該等資料及要求改正該等資料的權利」。

選項 III 為無中生有的內容，正確是「個人資料應準確及最近期。須採取所有切實可行的步驟，以確保個人資料的保留時間不得超過使用該等資料所需的時間，而當知悉個人資料是不準確時，應加以更正。亦須採取合約規範方法或其他方法，以防止轉移予該資料處理者的個人資料的保存時間超過所需的時間」。選項 IV 説法也有誤，若經資料當事人同意，其個人資料是可以不應用於新的目的。

**11. 答案：D**

**解析：**選項 I 說法不嚴謹，正確是「須採取所有切實可行的步驟，以確保個人資料受保障，而不會在未獲准許或意外的情況下被查閱、處理、刪除、喪失或作其他用途」。選項 IV 也不正確，只有資料當事人有權要求更改。

另外，有人認為選項 III 的說法難明，其實簡單來說，就是甲君的資料如果被其他人使用，那麼甲君就有權知道是誰使用了其資料。

**12. 答案：D**

**解析：**資料當事人有權確定資料使用者是否持有屬資料當事人的個人資料，並要求在合理時間內，在支付合理費用下，查閱採用清楚易明的形式記錄的個人資料；以及要求改正該等資料，並在上述要求被拒絕時獲提供理由和就此向個人資料私隱專員提出反對。所以選項 D 正確，選項 C 錯誤。至於選項 A 和 B 都是無中生有的說法。

**13. 答案：C**

**解析：**選項 I 說法不準確，正確應當是「保持適當的透明度及披露常規」，注意「適當」兩個字。選項 II 說法錯誤，這裏顯然是要分開的，正確說法是「將監督及覆核職能與營運及業務職能區分」。

**14. 答案：A**

**解析：**四個選項都不正確，選項 I 的正確說法是「持有客戶資產的才需要投購保險」。選項 II 的正確說法是「除了受發牌條件所規限不得持有客戶資產，以及並非聯交所或期交所參與者的持牌法團不適用外，《保險規則》適用於其他所有持牌法團」。

選項 III 的準確說法是「受保的風險範圍指持牌法團的客戶資產因欺詐或盜竊等原因而蒙受損失的風險」。選項 IV 的正確金額是「證券交易、期貨合約交易及提供證券保證金融資的投保額各為 1,500 萬港元」。

**15. 答案：D**

**解析：**選項 A 錯在兩個地方，一是與在世的個人有關，二是與直接或間接相關。選項 B 錯誤，該條例適用於任何資料使用者，即單獨或共同，或聯同其他人士；選項 C 不正確，個人資料私隱專員是獨立的公職人員。

**16. 答案：B**

**解析：**根據條文，「應確保當非自營買賣指示及自營買賣指示以相同價格進行交易時，非自營買賣指示會較自營買賣指示獲優先處理，而毋須理會該等指示的發出時間」，因此只有選項 B 適合。

**17. 答案：C**

**解析：**選項 III 說法錯誤，正確是「高級管理層無法透過訂明職權範圍來限定外聘會計師的責任，因外聘會計師須對股東、監管機構及客戶負責，而非對高級管理層負責」。選項 IV 說法也不正確，若是作為特別協議之一部分，高級管理層可要求外聘會計師執行額外工作。

### 18. 答案：C

**解析：**選項 I 說法不正確，這裏不應當通知被舉報人。選項 II 說法也不正確，條文中說的不應該向任意人士舉報，是指應當向其僱主就此目的而委派的人士作出舉報。

### 19. 答案：A

**解析：**選項 A 說法不全面，不只是內部，還包括外部利益相關者，如債權人及客戶等。

### 20. 答案：A

**解析：**只有選項 IV 說法不恰當，正確是應該「建立機制，讓執行監察職能的職員在發現嚴重地違反法律和監管規定，以及中介人本身的政策與程序時，立即向高級管理層作出匯報」。換言之，報告者必須是執行監察職能的職員，而且是要「嚴重地違反」。有同學說「直接向高級管理層報告」也沒錯，不過這裏有個最佳管治原則問題，就是管理肯定是要進行分層管理，要有專業的人做專業的事，因此直接向高級管理層匯報並不是最好的做法。

940
15776

# 第七章

# 在香港交易所的參與

證券交易是重要的受規管活動，也是香港金融行業的主要活動之一，本章講述在香港交易所進行的受規管活動，具體關注在交易所（包括兩地互聯互通）進行的證券、期貨、期權，以及結構性產品的交易和交收活動。

# 7.1 香港交易及結算所有限公司

※ **香港交易及結算所有限公司**的基本資料——

| **在哪裏上市** | 於聯交所上市 |
|---|---|
| **其控制了哪些交易所結算所** | 控制香港各個交易所及結算所，包括聯交所及期交所 |
| **規管的具體內容（主要業務）** | 規管上市公司、在交易所進行的交易及相關的結算及交收職能 |

**思考：**港交所和聯交所的關係是甚麼？

**回答：**港交所是聯交所的母公司，港交所在其子公司聯交所上市。

※ 交易所、交易系統及結算所

| | **主要業務** | **使用的交易系統** | **可實現買賣的產品** |
|---|---|---|---|
| 聯交所 | 於主板及 GEM 提供證券買賣 | 領航星交易平台 — 證券市場 (OTP-C) | 股票；衍生權證；債券；交易所買賣產品；牛熊證 |
| 期交所 | 提供期貨合約買賣 | HKATS 電子交易系統 | 買賣期交所產品；屬於聯交所產品的交易所買賣期權 |

◆ 結算及交收系統

| **系統名稱** | **由誰運作** | **負責功能** |
|---|---|---|
| 中央結算及交收系統 | 中央結算公司 | 結算及交收在**聯交所**進行的證券交易。 |
| 衍生產品結算及交收系統 | 期貨結算所，以及聯交所期權結算所 | 為**所有**在香港交易所買賣的**衍生產品**進行結算及交收的通用平台。 |

**思考：**股票期權在哪裏和甚麼系統上買賣？又在甚麼系統上結算？

**回答：**在期交所的 HKATS 電子交易系統上交易，並透過衍生產品結算及交收系統進行結算。

◆ 香港現有 4 間結算所：

| **名稱（全稱）** | **簡稱** | **與香港交易所的關係** | **業務範圍** |
|---|---|---|---|
| 香港中央結算有限公司 | 中央結算公司 | 香港交易所的全資附屬公司 | 為聯交所的「**現貨業務**」結算所，並負責證券交收服務。 |
| 香港聯合交易所期權結算所有限公司 | 聯交所期權結算所 | | 負責**聯交所**的**期權業務**結算工作。 |
| 香港期貨結算有限公司 | 期貨結算所 | | 負責**期交所**的**期貨及期權業務**結算工作。 |
| 香港場外結算有限公司 | 場外結算公司 | 香港交易所持有佔已發行股本總額 84.14% 的附屬公司 | 負責場外衍生工具交易的結算服務。 |

**思考：**場外結算所有限公司會否進行交易？

**回答：**場外結算所有限公司是證監會指定的**中央交易對手**，不做交易，只做結算，即只是追買家交錢及賣家交貨。

◆ 交易結算交收一覽

<table>
<tr><th colspan="2">活動</th><th>證券</th><th>期貨</th><th>股票期權</th><th>場外衍生工具</th></tr>
<tr><td rowspan="2">交易/買賣</td><td>場所</td><td>聯交所</td><td>期交所</td><td>聯交所</td><td rowspan="2">場外</td></tr>
<tr><td>系統</td><td>OTP-C</td><td colspan="2">電子交易系統 HKATS</td></tr>
<tr><td rowspan="2">結算/交收</td><td>場所</td><td>中央結算公司</td><td>期貨結算所</td><td>聯交所期權結算所</td><td>香港場外結算有限公司</td></tr>
<tr><td>系統</td><td>中央結算交收系統(CCASS)</td><td colspan="2">衍生產品結算及交收系統(DCASS)</td><td>場外</td></tr>
</table>

※ 聯交所的參與者(交易權)

◆ 有意透過聯交所或期交所進行買賣的人士，必須同時滿足以下條件：

 ■ 擁有交易權；及

 ■ 已登記為相關交易所的交易所參與者。

◆ 只有少部分中介人才有資格成為交易所參與者，如果沒有該資格，則需要透過其他交易所參與者進行買賣。

**【非交易所參與者(如個人散戶)只能通過交易所參與者(中介機構，如證券商)進行買賣。】**

◆ 交易所參與者一定是中介人。

◆ 有意透過聯交所或期交所進行買賣的人士，首先應該是第 1 類或第 2 類受規管活動的人士。

◆ 交易權不可轉讓；要取得交易權，必須先向聯交所繳交費用，該項費用現為 50 萬港元。

◆ 有意就交易進行結算的人士必須成為相關結算所的結算參與者。

**【結算所參與者必然是交易所參與者，但交易所參與者不一定是結算所參與者。】**

◆ 參與者每年需向香港交易所提交合規評核表格，以確認其遵守參與者活動所適用的相關規則及規例。

※ 兩地市場互聯互通——

◆ 滬深港通：

■ 容許處於中國內地的投資者透過「南向交易通」買賣在香港聯交所上市的合資格證券；及

■ 處於香港的投資者透過「北向交易通」買賣在**上海證券交易所**及**深圳證券交易所**上市的合資格證券（俗稱 A 股）。

◆ 「當地市場」原則：

■ 此原則適用於所有滬深港通交易。

■ 雖然買賣盤乃透過上海／深圳／香港其中一地的證券公司發出，但交易及結算操作須遵守**進行交易及結算之所在市場**的規則、程序及法律。即北向交易通須符合上海或深圳的規定，而南向交易通則須符合香港的規定。

■ 交易及結算參與者／成員須受其經營所在市場的規則及法律規管。

| | **北向交易** | **南向交易** |
|---|---|---|
| 性質 | 在香港買賣 A 股 | 在內地買賣港股 |
| 誰可以買 | 可在聯交所買賣的所有投資者*，包括香港人和外國人 | 機構投資者；及<br>證券及資金帳戶至少須持有 50 萬元人民幣的**內地投資者 #** |
| 交易場所 | 上海／深圳證券交易所 | 聯交所 |
| 結算場所 | 中國結算 | 中央結算公司 |
| 證券交收時間 | T+0 | T+2 |

（續右表）

（接左表）

| 款項交收時間 | T+0/T+1 | T+2 |
|---|---|---|
| 額度 | 520 億元人民幣 | 420 億元人民幣 |
| 備註 | * 一般情況下，可在聯交所買賣的人士均能透過滬深港通買賣任何合資格證券。惟下列兩個情況除外：<br>1. 只有機構專業投資者獲准買賣於深交所創業板及上交所科創板上市的證券；及<br>【這類股票的風險較高，所以須控制可購買的人群。】<br>2. 內地投資者被限制透過北向交易通買入或賣出合資格證券 | # 內地投資者釋義：<br>1. 持有中國內地身份證明文件的個人；<br>2. 於內地註冊的法人及非法人組織；及<br>3. 聯名帳戶持有人，而持有人中**任何一方**屬內地投資者。<br>然而，下列人士**不被視為**內地投資者：<br>1. 持有前往港澳通行證（俗稱單程證）或已取得中國內地境外國家或地區永久居留身份證明文件的個人；及<br>【有境外永久居留權，即使仍然持有中國國籍，也不算內地投資者。】<br>2. 中國內地註冊法人或非法人組織在香港或海外依法註冊的任何分支機構或子公司。 |



※ 一般交易、結算及交收機制

◆ 滬/ 深港通**北向交易**的上交所/ 深交所證券資格準則：

| **A 股** | ■ 有關成份股於過去 6 個月：<br>1. 日均市值須達至少 50 億人民幣；<br>2. 日均成交額須達至少 3,000 萬人民幣；<br>3. 在任何上交所市場的停牌天數不得佔交易天數的 50% 或以上；及<br>■ 如有關成份股亦為具有表決權差異安排的公司股票，則亦須符合額外條件。 |
|---|---|
| | 有 H 股同時在聯交所上市。 |

（續下表）

（接上表）

| | |
|---|---|
| **基金** | ■ 該交易所買賣基金必須：<br>1. 已上市至少 6 個月，且跟蹤的標的指數發佈時間必須至少滿一年；及<br>2. 以人民幣交易，且過去 6 個月的日均資產規模不低於 5 億人民幣；及<br>3. 跟蹤的標的指數必須符合其他規定，例如上交所上市 A 股及深交所上市 A 股在跟蹤的標的指數中的權重佔比，以及釐定跟蹤的標的指數的編製方案。 |
| | 合資格交易所買賣基金如其後未能符合所有上述條件，且就日均資產規模及跟蹤的標的指數而言低於若干有關門檻，則可能被指定為只供賣出的證券，在這種情況下，該交易所買賣基金將被暫停買入。 |

◆ 滬/ 深港通**南向交易**的聯交所證券資格準則：

| | |
|---|---|
| **股票** | ■ 恒生綜合大型股指數成份股；<br>■ 恒生綜合中型股指數成份股；<br>■ 市值不少於 50 億港元的恒生綜合小型股指數的成份股；及<br>■ 不在上述指數成份股內但有相關 A 股在上交所 / 深交所上市的所有 H 股。 |
| **若屬右列情況，不視為合資格股票** | ■ 並非以港元交易的股票；<br>■ 在中國內地除上交所/ 深交所外的其他任何交易所同時有股份上市並交易的 H 股；或<br>■ 在上交所或深交所同時有 A 股上市而正被實施風險警示的 H 股。 |
| **基金** | ■ 該交易所買賣基金必須由證監會主要監管；<br>■ 已上市至少 6 個月，且跟蹤的標的指數發佈時間必須至少滿一年；<br>■ 該交易所買賣基金必須以港元交易，且過去 6 個月的日均資產規模不低於 5.5 億港元；及<br>■ 跟蹤的標的指數必須符合其他規定，關於合資格聯交所上市股票於跟蹤的標的指數中的權重佔比，以及釐定跟蹤的標的指數的編製方案。 |

◆ 交易額度

■ 每日額度根據「淨買盤」基準計算，即：每日額度 = 買入額度 - 賣出額度。

- 售出交易實際上增加可用餘額，無論每日額度餘額多少，投資者總可以售出其跨境證券。買入交易視乎每日額度尚有餘額的情況下才可作出。

<table>
<tr><th></th><th>每日額度</th><th>涉及的交易</th></tr>
<tr><td>北向交易通</td><td>520 億人民幣</td><td rowspan="2">滬港通及深港通各自的額度，以及交易所買賣基金交易。</td></tr>
<tr><td>南向交易通均</td><td>420 億人民幣</td></tr>
</table>

**思考：**舉例説明甚麼是「淨買盤」基準進行計算？

**回答：**南北向交易只看淨買額，而賣出的可以抵消買入的額度。比如説北向交易，當天賣了 200 億，那麼買 600 億也是可以的，600 億 — 200 億 = 400 億，仍低於 520 億。

◆ 滬深港通的交易、結算及交收機制

<table>
<tr><th></th><th>在港投資者如何參與</th><th>內地投資者如何參與</th></tr>
<tr><td>參與前的準備</td><td>■ 已登記參與的聯交所參與者被稱為「中華通交易所參與者」(CCEP)。<br>■ 已登記參與的中央結算公司結算參與者被稱為「中華通結算參與者」(CCCP)。</td><td rowspan="2">南向交易：<br>中國結算在香港設立的附屬公司會作為香港結算的特別參與者行事，接受與其他香港結算參與者實質上相同的功能、責任及風險管理規定。</td></tr>
<tr><td>交易</td><td>■ 北向交易：<br>■ 聯交所參與者必須登記為 CCEP 後，方可透過相關的交易通執行買賣盤；<br>■ CCCP 須使用各交易通所提供的結算與交收設施結算及交收有關交易；<br>■ 中央結算公司透過其在內地註冊成立的附屬公司作為中國結算的參與者行事。</td></tr>
<tr><td>誰承擔交收責任</td><td>中央結算公司承擔 CCCP 的交收責任。</td><td>中國結算承擔交收責任。</td></tr>
</table>

◆ 北向交易的前端監控

| | **標準前端監控** | **優化前端監控** |
|---|---|---|
| 是否需要在交易前將證券存放於交易所參與者處 | 在**不遲於**擬出售日期前一個交易日收市之前，已存放於相關的交易所參與者。 | 不一定，可以存放於並非交易所參與者的中央結算公司託管商參與者或存放於中央結算公司全面結算參與者。 |
| 如交易前證券存放於別處怎麼辦 | 若該等股份存放於託管商或其他非擬定作賣盤經紀的交易所參與者的帳戶中，則投資者必須在擬出售日期前將股份轉移至該作為賣盤經紀的交易所參與者。 | ■ 投資者可被准許在中央結算系統開設一個特別獨立戶口(SPSA)，並賦予一個獨有的投資者識別號。<br>■ 中央結算系統會根據連同賣盤一起輸入的獨有投資者識別號而攝取投資者在 SPSA 的持股紀錄，然後將該紀錄複製發送至進行前端監控的系統上。 |
| 賣盤如何進行賣前監控 | ■ 香港及海外投資者透過滬深港通獲得的合資格 A 股將存放於中央結算公司於中國結算開立的綜合股票帳戶中。<br>■ 上交所／深交所會把透過相關的滬深港通收到的合資格 A 股賣盤，與上一個交易日結束時於中央結算公司的帳戶結餘進行核對。<br>■ 賣盤若超過相關股票在中央結算公司帳戶所記錄的持股量，則會被拒絕操作。 | 中央結算系統會根據連同賣盤一起輸入的獨有投資者識別號而攝取投資者在 SPSA 的持股紀錄，然後將該紀錄複製發送至進行前端監控的系統上。若 SPSA 中有足夠的股份，賣盤即會被執行。換言之，投資者只需於執行及配對賣盤後，才將股份轉移至其與交易所參與者開設的帳戶。 |

**思考：**兩種前端監控有何區別？

**回答：**在標準前端監控中，投資者想賣出證券，需要將證券存入指定經紀帳戶，而對於優化前端監控來説，可以允許投資者在執行完賣盤後，再將證券轉移到指定的經紀帳戶中。

**思考：**北向交易的前端監控主要解決甚麼問題？

**回答：**主要防止無擔保的賣空（即交易者戶口沒有足夠證券可供賣出的情況下，發出賣出的指令）。

◆ 北向交易的投資者識別碼制度

■ 制度設立目的：打擊市場失當行為，加強兩地監管機構合作。

**【實質上是令交易實名化，增加透明度。】**

■ 編碼使用流程：

1. 獲取客戶識別資訊，包括：客戶名稱以及身份證明文件的簽發國家、類別及號碼；
2. 每個券商客戶編碼應與該特定客戶的客戶識別資訊配對；
3. 要在滬深港通的交易日（T 日）輸入北向買賣盤，CCEP 必須已在 T-1 日或之前向聯交所發出配對資料文件，且該文件必須已通過聯交所的驗證；
4. CCEP 須為每個已輸入的北向買賣盤提供相應的券商客戶編碼。其後該等買賣盤將被傳遞至上交所或深交所（按適當情況而定）。

**【該編碼的作用主要是識別及確認客戶的訊息，從而使交易實名化。】**

- CCEP 須確保其收集、儲存、使用、披露和轉移每個個人客戶的券商客戶編碼及客戶識別資訊的個人資料時，必須取得該客戶的所有必要授權及書面同意。

◆ 北向已交易證券的託管商

- 中央結算公司代其參與者持有的在北向交易通下已交易的證券存放於中央結算公司在中國結算開立的綜合帳戶。
- 這些證券為無紙化，是在中央結算系統以電腦化形式記錄，**不作提存實物證券**（帳戶開在中央結算系統，但錢則放到內地結算）。

  **【北向交易本質上是在內地股票市場進行交易，所以要符合當地（而非香港）的交易規則。】**

◆ 違約處理

- 中央結算公司及中國結算**不參與**對方的互保類風險管理基金，互保類風險管理基金的供款一般只會向當地市場的結算參與者收取。
- 中國結算毋須向中央結算公司保證基金供款，且毋須分擔 CCCP 的任何違約損失。CCCP 的保證基金供款亦不會被動用去抵銷中國結算違約所造成的損失。

**思考：**為何不能參與對方的互保類風險管理基金？

**回答：**因為對跨境交易來説，各自所在地的法規不一致，所以暫時不允許一方參與另一方的保險基金供款。

- 北向交易違約：中央結算公司會宣佈有關 CCCP 為違約人士，該 CCCP 的持倉，包括其香港股份、上交所證券及深交所證券的持倉，將被中央結算公司委任的授權經紀執行平倉。若有平倉虧損淨額未能完全被違約 CCCP 的抵押品填補，將依照適用規則動用保證基金。
- 南向交易違約：中央結算公司會真誠從現有法律途徑或透過中國結算清盤程序向中國結算追索未交收的股票及款項，然後將收回的股票及款項按比例分發予 CCCP。

※ 北向交易的額外限制（這裏說的是內地結算）

◆ 北向交易中可以做保證金交易的人士：保證金買賣只獲准由 CCEP 及已向聯交所登記可透過 CCEP 為其客戶進行北向交易的交易所參與者提供。

◆ 合資格的股份才可以進行保證金買賣：

| **融資監控指標數值** | **結果** |
|---|---|
| <20% | 可恢復保證金交易 |
| >25% | 暫停再進行保證金交易 |

| **「融資融券餘額」及保證金帳戶內抵押品市值，與交易所買賣基金上市流通市值之比** | **結果** |
|---|---|
| >75% | 暫停再進行保證金交易 |
| <70% | 恢復保證金交易 |

**思考：**甚麼是融資監控指標數值和融資融券餘額？

**回答：**融資監控指標數值是指某隻股票或基金靠融資

進行交易的情況。而融資融券餘額是指通過融資融券交易形成的資金餘額。

◆ 北向交易的證券借貸

■ 證券借貸只在以下情況獲准進行：

1. 透過北向交易通進行有擔保賣空活動（投資者借入北向交易通合資格證券並在上交所/ 深交所售出）。在此情況下，證券借貸協定的有效期不可超過一個曆月；或

2. 為符合前端監控的規定（例如當投資者未能將其足夠數量的擬售出北向交易通的合資格證券轉移至賣盤經紀，則該投資者可透過證券借貸協議借入合資格證券以符合前端監控的規定）。在此情況下證券借貸協定的有效期不可超過一日（即不容許續期）。

■ 只有上交所或深交所決定的若干類別人士方可借出股份，所有證券借貸活動**必須向聯交所申報**。

**思考：**上述證券借貸有效期的限制，是基於甚麼考量？

**回答：**是基於證券借貸對於交易本身的風險性來説的，借貸時間愈長，交易的風險愈大。根據不同的業務，控制借貸的時間也是調節風險的方法之一。

**思考：**為甚麼上述證券借貸獲准運行的情況，情況二（符合前段監控的規定）的有效期短於情況一？

**回答：**前端監控的階段已經屬於交易階段，此時如果允許太長時間的借貸存在，將提高交易風險。

- 對外商投資的限制：
  - 任何單一名海外投資者不可持有超過 10% 的某上市公司已發行股份；及
  - 海外投資者所持有某上市公司的擁有權總量不可超過該上市公司已發行股份總數的 30%。
  - 另外，當上交所／深交所通知香港交易所該等限額正趨近時，香港交易所將在其網站公佈該通知。當 30% 的限額已超過，海外投資者會被要求售出股份。然而，上交所或深交所上市的交易所買賣基金沒有持股限制。
- 中國內地亦就持有某公司股份達 5% 的人士訂有披露規則，其可對該等人士在指明期間內可否進行交易產生影響。

**思考：**外商投資者的兩條限制有甚麼區別？為甚麼會有此種規定限制？

**回答：**第一條限制是單人持股限制，第二條限制是海外投資者總體持股限制。為了防範金融風險以及應對中國內地資本市場的有限開放性的特點，監管當局制定了此種政策。

※ 透過北向交易通賣空

◆ 對於上交所或深交所指明的證券（於香港交易所的網頁上公佈），只准許**「有擔保賣空」**合資格證券。然而，交易所買賣基金則不允許進行賣空。

◆ 賣空的限制：

| A 股的總未平倉淡倉數量佔其上市可流通數量 | 對上交所或深交所交易的影響 |
|---|---|
| >25% | 可各自暫停該於其市場上市的 A 股的賣空活動 |
| <20% | 可恢復其賣空活動 |

**思考：**為何存在如上表的賣空限制？

**回答：**因為未平倉的淡倉數量若過多，對整個金融系統來説存在較大的風險。

◆ 其他賣空限制：

■ CCEP 須進行前端監控，以確保借入證券在當日交易開始前已存放於其在中央結算系統設立的結算帳戶內；

**【注意，即使是賣空也要確保證券提前放入結算帳戶內。】**

■ 賣空證券存在價格和數量限制：

| | 具體限制 |
|---|---|
| 可賣空股份數量 | 可賣空的股份數量不可超過所有投資者於該交易日開始時透過中央結算系統持有該賣空證券的股份數量的 1%，以及不可在任何 10 個連續的交易日累計超過 5%。 |
| 被輸入的賣空盤的價格 | 不得低於該賣空證券最近期的成交價或前收市價（如沒有已成交的交易）。 |

■ 相關賣盤須符合於一交易日內可賣空的證券數量的限制及價格的限制。香港交易所網站會公佈可作有擔保賣空的證券的數量（交易日內每 15 分鐘更新一次）；

■ 交易所參與者須就賣空證券的未平倉淡倉向聯交所提交報告。即透過滬深港通賣空指明證券股份總數減去因賣空而借入並已交還予借出股票的有關股票貸方的股份總數。

**【簡單理解，就是要報告還有多少股票處於淨借出狀態。】**

**思考：**為何對於賣空的價格和數量存在限制？

**回答：**賣空的價格不能太低，否則在市場中，賣空盤將比非賣空盤獲得更大優勢，這將導致市場傾向於進行賣空交易，有可能使市場出現過度投機的狀況。另外，賣空的數量也不能過多，否則將會增大整個金融市場的風險。

## 7.2　聯交所上市證券的交易（第 1 類受規管活動）

※ 交易所參與者——

◆ 必須是一家公司（不能是個人散戶）；

◆ 大部分中介人都不是交易所參與者（只有一小部分中介人為交易所參與者）；

◆ 除非聯交所另有決定，否則所有就相關受規管活動而獲證監會核准為負責人員的交易所參與者持牌代表，均須向聯交所登記為負責人員；

◆ 於任何時候，交易所參與者須至少有一名執行董事登記為負責人員；

◆ 交易所參與者須就其證券交易業務中代其行事的代表的行為負責，並須確保他們為適當人選，且具備履行其責任所需的技能及專業知識。

※ 現行交易時段安排（逢星期一至五，公眾假期除外）

| **交易時段** | **香港時間** |
|---|---|
| 開市前時段（競價時段） | 09:00 至 09:30 |
| 早市交易時段 | 09:30 至 12:00 |
| 延續早市交易時段 | 12:00 至 13:00 |
| 午市交易時段 | 13:00 至 16:00 |
| 收市競價交易時段（收市競價） | 16:00 至 16:10 |

◆ 收市競價交易時段：證券市場的正常交易日的收市時間為下午 4 時 8 分至下午 4 時 10 分之間，隨時隨機收市。

◆ 開市前時段：交易未開始，允許投資者進行提交買賣指令的時段。目的是避免早市開始時大規模的買賣，緩解交易指示造成的壓力。

◆ 持續交易時段：包括早市階段和午市時段，此時段也會計算收市參考價格，並且實施市場波動調節機制。

**思考：**為甚麼收市時間是隨機的？

**回答：**因為存在收市競價這個環節，而為了保證競價的客觀公正，不被他人操控，因此要隨機收市，從而隨機確定收市價格。

◆ 計算收市價

■ 非收市競價的股票，其收市價按照持續交易時段最後 1 分鐘內，錄得的 5 個按盤價的中位數釐定。

**【目的是為了防止市場操縱。】**

■ 假設某交易日是 16：00：00 收市，即從 15：59：00 起的一分鐘內，系統會每隔 15 秒錄取按盤價格，見下表：

| **時間** | **按盤價（港元）** |
|---|---|
| 15:59:00 | 40 |
| 15:59:15 | 41 |
| 15:59:30 | 42 |
| 15:59:45 | 43 |
| 16:00:00 | 44 |
| 收市價 | 上述五個價格的中位數：42 |

◆ 收市競價

■ 在一個時段內，有需要以收市價進行交易的市場參與者可輸入買賣盤。這些買賣盤會互動從而令每隻證券得出**一個**共識的收市價，並按此收市價執行。

■ 在收市競價輸入買賣盤時，價格不應偏離有關參考價超過 5%。

■ 指令輸入後，會被配對，如果不能被配對，指令會被取消。

**【因為最終必須得出一個收市競價，所以應當將不能配對的排除在外。】**

■ 收市競價涵蓋所有股本證券，例如預托證券、投資公司及優先股等，以及基金。現時還包括交易所買賣基金及房地產投資信託基金和槓桿及反向產品。

- 能夠以證券收市價進行交易，是一些基金（例如指數追蹤基金）的委託書的重要指令。

**【因收市競價為市場博弈的結果，某程度上意味該最終價格已獲市場大多數接受。】**

- 收市競價在有限制下准許以不低於收市競價參考價的價格進行有擔保賣空。

**思考：**收市競價的意義何在？

**回答：**收市競價會得出一個收市價，這個收市價是當日行情的標準，又是下一個交易日開盤的依據，可以據此來預測未來證券市場行情。

※ 市場波動調節機制（市調機制）

◆ 若市場試圖在任何該等股份/ 合約以偏離 5 分鐘前最後 1 個成交價的 ±10%/ ±15%/ ±20%（稱為「觸發門檻」）價格進行交易，該特定產品便會進入 5 分鐘的冷靜期。

- 舉例：5 分鐘前股票成交價為 10 元，5 分鐘後價格變成 13 元，超過了成交價 30%，超過觸發門檻，即時進入 5 分鐘冷靜期。

◆ 該產品在冷靜期內仍可進行交易，但限制於若干價格內。5 分鐘冷靜期過後將恢復至正常的持續交易。

**【冷靜期內仍可交易，是避免對市場作出過度人為干涉。】**

◆ 市調機制於每個持續交易時段可被多次觸發，而每隻股票的適用觸發門檻會刊載於香港交易所網站。

**思考：**為甚麼需要設置冷靜期，其作用是甚麼？

**回答：**冷靜期可防止產品的市場價格大幅波動，讓市場價格回歸理性。

※ 兩邊客交易

◆ 釋義：交易所參與者以主事人或代理人身份，同時代表買方及賣方進行的交易。舉例：維琪公司是一家持有證監會 1 號牌的券商，而甲和乙都是維琪公司的客戶。甲擬買入 A 公司 1,000 股，乙擬賣出 A 公司 1,000 股。如果此時維琪公司同時代表甲和乙對接買賣，維琪公司完成的就是兩邊客交易。

◆ 此類交易須遵循以下規則：

■ 於《證券及期貨條例》所界定透過自動化交易服務的兩邊客交易獲執行或完成或輸入後，使該等交易資料須在該交易完成後的 1 分鐘內輸入；及

■ 所有其他兩邊客交易，該等交易資料須在該交易完成後的 15 分鐘內輸入。

**思考：**為甚麼上述兩邊客交易對於輸入資料的時間要求不同呢？

**回答：**自動化交易服務本身風險較直接使用交易所系統交易要高，所以對時間的限制更嚴格。

※ 交易費用

<table>
<tr><th>費用名稱</th><th>徵收代理</th><th>徵收機構</th><th>金額（百分比為交易金額徵費率）</th><th>備註</th></tr>
<tr><td>經紀佣金</td><td>中介人</td><td>中介人</td><td>不設限制。惟首次公開招股交易的經紀佣金現時為申請款項的 1%。</td><td>雙方支付</td></tr>
<tr><td>證監會交易徵費</td><td rowspan="7">聯交所</td><td rowspan="2">證監會</td><td>0.0027%</td><td>雙方支付，作為證監會營運資金</td></tr>
<tr><td>投資者賠償徵費</td><td>0.002%</td><td>雙方支付。自 2005 年 12 月 19 日起暫停收取</td></tr>
<tr><td>交易費</td><td>聯交所</td><td>0.00565%</td><td>雙方支付，作為聯交所營運資金</td></tr>
<tr><td>財務匯報局交易徵費</td><td>財務匯報局</td><td>0.00015%</td><td>雙方支付，作為財務匯報局營運資金</td></tr>
<tr><td>股票印花稅</td><td rowspan="2">政府</td><td>0.1%</td><td>雙方支付</td></tr>
<tr><td>轉手紙印花稅</td><td>5 港元/ 每張新轉手紙</td><td>賣方支付</td></tr>
<tr><td>過戶費用</td><td>過戶登記處</td><td>2.5 港元/ 每張新發行股票</td><td>買方支付</td></tr>
</table>

**思考：**交易費和證監會交易徵費有何區別？

**回答：**徵收機構及收費的用途不同。前者的徵收機構是聯交所，用途是聯交所的營運資金。後者徵收機構為證監會，以作為證監會營運資金。

※ 賣空

◆ 定義：任何人出售證券時，他或他的當事人**沒有**可即時行使而不附帶條件的權利，以將該等證券轉歸於買方名下。滿足上述條件屬於無擔保賣空，反之屬於有擔保賣空。

◆ 允許進行賣空的情況：

■ 秉誠行事的人，而他相信並有合理理由相信，他或他以代表身份代其行事的中介人具有上述轉讓證券的權利；

**【代理人正常地行事，按照主事人的要求進行賣空，並沒有問題。】**

■ 在日常業務過程中**買賣碎股**的交易所參與者（碎股即不足一手的股票）；

■ 出售期權合約的相關證券，而該項合約是在認可證券市場買賣的；及

■ 根據《證券及期貨條例》第 397 條訂立的規則而獲准的證券售賣。

◆ 受監管的聯交所賣空活動：

■ 根據證券借貸協定借用有關證券，或獲得該協議的對手方確認其備有有關證券以借給該賣方或該人；

■ 該賣方或該人擁有可用以轉換為或換取有關證券的其他證券的所有權；

■ 該賣方或該人擁有可取得有關證券的期權；

■ 該賣方或該人擁有可認購及可收取有關證券的權利或認購證；或

■ 該賣方或該人已與其他人士訂立屬於《證券及期貨條例》第 397 條訂立的規則訂明的種類的協議或安排。

**思考：**以上幾種允許賣空的情況有何共通點？

**回答：**都是賣空者通過各種手段，能夠保證賣空交易之後，確能夠交出證券來賣。

◆ 有關賣空的其他限制：

■ 僅可就聯交所的**指定證券**進行賣空活動（現有大量相關證券）；

■ 交易所參與者於交易系統輸入買賣指示時，必須顯示該指示為賣空指示；

**【目的是讓交易對手方清楚了解這宗交易的本質。】**

■ 交易所參與者必須在賣空前，為交收訂立股份借入安排；及

**【借入安排可以更好地證明屬有擔保的賣空，將來可以交收股票。】**

■ 賣空不可在持續交易時段內以低於當時最佳沽盤價，或不可在收市競價內以低於收市競價參考價進行。

※ 證券借貸

◆ 釋義：任何人士借用或借出證券的活動，條件是借用人承諾於未來日期向借出人交還性質相同的證券，或向借出人支付於該日期與所借證券的價值相等的款項。

**【注意可交還相同的證券或等值款項，兩者可二擇一。】**

◆ 這種活動亦包括《印花稅條例》所指的證券借用，該等交易可獲豁免繳付印花稅。

◆ 證券借貸可讓無法流通的大量證券流入市場，促進流通性，同時為證券借出人帶來利潤。

◆ 證券借貸需要遵守的條文：

■ 收取的抵押品價值不得少於所借證券的價值的 100%，或如借入證券用於賣空，則抵押品價值不得少於借入證券的價值的 105%；及

■ 至少每日對照上一個交易日的收市價為所有借入證券按市價計算差額。

※ 淡倉申報

◆ 淡倉超過以下指標，需要在 **2 個工作日**向證監會申報：

■ 達 3,000 萬或以上港元；及

■ 有關的法團已發行的指明股份的總數價值的 0.02%，

◆ 如任何指明股份的收市價是以外幣表示，則須按該外幣的指明匯率兑換成港元。

◆《淡倉申報規則》也賦予證監會權力把申報頻率由每週更改為每日。如證監會相信存在威脅或可能威脅到香港的金融穩定性的情況時，可刊登每日申報規定公告。

**思考：**淡倉的含義是甚麼？

**回答：**淡倉是港股特有的説法，與好倉相對應。好倉是做多股票的倉位，淡倉是做空股票的倉位，也就是説預計市場將走低（看淡）。

**思考：**監管機構要求淡倉申報的目的是？

**回答：**因為大量淡倉對股價有一定影響，而淡倉申報制度可讓監管機構對市場整體淡倉情況有概括了解，便於監控。

※ 結算及交收服務

◆ 中央結算系統（CCASS）

■ 提供結算及交收服務、存管服務、共用代理人服務、電子證券申請及投標服務。

**【注意提供的服務不止於結算及交收。】**

■ 參與者類別，包括：直接結算參與者、全面結算參與者（又稱：CCASS 結算參與者）、結算機構參與者、託管商參與者、貸股人參與者、股票承押人參與者、投資者戶口持有人。

■ 公司投資者和個人投資者可直接在中央結算系統開立股票戶口。

**【注意，個人投資者是無法直接參與交易的。】**

◆ 持續淨額交收制度

■ 參與者於同一交易日就相同證券進行的股份交易會互相抵銷，以得出當日該單一股票的持倉淨額。

■ 交易所參與者只需要與結算所交收一個淨額即可。舉例：交易所參與者維琪公司今天買入 100 股 A 公司股票，賣出 50 股 A 公司股票，最終結算為持有 50 股 A 公司股票。

◆ 中央結算系統的運作

■ 於每個交易日，交易資料由聯交所的交易系統自動傳遞至中央結算系統。

■ CCASS 結算參與者毋須另行輸入或再次確認中央結算系統內的交易詳情。

■ 於每個交易日的下午 5 時（就即日於聯交所進行的買賣而言）及下午 8 時（就即日於聯交所進行的買

賣及獲行使的期權買賣而言）後不久，結算參與者可透過本身的中央結算系統終端機取得有關其股票持倉及款項數額的臨時結算表（僅作為初步核對用途），以核對他們的內部紀錄。

■ 最後結算表則於 T+1 日下午 2 時後不久提供予 CCASS 結算參與者，以確認交收。

◆ 證券交收

| | **證券交收** | **股票交收** | **備註** |
|---|---|---|---|
| 交收時間 | T+2 日 | | |
| 交收形式 | 股票戶口進行電子記帳的形式交收。 | 以貨銀對付方式交收，即款項交收只可於中央結算系統內的股份交收完成後方可進行。 | |
| 交收時無足夠的股票/ 款項 | 中央結算公司將於 T+3 日強制補購所需的股份為 CCASS 結算參與者的淡倉進行平倉。<br>持倉不足的結算參與者須承擔購入股份的成本，並須繳付罰款。 | CCASS 結算參與者透過其指定的銀行交收款項後，會於股份交付予他們的當日完結時（T+2 日）獲得確認。未獲確認款項的證券會被凍結，CCASS 結算參與者不得動用或提取該等股份。 | 如 CCASS 結算參與者向中央結算公司預付現金款項，則可即時使用該等證券。 |

■ 交收程序：

1. 每位 CCASS 結算參與者須在中央結算公司核准的銀行開設一個戶口，並授權中央結算公司於該戶口進行存帳或扣帳。

2. 對於**以貨銀對付方式**進行的交收而言，各 CCASS 結算參與者於交收日持有以支付股票交易所涉及的款額將會互相抵銷，而 CCASS 結算參與者應付或應收的剩餘款項淨額，則由中央結算公司透過於交收日向該 CCASS 結算參與者的往來銀行發出指示進行交收。

3. 如**於 T+2 日預先繳付**現金款項，CCASS 結算參與者可透過中央結算系統終端機輸入指示，或維持常設指示，授權中央結算公司代其於各交收日發出經常性預付現金款項指示。

**思考：**「T+3」日中央結算公司的行動是？

**回答：**分兩種情況。正常的買賣在「T+2」日便已經交收完畢。只有少部分違約的交易（比如賣空）便需要在 T+3 日強制補倉。

※ 紀律處分

- ◆ 證監會是中介人（包括交易所參與者）的**前線監管機構**。
- ◆ 證監會負責有關違反《證券及期貨條例》、法定規則、規例和操守準則的一切紀律事宜。
- ◆ 聯交所只負責證監會監管範圍以外的紀律事宜，即有關買賣、結算及交收及違反《上市規則》的紀律處分事宜。

**【簡言之，聯交所僅監管在交易所的交易事宜，並只覆蓋證監會沒規管的事。】**

- ◆ 聯交所的紀律處分包括警告信、罰款及暫時吊銷參與者資格。

**【注意，聯交所可以罰款。】**

## 7.3 在聯交所買賣的交易所買賣期權

※ 認購/ 認沽期權

| | **認購期權** | **認沽期權** |
|---|---|---|
| 定義 | 在聯交所買賣的股票期權（性質為一份合約） | |
| 特點 | 在指定日期或之前任何時間按指定價格（行使價）購買指定股票（正股）的固定數量股份。 | 可在指定日期或之前任何時間按指定價格出售指定股票的固定數量股份。 |
| 權利和責任 | 給予**期權持有者**權利（而非責任） | 給予**持有人**權利（而非責任） |

**思考：**期權和期貨的區別是甚麼？

**回答：**期權的買家和賣家地位不平等。期貨買家賣家地位平等，雙方都沒有選擇權，買賣必須成交。

※ 期權交易

- 期權交易的中介人向客戶提供服務前，應按照《證券及期貨事務監察委員會持牌人或註冊人操守準則》規定的格式訂立期權客戶協定。
- 只有獲證監會發牌或註冊的人士，才可以在香港直接或間接使用聯交所的期權買賣市場的交易系統及設施，從事交易所買賣期權業務。
- 交易所參與者代客戶進行期權業務前，必須獲聯交所接納，並註冊為以下任何一類的期權交易所參與者（擁有證監會的牌照只是第一步，第二步是要獲得聯交所接納註冊）：
  - 期權買賣交易所參與者；或

- 期權經紀交易所參與者。

◆ 參與者須遵守的規定：

- 擁有系統聯通權的期權買賣交易所參與者方可聯通期權系統；
- 期權經紀交易所參與者**不得擁有**系統聯通權，但有權透過以主事人身份與期權買賣交易所參與者訂立期權經紀客戶合約及與客戶訂立相應的客戶合約，替客戶進行交易所買賣期權業務。

**【期權經紀參與者的許可權少於期權買賣參與者，因為前者本質上只是將客戶介紹到交易所，而後者的重點則是參與並進行交易。】**

- 期權買賣交易所參與者應透過期交所的 HKATS 電子交易系統（專門處理衍生品交易）輸入買賣指示或報價作自動對盤。對盤交易會傳送至衍生產品結算及交收系統處理。

| | **期權買賣交易所參與者** | **期權經紀交易所參與者** |
|---|---|---|
| 擁有交易權（系統聯通權） | 有 | 沒有 |
| 可否使用聯交所的設施 | 可以 | 不可以 |
| 可處理誰的買賣 | 1. 公司；<br>2. 公司的客戶；<br>3. 期權經紀交易所參與者；及<br>4. 期權經紀交易所參與者的客戶。 | 1. 公司；<br>2. 公司的客戶。 |

※ 股票期權莊家

◆ 同時作為買方和賣方，不斷發佈期權報價。莊家可以成為相關人士的對手方，擴大市場交易的可能。

◆ 香港地區的「莊家」概念相當於中國內地的「做市商」，簡單説就是具備一定實力和信譽的法人不斷地向投資者提供買賣價格，並按其提供的價格接受投資者的買賣要求，以其自有資金和證券與投資者進行交易，從而為市場提供即時性和流動性，並通過買賣價差實現一定利潤。

◆ 期權買賣交易所參與者可向聯交所申請，就特定期權類別擔任莊家。在授出該項許可前，聯交所可要求參與者證明並獲其信納該參與者具備適當資格，以於其有意成為莊家的期權合約的範圍內從事莊家活動。聯交所可全權考慮申請人的財務狀況、交易紀錄、人事狀況、電腦設備及內部保安程序。聯交所設有名冊，記錄所有核准莊家及其擔任莊家的期權類別。

※ 結算參與者

◆ 只有聯交所的期權買賣交易所參與者才可以成為聯交所期權結算所的結算參與者。

◆ 聯交所期權結算所的結算參與者資格可分為以下兩類：

  ■ 直接結算參與者；或

  ■ 全面結算參與者。

◆ 兩類結算參與者的區別：

| **類別** | **為誰結算** |
|---|---|
| 直接結算參與者 | 本身、客戶 |
| 全面結算參與者 | 本身、客戶、非結算參與者 * |

* 非結算參與者：非聯交所期權結算所參與者的聯交所期權買賣交易所參與者。

**思考：**聯交所的**期權結算所參與者**與**期權買賣交易所參與者**是甚麼關係？

**回答：**結算所參與者必然是買賣交易所參與者；但買賣交易所參與者則不一定是結算所參與者。

※ 結算及按金——

- 在進行買賣前，如期權合約訂明須支付期權金，各期權交易所參與者必須確保在訂立期權合約當日通知客戶其應支付的期權金，並確保所有這些款項可迅速以現金支付。如期權交易所參與者並沒有迅速取得客戶的期權金，則可視該客戶為失責。

  **【注意，是期權交易所參與者要求其客戶儘快繳納期權金。】**

- 期權交易所參與者在接納客戶指示前，可要求客戶作出支付期權金的安排，或就收取期權金施加其認為適當的其他規定（即客戶需要先支付期權金，再進行交易）。

- 每日按市價計值按金

  - 每日交易時段結束後，聯交所期權結算所將客戶需要繳付按金的持倉按市價計值，得出的金額稱為「市價計值按金」。

    **【期權賣方通常須繳納按金，買方只須繳納期權金。】**

  - 透過直接扣除按金系統，聯交所期權結算所可從結算參與者的銀行戶口扣除應收取的按金。

  - 由交收銀行執行的款項交收應在上午 9 時 15 分前獲得確定，以確保在開市前所有未平倉合約的按金均已繳付。

**【因為市價變化劇烈，所以只能在交易前繳付按金，之後才可以正常交易。】**

- 即日追收按金

  - 在**市場大幅波動期間**，聯交所期權結算所會對即時未平倉合約按當時市價即日追收按金。結算參與者須於接獲有關**通知後一小時內**全數繳付即日追收按金。
  - 在一般情況下，任何一類期權的按金間距損失達50%，便會自動觸發即日追收按金。

    **【注意，即日追收按金是按照每一類期權的情況來釐定的。】**
  - 由於聯交所期權結算所有權即日追收按金，故毋須留待翌日方進行交收，而且價格已大幅變動的合約所涉及的按金亦可即時補回。

- 失責：如聯交所期權結算所參與者未能履行其對聯交所期權結算所應負的財務責任，則聯交所期權結算所在須考慮動用其儲備基金及保險之前，將採取相應的保障措施，包括：平倉、轉倉及出售抵押品。

  **【因為儲備基金和保險屬於最後的解決方案，所以應先考慮參與者本身提供的抵押品等。】**

## 7.4 期貨合約交易（第 2 類受規管活動）

※ 期貨交易人士

- 資格：任何公司及個人，必須獲證監會發牌，才可從事第 2 類受規管活動，並直接或間接使用期交所的交易系統及設施，其中又有不同類別的期交所參與者：

| **角色** | **為本身交易** | **為期交所參與者交易** | **為其他任何人交易** |
| --- | --- | --- | --- |
| 交易員 | √ | | |
| 經紀 | √ | √ | |
| 期貨交易商 | √ | √ | √ |
| 商戶交易商 | √ | | |

**思考：**交易員和商戶交易商有何區別？

**回答：**兩者都可以在其本身帳戶買賣期貨合約或期權合約；但商戶交易商的該等期貨期權業務必須從屬於該商戶交易商或其控股公司的主要業務。

※ 結算參與者

◆ 只有期交所的交易所參與者，才可成為香港期貨結算有限公司的會員。

**【有交易需求的實體才可以參與結算，這樣的規定使交易和結算均處於監管下。】**

◆ 非結算參與者**無權**記錄、登記及結算合約，須由全面結算參與者代其記錄、登記及結算由其訂立的所有合約。

◆ 可分為兩大類：

| **期貨結算公司註冊的實體** | **為非結算參與者結算** | **為結算參與者結算** |
| --- | --- | --- |
| 全面結算參與者 | √ | √ |
| 結算參與者 | | √ |

◆ 交易權

■ 每名期交所參與者均須在經期交所審批及註冊後，方可透過 HKATS 電子交易系統進行交易。

**【注意，首先是期交所參與者，才可以擁有交易權。】**

- 公司客戶必須先與身為期交所參與者的經紀開設戶口，方可在期貨市場開始交易。

**【留意這裏說的是非交易所參與者的公司客戶，因為不屬於結算參與者，自然無法直接在期交所開戶，需要經由經紀開戶。】**

◆ 交易規則

- 客戶向中介人發出交易指令，該中介人不得明知而進行相反交易，除非：

1. 該客戶事先發出有關交易的書面同意書；及
2. 上述交易是按董事會不時訂明的程序所載的方式買賣及申報。

※ 結算及按金

◆ 交收對手

- HKATS 電子交易系統的每宗交易均在兩個期交所參與者之間進行（有時同一參與者可同時代表期交所買賣雙方行事），但期貨結算所自接納交易進行結算起，即擔當起每宗交易的交易對手角色。
- 透過法律上的責務變更程序，期貨結算所成為每名賣方的買方，以及每名買方的賣方。

**【責務變更指的是結算所同時和買賣雙方結算，將結算責任都轉移到結算所，提高交易的保障度，從而減低結算風險。】**

- 結算參與者可透過衍生產品結算及交收系統進行平倉交易（相同及反向交易），從而解除原本的交易（開倉交易）的所有法律責任。

**【實際上是把交收責任都交給結算所。】**

◆ 期貨按金的計算

■ 期交所設定的按金乃作為及規定為最低要求水平。各期交所參與者可酌情決定實際向客戶收取的按金水平，但不得低於規定的最低水平。

■《期交所規則》規定於客戶未有提供足以達到最低按金要求的抵押品前，期交所參與者不得為該客戶進行交易。

■ 期交所的按金要求乃參照以往價格波動紀錄、現時及預期的市場狀況，以及其他相關資料而釐定（即先有抵押品，後交易）。

■ 基本按金要求乃信用保證金，旨在保證期貨及期權合約得以履行。

■ 期貨結算所根據帳戶類型以毛額或淨額基準計算按金。舉例：在一個交易日中買入 10 張合約，賣出 5 張合約，按金為每張合約 10 元。毛額基準（所有合約分別計算保證金）為 150 元，淨額基準（計算差額而非總額）則是 50 元。

◆ 「既有客戶」的特殊處理

■ **既有客戶**定義：過往紀錄顯示一直能履行按金責任及財政狀況良好，而且已向期交所參與者聲明會即時將用作履行按金責任所需的款項悉數轉帳的客戶。

■ 在少數特定情況下，即使未有事先提供足夠抵押品，期交所參與者仍可為既有客戶進行交易，惟有以下規定：

1. 參與者必須告知既有客戶，在發出通知後最低按金已到期，應在切實可行的範圍內儘快繳付；

2. 倘既有客戶有最低按金逾期未繳，參與者不得批准該客戶再開新倉。

**【注意，「既有客戶」只是一般情況下未有足夠抵押品也可交易，但還是需要付最低按金。】**

◆ 變價調整：於每個營業日的**T時段的交易結束時**，各份**未平倉合約會被視為已平倉處理**，並按收市價訂立新合約。因視為已平倉處理而錄得的利潤或虧損，分別會在期貨結算所參與者戶口存帳或扣帳。

**【期貨的價格受現貨價格影響而每日變化，故每日結算有利於釐定前一日的盈利或虧損。】**

◆ 即日追繳：當**價格劇烈波動時**，**期貨結算所有權就未平倉合約進行額外的即日按市價計值**，並要求在任何營業日的T時段內立即支付變價調整。期交所的按市價計值制度不容許虧損累積超過一個營業日。

◆ 交收方式：**現金交收**，或以相關**金融工具作實物交收**。



## 7.5 買賣及市場推廣

※ 持倉限額及申報規定

◆ 這項特別規定是為了儘量減低期貨合約被用於不適當用途的可能性（因為過多的持倉容易導致風險）；

◆ 《合約限量規則》規定，除非在若干特定情況下獲證監會或交易所授權，否則任何人透過認可交易所買賣的期貨合約或股票期權，其持有或控制數量，不得超過訂明上限。

◆ 根據《合約限量規則》，持倉上限（以未平倉合約數目計算）包括以下內容：

**【注意，明白和了解有這些規範即可，證券考試很少會直接考下表數字。】**

| **產品** | **訂明上限** |
|---|---|
| 聯交所股票期貨合約 | 25,000 份合約（所有合約月合計） |
| 恒生指數的股票指數期貨合約 | 10,000 份好倉或淡倉淨額（所有合約期合計） |
| 恒生中國企業指數的股票指數期貨合約 | 12,000 份好倉或淡倉淨額（所有合約期合計） |
| 聯交所股票及交易所買賣基金的期權 | 250,000 份合約（每個期權類別任何一個市場方向，並以所有到期月合計） |

◆ 持倉申報規定：

| **產品** | **須申報水平** |
|---|---|
| 聯交所股票期貨合約 | 1,000 份合約（任何一個合約月） |
| 恒生指數的股票指數期貨合約 | 任何一個合約期 500 份未平倉合約乘以每個指數點 50 港元與該股票指數期貨合約相關的合約乘數的比例 |
| 恒生中國企業指數的股票期貨合約 | 任何一個合約期 500 份未平倉合約乘以每個指數點 50 港元與該股票指數期貨合約相關的合約乘數的比例 |
| 聯交所股票及交易所買賣基金的期權 | 1,000 份合約（每個期權類別每個到期月） |

◆ 申報方法：倘達到須申報的持倉量，須於開始持有/ 控制當日之後的一個營業日內，向有關交易所公司提交書面通知；如繼續持有或控制須申報的持倉量，則須於之後的一個營業日內提交書面通知（新持有和繼續持有都需要申報）。違反持有限額或申報規定者一經定罪可判罰款或監禁。

※ 上市結構性產品的市場推廣

◆ 《結構性產品指引》就以下方面提供指引：

- 推廣材料的內容；
- 有關結構性產品的相關投資專案以及結構性產品本身所涉及的風險的說明；
- 對結構性產品（包括潛在收益及虧損）提供持平的意見；及
- 規定的資訊的易讀性及顯眼程度。

◆ 市場推廣的特別規定是，減少向並未充分了解這些產品之複雜性及風險的投資者出售這些產品的可能性。

# 第七章　模擬練習

1. 以下有關聯交所期權結算所參與者的説法，**正確**的是？

I　直接結算參與者可替本身而非客戶的戶口進行登記及結算。

II　直接結算參與者不能為其客戶以外的其他買賣參與者，進行登記及結算

III　全面結算參與者不可替其他買賣參與者的客戶的戶口進行登記及結算

IV　聯交所期權結算所為每名聯交所期權結算所參與者在DCASS 中維持各類結算戶口，該等戶口以聯交所期權結算所參與者的名義登記。

A　只有 I、III

B　只有 II、IV

C　只有 III、IV

D　只有 I、II

2. 甲公司是一家期權經紀商，持有證監會牌照，並已經獲聯交所接納，註冊成為期權交易所參與者，以下有關陳述，**不正確**的是？

I　該公司可以註冊成為期權買賣交易所參與者。

II　該公司可以擁有系統聯通權。

III　該公司可以與客戶訂立相應的客戶合約。

IV　該公司可以註冊成為聯交所期權結算所的全面結算參與者。

A　只有 I、II、III

B　只有 I、II、IV

C　只有 I、III、IV

D　只有 II、III、IV

3. 以下有關期交所基本按金要求，描述**正確**的是？

I 期交所設定的按金乃作為及規定為最低要求水平。各期交所參與者向客戶收取的按金水平不得低於上述標準。

II 於客戶未有提供足以達到最低按金要求的抵押品前，期交所參與者不得為該客戶進行交易，沒有例外。

III 對於任何類別的交易者來說，如未有事先提供足夠抵押品，期交所參與者不可為其進行交易。

IV 如果期交所參與者進行的是即日買賣，則該客戶就算不提供足以達到最低按金要求的抵押品，也可以正常進行交易。

A 只有 I
B 只有 I、II
C 只有 III、IV
D 只有 IV

---

4. 維基公司為聯交所期權結算所參與者，如果該公司未能履行其對聯交所期權結算所應負的財務責任，則聯交所會採取甚麼應對措施？

I 將維基公司的帳戶平倉
II 動用結算所儲備基金
III 出售維基公司的抵押品
IV 動用保險

A 只有 I、II
B 只有 II、IV
C 只有 I、II、IV
D I、II、III 及 IV

5. 李先生是一名香港投資者，他打算透過北向通交易購買中國內地的股票，以下哪些是**不正確**的陳述？

I 需要通過深交所或上交所的參與者發出交易指示。
II 由「中國結算公司」承擔交收責任。
III 中華通交易所參與者（CCEP）須向滬深港通的每位北向交易客戶編派一個唯一的「券商客戶編碼」。
IV 中華通交易所參與者（CCEP）須確保其使用每個個人客戶的券商客戶編碼及客戶識別信息的個人數據時，只需要取得聯交所的同意。

A 只有 I、II、III
B 只有 I、II、IV
C 只有 I、III、IV
D 只有 II、III、IV

---

6. 以下有關中港兩地互聯互通交易、結算及交收的陳述，**正確**的是？

I 在內地收取的南向買賣盤，中國結算在香港設立的附屬公司會作為中央結算公司的特別參與者行事
II 在內地進行南向買賣盤，投資者的交收責任乃由中央結算公司承擔
III 只要兩地市場均開放可作交易時，即可透過滬深港通在對方市場交易
IV 已執行的南向交易均在慣常的「T+1」日交收

A 只有 I、III
B 只有 I、II
C 只有 I
D 只有 III

7. 在南北向交易中，以下哪些實體**被視為**「內地投資者」？

A 張先生和李先生聯名持有一個帳戶，張先生是持有美國綠卡的中國國籍公民，李先生為持有港澳通行證（單程證）的人士。

B 趙先生和杜先生為聯名帳戶持有人，其中趙先生是持有中國內地身份證明文件的個人。

C 麗穎公司，一家在德國註冊的法人組織，其法人代表為中國人。

D 中德資產子公司，一家在香港設立的公司；其母公司為中德公司，一家總部位於上海，並且在上海註冊的法人組織。

8. 下列哪項陳述**不正確**？

I 期權交易所參與者在接受客戶前，不可要求客戶預先交付期權金。

II 客戶的證券抵押品、款項可以使用中介人的名義登記。

III 持牌法團的負責人員必須經證會核准。

IV 聯交所參與者必須經證監會核准成為賣空參與者，才可進行賣空活動。

A 只有I、II、III

B 只有II、III、IV

C 只有I、II、IV

D 只有I、III、IV

9. 以下哪些有關香港結算及交收系統的陳述**正確**？

I 香港中央結算有限公司簡稱「中央結算公司」，是負責聯交所「現貨及期貨業務」的結算所。

II 香港聯合交易所期權結算所有限公司負責聯交所的期權業務的結算工作。

III 香港期貨結算有限公司僅負責期交所的期貨的結算工作。

IV 香港場外結算有限公司負責場外衍生工具交易的結算服務。

A 只有 IV

B 只有 I、II、III

C 只有 II、IV

D 只有 II、III

---

10. 以下哪些陳述是**正確**的？

I 聯交所是香港交易及結算所有限公司的控股公司。

II 香港交易所在聯交所上市。

III 聯交所負責監察、監督持牌法團的內部監控。

IV 聯交所不負責核准持牌法團的負責人員。

A 只有 I、II

B 只有 II

C 只有 II、III、IV

D 只有 II、IV

11. 假如經紀在交收日並無足夠股票作交收，則香港結算所可按以下哪基準強制補購股份進行平倉？

A T+0
B T+1
C T+2
D T+3

12. 以下有關港交所莊家制度的陳述，**不正確**的是？

I 目的是為了控制市場流量在一定限度之中
II 在期交所買賣期權市場實行該制度
III 買賣參與者只能向聯交所申請成為一般莊家
IV 聯交所設有登記名冊，記載所有獲核准的莊家

A 只有 I、III
B 只有 II、IV
C 只有 I、II、III
D I、II、III 及 IV

13. 以下哪些參與者在期貨結算公司註冊？

I 全面結算參與者
II 直接結算參與者
III 期貨交易商
IV 交易所參與者

A 只有 I
B 只有 I、II
C 只有 II、III
D 只有 III、IV

14. 張先生為香港一家從事 1 號牌牌照的持牌法團的持牌代表，請問以下哪些股票是他**可以**通過深港通北向交易買入的？

I　甲股票，為深證成份指數的成份股。
II　乙股票，為市值 30 億人民幣的深證中小創新指數成份股。
III　丙股票，有 H 股於聯交所上市。
IV　丁股票，以港幣進行交易。

A　只有 I
B　只有 II、III
C　只有 I、II、III
D　只有 II、III、IV

15. 以下哪項有關「兩邊客交易」的說明是**正確**？

I　指交易所參與者以主事人或代理人身份同時代表買方及賣方進行的交易
II　交易獲執行或完成或輸入後，該等事務數據須在該交易完成後兩分鐘內輸入（透過自動化交易服務進行）
III　事務數據須在該交易完成後 30 分鐘內輸入（不透過自動化交易服務進行）
IV　事務數據須在該交易完成後 15 分鐘內輸入（不透過自動化交易服務進行）

A　只有 I、IV
B　只有 II、III
C　只有 I、II、III
D　只有 II、III、IV

16. 以下有關在期交所參與者的陳述，**不正確**的是？

A 如想透過 HKATS 電子交易系統進行交易，須經期交所審批及註冊。

B 每名參與者須獲香港交易所核准，即可就各類期貨合約進行交易（獲得交易權的前提下）。

C 公司客戶即使不在身為期交所參與者的經紀開設戶口，也可在期貨市場開始交易。

D 如果客戶已就有關交易發出書面同意，則期交所參與者可以進行與客戶向其發出的指示相反的持倉（按照期交所的董事會不時訂明的程序所載的方式買賣或申報）。

17. 以下哪項有關聯交所認購期權的説明是**正確**？

I 對象是聯交所買賣的股票期權

II 給予期權持有者權利，可在指定日期或之前任何時間按指定價格購買指定股票的固定數量股份

III 該等期權行使時以非實物形式進行交收

IV 聯交所的期權都是歐式期權

A 只有 I、II

B 只有 III、IV

C 只有 I、II、III

D 只有 II、III、IV

18. 以下哪些是關於北向交易及南向交易的**不正確**陳述？

I　北向交易額度，每日額度 130 億人民幣。
II　每日額度根據「淨賣盤」基準計算。
III　南向交易額度，每日額度 130 億人民幣。
IV　無論每日額度餘額多少 ，投資者總可以售出其跨境證券。

A　只有 I、II、III
B　只有 I、II、IV
C　只有 I、III、IV
D　只有 II、III、IV

---

19. 以下有關《淡倉申報規則》的説明，哪項是**不正確**的？

I　申報淡倉的對象是「申報日交易時間結束前持有的所有股份」
II　須申報淡倉指淡倉淨值等於或高於指明的上限額
III　要求在申報日後的 3 個營業日內向證監會申報須申報淡倉
IV　賦予證監會如相信有存在威脅或可能威脅香港的金融穩定性的情況時，可刊登每日申報規定公告的權力

A　只有 I、II、III
B　只有 I、II、IV
C　只有 I、III、IV
D　I、II、III 及 IV

20. 以下哪些是有關滬港通的**正確**陳述？

I　北向交易的合資格證券包括在聯交所、上交所雙重上市的未被實施風險警示 A 股。

II　就南向交易通而言，能夠參與的中國內地人士只限於機構投資者。

III　在聯交所 H 股雙重上市的上交所上市 A 股可視滬港通北向交易對象。

IV　所有交易均須遵守「當地市場」的規則及法律。

A　只有 I、II、III

B　只有 II、III

C　只有 I、III、IV

D　只有 III、IV

# 第七章　模擬練習答案及解析

**1. 答案：B**

**解析：**選項 I 說法錯誤，正確是「直接結算參與者可替其本身及客戶的戶口進行登記及結算」。選項 III 說法也有誤，正確是可以的，全面結算參與者可為其本身及客戶的帳戶結算期權交易之餘，亦可代表已與其訂立結算協議的非結算參與者結算期權交易。

**2. 答案：B**

**解析：**選項 I 說法錯誤，正確是「可以註冊成為期權經紀交易所參與者」；選項 II 亦有誤，期權經紀交易所參與者不得擁有系統聯通權；選項 IV 不正確，期權經紀交易所參與者不可以註冊成為聯交所期權結算所全面結算參與者，只有期權買賣交易所參與者才可以成為聯交所期權結算所的結算參與者。

3. 答案：**A**

**解析**：選項 II 說法錯誤，在一般情況下這種說法是正確的，但有少數情況，比如既有客戶（即過往紀錄顯示一直能履行按金責任及財政狀況良好，而且已向期交所參與者聲明會即時將用作履行按金責任所需的款項悉數轉帳的客戶），在少數特定情況下，即使未有事先提供足夠抵押品，期交所參與者仍可為其進行交易。

選項 III 說法錯誤，正確是「在少數特定情況下，即使未有事先提供足夠抵押品，期交所參與者仍可為其進行交易」。選項 IV 說法也有誤，假若既定客戶向來只進行即日買賣（即在同一個 T 時段內或同一個 T+1 時段內開新倉及進行平倉），在該客戶提供足以達到最低按金要求的抵押品前，期交所參與者亦不得代其進行即日盤買賣。

4. 答案：**D**

**解析**：聯交所期權結算所在須考慮動用其儲備基金及保險之前，將採取相應的保障措施，包括平倉、轉倉及出售抵押品，所以四個選項都正確。

## 5. 答案：B

**解析：**選項 I 錯誤，正確的說法是「通過本地市場參與者的交易商發出北向交易的指示」。選項 II 錯誤，正確的說法是「由**中央結算公司**承擔交收責任」，對於香港的北向參與者而言，交收責任還是中央結算承擔的，至於具體的交收組織者是中國結算（但是中國結算不承擔對於香港參與者的責任，承擔責任的是中央結算）。選項 IV 錯誤，正確的說法是「必須取得該客戶的所有必要授權及書面同意」。

## 6. 答案：A

**解析：**選項 II 說法錯誤，正確是「投資者的交收責任乃由中國結算負責承擔」，但就如所有聯交所的交易一樣，中央結算公司依然是中央結算方。選項 IV 說法也錯誤，正確是「T+2」日交收。

## 7. 答案：B

**解析：**這是近年更新的條文，宜重點掌握。選項 A 中的二人都不被看成是內地投資者，因為持有前往港澳通行證（俗稱單程證）或已取得中國內地境外國家或地區永久居留身份證明文件的個人不屬「內地投資者」。選項 D 的情況，因為所有的中國內地註冊法人或非法人組織，在香港或海外依法註冊的任何分支機構或子公司，都不屬內地投資者的範疇。

而選項 B 屬於內地投資者，因為聯名帳戶持有人中，有一方屬於合乎規定的內地投資者。

**8. 答案：C**

**解析：**選項 I 錯誤，正確說法是「期權交易所參與者在接受客戶落盤指示前，可要求客戶預先交付期權金」。選項 II 亦有誤，只有客戶的證券抵押品才能夠以中介人的名義登記。選項 IV 不正確，進行賣空活動是不需要證監會核准的。

**9. 答案：C**

**解析：**選項 I 說法錯誤，中央結算公司只負責現貨，不包括期貨。選項 III 的正確說法是「負責期貨**及期權**的結算工作」，注意期交所除了期貨之外還有一部分期權交易，期貨結算公司也可以結算一部分期權業務，比如期貨期權。

**10. 答案：D**

**解析：**選項 I 說反了，正確是「香港交易及結算所有限公司為聯交所的控股公司」。選項 III 說法不正確，實際上聯交所屬於前線監管機構，選項中提及的事項為證監會所監管的內容。

**11. 答案：D**

**解析：**根據條文，如 CCASS 結算參與者於 T+2 日結束前，在中央結算系統的股票戶口內並無足以交收其股票持倉的股票，則中央結算公司將於 T+3 日強制補購所需的股份，為 CCASS 結算參與者的淡倉進行平倉。持倉不足的結算參與者須承擔購入股份的成本，並須繳付罰款。注意，T+2 是正常交收，在正常交收截止時間前不會進行強制平倉，T+3 才是強制平倉。

**12. 答案：C**

**解析：**選項 I 說法不準確，正確是「為了**提高**市場流量」。選項 II 說法不正確，正確的說法是：聯交所在交易所買賣期權市場實行莊家機制。選項 III 說法錯誤，正確的說法是：買賣參與者可向聯交所申請，就特定期權類別從事莊家活動，不論是作為一般莊家或主要莊家。

**13. 答案：A**

**解析：**聯交所期權結算參與者分為「直接結算參與者」與「全面結算參與者」；而期貨結算所參與者分為「全面結算參與者」和「結算參與者」，所以此題只有選項 I 正確。

**14. 答案：A**

**解析：**選項 II 錯誤，因為只有「不少於市值 60 億人民幣的深證中小創新指數成份股」才包含其中。選項 III 說法含糊，不確定能否同時滿足於深交所上市的 A 股，以及有 H 股於聯交所上市的兩個必須條件。選項 IV 也不正確，因為須為以人民幣交易的 A 股才可以。

**15. 答案：A**

**解析：**選項 II 說法錯誤，正確是「於《證券及期貨條例》所界定透過自動化交易服務的兩邊客交易獲執行或完成或輸入後，該等事務數據須在該交易完成後一分鐘內輸入」。選項 III 亦錯誤，正確是「所有其他兩邊客交易，該等事務數據須在該交易完成後 15 分鐘內輸入」。

16. 答案：**C**

**解析：**選項 C 説法不正確，公司客戶必須先與身為期交所參與者的經紀開設戶口，方可在期貨市場開始交易。

17. 答案：**A**

**解析：**選項 III 説法錯誤，正確是「以實物（股票）形式進行交收」，注意這裏的實物交收是相對於對沖平倉而言。選項 IV 説法亦錯誤，正確是美式期權。

18. 答案：**A**

**解析：**選項 I 錯誤，北向交易的每日額度是上海證券交易所（上交所）與深圳證券交易所（深交所）各為 520 億人民幣。選項 II 不正確，每日額度是根據**淨買盤**基準計算。選項 III 也不正確，南向交易的每日額度是上交所與深交所各為 420 億人民幣。

補充一下，「淨買盤」的意思是，比如市場在一天的交易中，買入了 520 億人民幣等值證券，賣出 40 億人民幣等值證券，那麼淨買盤就是 480 億人民幣（520 億買盤減去 40 億賣盤），即當天內還可以再買入 40 億人民幣的等值證券。

19. 答案：**A**

**解析：**選項 I 的説法不準確，申報對象為「於申報日交易時間結束時持有任何指明股份的須申報淡倉的市場參與者」。選項 II 的正確説法是，須申報淡倉是指淡倉淨值等於或高於指明的**下限**額。選項 III 也錯誤，《淡倉申報規則》要求在申報日後的**兩個營業日**內向證監會申報。

20. 答案：**C**

**解析**：選項 II 錯誤，正確的說法是「機構投資者及**符合資格的個人投資者（在其證券及資金帳戶至少持有 500,000 人民幣）**」。

# 第八章
# 取得公開資本

本章主要闡述中介人在公開資本市場的相關融資活動，而在香港最常見的從公開市場獲得資本的方式應該是上市，《上市規則》屬於規制相關活動的依據。此外還有收購、合併及股份回購等事宜。同時也會解構證監會在認可投資產品方面的規範，包括預托證券、認股權證、結構性產品及債務證券等，以至較新的融資方式，如眾籌及虛擬資產等。

## 8.1 有關上市的規則

※「上市」的概念

- 釋義：一間公司（發行人）發行的證券獲准在交易所買賣的過程。
- 上市事宜由聯交所（香港聯合交易所有限公司）管理，旨在為證券交易提供一個公平、有序和有效率的市場。
- 聯交所頒佈了兩套《上市規則》，一套規管主板（《主板上市規則》），另一套則規管於 GEM 的上市《GEM 上市規則》。
- GEM 上市的公司相比起其他在主板上市的公司帶有較高投資風險，有較大的市場波動風險及較低的流通量。但 GEM 作為公眾市場，它仍與主板同樣會開放予所有散戶投資者。

※《上市規則》追求的目標——

- 確保申請人適合上市；

**【體現評審結果為本的概念。】**

- 公平有序地發行及銷售證券；
- 發行人適時提供與投資者及公眾人士有關且對上市證券價格有影響的充分及重要資料；

**【提高市場透明度。】**

- 公平及平等地對待所有股東；
- 董事本着股東的整體利益行事，並妥為顧及少數股東的權利；及

**【香港的金融業監管理念，非常重視保護少數股東的權利。】**

◆ 除非現有股東另有決定，否則所有新發行的股份，均首先以供股形式售予現有股東。

**【即強調保障現有股東的權益。】**

※ 參與上市的人士——

| **類別** | **具體人員** |
| --- | --- |
| 發行人相關 | 發行人及其董事；控股股東；授權代表 |
| 專業顧問 | 保薦人；整體協調人及其他資本市場中介人；合規顧問；獨立財務顧問；申報會計師 |

◆ 董事

- 董事會須至少設有 3 名**獨立非執行董事**，而其中 1 名獨立非執董必須具有專業資格；及

  **【獨立非執董的作用是監督上市過程，具有專業資格以符合專業監管理念。】**

- 獨立非執行董事必須佔發行人的董事會成員人數至少三分之一（此規定目的是增加制衡）。

- 判斷獨立非執董的獨立性（下表列明對於獲提名擔任獨立非執行董事者是否具有獨立性的考察點）：

| | **考察點** | **備註** |
| --- | --- | --- |
| **持股情況** | 是否持有佔上市發行人已發行股份數目超過 1% | 持有 5% 或 5% 以上權益的人士，一般不被視作獨立人士；1% 至 5% 之間要向聯交所提交書面確認。 |
| **收取利益情況** | 該人士曾否從上市發行人或核心關聯人士，以饋贈形式或其他財務資助方式，取得上市發行人證券權益。 | 如該董事從上市發行人或其附屬公司收取股份，是作為其董事袍金的一部分，又或是按根據《上市規則》設定的股份計劃而收取則除外（上述內容屬於正常的報酬和激勵措施，所以不是考量因素）。 |

| 提供服務情況 | 該人士在建議委任前的兩年內，是否或曾經是向「上市發行人、其控股公司或其各自的任何附屬公司或核心關聯人士等」或「上市發行人之控股股東或其緊密聯絡人」提供服務之專業顧問的董事、合夥人或主事人。 | 若上市發行人沒有控股股東，則為其最高行政人員或任何董事，但獨立非執行董事除外（為獨立非執行董事提供服務不會產生利益衝突）。 |
|---|---|---|
| 任職目的 | 出任董事會成員之目的，是否在於保障某個實體，而該實體的利益有別於整體股東的利益。 | |
| 家庭關聯情況 | 被建議委任之前兩年內，曾否與上市發行人的董事、最高行政人員或主要股東有關聯。 | 任何與上市發行人董事、最高行政人員或主要股東同居儼如配偶的人士，以及該董事、最高行政人員或主要股東的子女及繼子女、父母及繼父母、兄弟姊妹以及繼兄弟姊妹，皆視為與該董事、最高行政人員或主要股東有關聯。【聯交所在確定與發行人關係上，側重於實質而非形式。】 |
| 財政關聯情況 | 是否在財政上倚賴上市發行人、其控股公司或其各自的任何附屬公司又或上市發行人的核心關聯人士。 | 關聯人士包括：董事；最高行政人員；主要股東。 |
| 重大商業利益 | 委任一年內，於上市發行人、其控股公司或其各自附屬公司的任何主要業務活動中，有否（或曾有）重大利益；或涉及（或曾涉及）與上市發行人、其控股公司或其各自附屬公司之間或與上市發行人任何核心關聯人士之間的重大商業交易。 | |

◆ 審核委員會

■ 《上市規則》規定董事須成立審核委員會、薪酬委員會及提名委員會，當中非執行董事及獨立非執行董事擔當重要角色。

**【為了完善公司治理，提高上市申請人經營透明度和管理水平而設置】**

■ 這些委員會按照發行人的董事會分別就發行人的財務匯報及風險管理、董事及高級管理人員的薪酬以及董事會組成所制定的職權範圍履行職責。

◆ 控股股東

■ 定義：任何行使或控制**30%或以上的投票權股份**；或**可控制組成發行人董事會**的大部分成員的人士或一組人士。

■ 保薦人將須就識別被視為控股股東的人士的工作進行適當的盡職審查，以評估各上市申請人的具體情況。**僅檢視股東名冊並不足夠**。

**【控制權很可能是間接或者隱蔽的，僅從名冊表面上難以識別出來。】**

■ 如法人團體乃作為**特定目的投資機構**成立，則其亦將會假定法人團體的任何控股股東的緊密聯絡人為控股股東，並假定法人團體的所有股東為控股股東。然而，上市申請人可能會反駁有關假定。

**【特定目的投資機構較特殊，因其成立的唯一目的是構建投資工具，因此所有股東都可能對公司有一定控制。】**

◆ 授權代表

■ 地位作用：發行人與聯交所的主要溝通管道。

| 上市板塊 | 方案一 | 方案二 | 備註 |
|---|---|---|---|
| **主板** | 2 名董事 | 1 名董事及<br>1 名公司秘書 | |
| **GEM** | 執行董事及公司秘書中的任何 2 名人士 | | 當發行人已委任保薦人時，則將由該保薦人在委任期內擔任主要溝通管道。 |

◆ 保薦人

■ 基本作用：幫助上市申請人處理上市事宜。

■ 保薦人須至少持有**第 6 類牌照或註冊**及**符合證監會對保薦人人選的其他規定**。

**【僅有 6 號牌照並不夠，還有其他特別規定（詳見後文）。】**

■ 新申請人須委聘至少 1 名保薦人，而至少 1 名保薦人須為獨立人士（即不要求所有保薦人都是獨立）。

■ 若聯交所對保薦人的規管有質疑，可向證監會轉介有關事宜。

■ 保薦人須向聯交所承諾：

1. 遵守適用於保薦人的《上市規則》條文；
2. 保持合理和謹慎，確保在上市申請過程中呈交予聯交所及證監會的所有資料均屬真實、完整及沒有誤導成分；
3. 在聯交所上市科、上市委員會及證監會進行的任何調查或提出的查詢中與其合作；

**【保薦人本質上會替監管部門執行一部分監管職能。】**

4. 在新申請人的股份開始上市前，向聯交所呈交保薦人聲明（聲明自己已全面履職）；

5. 就隨後發覺提供任何不符合《上市規則》或其他適用法律或監管規定的重要資料，及包括有關其獨立性的資料有變時，儘快向聯交所匯報；該責任在停任該保薦人後仍繼續有效，但只限於有關其出任保薦人時段獲悉的資料；及

6. 在上市完成前停任該保薦人，應儘快向聯交所匯報停任的原因。

**【停任保薦人屬於不尋常的事件，意味可能存在風險事件，因此需要匯報。】**

◆ 整體協調人

■ 對發售進行全盤管理，包括協調簿記建檔活動、就發售價向上市申請人提供意見、向上市申請人作出分配建議，及行使有關股份分配活動的若干方面的酌情權。

**【與保薦人相比，整體協調人更側重於對發售活動進行整體的協調。一般是大型招股才會設有此職，否則多由保薦人兼任。】**

■ 可委任多於一名整體協調人。

■ 倘尋求於聯交所主板首次公開招股上市，並涉及簿記建檔或配售活動，上市申請人擬委任的每名獨立保薦人必須同時獲委任為整體協調人，或必須委任與獨立保薦人屬同一公司集團的整體協調人（GEM的上市申請並無這一項規定）。

■ 各保薦人在接受任何委任前須確認上市申請人已委任一名整體協調人。非獨立保薦人將需要取得書面確認，表明上市申請人已作出委任並符合「兼任保薦人」規定。

**思考：**為甚麼要增加「整體協調人」這個角色？

**回答：**整體協調人擁有較強的發售渠道，有助於找到合適投資者，確保發行成功。

◆ 合規顧問

■ 何時委任：首次上市之日起委任。

■ 作用：在上市發行人要求時提供意見及指引，上市發行人在刊發任何受規管的公告、通函或財務報告之前應當及時諮詢其合規顧問的意見。

**【注意是上市公司發行人先要求，合規顧問才會提意見。】**

■ 委任持續期間：

1. 主板：至少直到上市後首個完整財政年度的財務業績的刊發日為止。

2. GEM：至少直到首次上市之日起計第二個完整財政年度的財務業績的刊發日為止。

**【GEM 風險相對較大，所以合規顧問委任期較長。】**

■ 聯交所可在最少指定期間後，指示上市發行人委任一名合規顧問至聯交所指定的期間（即聯交所可根據實際需要，來決定是否延長）。

◆ 獨立財務顧問

■ 甚麼情況下委任：某項交易須經獨立股東投票批准，或接獲受《收購守則》規管的收購建議。

**【上述情況下，上市申請人需要諮詢相關專業人士（即獨立財務顧問）意見。】**

■ 作用及規範：

1. 必須在聯交所進行的任何調查中合作（獨立財務顧問本身也承擔着監管職責）；
2. 必須獨立於任何其代表行事的發行人，按指定格式向聯交所呈交有關其獨立性的聲明；
3. 其在達致其意見過程中使用的資料，或協力廠商專家的建議不能為不真實或遺漏重要事實。

**【應當對其使用的資料負責及作出審核。】**

**思考：**獨立財務顧問與保薦人的職責有何區別？

**回答：**獨立財務顧問為客戶提供獨立的財務建議，不涉及具體的證券發行或上市推薦。至於保薦人則涉及具體的證券上市業務。

※ 上市方法

| 上市階段 | 方法 | 釋義 |
|---|---|---|
| 獲納入上市 | 發售以供認購 | 公司推出新股以供公眾認購，這是最常見的上市方法。 |
| | 發售現有證券 | 本質上操作的是舊股，即是將還沒有上市的股東的證券賣給公眾。 |
| | 配售 | 針對特定人群的銷售。 |
| | 介紹上市 | 之前在另一個交易所上市，現在介紹到聯交所上市。 |
| 上市後（發行新股） | 供股 | 讓現有股東投入更多的錢，買更多的股票。 |
| | 公開招股 | 向公眾發售股票。 |
| | 資本化發行 | 公司將利潤轉化為股本，分配給現有股東，公司老股東毋須自己支付股本金，其股本金可由公開發行股份所得的溢價款劃撥。 |
| | 代價發行 | 上市公司發行新的股票，藉此籌集資金購買別的資產。 |
| | 交換證券或取代原證券 | 公司發行新的證券來替代原有的證券。 |
| | 由 GEM 轉往主板 | 轉換上市的市場。 |

※ 上市程序及準則

◆ 股本證券

■ 股本證券為公司發行的普通股，上市發行人需要符合以下條件：

1. 須在相若的管理層管理下具備**至少 3 年個年度的營業紀錄**；及
2. 至少**最近一個年度的擁有權和控制權維持不變**，具體指的是指控股股東或最大單一股東所持投票權的擁有權及控制權。

**【營業年期及控制權的穩定，均代表企業基本狀況穩定。】**

■ 滿足上述兩個條件後，還必須符合下列**對於市值和股東的要求**，以及至少一項**定量規定**：

<table>
<tr><td colspan="2">對於市值和股東的要求</td><td>1. 上市時，市值不低於 5 億港元，公眾人士持有的市值不低於 1.25 億港元；及<br>2. 股東數量至少為 300 名。</td></tr>
<tr><td rowspan="3">三項<br>定量規定</td><td>盈利測試</td><td>1. 最近一年的股東應佔盈利不得低於 3,500 萬港元；及<br>2. 前 2 年累計的股東盈利不得低於 4,500 萬港元。</td></tr>
<tr><td>市值／收益／<br>現金流量測試</td><td>1. 上市時的市值至少為 20 億港元，最近一個經審計年度的收益至少為 5 億港元；及<br>2. 前 3 個會計年度內的現金流入累計至少為 1 億港元。</td></tr>
<tr><td>市值／<br>收益測試</td><td>1. 上市時，市值至少為 40 億港元；及<br>2. 最近一個經審計年度的收益至少為 5 億港元。</td></tr>
</table>

**思考：**三項定量測試指標之間的關係是？

**回答：**這三項指標從不同角度考核上市申請人的財務狀況，滿足其中一項即通過定量測試。

※ 具特殊上市要求的企業：

◆ 生物科技公司

■ 定義：主要運用科學及技術研發、應用或商業化發展用於醫療或其他生物領域的產品的公司。

■ 獨特殊對待的理由：這類公司的研發成本往往意味着該等公司有時無法產生足夠的收益以賺取利潤，特別規定可以簡化其進入公開資本市場的途徑。

■ 毋須達到前述任何定量規定，只要滿足以下條件即可：

1. 最初市值至少達 15 億港元；
2. 上市時公眾持股量至少達 3.75 億港元，其中基石投資者的持股不計算在內；及

**【基石投資者即是一些大型和有影響力的投資者，他們上市前已跟上市發行人達成協議，同意提前購買一定數量的股份，為上市公司提供資本支援，增強市場信心。因此不算真正意義上的公眾，故排除其持股。】**

3. 相同的管理層領導下，具備兩個年度的營業紀錄。

◆ 特殊目的收購公司（SPAC, Special Purpose Acquisition Company）

| 成立目的 | 籌集資金 | 可買賣相關證券的對象 | 由申請到獲接納上市的期間 | 上市後完成一項收購業務的限期 |
|---|---|---|---|---|
| 籌集將用於收購業務的資金 | 至少 10 億港元 | 專業投資者 | 24 個月 | 36 個月 |

- 特殊目的收購公司申請或獲接納上市時沒有經營業務，所以須於一段預定期間內獲接納上市，並在預定時間內完成一項收購業務。
- 特殊目的收購公司必須委任至少一名保薦人

**思考：**為何特殊目的公司沒有業務也能夠上市？

**回答：**因為該公司在上市後需要完成一項收購業務，該收購對象是具有實際經營業務的公司。特殊目的收購公司性質上屬於一個工具/ 手段，所以有特殊的要求。

◆ 特專科技公司

| **定義** | 主要從事運用特專科技行業可接納領域內的科學或技術進行產品或服務的研發，以及其商業化或銷售的公司。 |
|---|---|
| **定義舉例** | 如新一代信息技術、先進硬件及軟件、先進材料、新能源及節能環保以及新食品及農業技術等。 |
| **上市條件** | 必須已在大致相同的管理層下營運及從事特專科技產品的**研發至少 3 個會計年度**，且已就研發特專科技產品產生指明的最低金額開支（以佔總營運開支的百分比表示）。 |
| **已商業化公司和未商業化公司的定義** | 經審計的最近一個會計年度的收益至少**達 2.5 億港元**，即為「已商業化公司」，否則為「未商業化公司」。 |
| **已商業化公司上市條件** | 初始市值須達到 60 億港元 |
| **未商業化公司上市條件** | 初始市值須達到 100 億港元 |

◆ 擁有不同投票權的公司

■ 定義：這類公司不採用「一股一票」的原則，某些股票存在一股多票的情況（常見於科創企業，創始人為防止公司上市後自身控制權被稀釋，採取使自身掌握的一股投票權多於一票的制度安排）。

■ 這類公司上市須通過下列的其中一項測試：

1. 於上市時其**市值**必須**至少為 400 億港元**；或
2. 於上市時其**市值**必須**至少為 100 億港元**，而其於經審計的**最近一個會計年度收益**必須**至少為 10 億港元**。

◆ GEM

■《GEM 上市規則》的上市資格與《主板上市規則》的上市資格不同。

■ 在相若的管理層管理下的營業紀錄必須涵蓋至少兩個年度，在若干情況下，也可接納較短的營業紀錄，包括新成立的工程項目公司、天然資源開採公司及其他特殊情況。

※ 股份計劃

◆ 擁有上市股本的公司可自願設立股份計劃（如股份的期權或給予），來獎勵董事或僱員。

**【股份計劃特指上市公司的激勵項目。】**

| 上市前採納的股份計劃 | 上市後採納的股份計劃 |
|---|---|
| 1. 毋須在上市後經股東批准；及<br>2. 該計劃的所有重大條款必須在招股章程中清楚列明。 | 計劃必須獲股東在股東大會上批准。 |

◆ 有「計劃授權限額」，**不得超過**於計劃批准當時已發行的有關類別股份的 **10%**。

◆ **行使期**（由期權授出日起計）及**計劃的有效期**，均不得超過 **10 年**。

◆ 向董事、最高行政人員或主要股東，或其各自聯絡人授予任何期權或獎勵時，**必須先得獨立非執行董事批准**。任何獲授期權或獎勵的獨立非執行董事的同意不計算在內。

**【這項規定是防止公司利用期權獎勵損害其他股東的利益。】**

※ 穩定價格行動

◆ 釋義：發行人的代理人（穩定價格操作人）以買家及賣家的身份進入市場，以達至穩定價格的作用（主要目的是為了防止股票價格下降得太快）。

◆ 穩定價格行動一般會被視為操縱證券市場，但與公開發售有關的穩定價格行動符合公眾利益，因此獲豁免。

**【穩定價格本質上是操縱證券市場，只不過這裏有豁免。】**

◆ 《穩定價格規則》**不適用**於少於 1 億港元的小型發售。

※ 須予公佈交易

◆ 釋義：根據《主板上市規則》所載的百分比率測試（下表），分類為再下一個表中的某一類交易。

| 比率測試考量指標 | 計算方法 |
|---|---|
| 資產比率 | 交易涉及的資產總值，除以上市發行人的資產總值。 |
| 盈利比率 | 交易涉及資產應佔的盈利，除以上市發行人的盈利。 |
| 收益比率 | 交易涉及資產應佔的收益，除以上市發行人的收益。 |
| 代價比率 | 有關代價除以上市發行人的市值總額。 |
| 股本比率 | 上市發行人發行作為代價的股份數目，除以進行有關交易前上市發行人已發行股份總數。 |

| 須予公佈交易 | 定義（上表中任何比率） |
|---|---|
| 股份交易 | 少於 5% |
| 需予以披露交易 | 多於 5% 但少於 25% |
| 主要交易 | 出售事項：多於 25% 但小於 75% |
| | 收購事項：多於 25% 但小於 100% |
| 非常重要大的出售事項 | 多於 75% 的出售事項 |
| 非常重大的收購事項 | 多於 100% 的收購事項 |

**思考：**為甚麼要公佈相關交易？

**回答：**因為上市公司的行為會影響股價，公佈交易有利於提高的透明度，保障公眾投資者。

※ 關連交易

- ◆ 釋義：上市發行人和關連人進行的交易。
- ◆ 此規定的主要目的：防範上市發行人的董事、最高行政人員或主要股東進行「關連交易」時，獲取其他股東不能獲得的利益。
- ◆ 上市發行人集團簽訂任何關連交易前，必須向諮詢聯交所提供以下有關情況，讓聯交所決定是否將交易合併計算。即使上市發行人並沒有事先諮詢聯交所，聯交所仍可將上市發行人的關連交易合併計算。

| 關連交易的類別 | 具體情況 |
|---|---|
| 之前 12 個月內的交易 | 與同一方進行，或與互相有關連的人士進行。 |
| | 涉及收購或出售某項資產的組成部分或某公司的證券或權益。 |
| | 交易導致上市發行人集團大量參與一項新的業務。 |
| 交易涉及收購資產 | 向過去 24 個月內，取得上市發行人控制權的人士或其任何聯絡人收購資產。 |

**思考：**為甚麼關連交易要合併計算？

**回答：**關連交易往往涉及多個主體和發行人的交易，因此其交易從整體看有可能屬於內部交易，不能看作外部交易，相應資料需要加減合併得出真實的外部交易情況。



※ 聯交所及證監會指令短暫停牌或停牌的權力

- 無論是否應發行人的要求，聯交所均可對任何證券隨時指令短暫停牌或停牌（即發行人申請和聯交所主動作決定，都可以短暫停牌或停牌）。
- 短暫停牌的時間應盡可能短，此種情況中斷**應不超過 2 個交易日**。短暫停牌目的是為了等待披露資料，確保市場公平交易。
- 短暫停牌超過 2 個交易日即自動變為停牌。

◆ 有必要申請短暫停牌的情況：

<table>
<tr><th>場景</th><th>具體情況</th><th>理由</th></tr>
<tr><td rowspan="3">發行人有必要申請短暫停牌</td><td>根據《主板上市規則》規定的必須披露的重大資料，以避免出現虛假市場。</td><td>資料的披露可能導致股價短期內大幅波動。</td></tr>
<tr><td>需根據《證券及期貨條例》披露內幕消息。</td><td rowspan="2">內幕消息洩露會造成股價的大幅波動。</td></tr>
<tr><td>合理相信內幕消息已洩露；或發行人打算刊發公告回應詐騙、嚴重的會計或企管失當行為的市場評論或傳聞。</td></tr>
<tr><td rowspan="3">聯交所指令短暫停牌或停牌</td><td>聯交所認為公眾人士所持有的股份數量不足。</td><td>影響公平公正性。</td></tr>
<tr><td>聯交所認為發行人無足夠的業務運作或資產支持其營運。</td><td rowspan="2">對投資者構成風險。</td></tr>
<tr><td>聯交所認為發行人不再適合上市。</td></tr>
</table>

※ 發行人主動申請暫時停牌或停牌，

◆ **必須附有具體理由**作為支持其申請的決定。

◆ 在考慮應否停牌時，聯交所會作出最終決定。聯交所規定任何證券短暫停牌或停牌的時間均應儘可能短。

**【主要是為免對市場運行作出過大干擾。】**

※ 證監會指令停牌的權力

◆ 證監會有權指示聯交所在若干情況下暫停任何證券買賣。

◆ 此情況包括發行人若提供了有關上市申請的虛假、不完整或具誤導性資料，或於其後公開披露了該等虛假、不完整或具誤導性資料。

**【資料或披露出問題，需要通過短暫停牌或停牌，以便在防止影響擴大的前提下，處理該些問題。】**

※ 聯交所取消上市資格的權力

- 若聯交所認為發行人經營的業務並無足夠的業務運作或資產支持其營運，包括業務因財政困難而停止運作、破產或失去其主要營運附屬公司，從而保證發行人的證券得以繼續上市，則聯交所可將該公司除牌。
- 公眾人士所持有的證券數量不足；
- 發行人或其業務不再適合上市；或
- 發行人已連續停牌 18 個月。

**思考：**停牌和除牌中有些標準類似，使用哪一種方案的區別在哪裏？

**回答：**區別主要在於情況是否嚴重，如果很嚴重則傾向於直接除牌。

※ 撤回上市

- 一般而言，發行人不得自動撤回上市
- 撤回上市需要根據《上市規則》內的規定而獲得股東的批准。

※ 紀律處分、制裁及上訴

- 上市委員會可對上市發行人及指定人士（包括其董事、高級管理階層及主要股東），就以下 4 類情況展開紀律程序：
  - 違反《上市規則》；

■ 未有遵守上市科或上市委員會的規定；

■ 因其作為或不作為導致或在知情下，干犯上述任何一種行為；及

■ 違反其向聯交所作出的承諾或與聯交所訂立的協議。

◆ 聯交所可施加的制裁：

<table>
<tr><th>制裁類型</th><th>具體措施</th><th>備註</th></tr>
<tr><td rowspan="4">譴責</td><td>私下指責</td><td rowspan="4">譴責可視乎情況以公開或私下的形式發出。</td></tr>
<tr><td>發出載有批評的公開聲明或作出公開譴責</td></tr>
<tr><td>公開聲明，認為某人士擔任董事或高級管理階層成員可能會損害投資者的權益</td></tr>
<tr><td>公開聲明，認為該董事不適合擔任董事或高級管理階層成員</td></tr>
<tr><td rowspan="3">禁止某項權利</td><td>禁止上市發行人使用市場設施一段指定期間及/ 或直至符合若干條件為止</td><td rowspan="3">側重於處罰</td></tr>
<tr><td>禁止證券商及財務顧問代表或繼續代表上市發行人行事</td></tr>
<tr><td>在指定期間內，禁止專業顧問或其僱員就提呈任何事宜代表上市發行人</td></tr>
<tr><td>停牌或除牌</td><td>將上市發行人證券停牌或除牌</td><td rowspan="2">屬較嚴重情況</td></tr>
<tr><td>監管部門合作</td><td>向監管機構匯報有關人士的違規行為</td></tr>
<tr><td>命令補救</td><td>指令於指定期限內採取修正或其他補救措施</td><td>側重於補救</td></tr>
</table>

◆ 上訴程序

■ 遭譴責或批評的一方提出要求，則上市委員會將以書面說明裁決的理由。

■ 上述人士可提呈**上市覆核委員會**作進一步及最終覆核。

- 證監會可要求上市覆核委員會覆核上市委員會的任何決定，包括就紀律事宜作出的決定。

  **【注意，上市委員會和上市覆核委員會都是聯交所的機構。】**

- 倘上市覆核委員會因證監會提出的覆核而推翻、修正或更改上市委員會的決定，相關人士可尋求由新的上市覆核委員會（即由並無參與先前決定的人士組成）作進一步覆核。

## 8.2 其他種類的證券

※ 預托證券

◆ 釋義：外國企業把部分股份交給本地存管機構託管，再經本地存管機構發出票據，並將票據在本地交易所買賣。

**【好處是投資者能於本地市場買賣外國證券，降低直接投資海外市場所存在的風險。】**

◆ 海外發行人可將預托證券在香港聯交所上市，惟只限於在主板掛牌（GEM 不可以）。

**思考：**預托證券是由上市公司發行的嗎？

**回答：**不是，這是存管機構發行的。

**思考：**預托證券是股票嗎？

**回答：**不是，而是可以換取對應股票的有價證券。

※ 認股權證、期權及類似權利

◆ 釋義：給予其持有人權利（而非責任），在預定的行使期間或預定的日期，按預定的行使價或協定價向發行人購買（認購權證）或向發行人出售（認沽權證）特定數目的證券或資產。該種類的證券包括期權、認股權證及類似權利。

**【留意，這裏提及 3 種權證，而一般説的期權是指「股票期權」，兩者並不相同，參見後表。】**

◆ 認股權證的價值衍生自正股，並在聯交所買賣，由上市公司發行。

◆ 認股權證**不得超逾**發行人已發行股份數目的 **20%**（若比例過大，對公眾投資者不公）。

◆ 行使期由期權授出日起計**不得少於 1 年或多於 5 年**，在該段期間，不可轉化為其他可認購證券的權利。

◆ 認股權證與股票期權的分別：

| | **認股權證** | **股票期權** |
|---|---|---|
| 發行人 | 上市公司 | 交易所 |
| 行使價及行使期限 | 由發行人決定，且只有一個 | 選擇多元化，非單一 |
| 是否涉及融資 | 涉及 | 不涉及 |

※ 衍生權證

◆ 釋義：基於其他資產的價值而衍生出來金融產品，由正股發行人以外的第三者發行。

◆ 衍生權證只能在主板上市，不能在 GEM 掛牌。

◆ 發行人需要具備的條件：

■ 不得為私人公司；

**【衍生權證有較高風險，故要求發行人具備較強實力。】**

■ 若是沒有抵押支持的**非抵押認股權證**，則**資產淨值應當不少於 20 億港元**，且須獲得規定的信貸評級或由香港金管局或證監會監管，或者是政府或國家。

◆ 認股權證和衍生權證的區別：

| | **認股權證** | **衍生權證** |
|---|---|---|
| 發行人 | 該上市公司 | 第三方機構（如投資銀行） |
| 會否新增股票 | 會 | 不會 |
| 對公司會否有融資功能 | | |
| 持續期 | 1 年至 5 年 | 無限制 |

## 8.3 收購、合併及股份回購

※ 相關規定

◆ 證監會經諮詢收購及合併委員會的意見後，發出《公司收購、合併及股份回購守則》，簡稱為「兩份守則」。進行相關活動時必須遵守。

◆ 「執行人員」：一般為證監會企業融資部執行董事（包含獲其轉授權力的人士，一般為證監會企業融資部的職員），負責兩份守則的日常執行工作。

**【注意執行人員的特定含義，後文會經常提及。】**

◆ 對於兩份守則所適用的一切事宜，執行人員均可提供諮詢服務及作出裁定。

**【注意執行人員有雙重角色，包括服務角色，以及管理角色。】**

※ 兩份守則的地位

◆ 兩份守則雖然屬於自律守則，但因《上市規則》規定須遵守兩份守則，故違反兩份守則即構成違反《上市規則》。

◆ 違反兩份守則的紀律處分：

■ 收購及合併委員會負責處理由執行人員轉介的事項，對紀律事宜作第一聆訊，並會應不滿執行人員所作裁定的當事人的要求，審核有關裁定。

**【簡言之是兩個職能：紀律事宜與審核事宜。紀律事宜主要是對內，覆核事宜主要是對外。】**

■ 收購及合併委員會的決定由收購上訴委員會進行覆核，目的只在於裁定由收購及合併委員會施加的任何制裁是否適當。

■ 儘管兩份守則屬於自律守則，香港法院仍接納對收購及合併委員會作出的裁定進行司法覆核，即法院將監管有關程序以確保其公平運作，並符合自然公正原則。

**思考：**兩份守則與《上市規則》的關係是？

**回答：**前者是證監會制定的規則，後者是聯交所制定的規則。兩者本來無關聯性，但因為《上市規則》規定必須遵守兩份守則，所以違反兩份守則即構成違反《上市規則》。

◆ 兩份守則的規定：

| **規定的大致要求** | **規定的具體要求** |
|---|---|
| 股東地位公平 | 1. 股東獲得公平待遇，並獲提供準確及充足的資料及意見； |
| | 2. 行使控制權時應信實，不可壓迫小股東及無控制權股東； |
| 作出充分披露 | 3. 與要約事宜有關的人應儘快披露一切有關資料； |
| 要約人要具備相應資格 | 4. 要約人應確保在作出要約時有能力履行其責任； |
| | 5. 要約人的董事及受要約公司的董事應向其股東提供與其無利害關係的意見； |
| 必要時做出相應的要約 | 6. 如公司的控制權有所改變、被取得或受到鞏固，須作出全面要約； |
| 受要約人的行動要符合股東利益 | 7. 受要約公司的董事局在面對要約時，不可在未經股東於股東大會中批准的情況下，採取任何可能導致要約受到阻撓的行動。 |

※ 強制要約

◆ 釋義：強制要約收購是指**投資者持有目標公司股份或投票權達到法定比例**，或**在持有一定比例之後一定期間內又增持一定的比例**，依法律規定必須向目標公司全體股東發出公開收購要約的法律制度。

**【注意是有兩種情況（見後表）可能需要發出強制要約。】**

◆ 強制要約須根據《收購守則》規則 26 作出，其他所有要約均屬自願要約（後文另述）。

**思考：**作出強制要約的必要性是？

**回答：**強制要約的必要性主要體現於保護中小股東的利益。當公司的股權控制人發生變化時，必須讓中小股東知曉，並提供一個選擇退出的機會。

◆ 當以下任何一種情況發生時，須進行強制性要約：

| 造成強制要約的類型 | 大致情況 | 一個人或是多人 | 原本擁有的投票權 | 取得（增加）的投票權 |
|---|---|---|---|---|
| 觸發 | 一人持有達30%門檻 | 一人 | | 達30%或以上 |
| | 多人持有達30%門檻 | 兩人或以上 | 不足30% | |
| 自由申購率 | 一人增量逾2%門檻 | 一人 | 不少於30%，但不多於50% | 增加超過2%（按取得投票權當日之前的12個月期間所持投票權的最低百分比計） |
| | 多人增量逾2%門檻 | 兩人或以上 | | |

◆ 在與兩份守則相關的監管活動中，執行人員有權在若干情況下授予「毋須作出強制要約」的豁免。

◆ 所有強制要約必須包括現金部分，而要約價格必須不少於要約人或任何與要約人一致行動的人，在要約期內或要約期開始前**6個月內**已支付的最高價格。

**思考：**為何強制要約要包含現金部分？為何強制要約的價格會有限制？

**回答：**現金是最靈活的資產，強制要約包含現金明顯對投資者有利。另外，如果要約的價格比之前提供的最高價格低，則會對現有股東不公平（相當於同股不同價）。



※ 自願要約——

◆ 釋義：作出並非根據《收購守則》規則26責任的要約，皆稱為自願要約。

- 自願要約不准以遠低於受要約公司股份市價的價格提出。

**【注意是遠低於，如果稍低於是允許。理由主要還是防止損害中小股東的利益。】**

- 自願要約的價格不得低於要約人或任何與要約人一致行動的人士，在要約期內或要約期開始前 **3 個月內**已支付的最高價格。

**【比照強制要約的規定為 6 個月內。】**

- 自願要約一般不需要包含現金選擇，但在若干情況下可能需要。

**【因為自願要約本身不具有強制性，所以損害中小股東的利益機會通常較低，遂不用強行綑綁現金選擇。】**

**思考：**總體上，自願要約與強制要約的區別是？

**回答：**自願要約沒有法律強制要求，完全由投資者自主決定，其目的是大股東通過鞏固控股權來增強對公司的控制。強制要約則是強制性的，其對小股東有重要保護作用，確保他們在公司控制權轉移時享有退出權。

※ 一致行動人士

- 釋義：其透過取得發行人的投票權，一起積極合作以取得或鞏固對該發行人的控制權。
- 於《收購守則》內，即使沒有正式的合作協定，上述人士之間的非正式諒解已足夠被認定為一致行動。

**【即一致行動的判斷主要視乎實質，而非形式。】**

◆ 一致行動人士建立後，《收購守則》將該組人士內的每一方的投票權予以合計，並作單一個體處理。

※ 同等基礎的要約

◆ 凡一家公司具有超過一類權益股本，便須就該每一類股本的股份作出同等基礎的要約，不論有關股本是否附有投票權。

**【這做法是為了平等地照顧每位股東的利益。】**

◆ 此規定適用於強制及自願要約。

※ 股份回購

◆ 釋義：要約人回購、或要約人提出要約以回購、贖回或取得該要約人的股份，包括私有化、協議安排，或其他重組方式。

◆ 《股份回購守則》適用於所有類別的股份，除了正股，還包括認股權證及可換股債券等。

◆ 股份回購只能夠由股份為有關股份回購的對象的公司作出。

**【簡單說，就是公司將市場上已發行的自家股份買回來。】**

※ 紀律研訊

◆ 收購及合併委員會如發現有違反兩份守則之一或某項裁定的情況，便可以施加下列制裁：

■ 發表批評或公開譴責；

- 要求中介人在指定期間，不得代表或繼續代表不遵守兩份守則之一或某項裁定的人，即「冷淡對待令」；及/ 或
- 禁止顧問在指定期間出席執行人員或收購及合併委員會的會議（屬於冷淡對待令的一種）。

◆ 執行人員或收購及合併委員會亦可向其他監管當局或專業團體，如聯交所、金管局、香港律師會、香港會計師公會或會計及財務匯報局，舉報違法者的行為（相關專業團體有可能根據該轉交的線索，處罰責任人）。

## 8.4 證監會的認可產品

※ 集體投資計劃

◆ 定義有 3 個方面：

- 明確界定為集體投資計劃者；
- 被豁除者；及
- 由財政司司長根據《證券及期貨條例》所訂明者。

**思考：**財政司司長單獨認定某產品為集體投資計劃的目的是甚麼？

**回答：**此舉是使集體投資計劃的釋義變得靈活，以確保在必要時，可對任何新產品進行適當規管。

◆ 集體投資計劃的主要元素是，計劃的財產管理並不受計劃參與者的日常控制，而且：

- 財產整體上是由營辦該安排的人（或代該人）管理的（財產不受所有人直接控制）；或
- 參與者的供款和應計利潤或收益是匯集的；及
- 安排的目的是使參與者能夠從財產、或與財產有關的交易，取得利潤、收益或其他付款或回報。

**【該計劃的最終目的必須是為了盈利。】**

◆ 集體投資計劃的定義不包括：

- 參與者與營辦人屬於同一公司集團的安排；
- 專營權安排；及
- 以其專業身份行事的律師在工作過程中從客戶取得金錢的安排。

**【上列三種情況，首兩項都不是靠為人管理資產而賺取費用；第三項則只是從本職工作報酬。】**

※ 集體投資計劃的認可——

◆ 獲認可後，方可向香港的公眾人士發售或作市場推廣。

◆ 向公眾發售的途徑：

- 計劃被建構為一間於聯交所上市的公司；或
- 獲證監會認可（為目前最常見的途徑）。要求：必須有一名個人獲證監會核准，可就認可集體投資計劃收取證監會發出的通知及決定的核准人士，並須向證監會提供該人士的聯絡辦法詳情。證監會有權核准聯絡人，或撤回授予的核准。

◆ 其他並無向公眾銷售的集體投資計劃，仍可由證監會透過發牌或註冊制度所規管，即資產管理人須獲證監會發牌或在證監會註冊。

**【留意，不對公眾銷售的集體投資計劃，也需要獲發牌或註冊。】**

※ 發出廣告

◆ 釋義：與若干事宜有關之廣告、邀請及載有向公眾作出邀請的文件，統稱為「廣告」，只有經證監會認可，或屬可豁免情況，方可發出。倘違反相關條文即屬犯罪。

**思考：** 為甚麼廣告必須得到證監會的認可才可以發出？

**回答：** 因為金融行業屬於特殊領域，其廣告內容牽涉到投資者的資產安全，且金融類別的廣告容易誤導受眾。

◆ 《證券及期貨條例》中的相關條文，涉及進行以下事宜的廣告：

■ 訂立或要約訂立：

1. 旨在取得、處置、認購或包銷證券的協議；或
2. 受規管投資協定，或旨在取得、處置、認購或包銷任何其他結構性產品的協定；或

■ 取得或要約取得集體投資計劃的權益，或參與或要約參與集體投資計劃。

**思考：** 上述廣告涉及哪些收規管活動範疇？

**回答：** 還涉及證券交易、資產管理的類別。

- ◆ 廣告獲認可的條件：須有一名個人獲證監會核准可就所涉廣告收取證監會發出的通知及決定，而證監會已獲告知該名人士的聯絡資料（以便證監會有事可以隨時聯繫中介人）。
- ◆ 允許發出某些文件及特別組織作出的行為（即能不經認可就發出廣告，或涉及發出廣告的組織不用得到特別認可）：
  - ■ 符合或獲豁免遵守《公司（清盤及雜項條文）條例》的招股章程；

    **【招股章程須向公眾進行公示，所以可以不看成是廣告。】**
  - ■ 與在認可證券市場上買賣的證券有關的上市文件及若干其他建議發售文件；
  - ■ 由若干持牌法團發出的廣告；
  - ■ 就證券或就集體投資計劃的權益而作出的廣告，而該等證券或權益只擬轉讓予專業投資者；
  - ■ 在日常業務過程中刊登該等廣告的報章或其他出版物的賣方或出版商；
  - ■ 發出該等受禁材料的通訊機構、或直播廣播業者獲豁免承擔責任。

    **【以專業身份行事者附帶進行與廣告有關的事宜，可獲豁免發牌。】**
- ◆ 第 1 類、第 4 類或第 6 類受規管活動的中介人或由他人代表該中介人就證券而作出的廣告，可以被豁免認可。但屬結構性產品的非上市證券及未經認可的集體投資計劃則除外。

**思考：**豁免上述內容的原因是甚麼？為何某些產品除外？

**回答：**以上三類受規管活動會經常發出有關證券交易廣告的主體，有關豁免可以節約審批流程，提高效率。結構性產品的非上市證券及未經認可的集體投資計劃除外的理由是，這些產品對投資者來說風險較大，相關廣告有機會損害客戶利益，故須經審核。

※ 失實陳述

◆ 《證券及期貨條例》中對失實陳述的定義：

- 失實陳述條文並非限於向公眾傳播的廣告，而是具有更廣泛之應用；及

  **【非廣告性質的宣傳亦可能存在失實陳述。】**

- 可同時採取民事補救及刑事制裁之措施。

  **【民事和刑事制裁可並行，不矛盾。】**

◆ 民事補救之法律責任須由作出失實陳述的公司的每位董事連帶承擔，但如能證明某董事並無授權作出該失實陳述，可以不承擔。

◆ 不同種類的失實陳述——

| 種類 | 具體特點 | 與其他種類的區別 |
|---|---|---|
| 欺詐的失實陳述 | 作出該陳述的人知道該陳述是虛假、具誤導性或具欺騙性的。 | 這是發出人明知道有問題的陳述。 |
| 罔顧實情的失實 | 該陳述是虛假、具誤導性或具欺騙性的，並且是罔顧實情地作出的。 | 罔顧實情，即對於可能存在問題的陳述未作盡職去核實和審查。 |

| 疏忽的失實陳述 | 該陳述是虛假、具誤導性或具欺騙性的，並且是在沒有採取合理程度的謹慎，以確保其準確性的情況下作出。 | 不是故意為之，而是疏忽導致。 |
|---|---|---|

註：相關失實陳述的條文亦適用於無須遵守持牌或註冊規定的人士。

※ 結構性產品

◆ 定義：

| 定義 | 具體解釋 |
|---|---|
| 1. 受規管投資協定；及 | |
| 2. 任何一種其回報或到期金額或其結算方法是參照右列因素而釐定的票據。 | 其他金融產品（包括證券、商品、指數、財產、利率、貨幣兌換率或期貨合約）的價格、價值或水平的變動。 |
| | 任何指明事件的發生或不發生。 |

■ 界定為結構性產品的安排，可由財政司司長行使《證券及期貨條例》授予的權力而擴大。

■ **集體投資計劃**、**可轉換債權證**及**股本權證**被豁除在結構性產品的定義之外。

**【上述三類產品從本質上看，均符合結構性產品的定義，但因這三類產品太普遍，可看成是獨立的產品，所以被排除在集體投資計劃之外，另作規管。】**

■ 證監會亦為由認可財務機構發行的若干結構性產品（例如：貨幣掛勾票據及利率掛勾票據），提供特定豁免，使其不受認可規定規限。

**【注意，意思是產品本身為結構性產品，只是獲豁免遵守結構性產品的規則。】**

■ 並非所有結構性產品均被視為《證券及期貨條例》所界定的「證券」。

◆ 結構性產品的認可

- 向香港的公眾人士發售或作市場推廣的兩種途徑：
  1. 在聯交所上市；或
  2. 根據《證券及期貨條例》獲證監會認可。此為目前最普遍採用的途徑（下文詳述）。

◆ 有關證監會對任何結構性產品的認可

- 證監會可在「該會認為適當的任何其他條件」的規限下授出認可。證監會亦有權拒絕認可申請，以及於授出認可後撤回該認可。
- 必須有一名個人獲證監會核准可就認可結構性產品收取證監會發出的通知及決定的核准人士。必須向證監會提供該人士的聯絡辦法詳情。證監會有權核准聯絡人，或撤回授予的核准。
- 證監會要求有關人士須就第 1 類或第 4 類受規管活動獲發牌或註冊。

  **【雖然並不是所有的結構性產品都屬於證券，但是大多數結構性產品均屬於證券，所以需要透過證券相關的牌照進行規管。】**

- 如證監會拒絕認可某結構性產品，或拒絕核准某人為核准人士，它必須提供理由。證監會如不信納認可某結構性產品是符合投資大眾的利益，可拒絕認可該產品。

  **【是否符合大眾的利益是證監會進行評判的重要標準。】**

◆ 廣告及失實陳述：結構性產品在廣告及失實陳述兩方面，須受與集體投資計劃相同的規定所規管。

※ 證監會頒佈的守則及指引

◆ 須遵守的 7 項一般原則：

| 大方向 | 原則具體要求 |
|---|---|
| 公平信實 | 產品提供者必須以誠實、公平及專業的態度行事 |
| 資料披露的有效性 | 必須作出全面、準確及公正的披露。如須持續披露資料，必須適時及有效率地發佈相關資料。 |
| 保障客戶的利益 | 必須妥善保障為客戶利益而持有的資產。 |
| | 產品提供者、對手方和服務提供者必須避免會損害有關產品的投資者利益的利益衝突。 |
| 遵守法規 | 必須遵從適用的法律及監管規定，包括與監管機構合作。 |
| 專業謹慎 | 產品提供者必須以應有的技能、謹慎和勤勉盡責的態度履行職能。 |
| 廣告不能有誤導性 | 產品廣告必須清晰、公正及以持平的觀點呈述產品資料，並附有充分及顯眼的風險披露。 |

產品資料概要是以清晰、簡明和有效的方式，向投資者重點説明產品主要資料的摘要，並能使投資者明白產品的特點和風險。

◆ 產品資料概要一般被視為銷售文件的一部分，除非適用產品守則另有規定。

◆ 產品資料概要不應超過 4 頁，並且必須在首頁作出警告聲明，提醒投資者不應純粹依據產品資料概要來作出投資決定。產品資料概要亦需就有關集體投資計劃會否作出衍生工具投資而作出披露。

**思考：**為何對產品資料概要的頁數設上限？

**回答：**因為產品概要的本意是讓投資者以最快速度和最簡明文字了解產品，所以篇幅不應長。

※《單位信託守則》

◆ 此守則規定銷售文件須載列指明的資料，其中包括集體投資計劃的：

- 投資目標及限制；
- 抵押品政策及準則；
- 財產的估值及贖回價格的政策；
- 流動性風險管理；
- 申購及贖回程序；
- 適用的費用及收費；
- 風險警告提示/ 聲明；
- 保管安排；及
- 該等計劃可在哪些情況下終止。

## 8.5 證監會對認可集體投資計劃所涉各方的特別規定

※ 受託人/ 保管人

◆ 根據信託安排設立的集體投資計劃，例如單位信託，必須有受託人。以公司形式設立的集體投資計劃，例如互惠基金公司，則必須有保管人。

**思考：**信託人和保管人的區別是甚麼？

**回答：**以信託形式設立的集體投資計劃管理資金的實體叫做受託人。功能類似的，但以公司形式設立的叫保管人。實務上相同，只是名稱有別。

◆ 受託人/ 保管人必須是（兩個條件滿足其一）：

■ 獲發牌或註冊進行第 13 類受規管活動的存管人；

■ 在香港以外地方註冊成立而持續地受到審慎規管及監督的從事銀行業務的機構，或獲認可作為集體投資計劃的受託人/ 保管人及受到證監會所接納的海外監管機構的審慎規管及監督的實體。

**【即受到與香港同水平的海外監管機構規管。】**

**思考：**香港境外成立的銀行，可以充當香港的集體投資計劃的受託人 / 保管人嗎？是否需要獲發 13 類受規管活動的牌照？

**回答：**可以，但前設條件是必須在屬地受到與香港銀行監管水平相同的監管。如是者，便允許直接從事上述活動而毋須獲發第 13 號牌。

| 不同類型的受託人/ 保管人 | 受託人/ 保管人類型特點 | 財政資源要求 | 備註 |
|---|---|---|---|
| 第 13 類受規管活動的實體 | | 須遵守《證券及期貨（財政資源）規則》的規定 | |
| 非第 13 類受規管活動的實體 | 具規模的財務機構[1]的全資附屬公司，且滿足備註中的條件 | 可以豁免「具備繳足股本及非分派資本儲備至少為 1,000 萬港元或等值外幣」的要求 | 1. 控股公司發出持續有效的承擔文件，承諾若證監會要求，將會認購額外的資本額，以符合規定； |

（續右表）

1 具規模的財務機構指《銀行業條例》所界定的認可財務機構，或持續地受到審慎規管及監督的財務機構，且其資產淨值最少為 20 億港元或等值外幣。

（接左表）

| | | | |
|---|---|---|---|
| | | | 2. 控股公司承諾不會任由其全資附屬公司不履行責任，同時，如未獲證監會事先許可，不會自行處置受託人／保管人的股本或容許受託人／保管人的股本受到處置或予以發行，以致受託人／保管人不再成為控股公司的全資附屬公司。 |
| | 非上述實體 | 具備繳足股本及非分派資本儲備至少為 1,000 萬港元或等值外幣 | |

※ 管理公司

◆ 證監會須確保所有的認可集體投資計劃的管理公司，如受託人／保管人般，具備可接受的狀況，不論他們的活動是否需要他們獲證監會發牌或註冊。

**【留意，管理公司在集體投資計劃中佔有重要地位。】**

◆ 所有認可集體投資計劃（非自行管理的）**均須委任證監會接納的管理公司**，並持續地遵守《單位信託守則》的規定。

**【集體投資計劃分為自行管理和非自行管理兩類，只有非自行管理的需要委任管理公司。】**

◆ 當集體投資計劃的投資管理職能被轉授予董事局的成員，自行管理計劃可由該計劃的董事局管理，在這情況下，計劃的董事**不准**以主事人身份與該計劃進行交易。

**【因為這種情況下，董事與該計劃存在關聯性。】**

◆ 管理公司必須根據其從事的受規管活動在香港獲得發牌或註冊，或設於監察制度獲證監會接納的司法管轄區。

※ 管理公司必須符合以下條件：

<table>
<tr><th>條件概述</th><th>條件的具體內容</th><th>備註</th></tr>
<tr><td>主營業務</td><td>公司的主要業務為基金管理；</td><td>這樣才更具有專業性。</td></tr>
<tr><td rowspan="4">財政資源充足</td><td>有足夠的財政資源，尤其是該公司的繳足股本及非分派資本儲備最少須達 1,000 萬港元或等值外幣；</td><td rowspan="4">因為掌握客戶資產，所以自身的財政狀況和抗風險能力很重要。</td></tr>
<tr><td>該公司欠下控股公司的債項會被接納為資本的一部分，但是要確保：有關債項在未得證監會事先同意前不可償還；有關債項在清盤時屬於管理公司的所有其他債項；</td></tr>
<tr><td>借出的款額不能佔其資產重大比例；</td></tr>
<tr><td>在任何時候都能維持正資產淨值；及</td></tr>
<tr><td>資格與經驗</td><td>令證監會信納其僱員及任何獲委任的獲轉授投資職能者具備適當的資格及經驗。</td><td>員工資歷很重要，是保障投資順利進行的條件。</td></tr>
</table>

◆ 管理層及內部監控：

| 對象 | 要求 | 備註 |
|---|---|---|
| 董事 | 具備良好聲譽；及 | |
| | 具備獲證監會信納的所需經驗。 | |
| 人員 | 關鍵人員須具備至少 5 年管理信譽良好的公眾基金的經驗，而有關經驗應與該管理公司擬管理的投資屬同一或相似類別； | 隸屬於具規模的基金管理集團的跨國管理公司及獲轉授投資職能者，可被准許利用集團資源及專業知識來滿足證監會對關鍵人員須具公眾基金經驗的規定。 |
| 人員 | 關鍵人員必須能證明可以投放充分的時間及專注力；及 | 1. 一般而言，管理公司及獲轉授投資職能者必須各有至少兩名指定關鍵人員管理尋求認可的集體投資計劃。<br>2. 如屬集體投資計劃，預期會有最少 3 名副經理獲轉授投資職能，證監會可接納副經理的關鍵人員在公眾資金以外的其他範疇具備的投資經驗。有關的銷售文件必須披露管理公司在甄選及監察副經理方面採取的審慎查證程序。 |
| | 公司應具備足夠的人力及技術資源，而不應純粹倚賴單一個別人士。 | 即使管理公司將其職責或職能轉授予第三者時，該公司仍被視為須就有關職責或職能負主要責任。 |
| 內部監控 | 管理公司須令證監會信納，其具備足夠的內部監控措施、設有書面程序、由高層管理人員進行監管監督、保障投資者的權益及處理利益衝突的情況；及 | |
| | 須適當地監督和定期監察獲轉授投資管理職能的人士，以確定其表現是否稱職。 | |

※ 受託人/ 保管人及管理公司的獨立性

- ◆ 受託人/ 保管人及管理公司必須各自獨立。
- ◆ 兩者可以擁有相同的控股公司，只要滿足下邊的條件，依然可以看成是獨立的：
    - ■ 受託人/ 保管人及管理公司均非對方的附屬公司；
    - ■ 受託人/ 保管人及管理公司並無相同的董事；及
    - ■ 受託人/ 保管人及管理公司共同簽署承諾書，聲明會獨立行事。

    **【當公司進行的託管及管理職能為同一集團內的一部分，這一般須確保系統及監控措施的職能是獨立地進行，包括獨立的董事局、不同的管治架構，不同的營運團隊等。】**

**思考：**怎麼理解受託人/ 保管人可以屬於同一個控股公司，在某些條件下也不影響其獨立性？

**回答：**即兩者可以屬於或不屬於同一個控股公司。即使屬於一個控股公司，只要能滿足上面三個獨立性的衡量標準，依然可以看作是各自獨立行事。

- ◆ 發牌或註冊
    - ■ 於香港營運的管理公司一般須獲第 9 類受規管活動牌照。如該管理公司擔任分銷商的角色，便須同時獲發 1 號牌照（因為集體投資計劃屬於證券性質，所以從事相關分銷工作應當獲發 1 號牌照）。
    - ■ 如集體投資計劃的管理公司以香港以外的地區為基地（即非在香港註冊成立，或在香港沒有營業地點，或並無在香港進行任何受規管活動），而該地區為獲證監會接納的司法管轄區，該管理公司便無須獲證監會發牌。證監會亦會在接獲有關申請時考慮其他司法管轄區。

**【這屬於簡化制度安排，因為香港監管當局認為這類公司在當地會受到與本港同水平的規管，故毋須重複監管。】**

- ◆ 代表
  - ■ 如認可集體投資計劃的管理公司**並非在香港註冊成立或未在香港設立營業地點**，則**必須委任一名香港代表**，並須在計劃獲認可的期間內持續聘用該代表。
  - ■ 該代表**必須**為《證券及期貨條例》規定的持牌人或註冊人，或為註冊信託公司。

## 8.6 證監會對認可非上市結構性投資產品所涉各方的特別規定

※ 非上市結構性投資產品

- ◆ 必須有一名個人作為證監會可就非上市結構性投資產品發出送達通知或決定的核准人士。
- ◆ 該名個人必須符合以下條件：
  - ■ 身為發行人的董事，或任何保證人的董事，或產品安排人的負責人員或主管人員；

    **【必須是相關產品方有一定管理職權的人。】**
  - ■ 就第 1 類或第 4 類受規管活動獲發牌或註冊；及
  - ■ 通常居於香港。

◆ 有關人員的負面測試，適用於每一名有關人士，如：

■ 發行人不得身為清盤的目標或與其債權人訂立任何安排或作出債務重整協議。

**【發行人有債務問題將很難保證其能夠有效運營。】**

■ 產品安排人不得被監管者採取紀律處分行動；或

■ 受託人/ 保管人不得身為清盤的目標或與其債權人訂立任何安排或作出債務重整協議。

※ 發行人

◆ 發行人應獨立於任何受託人/ 保管人或任何主要產品對手，並滿足以下兩類要求：

| | **基本要求** | **具體要求** |
|---|---|---|
| 第一類 | 發行人須具備不少於 20 億港元的淨資產值 * | 受金管局規管的銀行； |
| | | 獲證監會發牌的法團；或 |
| | | 所受監管監察獲證監會接納的海外銀行實體。 |
| 第二類 | 充分的保證和抵押 | 就非抵押結構性投資產品而言，其發行人根據該產品的條款負有的責任必須獲提供全面保證；或 |
| | | 發行人是特別目的投資公司，而該結構性投資產品以符合《非上市結構性投資產品守則》的方式全部備有抵押。 |

* 當發行人未能符合三項要求中的任何一項，但能獲得最少一家具國際地位及信譽並獲證監會接納的評級機構，給予不低於首 3 個最佳投資級別的信貸評級，則仍有可能符合資格。

※ 保證人

◆ 凡屬有保證的認可非上市結構性投資產品，保證人必須符合與發行人相同的資格規定。

**【即需要滿足淨資產，又或者保證及抵押方面的要求。】**

◆ 保證人就發行人妥善及準時地向投資者履行根據結構性投資產品的條款及條件的所有責任，負有無條件及不可撤銷的法律責任。

※ 產品安排人

| | |
|---|---|
| **甚麼時候需要** | 發行人是特別目的投資公司；或 |
| | 發行人及任何保證人均非受金管局規管的銀行或獲證監會發牌的法團。 |
| **須註冊甚麼牌照** | 第 1 類受規管活動牌照 |
| **須有多少名人員** | 可委任多於一名產品安排人，但必須指定其中一名產品安排人主要負責與證監會聯絡。 |
| **主要責任** | 確保適用規定獲得遵從。產品安排人有責任維持適當系統、監控、政策及程序，包括有關風險管理、結構性投資產品的估值及抵押品的估值及行政事宜。 |
| **是否負有財務責任** | 產品安排人無須因其委任而對發行人或任何保證人負有的財務責任承擔法律責任。 |

**思考：**為甚麼需要產品安排人？

**回答：**當發行人存在比較高的風險時，為了降低產品發行後可能給投資者帶來的風險，因此需要設置產品安排人，以加強對發行人的監督。

**思考：**為甚麼產品安排人負有一定的責任，但不負有財務責任？

**回答：**產品安排人主要側重於整個運營過程的監管，而並不承擔相應的經營結果的責任，兩者屬於不同類的責任。

※ 受託人/ 保管人的要求：

| | **具體條件** | **備註** |
|---|---|---|
| 資格要求 | 根據《銀行業條例》獲發牌的銀行； | 滿足其中一個條件即可。 |
| | 根據《銀行業條例》獲發牌的銀行的附屬信託公司；或 | |
| | 在香港以外成立為法團或成立的銀行機構，並受制於獲證監會接納的同等程度的監管監察。 | |
| 資本及財政狀況 | 經獨立審計，其已發行及繳足股本及非分派資本儲備最少必須為等值於 1,000 萬港元。 | |
| 獨立性 | 獨立於發行人、任何保證人、產品安排人及有關認可非上市結構性投資產品的主要產品對手。 | |

※ 主要產品對手

◆ 釋義：從結構性投資產品獲得的經濟回報，全部或絕大部分取決於合約中須履行付款責任的對手方，有關產品因此須承受該對手方的信用可靠性，該另一方統稱為「主要產品對手」。

◆ 雖然《非上市結構性投資產品守則》並非直接向主要產品對手施加資格規定。但仍有具體規定如下：

- 發行人、保證人及受託人/ 保管人必須獨立於任何主要產品對手；
- 發行人及每名產品安排人均須確保通過對對手有關風險管理常規、其信用可靠性等方面進行評估，以客觀的方式甄選主要產品對手；及

  **【主要產品對手的情況關乎着結構性產品的投資收益及風險。】**

- 與主要產品對手的交易均按公平市值及當時可取得的最佳條款訂立。

  **【此規定是為了防止在有利益衝突的前提下，損害投資者的利益。】**

## 8.7 取得公開資本的另類方法

※ 眾籌

- ◆ 透過將需要資本的較小型企業與眾多願意提供資本的投資者連繫起來的網站平台進行。
- ◆ 眾籌包括股權眾籌及點對點網路貸款，相關人士可能構成須持牌的受規管活動，例如該等人士可能涉及第 1 類受規管活動。
- ◆ 眾籌屬高風險投資，所呈列與發行有關的資料均須予披露及面臨的風險。

**思考：**股權眾籌和點對點貸款有甚麼區別？

**回答：**前者透過投資，獲得企業股本權益；後者屬於貸款性質。

※ 虛擬資產監管方面的處理

| 相關具體情況 | 如何監管 | 特點 | 進行虛擬交易的平台具體發牌要求 |
|---|---|---|---|
| 構成證券的情況下 | 按照《證券及期貨條例》監管 | 1. 虛擬資產代表一家公司的股權或擁有權權益，即是「股份」<br>2. 擬資產代表債項或負債，即是「債權證」<br>3. 虛擬資產收益以集體管理並投資以獲取利潤，因此構成集體投資計劃 | 如平台進行交易的一項或多項虛擬資產構成《證券及期貨條例》下的證券，須根據《證券及期貨條例》獲發牌或註冊（通常為第 1 類及第 7 類受規管活動） |

（續下表）

（接上表）

| 不構成證券的情況下 | 按照《打擊洗錢及恐怖分子資金籌集條例》監管 | 1. 以計算單位或經濟價值的儲存形式表述<br>2. 可作為交易媒介或提供若干權利<br>3. 可透過電子方式轉移、儲存或買賣 4. 具備證監會可能訂明的任何其他特徵 | 如平台進行交易的一項或多項虛擬資產不屬於《證券及期貨條例》下的證券，但符合《打擊洗錢條例》下的虛擬資產的定義，須根據《打擊洗錢條例》獲證監會發牌 |
|---|---|---|---|
| 備註：如平台同時從事證券及非證券交易活動，須同時根據《證券及期貨條例》及《打擊洗錢條例》獲發牌。 | | | |

◆ 提供虛擬資產交易服務的中介人需要注意的事項

| **虛擬資產交易所的定義** | 透過電子方式提供交易，通過藉該項服務，參與者能夠提出買賣虛擬資產的要約，或參與者通過人與人之間互相介紹完成虛擬資產的買賣 | |
|---|---|---|
| **虛擬資產交易所發牌制度** | 如平台進行交易的一項或多項虛擬資產構成《證券及期貨條例》下的證券 | 須根據《證券及期貨條例》獲發牌或註冊（通常為第 1 類及第 7 類受規管活動） |
| | 如平台進行交易的一項或多項虛擬資產不屬於《證券及期貨條例》下的證券 | 這種情況下如符合《打擊洗錢條例》下的虛擬資產的定義，將根據《打擊洗錢條例》獲證監會發牌 |
| | 如平台同時從事上述兩種交易活動 | 須同時根據《證券及期貨條例》及《打擊洗錢條例》獲發牌 |

| **注意事項** | **具體要求** |
|---|---|
| **透過甚麼平台提供服務** | 已獲證監會發牌的虛擬資產交易平台合作提供相關服務 |
| **遵守甚麼規定** | 遵守合適性規定及與第 1 類受規管活動有關的責任及其他適用銷售限制 |
| | 僅可由獲發牌或註冊從事第 1 類受規管活動的中介人提供 |

（續右表）

（接左表）

| 新增業務時注意事項 | 中介人如欲提供涉及虛擬資產的買賣或資產管理服務，將會被證監會視為一項重大業務變動，並觸發《證券及期貨（發牌及註冊）（資料）規則》的通知規定 |
|---|---|

◆ 虛擬資產投資者風險

| 風險分類 | 具體風險表現 |
|---|---|
| 估值、波動性及流通性 | 缺乏相關實體資產支援或政府擔保，而價格經常會因短期投機活動以及規模較小且較為零散的資金池而受到影響。 |
| 會計及審計 | 在會計的專業範疇內並無協訂標準，用以確定擁有權或估值是否合理。 |
| 網路保安及穩妥保管資產 | 容易遭到網路駭客入侵。 |
| 市場廉潔穩健 | 圍繞虛擬資產所形成的市場未受監管，當中可能出現違規的行為手法。 |
| 洗錢及恐怖分子資金籌集風險 | 由於以不記名方式持有及買賣，故此存在利用虛擬資產進行洗錢及恐怖分子資金籌集活動的風險。 |
| 利益衝突 | 提供交易場所的虛擬平台營運者可能以多重身份行事，導致利益衝突未受規管的情況。 |
| 欺詐 | 就虛擬資產的披露資料進行的盡職審查可能不足，增加出現欺詐行為的風險。 |
| 不同水平的監管保障 | 不是所有獲准在持牌平台買賣的虛擬資產均受相同水平的法定保障，例如發行並非屬證券的虛擬資產無須遵守招股章程規定。 |

◆虛擬資產與《證券及期貨條例》

| 虛擬資產的不同情況 | 虛擬資產遵守的法規或牌照要求 |
|---|---|
| 倘投資組合的結構為集體投資計劃 | 儘管該投資組合可能只單純含有不屬於證券或期貨合約的虛擬資產，與該集體投資計劃的股份或單位相關的活動均須遵守《證券及期貨條例》 |
| 虛擬資產的期貨合約 | 可能構成第 2 類受規管活動及第 5 類受規管活動 |

# 第八章　模擬練習

---

1. 根據《單位信託及互惠基金守則》，對管理公司的要求包括：

   I　信託人/ 保管人及管理公司必須為各自獨立的個體
   II　管理公司不可從事基金管理以外的其他業務
   III　管理公司在任何時候都要具備足夠的財政資源
   IV　管理公司未有佔其資產重大比例的貸出款項

   A　只有 I、II、III
   B　只有 I、II、IV
   C　只有 I、III、IV
   D　I、II、III 及 IV

---

2. 以下關於上市的陳述，哪項是**不正確**的？

   A　在發售以供認購的情況下，證券的認購必須獲全數包銷。
   B　倘公眾人士可能會有重大需求下而僅進行配售，將不獲得批准。
   C　以介紹形式上市，則毋須進行積極的銷售活動。
   D　供股屬於新上市申請人採用的上市方法。

3. 維基公司是一家聯交所上市申請人，其打算委任授權代表，以下哪項關於此事的描述**正確**？

A 如維基公司為主板上市公司，則必須要委任兩名董事為授權代表。

B 如維基公司為主板上市公司，則必須委任上市發行人的公司秘書為授權代表。

C 如維基公司為 GEM 上市公司，可以委任一名董事為授權代表。

D 如維基公司為 GEM 上市公司，授權代表的人選中可以包含公司秘書。

---

4. 根據《證券及期貨條例》及《企業融資顧問操守準則》，機構融資顧問應就以下哪些事項提供建議？

I 就公眾公司證券的要約及出售

II 企業的資金管理

III 有關《上市規則》《公司收購及合併守則》《股份購回守則》

IV 就企業的投資決策

A 只有 I、III

B 只有 II、IV

C 只有 I、III、IV

D 只有 II、III、IV

5. 以下哪幾項關於基金經理的敘述**錯誤**？

I 基金經理必須聘請兩名監察主任。

II 基金經理的公司帳戶及其僱員的私人戶口與客戶戶口之間進行交叉盤交易，均一律被禁止。

III 基金經理在分配首次公開招股過程中不得偏袒個別客戶。

IV 基金經理不應代基金與關連人士進行交易。

A 只有 I、II、III
B 只有 III、IV
C 只有 I、II、IV
D 只有 II、III

6. 以下有關預托證券的陳述，**正確**的是？

I 海外發行人按《主板上市規則》規定，可以將預托證券在聯交所上市。

II 預托證券持有人與發行人股東的權利及責任有很大分別。

III 預托證券可自由轉換為發行人的股份，也可自由轉讓。

IV 實際上，預托證券是海外企業把部分股份交給本國存管機構託管，再經本國存管機構發出票據，並將票據在海外市場買賣。

A 只有 I、III
B 只有 I、IV
C 只有 II、III、IV
D I、II、III 及 IV

7. 麗穎公司為一家打算在香港聯交所上市的生物科技公司，以下哪些相關描述是**不正確**的？

I 麗穎公司須在大致相同的管理層領導下具備一年營業紀錄規定所規限

II 麗穎公司必須通過相關的定量測試

III 麗穎公司最初市值至少達 1.5 億港元

IV 麗穎公司於上市時公眾持股量至少達 3.75 億港元

A 只有 I、II、IV

B 只有 I、III、IV

C 只有 II、III、IV

D 只有 I、II、III

8. 維基公司為一個集體投資計劃的管理公司，其推薦麗穎公司——一家從事集體投資計劃保管業務的公司——充當其管理的集體投資計劃的受託人，維基公司與麗穎公司擁有相同的控股公司。上述做法是否符合規定？而以下哪項相關陳述是**正確**的？

A 符合，前提是麗穎公司是一家主營業務為銀行的公司。

B 符合，因為這種情況相關法律沒有禁止性規定。

C 不符合，因為在這種情況下，保管人及管理公司為對方的附屬公司。

D 無法判定，需要更多信息。

9. 以下哪些關於《穩定價格規則》的陳述**正確**？

I 利於證券的公開發售

II 使新發行證券的發行人或包銷商可採取穩定價格行動，防止新發行證券的價格下跌或上漲太快

III 小型發售亦應當採取穩定價格的行動

IV 《穩定價格規則》作為《 證券及期貨條例》市場失當行為的辯護依據

A 只有 I、II

B 只有 I、II、III

C 只有 I、IV

D 只有 II、III、IV

10. 根據《上市規則》，上市申請人必須在相若的管理層管理下，具備至少前三個會計年度的營業紀錄及至少最近一個經審計的會計年度直至緊貼發售成為無條件前的擁有權維持不變。以下有關「擁有權和控制權維持不變」的理解，**正確**的是？

A 最大的前 10 個股東所持投票權的擁有權及控制權

B 所有股東投票權的分佈情況

C 控股股東或最大單一股東所持投票權的擁有權及控制權

D 所有董事所持投票權的擁有權及控制權

11. 維基公司是一個經營虛擬資產交易的平台，以下**哪一項**是有關虛擬資產交易平台雙重牌照制度的**正確**陳述？

A 無論在維基公司平台上交易的產品是否屬於證券，維基公司都必須依照《打擊洗錢條例》獲發牌。

B 無論在維基公司平台上交易的產品是否屬於證券，維基公司都必須依照《證券及期貨條例》獲發牌。

C 如果維基公司的平台上，存在某項不屬於證券的虛擬資產，則維基公司不需要向證監會申請牌照。

D 即使維基公司只擁有證監會第 7 號牌照，其依然有可能經營虛擬資產交易平台。

12. 維基公司為香港一家從事證券交易及資產管理的公司，其是否可以從事涉及虛擬資產的資產管理服務？以下哪項陳述是**正確**的？

A 可以，維基公司只要持有證監會虛擬資產業務的牌照即可。

B 可以，如果涉及的虛擬資產不被證監會視為證券，則毋須證監會發牌。

C 不可以，除非維基公司在歷史上從事過虛擬資產的相關業務，並且沒有相關負面禁止性情況的限制。

D 可以，維基公司從事該業務時應當通知證監會，因為這會被證監會視為維基公司的一項重大變動。

13. 以下有關《收購守則》和《股份回購守則》的陳述，**正確**的是？

I 該兩份守則屬自律性質
II 違反該兩份守則即是違反《上市規則》
III《上市規則》規定須遵守該兩份守則
IV 對於在香港以外的地方作第一上市的公司，執行人員會豁免其遵守《股份回購守則》的規定

A 只有 I、II、III
B 只有 I、II、IV
C 只有 I、III、IV
D 只有 II、III、IV

14. 以下有關《單位信託守則》規定的集體投資計劃銷售文件所包含的內容，描述**正確**的是？

I 投資目標及限制
II 申購及贖回程序
III 財產的估值及贖回價格的政策
IV 收益的區間和支付方法

A 只有 I、II、III
B 只有 I、II、IV
C 只有 I、III、IV
D 只有 II、III、IV

15. 以下哪項有關衍生權證的説明是**正確**？

I　為其中一種可於聯交所上市的結構性產品
II　給予其持有人權利而非義務
III　可以給予其持有人責任向發行人出售特定數目的證券或資產
IV　如果是認購權證，可能向發行人收取相等於指數價值超逾行使價的數額

A　只有 I、II
B　只有 III、IV
C　只有 I、II、III
D　只有 I、II、IV

16. 以下哪項有關衍生權證上市的規定是**正確**？

I　發行衍生權證的機構不得是私人公司
II　發行的認股權證必須是要有抵押的
III　需要擔保的衍生權證，擔保人可以為私人公司
IV《主板上市規則》所指的衍生權證不可於 GEM 上市

A　只有 I、II
B　只有 I、IV
C　只有 I、II、III
D　只有 I、II、IV

17. 證監會對認可非上市結構性投資產品設有一系列負面測試，維基公司為該類產品的發行人，麗穎公司則是該產品的保管人。若出現以下哪一種情況將無法通過負面測試？

A 維基公司的董事趙先生因欠債而與債券人達成了債務重整協議。
B 維基公司的執行董事李先生一年前被證監會採取了紀律行動。
C 維基公司委任了兩名產品安排人。
D 麗穎公司與其債權人作出了債務重整協議。

18. 以下有關《收購守則》和《股份回購守則》兩份守則的陳述，**不正確**的是？

I 全稱是《公司收購及合併守則》
II 不遵守兩份守則可能導致無法使用市場的設施
III 證監會發牌科負責兩份守則的日常執行工作
IV 屬於自律守則，所以香港法院不接受相關的司法覆核

A 只有I、II、III
B 只有I、III
C 只有I、II
D 只有I、III、IV

19. 以下哪項有關合規顧問的說明是**正確**？

I 上市發行人必須於其向聯交所提交上市文件之日起委任合規顧問

II 如為 GEM 上市，合規顧問的任期於「從上市發行人在首次上市之日起計之第三個完整財政年度的財務業績的刊發日」終止

III 如為主板上市，合規顧問任期「上市發行人在上市後首個完整財政年度的財務業績的刊發日」終止

IV 只需在上市發行人要求時提供意見及指引

A 只有 I、II

B 只有 III、IV

C 只有 I、II、IV

D 只有 I、III、IV

20. 以下哪項對非上市結構性投資產品發行人的陳述**正確**？

A 必須是香港成立的法團

B 發行人可以不獨立於受託人

C 發行人可以不獨立於主要產品對手

D 發行人可以是特別目的投資公司

# 第八章　模擬練習答案及解析

**1. 答案：C**

**解析：**選項 II 錯誤，管理公司的主營業務是基金就可以，亦可以從事其他業務。相關規條原文如下——

管理公司必須符合以下條件：

(a) 公司的主要業務為基金管理；

(b) 有足夠的財政資源，尤其是該公司的繳足股本及非分派資本儲備最少須達 1,000 萬港元或等值外幣；

(c) 在該公司欠下控股公司的債項會被接納為上述資本的一部分時，確保：(i) 有關債項在未得證監會事先同意前不可償還；及 (ii) 就管理公司清盤時可以分享的收入及權利來說，有關債項須從屬於管理公司的所有其他債項；

(d) 借出的款額不能佔其資產重大比例；

(e) 在任何時候都能維持正資產淨值；及

(f) 應證監會的要求，令證監會信納其僱員及任何獲委任的獲轉授投資職能者具備適當的資格及經驗。

**2. 答案：D**

**解析：**選項 D 說法錯誤，供股屬於發行人上市後採用的發行方法。

另外，選項 B 的說法是正確的。換句話說，就是為了保證發售的公平，使散戶都能參與發售，在公眾對股票有很大需要求的前提下，不可以只使用配售的方式來銷售。

3. 答案：D

**解析**：選項 A 與選項 B 説法錯誤，如為主板上市公司，授權代表可以是兩名董事，或一名董事及上市發行人的公司秘書，兩者是或的關係，也就是説兩種情況之一都可以。選項 C 錯誤，GEM 上市公司的授權代表為上市發行人的執行董事及公司秘書中的任何兩名個人。

4. 答案：A

**解析**：選項 II 和選項 IV 屬於干擾項，注意企業機構融資顧問的職責是向外部進行融資，企業內部的資金管理不屬於其業務範疇。而且題目中限定了《證券及期貨條例》及《企業融資顧問操守準則》，所以涉及的肯定是受到證監會規管的外部融資活動。

5. 答案：C

**解析**：選項 I 説法錯誤，基金經理只須聘請一名監察主任。選項 II 説法不準確，基金經理的公司帳戶是可以與客戶帳戶進行交叉盤交易的，只不過此類交易需要事先獲得客戶的書面同意。選項 IV 説法有誤，其實有一些例外條件，比如按照公平條款及最佳條件執行，而佣金率不高於慣常適用於機構投資者的比率。

6. 答案：A

**解析**：選項 II 説法錯誤，正確是「預托證券持有人應被視為擁有與發行人股東獲賦予大致同等的權利及責任」（因為預托證券制度創立的本意是便利跨境購買股票活動，消除購買壁壘，所以也要求權利責任相等）。選項 IV 説法亦錯誤，票據應是在**境內**市場進行買賣。

**7. 答案：D**

**解析：**選項 I 說法錯誤，正確要求是「**兩年**營業紀錄」。選項 II 說法也有誤，該公司毋須通過任何定量測試。選項 III 說法不正確，最初市值至少要達 15 億港元才對。

選項 IV 正確，而由基石投資者持有的股份不會計入公眾持股量的部分。

**8. 答案：D**

**解析：**受託人/ 保管人及管理公司必須各自獨立，才符合相關要求。要達到獨立的規定須同時符合以下條件——

1. 受託人 / 保管人及管理公司均非對方的附屬公司；
2. 受託人 / 保管人及管理公司並無相同的董事；及
3. 受託人 / 保管人及管理公司共同簽署承諾書，聲明會獨立行事。

題目中只是說擁有相同的控股公司，還無法判斷是否滿足其他條件，所以只有選項 D 適用。

**9. 答案：C**

**解析：**選項 II 說法錯誤，正確是「為了防止下跌過快或減少其下調幅度」才採取穩定價格行動，並不包含價格上漲太快的情況。選項 III 說法亦不正確，《穩定價格規則》不適用於少於一億港元的小型發售。

## 10. 答案：C

**解析：**根據條文，這是指於營業紀錄期間的最近一個財政年度直至緊貼發售及/或配售成為無條件前期間，控股股東或（如沒有控股股東）最大單一股東所持附有投票權的股份擁有權及控制權維持不變。因此，選項 C 正確。

## 11. 答案：D

**解析：**相關法規的原文為——

進行虛擬資產交易的平台必須根據在平台上交易的虛擬資產的性質獲發牌：

(a) 如平台進行交易的一項或多項虛擬資產構成《證券及期貨條例》下的證券，將須根據《證券及期貨條例》獲發牌或註冊（通常為第 1 類及第 7 類受規管活動）；

(b) 如平台進行交易的一項或多項虛擬資產不屬於《證券及期貨條例》下的證券，但符合《打擊洗錢條例》下的虛擬資產的定義，將須根據《打擊洗錢條例》獲證監會發牌；

(c) 如平台同時從事上述兩種交易活動，將須同時根據《證券及期貨條例》及《打擊洗錢條例》獲發牌。

根據上引內容，選項 A 和 B 顯然錯誤。至於選項 C，儘管確實可以不依據《證券及期貨條例》發牌，但仍然要依據《打擊洗錢條例》向證監會申請牌照。所以選項 C 也錯誤。

**12. 答案：D**

**解析：**選項 A 説法錯誤，沒有專門的「虛擬資產業務的牌照」；另亦需要根據從事虛擬資產業務的實際性質來判斷需要哪個牌照，假如説從事涉及虛擬資產的資產管理服務涉及期貨，依然需要證監會發牌。選項 B 説法不正確，只有同時不涉及證券及期貨，才不需要證監會發牌，而是需要根據《打擊洗錢及恐怖分子資金籌集條例》發牌。選項 C 錯誤，為無中生有的內容。

**13. 答案：A**

**解析：**只有選項 IV 的説法不正確，豁免遵守《股份回購守則》是有前設條件的，就是必須確保香港股東已獲得充分的保障，才會獲豁免。

**14. 答案：A**

**解析：**只有選項 IV 錯誤，那是無中生有的要求。

**15. 答案：D**

**解析：**衍生權證為其中一種可於聯交所上市的結構性產品衍生權證，給予其持有人權利（而非責任），故選項 III 錯誤。

至於選項 IV，其實是認股權證的第二種結算方式，所謂認購權證，即按照現金結算方式收取結算差價，説法正確。

**16. 答案：B**

**解析：**選項 II 錯誤，因為可以有非抵押的認股權證。選項 III 也不正確，這種情況下擔保人不得為私人公司。

## 17. 答案：D

**解析：**選項 A 如果是董事達成這種債務重整協議沒有問題，但若是發行人（即維基公司）達成了這種債務重整協議則通不過負面測試。選項 B 的情況也通不過負面測試。選項 C 有關產品的安排人與負面測試無關。法規上負面測試的原文如下——

負面測試也適用於每一名有關人士，如：

(a) 發行人不得身為清盤的目標或與其債權人訂立任何安排或作出債務重整協議；

(b) 產品安排人不得被監管者採取紀律處分行動；或

(c) 受託人／保管人不得身為清盤的目標或與其債權人訂立任何安排或作出債務重整協議。

**備註：**如要符合資格，產品安排人必須就第 1 類（證券交易）受規管活動獲發牌或註冊，並且在發行認可非上市結構性投資產品時，沒有就其進行受規管活動的牌照或註冊而接受任何可能對其財政狀況、作為持牌或受規管實體的地位或進行其持牌或受規管活動的能力構成重大影響的紀律處分程序，及沒有因違反任何適用規則而被任何交易所、受規管市場或自律監管組織採取任何可能對其財政狀況、作為持牌或受規管實體的地位或進行其持牌或受規管活動的能力構成重大影響的行動。

18. 答案：**D**

**解析**：選項 I 錯誤，正確名稱是《公司收購、合併及股份回購守則》。選項 III 不正確，證監會企業融資部執行董事負責兩份守則的日常執行工作。選項 IV 說法有誤，正確是「儘管兩份守則屬自律守則，香港法院仍接納對委員會作出的裁定進行司法覆核」，換言之，法院將監管有關程序以確保其公平運作。

19. 答案：**B**

**解析**：選項 I 錯誤，正確是「上市發行人必須於其首次上市之日起委任合規顧問」。選項 II 亦錯誤，如為 GEM 上市，合規顧問任期最少直到「從上市發行人在首次上市之日起計**第二個**完整財政年度的財務業績的刊發日」才終止。

20. 答案：**D**

**解析**：選項 A 錯誤，正確是「在香港或其他獲證監會接納的司法管轄區成立為法團」，即不一定是香港成立的法團。

此外，發行人亦應獨立於任何受託人/ 保管人或任何主要產品對手，所以選項 B 與選項 C 都不正確。

# 第九章

# 市場失當行為及不當交易手法

本章主要討論市場失當行為和市場不當行為。首先要了解有關市場失當行為研訊程序及影響的懲罰措施。接下來重點討論可能屬於市場失當行為的活動，如未獲邀約的造訪，不當交易手法。其中不當手法包括：高壓推銷證券業務、過分頻密的交易、「老鼠倉」交易、提供不適當的意見及未經授權的交易。

## 9.1 《證券及期貨條例》下的市場失當行為

※ 雙軌法律途徑的含義——

◆ 雙軌途徑旨在令監控市場失當行為的監管制度更加靈活。

**【靈活的意思是可以任意選擇民事或刑事處罰方式。】**

◆ 不能對同一人就同一市場失當行為，同時提出在市場失當行為審裁處進行研訊程序及提出刑事檢控。

**【對於證監會懲罰相關市場失當行為來説，因民事及刑事的處罰方式不一，證監會不能兩者並用。】**

**思考：**雙軌制度和只能採用一種方式作出處罰是否有矛盾？

**回答：**不矛盾。雙軌制意思是，對於同一市場失當行為，證監會可從兩種檢舉途徑中選擇其一；單一方式處罰是指證監會作出選擇後，不能同時使用另一方法。

◆ 證監會將會根據案件的調查結果，決定應循哪一條檢舉途徑。如證監會認為適宜循民事途徑處理案件，在取得律政司司長的同意後，則會在市場失當行為審裁處提起研訊程序。如證監會認為適合循刑事途徑處理，則會將有關實情轉告律政司司長，由律政司司長決定應否在法院提出刑事檢控。説明證監會對於處理市場失當行為，只能選定一種路線。

◆ 證監會亦有權循簡易程序在裁判法院檢控較輕的罪行，但律政司司長的檢控權力淩駕於證監會之上。

※ 市場失當行為

◆ 釋義涵蓋多種行為，包括：

■ 內幕交易；

■ 虛假交易；

■ 操控價格；

■ 披露關於受禁交易的資料；

■ 披露虛假或具誤導性的資料以誘使進行交易；或

■ 操縱證券市場。

◆ 其他類別的市場失當行為（共通點是涉及欺詐、欺騙以及虛假陳述）：

■ 在第 1 類、第 2 類或第 3 類受規管活動中的欺詐或欺騙行為，或利用欺詐或欺騙手段；

■ 披露虛假或具誤導性的資料以誘使訂立槓桿式外匯交易合約；及

■ 向某人作出已代他進行期貨合約交易的虛假陳述。

**思考：**具備怎樣的特點，才算是市場失當行為？

**回答：**首先必須是在交易所發生的行為，然而這些行為會導致損失或者不當的利益。

※ 內幕交易

◆ 釋義可視為由兩種不同的市場失當行為產生：

| **定義概述** | **定義詳情** |
| --- | --- |
| 1. **交易行為**：任何人進行或慫使或促致他人交易，而該人有右列行為或特點 | 與該上市法團有關連，並掌該上市法團的內幕消息； |
| | 意圖提出收購，而該人士知道此消息屬於內幕消息，而進行或慫使或促致他人進行交易的目的並非為該項收購；或 |
| | 直接或間接從另一人收到該上市法團的內幕消息，而他知道該另一人與該上市法團有連繫。 |
| 2. **通風報信行為**：任何與上市法團有連繫的人向另一人披露內幕消息或收購要約的訊息 | 在此情況下，他明知或有合理因由相信該另一人會利用該消息進行交易或慫使或促致他人進行交易。 |

**思考：**內幕交易的特徵是甚麼？

**回答：**基於內幕消息所衍生，具針對性突發買賣活動。

◆ **內幕消息**的釋義

■ 法團、其股東或高級人員，或其上市證券或它們的衍生工具有關的具體消息，並且：

1. 並非普遍為慣常或相當可能會買賣其上市證券的人士所知；
2. 但如該等消息普遍為該等人士所知，則相當可能會對上市證券的價格造成重大影響。

**【內幕消息的通常特徵是不為公眾所知悉，且能對股價有重要影響。】**

◆ **與上市法團有關連的人**包括：

■ 該法團及其有聯繫法團的董事、僱員或大股東（持有相關法團股份總數至少 5% 者）；

**【注意，大股東原本的定義是持有至少 10% 股份，而在有關連人士這裏的規定是只要達 5% 就可以。】**

■ 因與該法團或其有聯繫法團存在專業或業務關係，而可合理預期其可取得內幕消息的人士或該法團或有聯繫法團的任何高級人員或大股東；及

■ 如內幕消息與兩個法團之間的交易有關，則指另一法團的關連人士。

**【如兩個法團簽訂協議，則相關消息只有該兩個法團之間知曉，所以該兩個法團也互為關連人士。】**

◆ 內幕交易不僅牽涉上市證券，也包括「未上市及/ 或未發行，但當時可合理預見會發行或上市，而其後情況確實上市/ 發行的證券」。

◆ 內幕交易指控的免責辯護：

| **辯護觀點** | **簡介** |
|---|---|
| 職能分隔制度 | 掌握內幕消息的人**受有效的職能分隔制度分隔**，於法團交易時沒有掌握內幕消息，則不會被視為從事內幕交易。 |
| 豁除目的 | 內幕交易的目的**並非利用內幕消息獲利**或**避免損失**。 |
| 市場合約 | 有關交易為一項市場合約。 |
| 關連人士的交易 * | 交易的另一方知道或理應知道交易對手為關連人士。 |
| 行使現有權利 | 在知道內幕消息前已獲得認購或購買證券的權利，則交易屬正當行使權利。 |

* 這辯護只在該關連人士並無慫使或促致交易的另一方進行該交易，方為有效。

**思考：**僅僅分享內幕資訊而不涉及買賣，是否干犯內幕交易？

**回答：**不算，因為這裏不涉及誘導交易。

**思考：**為甚麼市場合約、關連人士的交易可以作為內幕交易指控的免責抗辯？

**回答：**首先，市場合約指諸如結算所的角色，在其進行約務更替的過程中，會重新與原交易雙方訂立合約，這種行為屬於一種規定的制度安排，與內幕交易無關。其次，關連人士涉及的雙方，因為互相知曉交易內容（即內幕消息），但交易的本質並不是利用該消息去交易，所以也可以免責豁除。

※ 虛假交易

◆ 釋義：

<table>
<tr><td rowspan="3">任何人意圖或罔顧後果地</td><td rowspan="2">製造</td><td>交投活躍的虛假或具誤導性的表像；</td></tr>
<tr><td>市場或價格方面的虛假或具誤導性的表像；或</td></tr>
<tr><td>直接或間接參與製造</td><td>非真實的價格或維持非真實的價格水平的交易。</td></tr>
</table>

**思考：**虛假交易的特點是甚麼？

**回答：**簡言之，是有意圖地製造人為假像。

◆ 虛售交易及配對交易

| | 特點 | 實際情況 |
|---|---|---|
| 虛售交易 | 進行交易後，證券的實益擁有權並無改變。 | 買賣雙方屬於同一人。 |
| 配對交易 | 進行了相關交易，但是做了相反方向的對沖，買賣互相抵消了。 | 買賣雙方商定好，交易相同證券，且數量及作價相若，目的是為了製造假像。 |

■ 凡進行虛售交易或配對交易的人士，均會被假定為從事虛假交易。

■ 如要進行辯護，必須證明涉事人並非以製造「證券交投活躍的虛假或具誤導性的表像」或「有關市場或價格方面的虛假或具誤導性的表像為目的」，而進行有關虛售交易或配對交易。

**【兩者的區別主要在於虛假交易是買賣後實益權沒變(即買賣雙方同屬一個人)，而配對交易中，實際的買賣發生後所有權是有變化的，只不過是一買一賣是計劃好的。】**

※ 操控價格

◆ 釋義：

■ 訂立可維持、提高、降低、穩定證券價格或引致證券價格波動意圖的虛售交易；或

■ 意圖或罔顧後果地作出虛構/ 非真實的交易或手段。

◆ 操縱價格僅限於場內交易，場外交易不算是操縱價格。

**【操控價格只有在場內才會對公眾產生影響，如果是場外，公眾無法清晰便捷地了解市場價格是多少，操縱價格也無法對公眾產生很大影響。】**

**思考：**操縱價格的最重要特點是甚麼？與虛假交易有何異同？

**回答：**特點是有意圖地製造不真實的價格。與虛假交易最大的不同是虛假交易只是營造假像，而操縱價格側重的是控制價格。

※ 操縱證券市場——

◆ 符合下列特徵即屬於操縱證券市場：

■ 為意圖影響其他人的投資決定，直接或間接訂立**兩宗或以上**的交易，而該等交易本身或連同其他交易會（或相當可能會）提高、降低、維持或穩定證券的價格；及

■ 該行為必須是在交易所進行的，場外交易不算操縱證券市場。

**思考：**為甚麼訂立兩宗或以上的交易可能導致操縱證券市場？

**回答：**市場交易量會對其他買家產生影響，進而影響其他買家的決策。

※ 披露關於受禁交易的資料

◆ 釋義：任何人披露、傳遞或散發資料，而該資料屬於**受禁交易**，同時該人或其有聯繫者**已收取利益**，且該行為

會**影響證券或期貨合約價格**，即屬干犯此市場失當行為形式。

**【受禁交易釋義：可能導致市場失當行為的交易，例如內幕交易。】**

◆ 免責辯護：須證明其以真誠行事，或並無從參與受禁交易的人士或該人的有聯繫者收取任何利益。

**思考：**上述市場失當行為所具備的特點是？

**回答：**有意圖、有目的地從「披露受禁交易資料」中獲取利益或避免損失。

※ 披露虛假或具誤導性的資料以誘使進行交易

◆ 釋義：該人知悉或罔顧或疏忽理會有關資料是否屬虛假或具誤導性，而對該資料進行披露、傳遞或散發，從而會誘使他人認購、售賣、或購買證券或進行期貨合約交易，或提高、降低、維持或穩定其價格。

**思考：**上述市場失當行為有甚麼特點？

**回答：**散佈虛假或誤導性資料，以誘使別人進行交易。

◆ 如於日常業務過程中以印刷商或出版商的身份，或在現場直播等活動中真誠充當傳送管道而傳送或再傳送有關資料，則不被視為從事市場失當行為。

**【即僅傳佈資訊，而自己不進行加工，便不用負上責任。】**

※ 國際性市場失當行為

◆ 範圍：

■ 在香港發生，影響香港和外國市場的；

■ 在外國發生而影響香港的。

※ 穩定價格行動（安全港規則）

◆ 儘管看似市場操縱，但這是不構成市場失當行為的。

◆ 《證券及期貨（穩定價格）規則》允許及規管發行人或包銷商，就公開發售實施穩定價格行動。這些規則使指定的穩定價格活動得以合法進行，否則會被視作操縱證券市場，或可能被視作虛假交易或操控價格。

**【簡言之須滿足兩個條件：一、由包銷商或上市發行人進行；二、在發行新股上市後進行。】**

## 9.2 市場失當行為的後果

※ 市場失當行為審裁處

◆ 組成：**由一名法官出任主席，兩名其他成員須為非公職人員**。市場失當行為審裁處的 3 名成員均由香港特別行政區行政長官委任，而行政長官可將任何一名成員免職。

**【這種人員架構有利於保持該委員會的獨立性。】**

◆ 職能：可指示任何人士提供與研訊程序有關的資料或證據，即市場失當行為審裁處不受適用於法院的證據規則約束，因此可強制取得任何與研訊程序有關的證據。

**【此審裁處對於證據的收取具有強制性。】**

◆ 研訊應用「相對可能性的衡量」的舉證準則。

**【即比照民事蒐證的標準。】**

◆ 在研訊程序結束後，該審裁處會發出：

■ 説明是否曾發生市場失當行為及相關人士的身份，以及因該市場失當行為而獲取的利潤或避免的損失的金額；及

■ 相關的懲罰措施（詳見後表）。

◆ 就市場失當行為審裁處的裁定及任何命令，有關人士**可向上訴法庭提出上訴**。市場失當行為審裁處亦須接受司法覆核。

**【注意，司法覆核在這裏的意思是「由司法機關對於審裁處的裁定作覆核」。】**

※ 市場失當行為審裁處作出的命令

◆ 處罰措施：

| 處罰類別 | 具體措施 |
|---|---|
| 取消資格或冷淡對待令 | 取消擔任董事、清盤人或接管人等職務，或參與法團管理的資格，為期最長 5 年。 |
| | 禁止在香港市場進行投資或交易，為期最長 5 年。 |
| 禁止從事相關受規管活動 | 禁止進行構成該命令指明的市場失當行為的任何行為。 |
| 罰款及費用支出 | 向政府繳交所獲取的任何利潤或避免的損失，另加複利。 |
| | 支付政府及證監會招致的合理訟費及開支。 |
| 紀律轉介令 | 建議專業團體對干犯者採取紀律行動。此舉會使持牌人或註冊人的適當人選資格受質疑，亦對其持牌或註冊身份有潛在後果。 |

※ 法庭施加的刑事制裁

◆ 具體制裁包括：

■ 一經循公訴程序定罪，可**監禁 10 年**及**罰款 1,000 萬港元**；

■ 一經循簡易程序定罪，可**監禁 3 年**及**罰款 100 萬港元**。

※ 私人民事訴訟

◆ 如任何人士因違法者違反有關市場失當行為的規定而蒙受金錢損失，不論他是否訂立了受該市場失當行為影響的交易，或以受該市場失當行為影響的價格進行交易，均可向違法者索取損害賠償。

**【民事方面，只要受到相應損失，即可索償。】**

◆ 市場失當行為審裁處或刑事法庭就市場失當行為的裁斷有助訴訟人索償，但索償的權利獨立於市場失當行為審裁處，或刑事法庭的任何裁斷。

**【即相關部門的裁定可作為民事賠償的證據，但不能替代民事案件的提控程序。】**

**思考：**私人民事訴訟和市場失當行為審裁處的懲罰，兩者有何關係？

**回答：**兩者是各自獨立的。市場失當行為審裁處代表行政機關對相關人士的處罰，而私人民事訴訟代表民事主體對於自身權利的主張，兩者在法律甘無關係；當然在兩者流程中形成的證據可以通用。

※ 交易不會失效

- ◆ 交易不得僅因市場失當行為曾就該等交易或因該等交易而發生，而屬無效或可使無效。

**【這是為了保證交易雙方的權利，不會因為其中一方的市場失當行為而蒙受損失。】**

## 9.3 未獲邀約的造訪

※ 未獲邀約的造訪釋義——

- ◆ 通常稱為「擅自造訪」。
- ◆ 定義包括：大部分中介人在並無獲得任何人士明示邀請的情況下，可能作出的通訊方式。

**【注意，這個造訪不是狹義的當面拜訪，而是廣義的使用各通訊方式作出邀請和造訪。】**

- ◆ 在未獲邀約的造訪中進行以下行為即屬犯罪：
  - ■ 要約訂立協議購買或售賣受證監會規管的金融產品、提供證券保證金融資，或就買賣該等金融產品而提供利潤、收益或其他回報，或誘使另一人訂立有關協議。

    **【簡單理解就是誘使客戶簽署投資協定。】**
  - ■ 任何人因擅自造訪而訂立協定，可在訂立協定當日後 28 天內，或在他察覺上述違反當日後 7 天內（以較早者為準），發出書面通知撤銷該協議。

    **【換言之，在未獲邀約的造訪下訂立的協定，之後可以撤銷。】**

**思考：**未獲邀約的造訪必然是不合法的嗎？

**回答：**不是。未獲邀約的造訪是否不合法有着嚴格的條件約束，即在造訪的過程中必須有引誘另一人簽署協議的行為。

※ 就未獲邀約的造訪訂立規則的目標

◆ 在於保障投資者，以免他們：

- 罔顧後果地向陌生人提供個人資料及款項；
- 在沒有查核要約人身份或背景的情況下，相信表面上能提供專業分析報告及公司簡介，及提供可觀投資機遇的人士；
- 在未有查明發行人背景的情況下買入證券；及
- 在沒有採取妥善的防範措施的情況下開立帳戶。

※ 中介人可向下列人士作出未獲邀約的造訪：

| 人員類別 | 具體包含對象 | 允許擅自造訪的理由 |
|---|---|---|
| 非新客戶 | 原有客戶 | 原有客戶對中介人已有一定程度的了解，被誤導的可能性較低。 |
| 具有一定規模的機構 | 註冊機構 | 專業的機構及人員，本身專業性較強，被誤導的可能性也較低。 |
| 專業人士 | 持牌人；專業投資者；以其專業身份行事的律師或會計師；放債人 | |

※ 禁止未獲邀約的造訪條文不適用於以下情況：

- ◆ 就法團證券而言，向已持有有關證券的人士出售有關證券或向其購買有關證券的協議；或

  **【已持有相關證券，代表對相關證券有一定程度的了解，因此被誤導的可能性較低。】**

- ◆ 屬「獲准許的通訊」的未獲邀約的造訪。
- ◆ 獲准許的通訊僅指不在下表過程中作出的通訊（即除下列情況外，都是獲准許的通訊）：

<table>
<tr><th>各種情況</th><th>不屬於獲准許的通訊的原因</th><th>可豁免的情況（即滿足這些條件之一即屬於獲准許的通訊）</th></tr>
<tr><td>親身探訪</td><td rowspan="2">此訪問方式有較大機會，使中介人可通過誤導的方式，與客戶簽訂合約。</td><td rowspan="2"></td></tr>
<tr><td>電話談話</td></tr>
<tr><td rowspan="3">任何其他互動式對話，而在對話過程中會即時交換陳述及對該等陳述的回應</td><td rowspan="3">屬於有目的、針對具體客戶的通訊，其通訊方式容易誤導客戶並與客戶簽訂合約。</td><td>以相同的用語向多於一名接收者作出通訊；</td></tr>
<tr><td>有關通訊是透過有通訊紀錄的系統作出，而該紀錄是可供接收人於其後作參考用的；及/ 或</td></tr>
<tr><td>有關通訊是透過毋須作出即時回應的系統所作出。</td></tr>
</table>

## 9.4 不當交易手法

※ 不當交易手法包括：

- ◆ 高壓推銷證券的活動；
- ◆ 過分頻密的交易；
- ◆ 企業管治失當；

- 扒頭交易；
- 「老鼠倉」交易；
- 提供不適當的意見；及
- 未經授權的交易。

**思考：**不當交易手法和市場失當行為有何區別？

**回答：**不當交易手法是違反操守準則，但未必涉及違法；市場失當行為則屬違法。另外，不當交易手法就犯錯的程度和後果來說，低於市場失當行為。

※ 高壓推銷證券的活動

- 釋義：使用高壓手段向公眾出售證券。所出售的證券可能是真實或是虛假的。投資者被極高回報的承諾吸引購買。投資者其後才知道該等活動可能涉及欺詐。
- 此類活動有以下特點：
  - 只利用電話、電郵或傳真作初步及持續性的聯繫，而不會與投資者面談；
  - 賣方通常身處境外；
  - 投資者獲告知該投資僅提供給特定人士，而且提供期短；
  - 投資者被催迫將訂金匯到另一國家的銀行戶口，而戶口並非以表面賣方的名義開設。投資者付款後，即會接到更多電話要求其增加投資金額；及
  - 產品均為名字稀奇古怪的期權、債券或商品，或聲稱在納斯達克或其他市場上市的新股。

**思考：**高壓推銷證券與正常銷售證券有甚麼不同？

**回答：**高壓推銷證券所採用的方式不能夠讓投資者對被推銷的產品有充分了解和認識，往往存在誤導消費者的情況。

※ 過分頻密的交易

◆ 釋義：指基金經理或第 1 類或第 2 類中介人，為其管理的基金或委託帳戶執行大量買賣盤。特點主要是買賣盤過量，但不能反映基金或委託帳戶的投資目標。

**【即頻繁的買賣本身不會為客戶創造更多的價值。】**

◆ 中介人交易目的是為自己產生較高的佣金收入，不符合客戶的最佳利益。

※ 企業管治失當

◆ 範圍及釋義：涵蓋公司董事局或管理層對公司及其股東的各種失當行為，包括：欺詐、不當行為及未能履行披露職責。

**思考：**企業管治失當對客戶有甚麼影響？

**回答：**企業管治失當可能令企業經營變差，對投資者的利益造成損害。

※ 扒頭交易

◆ 釋義：中介人或其僱員利用本身得知客戶所進行或將進

行的交易，在客戶進行交易前搶先利用自己的戶口進行交易。

**【本質就是利用自己的資訊優勢來獲得利益，因而減低客戶的回報或增加客戶的損失。】**

◆ 此舉可能不利於客戶實際支付的價格，因而減低客戶的回報。

※「老鼠倉」交易

◆ 釋義：客戶主任雖為客戶執行買盤指令，但卻延遲將指令分配至該客戶；如果價格上漲，便會將買賣盤以較低的執行價格分配至他本身的戶口或其相關戶口。其後再執行新的指令，並以較高價格分配至該客戶。

**【簡單理解就是用客戶的錢買了股票後不分配，而是觀察價格，如漲了後就分配到自己帳戶，並告知客戶只能以高價購買股票，無論客戶同意與否，都可以賺取漲價差額。】**

**思考：**扒頭交易和「老鼠倉」有甚麼區別？

**回答：**扒頭交易重點強調在客戶之前交易，交易完後一般就中止不在與客戶進行互動。而「老鼠倉」強調搶在客戶交易前進行交易的同時觀察市場變化，再決定如何分配這筆交易。

※ 提供不適當的意見

◆ 釋義：中介人或其職員在了解客戶的財政狀況、經驗及投資目標的前提下，建議客戶作出其理應知道是不適合該客戶的投資。

**【留意，重點是中介人或職員須理應知道該建議是不合適的。】**

**思考：**如果中介人向客戶提供了不適當的意見，中介人是否有責任？

**回答：**首先要看中介人是否按照操守准則的要求進行了盡職調查，是否充分了解客戶的基本情況後才作出的推薦，如是者則無論最終意見是否合適，都是不需要負責的，反之則需要負責。

※ 未經授權的交易

| 屬於未經授權交易的理由 | 舉例 |
| --- | --- |
| 缺少授權手續 | 客戶並未向第三者或客戶主任提供書面授權，准許其透過自己的帳戶進行交易。 |
| 交易有可能未經客戶同意而進行 | 客戶聲稱並無收到成交單據及結單。 |
| | 由於並無安裝電話錄音系統，因此沒有記錄到收到交易指示的時間及詳情。 |
| 盜用或挪用客戶資產 | 客戶主任可能會利用未經授權的交易，來隱瞞其非法挪用客戶資產的行為。 |

# 第九章　模擬練習

1. 范先生是中德公司的副總經理，他最近被控參與了內幕交易，以下哪些陳述**可以**作為范先生的免責辯護呢？

   I　范先生是主管公司業務的負責人，而涉事的內幕交易屬於零售業務，兩者之間有嚴格的職能分離。

   II　范先生所進行涉事交易的目的是社會公益方面的宣傳，並沒有為自己牟利。

   III　范先生在三年前獲得了一份認股期權，涉事交易僅是正常行使權利。

   IV　范先生積極促成的涉事交易涉及另一家公司的僱員李先生，范先生表示李先生知悉他為中德公司的高級管理層。

   A　只有 I、II、III

   B　只有 I、II、IV

   C　只有 II、III、IV

   D　I、II、III 及 IV

2. 以下哪些陳述是**正確**的？

I 交易會因市場失當行為的發生而失效。

II 私人就市場失當行為的索償的權利，是獨立於市場失當行為審裁處或刑事法庭的任何裁斷。

III 某人因市場失當行為蒙受金錢損失，如果要索賠，必須訂立了受該市場失當行為影響的交易，或者曾以受該市場失當行為影響的價格進行交易。

IV 若在未獲邀約的造訪中提供證券保證金融資，即屬犯罪。

A 只有 I

B 只有 II、III

C 只有 II、IV

D 只有 I、II、III

3. 李先生是持牌法團中德公司的董事，被市場失當行為審裁處裁定干犯市場失當行為，以下關於對李先生處罰的陳述，**不正確**的是？

A 永久取消他擔任董事的資格

B 禁止他在香港市場進行投資和交易，為期最長五年

C 他要向政府繳交從失當行為中所獲取的利潤 100 萬港元

D 禁止他從事某項交易，因為該交易可能導致市場失當行為

4. 中德公司為持牌法團，范先生擔任中德公司董事，李先生為中德公司股東，趙先生為中德公司聘請的律師，以下哪些陳述是**不正確**的？

A 內幕消息可以指涉及到范先生的具體消息。

B 范先生可以被看成是與法團有關聯的人士。

C 李先生持有中德公司 3% 股權，則李先生可成是中德公司的大股東。

D 趙先生與中德公司存在業務關係，他合理預期可以取得內幕消息，所以可被視作與法團有關的人。

5. 范先生為持牌人中德公司的客戶，李先生為中德公司的僱員，李先生想推銷中德公司的基金產品，以下哪項做法**不屬於**高壓推銷證券的活動？

A 李先生只用電話與范先生聯繫，次數多達 10 次，李先生在電話中多次催促范先生購買基金。

B 李先生告知范先生基金額度非常稀缺，只提供給名單客戶。

C 李先生告知客戶要購買基金，必須將款項匯款至美國帳戶，而范先生發現該帳戶並非以中德公司的名義開設。

D 范先生向李先生反映，李先生提供的基金產品名稱全為英文，而且有些冗長，因此不容易記憶。

6. 以下有關市場失當行為審裁處的陳述，**不正確**的是？

A 三名成員均由香港特區行政長官委任

B 受到適用於法院的證據規則所約束，可以強制取得任何與研訊程序有關的證據

C 可指示任何人士提供與研訊程序有關的資料或證據

D 研訊程序結束後會發出一份公眾研訊報告書

7. 以下有關未獲邀約的造訪，理解**正確**的是？

I 未獲邀約的造訪又稱為擅自造訪

II 未獲邀約的造訪一定是並無獲任何人明示邀請的情況下做出的通訊方式

III 未獲邀約的造訪的定義適用於中介人及中介人代表

IV 未獲邀約的造訪一定是犯罪行為

A 只有 II、III、IV

B 只有 I、III

C 只有 I、II、IV

D 只有 I、II、III

8. 杜先生為香港持牌律師，平時喜歡投資股票，屬於資深投資者。杜先生某天接到陌生人李先生來電，李先生自稱是維基公司的客戶經理，想向杜先生推薦一款理財產品，杜先生覺得產品不錯，隨後跟李先生簽訂了購買合同，協議簽署日為 3 月 1 日；至 3 月 20 日，杜先生獲朋友告知這是未獲邀約的造訪，建議杜先生取消合同。以下哪些關於此案例的描述**不正確**？

I 因為杜先生屬於資深投資者，所以不受未獲邀約造訪禁令的限制
II 因為杜先生是持牌律師，所以不受未獲邀約造訪禁令的限制
III 如想撤銷合同，可以在 3 月 27 日之前取消
IV 如要撤銷該合同，杜先生需要發出書面通知

A 只有 I、III、IV
B 只有 I、II
C 只有 I、II、IV
D 只有 I、II、III

---

9. 某人被懷疑干犯市場失當行為，以下有關證監會和律政司在此案件中的地位和作用的陳述，**正確**的是？

A 證監會如要對該人採取刑事制裁措施，必須將案件轉交律政司處理。
B 證監會如認為案件應當遵循刑事途徑處理，應徵求律政司司長的意見。
C 在處理市場失當行為的刑事案件中，證監會扮演領導角色。
D 證監會將按照律政司的檢控政策，審視是否進行檢控。

10. 李先生是一位香港股票投資領域的資深投資者，最近李先生對甲股票的投資，因為張先生在市場上散佈關於乙股票的虛假信息而受影響，導致李先生投資受損。張先生目前已經被市場失當行為審裁處裁定為干犯市場失當行為，請問以下陳述**正確**的是？

I　李先生可以向張先生提出索賠要求。

II　李先生不能向張先生提出索賠要求，因為李先生和張先生所交易的股票不同。

III　損害賠償僅可於賠償是「公平、公正和合理」的情況下作出。

IV　李先生不能向張先生提出索賠要求，因為無法看出李先生的交易價格與張先生一致。

A　只有 I、II

B　只有 III、IV

C　只有 I、III

D　I、II、III 及 IV

11. 李先生為一名資深證券投資者，他通過別人間接訂立了兩宗證券交易，在李先生的這兩宗證券交易完成後，該證券價格大幅上漲，以下陳述**正確**的是？

A　交易後證券價格有大幅變動，因此很明顯李先生干犯了操縱證券市場的市場失當行為。

B　李先生沒有主觀要影響證券市場的意圖，所以不構成操縱證券市場的市場失當行為。

C　李先生是間接訂立兩宗交易，一定不屬於操縱證券市場的市場失當行為。

D　李先生的行為是否屬於市場失當行為，主要看他是否通過交易獲利。

12. 以下哪類情況下的未獲邀約的造訪，一定是**被允許**的？

I 向已經持有上市公司證券的人士簽署購買有關證券的協議
II 向已在中介人處開戶的客戶推銷證券產品
III 向個人專業投資者推銷上市公司的證券。
IV 向某會計師推薦證券

A I、II、III 及 IV
B 只有 I、II、III
C 只有 III、IV
D 只有 I、III、IV

13. 杜先生為香港持牌法團維基公司的客戶主任，維基公司主要從事證監會 1 號牌照相關業務。杜先生在一次交易過程中，因其固網電話的錄音系統出現故障，所以改用流動電話的方式落盤，但流動電話本身並沒有安裝任何記錄系統。關於此案例的**正確**描述是？

I 杜先生可能被控扒頭交易。
II 杜先生可能被控老鼠倉交易。
III 杜先生可能被控未經授權的交易。
IV 杜先生可能被控過分頻密的交易。

A 只有 I、III
B 只有 I、II
C 只有 I、IV
D 只有 III

14. 李先生是一名金融投資愛好者，某天他接到一個電話，對方自稱是一家境外公司的客戶經理，向李先生推薦一款金融產品，經李先生詳細了解後，該客戶經理聲稱產品額度有限，僅提供給像李先生這樣的資深投資者。以下哪些關於此案例的陳述**正確**？

I 該行為屬於未獲邀約的造訪
II 該行為屬於高壓推銷證券的活動
III 該行為並無不當
IV 該行為僅屬於不當宣傳

A 只有 I、II
B 只有 I、II、III
C 只有 I、III、IV
D 只有 II、III、IV

15. 持牌法團中德公司的持牌代表李先生，向客戶范先生推薦一款基金產品，李先生聲稱該產品的歷史收益很高，開放申購期很短，額度有限，請問李先生的行為是否涉及高壓推銷證券活動？

A 涉及，因為產品提供期很短。
B 涉及，因為產品收益宣稱很高。
C 不涉及，因為李先生的行動並不完全符合高壓推銷證券之特點。
D 涉及，因為李先生只說產品優點，涉嫌誤導客戶。

16. 杜先生是香港上市公司維基公司的高級管理人員，他在一場家庭聚會中，把維基公司最近將要承攬大型項目的消息（並未對外公佈）分享給家庭成員，杜先生的母親張女士聽了後，認為這是重要的內部消息，於是大舉買進維基公司的股票，但後來發現虧蝕了。請問張女士的行為是否屬於市場失當行為？

A　不屬於，因為張女士沒有盈利。

B　不屬於，因為張女士並沒有將此消息外傳。

C　屬於，因為張女士明知杜先生為維基公司高級管理層，此行為屬於內幕交易。

D　屬於，因為杜先生分享的消息屬於公司內部機密，所以張女士干犯披露受禁交易。

---

17. 維基公司擬在聯交所出售龍華公司的股票 10 萬股，維基公司私下與其有聯繫者麗穎公司商量，由麗穎公司將維基公司此次出售的股票全數買回，以下有關上述行為的陳述，**正確**的是？

A　因為該行為發生在場外，所以不可能是虛售交易或配對交易。

B　該行為屬於虛售交易。

C　如果維基公司能證明此行為並非為了製造證券交投活躍的假像，則可以免責。

D　無論是否屬於場外交易，配對交易都屬於虛假交易。

18. 杜先生為香港證監會持牌法團——維基公司的董事，李先生則是一名高淨值投資愛好者。杜先生和李先生是多年好友，兩人經過平等協商，最終杜先生決定將自己持有維基公司的期權和權證全部賣給李先生，請問這筆交易是否屬於內幕交易？

A 不屬於，因為李先生不一定能獲利。
B 不屬於，因為這屬於關聯人士的交易，而且符合此項規定的免責辯護。
C 屬於，因為杜先生屬於關聯人士，而且李先生也明白知悉杜先生為關聯人士，卻仍然選擇交易。
D 屬於，因為杜先生作為關聯人士，此項交易是被禁止的。

19. 維基公司是香港一家非上市公司，麗穎公司為一家香港的上市公司。維基公司意圖向麗穎公司提出收購要約，之後維基公司將該事情告知投資者杜先生，以促使杜先生購買麗穎公司的股票，有關維基公司的行為，以下陳述**正確**的是？

A 該行為屬於市場失當行為，即披露關於受禁交易的資料。
B 該行為不屬於市場失當行為。
C 該行為屬於內幕交易。
D 只要杜先生購買的股票有盈利，就屬於市場失當行為。

20. 張先生為一名專業投資者，某天上午，他將自己持有香港某上市公司的股份清倉；同日下午，張先生感覺自己對市場的判斷有誤，於是又買進同一間公司的相同數量股份。以下有關張先生的行為的陳述，理解**正確**的是？

A 買賣相同數量的股份，這種行為屬於虛售交易。

B 買賣相同數量的股份，這種行為屬於配對交易。

C 不屬於虛售交易和配對交易。

D 屬於虛售交易但基於張先生的行為未給市場造成嚴重影響，所以可引此理由進行抗辯。

# 第九章　模擬練習答案及解析

**1. 答案：A**

**解析：**選項 I 的職能分隔制度，以及選項 II 的並非利用內幕消息而獲利或避免損失，均為合理的免責辯護。而選項 III 的「行使現有權利」屬於另一種免責豁免情況，具體內容為：如在知道內幕消息前已獲得認購或購買證券的權利，則因行使有關權利而進行的交易不會被視為內幕交易。

至於選項 IV 的陳述，如果范先生沒有積極促使交易成功，才能夠以此作辯護，否則不能免責。儘管「關連人士的交易」免責辯護適用於交易的另一方知道或理應知道交易對手為關連人士，但這只在該關連人士並沒有慫使或促致交易的另一方進行該交易的情況下方為有效。

**2. 答案：C**

**解析：**選項 I 錯誤，交易不會失效。選項 III 亦錯誤，無論是否具備這兩個條件，都可以索償。

**3. 答案：A**

**解析：**選項 A 錯誤，李先生不會永久失去擔任董事的資格，最長是五年內禁任董事。

**4. 答案：C**

**解析：**選項 C 錯誤，至少持有 10% 股權才算大股東。

另請小心留意還有兩項容易混淆的知識，包括：(i) 持有投票權超過 5% 需要進行權益披露，以及 (ii) 持有佔上市發行人已發行股份數量 5% 或以上權益的人士，一般不被視作獨立人士。

**5. 答案：D**

**解析：**產品名稱只有英文和字數長，並不屬於高壓推銷證券的特點；以下特徵才有可能是——產品名字均為稀奇古怪的期權、債券或商品，或聲稱是在納斯達克或其他市場上市的新股。

**6. 答案：B**

**解析：**選項 B 錯誤，正確是「**不適用**於法院的證據規則約束」。因為法院的證據規則比較嚴謹，門檻高；而市場失當行為審裁處並不是法院，進行的是程序簡單的聆訊過程，所以不需要遵守法院的證據規則。

**7. 答案：D**

**解析：**選項 IV 錯誤，不是所有的未獲邀約的造訪都一律是犯罪行為，而是在未獲邀約的造訪中，售賣產品或提供特定金融服務，或誘使另一人訂立合約，符合上述特定條件的才算犯罪。

**8. 答案：B**

**解析：**選項 I 錯誤，資深投資者和專業投資者是兩個不同的概念，只有專業投資者才不限接受未獲邀約的造訪。選項 II 也不正確，選項中未提及先設條件，即要以專業身份行事的律師才適用，題目中的杜先生是作為投資者，而非以律師的專業身份行事。

**9. 答案：B**

**解析：**選項 A 不正確，證監會也有權循簡易程序，在裁判法院檢控較輕的罪行。選項 C 錯誤，正確是「律政司司長的檢控權力淩駕於證監會之上」。選項 D 亦有誤，是「律政司按照其檢控政策，來審視是否進行檢控」才對。

**10. 答案：C**

**解析：**選項 II 的説法錯誤，根據條文，無論是否訂立了受該市場失當行為影響的交易，都可以向違法者索取賠償。同樣道理，選項 IV 也錯誤，因為索賠要求不受價格影響。

**11. 答案：B**

**解析：**只有當這兩宗交易是意圖影響他人的投資決定，才構成操縱證券市場的市場失當行為，所以選項 A 錯誤，同時選項 B 正確。

至於選項 C 則是邏輯錯誤，因無論是直接和間接訂立的交易，都有可能構成市場失當行為；而選項 D，是否從交易中獲利並非市場失當行為的主要判斷指標。

**12. 答案：B**

**解析：**選項 I 屬於獲允許的情況之一。選項 II 是屬於原有客戶，也是被允許的。選項 III 是專業投資者，也是被允許的。選項 IV 無法判斷會計師此時是否在以專業身份行事，所以無法判斷是否為被允許的。以下為法規上的相關內容——

部分人士不受此禁令限制，（即中介人可向他們作未獲邀約的造訪），其中包括：(a) 原有客戶；(b) 持牌人；(c) 註冊機構；(d) 專業投資者；(e) 以其專業身份行事的律師或會計師；及 (f) 放債人。

**13. 答案：D**

**解析：**就題目中所提供的資訊，杜先生的行為只符合「未經授權的交易」的特點，即選項 III 正確。

選項 I 的「扒頭交易」必須是杜先生手中有客戶的委託，然後杜先生在這種情況下搶先為自己交易，但從題目中看不出來。選項 II 的「老鼠倉交易」，特點是杜先生不立即執行客戶指令，卻先分配到自己的帳戶中，等待價格變動再進行操作，但這無法從題目資訊中顯示出來。此外，選項 IV 的「過分頻密的交易」必須是杜先生做了一些不必要的交易，目的是為了賺取手續費，但題目中亦看不出來。

**14. 答案：A**

**解析：**根據條文，題目中的行為符合選項 I（未獲邀約的造訪）和選項 II（高壓推銷證券的活動）的定義。

**15. 答案：C**

**解析：**產品期限短有可能是事實，而且所説的只是歷史收益，並非承諾收益等，所以選項 A 和選項 B 的説法都不正確。況且，即使只説產品優點，也不能完全確定是誤導客戶，所以選項 D 亦錯誤。

另外，有人質疑，題目中的「開放申購期很短」是否符合高壓推銷證券的特點。依據條文，投資者獲告知該產品僅提供給特定人士且提供期短（注意兩者是並行關係），才合乎高壓推銷證券的特點；惟題目中未提及產品只提供給特定人士，故不符合特點。

**16. 答案：C**

**解析：**選項 A 錯誤，是否盈利不能作為辯護。選項 B 錯誤，此行為屬於內幕交易，這跟有否外傳消息無關。選項 D 也不正確，此行為與披露受禁交易無關。

有考生詢問，「內幕交易」和「披露關於受禁交易的資料」有何區別。其實兩者的區別主要在於「內幕交易」**必須涉及**相關交易，而「披露關於受禁交易的資料」既可以涉及交易，也可以不涉及交易（比如只通過散發、傳遞內幕交易的資料來收取利益）。

**17. 答案：C**

**解析：**選項 A 的說法顯然錯誤，交易屬於場內場外並非判斷唯一重點。選項 B 亦錯誤，因為虛售交易指的是證券的實益擁有權沒有改變的情況，不符合題目中的描述。選項 D 有誤，在場外交易的前提下，這種說法不成立。

**18. 答案：B**

**解析：**本題的關鍵在於理解關聯人士的交易可以作為內幕交易的免責辯護，這只要滿足兩個條件即可——

(i) 交易對手要知道對方為關聯人；及

(ii) 關聯人沒有就此慫使或促使交易。

這個題目同時符合這兩點，所以選項 B 的說法正確。

**19. 答案：C**

**解析：**選項 A 錯誤，意圖收購不屬於受禁資料的範疇。選項 B 不正確，該行為屬於內幕交易定義裏所規定的內容，是市場失當行為之一。選項 D 錯誤，這裏只要交易了就算市場失當行為，跟是否有盈利無關。

**20. 答案：C**

**解析：**此題的關鍵是張先生的主觀目的並不是為了製造證券交投活躍的虛假現象或者虛假價格，所以不屬於任何市場失當行為。

# 模擬試卷・一

1. 以下有關香港金融市場的參與者及中介人的陳述，**正確**的是？

   I　機構投資者通常為代表自己進行投資的實體。
   II　基金經理不是機構投資者。
   III　財務顧問是中介人。
   IV　高資產淨值個人都是專業投資者。

   A　只有 I、II
   B　只有 III、IV
   C　只有 III
   D　只有 II、IV

2. 對於監管註冊機構的工作，以下有關金管局和證監會在監管活動中的關係的陳述，**正確**的是？

   I　兩機構密切合作，通過簽署備忘錄，訂明各自角色與責任。
   II　減少現行體系下的規管重疊是兩機構的共同目標。
   III　證監會是註冊機構的前線監管部門，可就監管對象的不良行為作出非公開譴責。
   IV　對於個人的不良行為，證監會可以刪除機構存置紀錄冊上該僱員的名字。

   A　只有 I、II
   B　只有 II、IV
   C　只有 I、II、III
   D　I、II、III 及 IV

3. 中德公司經營強積金計劃甲，以下哪些陳述**正確**？

I 計劃甲的受託人由於是從事受證監會規管的活動，所以需要受證監會規管。

II 若有人對中德公司投資業務的持牌人不滿，需要向證監會投訴。

III 乙公司的新僱員丙在前公司參加過其他退休計劃，儘管該退休計劃仍然有效，但乙公司仍要準備為丙辦理新的強積金計劃。

IV 中德公司對於強積金計劃甲的廣告，應當交由積金局審批管理。

A 只有 I、II、III

B 只有 II、III

C 只有 I、III、IV

D 只有 II、III、IV

4. 以下有關「戴維森改革」的陳述，**正確**的是？

I 目的是建立一個公平且無操縱及欺詐行為的市場。

II 對投資者要有充分的保障也是目的之一。

III 建立以風險為本的監管制度是重要目的之一。

IV 證券業檢討委員會建議的架構隨着時間流逝，至今已有較大變化。

A 只有 I、II

B 只有 I、II、IV

C 只有 I、III、IV

D 只有 II、III、IV

5. 以下有關香港法律制度的陳述，**正確**的是？

I 香港法例包括商業法和習慣法。
II 普通法是法院制定的法例，並由判例加以鞏固。
III 衡平法包括普通法，兩者相抵觸時，以衡平法為準。
IV 衡平法的撤銷，是指撤銷上一次法院的相關判決。

A 只有 I、II
B 只有 III、IV
C 只有 I、III
D 只有 II、IV

6. 以下有關特別決議的陳述，**不正確**的是？

I 特別決議需要成員大會至少一半已投票成員通過。
II 特別決議的投票必須親身進行。
III 修改宗旨、組織章程細則均需要特別決議通過。
IV 董事的委任和罷免需要特別決議通過。

A 只有 I、II、III
B 只有 II、III
C 只有 II、III、IV
D 只有 I、II、IV

7. 依照《公司條例》，以下**哪一個**情況**不屬於**公司某名成員就少數股東的司法保障可採取的訴訟？

A 公司某名成員為執行某些個人權利而發起的訴訟。

B 公司某名成員因為全體或部分成員的權利受到類似的侵犯而發起的訴訟。

C 公司某名成員因公司另外一些股東的不當行為而發起的訴訟。

D 公司某名成員代表公司就公司的董事對公司所干犯不當行為發起的訴訟。

8. 以下有關可贖回股份的陳述，**正確**的是？

I 如果公司的組織章程細則允許，公司可以發行可贖回優先股和可贖回普通股。

II 僅在公司已發行的股份中有可贖回的股份時，才能發行可贖回優先股。

III 已繳足款的股份才可以贖回。

IV 不能從可分派利潤中撥款就贖回進行付款。

A 只有 I、IV

B 只有 II、IV

C 只有 I、III

D 只有 III、IV

9. 以下有關公司會議的陳述，**正確**的是？

I 宣佈股息事項是在周年成員大會上進行的。

II 可以通過發出通函的方式，罷免任期未屆滿的核數師。

III 不可以透過通函的方式，罷免任期未屆滿的董事。

IV 特別決議是要求成員大會上至少 70% 已投票成員通過才可以落實。

A 只有 I、II

B 只有 I、III

C 只有 III、IV

D 只有 II、IV

---

10. 發生以下哪些情況時，證監會**可以**干涉持牌法團經營業務的方式？

I 需要保障上市法團少數股東的利益時。

II 符合大眾公眾利益時。

III 在持牌法團不符合適當人選標準時。

IV 其牌照已被撤銷。

A 只有 I、II

B 只有 I、III

C 只有 II、III、IV

D 只有 II、IV

11. 以下陳述**正確**的是？

I 香港目前已發展成為承接倫敦及紐約的國際金融中心。

II 註冊機構是指受證監會直接監督併發牌的認可財務機構。

III 中介人是指持牌法團。

IV 《證券期貨條例》的目標之一是建立更先進的科技基礎設施。

A 只有 I、II

B 只有 II、III

C 只有 I、IV

D 只有 II、IV

12. 中德公司擬從事受證監會規管的活動，以下哪些陳述是**不正確**的？

I 如果從事多類受規管活動，需要獲發多張牌照。

II 中德公司的員工可自動成為持牌代表。

III 中德公司的負責人員也必須獲發牌。

IV 適當人選規則僅適用於個人。

A 只有 I、II、IV

B 只有 II、III、IV

C 只有 I、II、III

D 只有 I、III、IV

13. 中德公司是一家持牌法團，以下哪些陳述是**正確**的？

I 中德公司毋須遵守金管局制定的財政資源事宜。

II 如果未能維持財政資源指明的資金數額，應當在知悉違規的一個營業日內，書面通知證監會。

III 如未遵守財政資源中的某些規定，即屬於犯罪。

IV 如證監會發現中德公司未能符合指明資金規定，必須暫時吊銷其牌照。

A 只有 I、III、IV

B 只有 I、II、IV

C 只有 I、III

D 只有 II、III

14. 以下有關保證金融資的陳述，**正確**的是？

A 證券交易商可以根據其需求，以自己想要的方式處理客戶的證券。

B 證券保證金融資人不可以提供超出證券抵押品可變現價值的貸款。

C 持牌法團必須與客戶簽訂保證金協定，否則不能為客戶作出保證金買賣。

D 在質押客戶證券抵押品的上限為 120%。

15. 根據《證券及期貨條例》，以下哪項有關證券保證金融資的陳述是**正確**？

A 此融資僅限於獲得香港的上市證券。

B 此類型融資必須將客戶購買的證券進行質押，作為所借款項的抵押。

C 提供財務融通，以利便按照某招股章程包銷、分包銷及取得證券，這種活動也算是證券保證金融資。

D 由第一類持牌人提供財務融通，以便利該人為其客戶從事證券保證金融資，這類活動不算是證券保證金融資。

16. 聶先生是證監會 1 號牌照持有人——維基公司的客戶，聶先生與維基公司簽署了常設授權，用來處理聶先生的證券和證券抵押品，以下哪些陳述是**正確**的？

I 可以將聶先生的證券轉移至維基公司的有聯繫實體。

II 可以將聶先生的證券抵押品轉移至維基公司的有聯繫實體名下的獨立信託帳戶內。

III 不可以將聶先生的證券抵押品轉移至維基公司的帳戶內。

IV 不可以將聶先生的證券轉移至與維基公司有控權實體關係的法團帳戶。

A 只有 I、II

B 只有 II、III、IV

C 只有 I、III、IV

D 只有 II、IV

17. 范先生是證監會 1 號牌照的持牌法團——維基公司的客戶，他於 3 月 1 日（星期一）買入 A 和 B 公司的股票，若不考慮其他特殊節假日情況，以下關於范先生將收到的單據的陳述，**正確**的是？

I 他將於 3 月 1 日營業終結前收到成交單據。

II 他將於 3 月 3 日營業終結前收到成交單據。

III 買入的 A 公司和 B 公司的股票可納入同一份成交單據。

IV 他一定會在 3 月 31 日前收到戶口月結單。

A 只有 I、III

B 只有 I、IV

C 只有 II、III

D 只有 II、III、IV

18. 以下**哪一類**人士，如果從事就證券合約提供意見的受規管活動，**需要**申請牌照？

A 高先生，持牌律師，因代理客戶的司法案件而為客戶提供證券方面的意見。

B 杜先生，9 號牌照的持牌人，為其客戶提供證券投資的意見。

C 范先生，財經記者，在電視上向公眾發表投資意見，並收取了電視台相關費用。

D 杜女士，會計師，因業餘愛好為鄰居提供投資意見，並收取費用。

19. 維基公司是一家持有證監會 9 號牌照的資產管理公司，為客戶管理「集體投資計劃」，該計劃為獲認可集體投資計劃，以下有關發放月結單的陳述，**正確**的是？

A 當月有活動且月底有結餘的情況下，一定要發放月結單。

B 可以不向專業投資者發放月結單。

C 不需要提供月結單。

D 每個月都要發放月結單。

20. 以下有關場外衍生工具交易結算的陳述，**正確**的是？

A 場外衍生工具交易的結算責任產生後，必須強制結算。

B 如果要對場外衍生工具進行結算，必須在訂立場外衍生工具交易後一個營業日內結算。

C 中央對手方由證監會指定，包括香港的結算所和自動化交易服務的人士。

D 訂立交易後自行安排結算，然而必須向證監會匯報交易。

21. 維基公司為一家，持有證監會 1、2、4 號牌照的註冊機構，以下哪一項是關於該公司人員配置的**正確**陳述？

A 該公司需要至少任命兩名主管人員。

B 該公司需要至少任命一名主管人員。

C 該公司需要至少任命六名主管人員。

D 該公司需要至少任命四名主管人員。

22. 維基公司是香港的一家中介人，持有證監會 1 號牌照。麗穎公司持有維基公司 15% 的投票權，並有權提名維基公司的任何董事，以下哪一項是**正確**的陳述？

A 因為麗穎公司未持有維基公司超過 20% 的投票權，所以麗穎公司不能被看成是維基公司的控權實體。
B 麗穎公司可以看成是維基公司的有聯繫實體（在持有維基公司客戶資產的前提下）。
C 麗穎公司如果拋售了維基公司的所有股份後，不需要通知證監會。
D 如果麗穎公司是一家認可財務機構，而且要持有維基公司客戶的資產，需要獲證監會批准。

23. 持牌法團根據《財政資源規則》向證監會提交申報表，以下陳述**正確**的是？

I 中德公司，一家從事第 1 類受規管活動的證券公司，需每三個月提交一次申報表。
II 招商公司，從事第 4 類受規管活動，不用提交申報表。
III 光大公司，從事第 6 類受規管活動，但是不持有客戶資產，需要每半年提交申報表。
IV 興業公司，一家認可財務機構，每月提交一次申報表。

A 只有 I、II
B 只有 I、III、IV
C 只有 III
D I、II、III 及 IV

24. 以下哪一項是有關《防止賄賂條例》的**正確**陳述？

A　只有中介人索取金錢利益，才可能導致犯罪。

B　《防止賄賂條例》屬於廉政公署頒佈的條例，需要經證監會確認，才能規管到持牌法團和註冊機構。

C　根據《防止賄賂條例》中介人客戶向中介人提供利益，同樣屬於犯罪。

D　即使主事人許可的情況下，以代理人身份行事的代表也不能索取任何利益。

---

25. 維基公司是一家從事基金業務的持牌法團，以下有關該公司操作的「公司帳戶」，應當如何確保所有客戶獲得公平對待，說法**正確**的是？

I　一般應當優先執行客戶的買賣盤。

II　公司和客戶的買賣盤不可合併處理。

III　對於機構專業投資者來說，公司和客戶的買賣盤都可以合併處理。

IV　在客戶收到有關建議及有合理機會根據該等資料作出決定之前，持牌法團不應利用預先知悉的資料進行交易；但為其客戶而非法團本身作出的交易可以豁免。

A　只有 I

B　只有 II、III

C　只有 II、III、IV

D　I、II、III 及 IV

26. 中德公司為一家資產管理公司，管理着集體投資計劃 A。李先生為計劃 A 的持有人，實際收益人則是周先生。以下有關說法**正確**的是？

I 中德公司需要辨別在計劃 A 中，李先生和周先生的身份。

II 中德公司不需要辨別在計劃 A 中，李先生和周先生的身份。

III 如果周先生發出交易指示，中德公司需要確定周先生的身份。

IV 中德公司需確認計劃 A 基金經理的身份。

A 只有 I、III

B 只有 II、III

C 只有 II、III、IV

D 只有 I、III、IV

27. 以下關於《開放式基金型公司守則》的陳述，**不正確**的是？

A 開放式基金公司如要自願終止，需要向證監會提交聲明，證明其具有償還所有債務的能力。

B 一般情況下，開放式基金型公司的法團成立文書可經大多數股東批准後作出修改。

C 開放式基金型公司須披露其對資產進行估值的方法。

D 非銀行的保管人可以代表私人開放式基金型公司收取款項、並將款項存放在由該保管人控制的帳戶。

28. 維基公司為一家持牌法團，它最近與受涵蓋實體——建北公司訂立了一項非中央場外衍生工具交易，並就此收取了開倉保證金，以下**哪一種**情況維基公司會**違反**相關監管規定？

A 維基公司持有相關開倉保證金的方式為其將可於建北公司變成無力償債時，快速調動處置該開倉保證金。

B 維基公司將相關開倉保證金當作客戶資產處理，並將有關開倉保證金與其本身資產分隔。

C 維基公司使用相關開倉保證金以對沖與建北公司交易所產生的風險，而沒有尋求建北公司的事先同意。

D 維基公司雖然獲得建北公司的書面同意可再質押該開倉保證金以對沖所承擔的風險，但隨後並沒有質押該開倉保證金。

29. 根據《證券及期貨事務監察委員會持牌人或註冊人操守準則》，如中介人進行場外證券交易，**需要**向證監會提供哪些資料？

I 中介人的中央編號及角色。

II 證券交易的詳情。

III 參與交易雙方的客戶識別資訊。

IV 任何參與交易的證監會持牌中介人的中央編號。

A 只有I、II、III

B 只有I、II、IV

C 只有II、III

D I、II、III及IV

30. 就從事非中央結算場外衍生工具交易的持牌法團，以下有關降低非中央結算場外衍生工具交易的風險的內容，説法**不正確**的是？

A　訂立合約之前，應當以書面妥善記錄與對手方的交易關係。
B　訂立交易後，應當儘快以書面方式確認交易的重要條款。
C　為了公平，對非中央結算場外衍生工具交易的估值，只能通過協力廠商擁有的模式進行。
D　持牌法團應當定期與對手方互換重要條款。

31. 以下哪些是有關保薦人操守準則的**正確**陳述？

I　在呈交上市申請前，保薦人必須完成對上市申請人的所有盡職審查。
II　擔任公開發售的全盤經辦人，以確保公開發售以公平有序的方式進行。
III　採取合理措施以確保分析員不會收到一些重大信息和資料。
IV　採取合理步驟以確保向公眾就上市申請人的披露是真實的。

A　只有 I、II
B　只有 I
C　只有 I、III
D　只有 II、IV

32. 光大公司為法團專業投資者，亦是中介人中德公司的客戶。光大公司三年前投資基金，當時中德公司對產品合適性進行了評估，但由於投資虧損，光大公司立刻停止了投資。時隔三年，如今光大公司想重新投資，以下陳述**正確**的是？

A 當年的風險評估仍然有效，光大公司可以繼續投資。
B 光大公司的專業投資者身份已過期。
C 重新對基金合適性進行評估即可。
D 當年的風險評估已過了有效期。

---

33. 根據《內部監控指引》的規定，以下陳述**正確**的是？

I 證監會不會以官僚的方式令小型企業適用該指引。
II 高級管理層應對運作承擔全部責任。
III 根據責任及職能的區分的原則，應當禁止由同一人執行相容的責任及職能。
IV 中介人應在有需要時安排有關人士領取牌照或註冊。

A 只有 I、II
B 只有 II、III
C 只有 I、II、IV
D I、II、III 及 IV

34. 以下有關持牌法團資料管理的陳述，**不符合**要求的是？

A　實物和電子文檔資料，由一名資深員工保存，該員工具備應有的經驗和資格。

B　公司的資料管理系統在設有監控的環境下運作。

C　核數師經授權後，可以取閱公司紀錄。

D　使用第三方線上文書工具編輯公司名冊。

35. 中德公司是一家持牌法團，以下關於運作監控事宜，做法**不正確**的是？

I　李先生來中德公司開戶（並非委託帳戶），中德公司需要確定李先生是否帳戶的實際受益人，以及實際受益人的身份。

II　張先生根據已簽訂的顧問合約，為李小姐提供諮詢服務。

III　當中德公司與客戶利益出現衝突時，應確保公司的利益讓步於客戶利益。

IV　杜小姐要開立委託帳戶，中德公司應當制定明確的條款，並保證交易遵守相關條款。

A　只有 I、II

B　只有 III

C　只有 I、III

D　只有 II、IV

36. 中德公司是從事證券交易活動的持牌法團，以下**哪一項**有關其交易過程的**不正確**做法？

A 為執行客戶的買賣盤加上時間編號。

B 在交易活動進行期間，不允許交易員使用流動電話。

C 不定期將交易紀錄交由同團隊的另一人進行抽檢和複查。

D 將交易員處理客戶資產的權限以書面文件的形式加以規定。

37. 中德公司是一家持牌法團，以下關於風險管理事宜，説法或做法**不正確**的是？

A 中德公司的風險部門運用量化模型來量化風險。

B 中德公司邀請財經專家（在入職的前提下）來領導公司風險管理委員會的工作。

C 中德公司修訂公司風險管理程序，以消除因市場情況變動而蒙受損失的風險。

D 如中德公司本身參與買賣，針對買賣限額及持倉限額，在每日收市後加以覆核。

38. 中德公司是一家持牌法團，透過提供投資意見而賺取酬金，而光大公司則是一家主營業務為證券交易的持牌法團，以下有關做法**不正確**的是？

A 中德公司在向客戶提供意見後，應保留一份提供建議的檔案副本。

B 光大公司在處理買賣盤時，如果有屬於自身職員的買賣盤，應當直接拒絕。

C 中德公司應以書面形式向客戶提供服務的收費及罰款等詳情。

D 光大公司可以延遲或拒絕執行客戶的買賣盤。

39. 以下有關另類交易平台的陳述，**正確**的是？

I 給予職員足夠許可權，使其能夠隨時取覽另類交易平台上發出的買賣資料。

II 讓證監會知悉每名進入另類交易平台有關職員的身份及可預覽的資料。

III 備存一份紀錄，記載有權進入平台的職員詳細資料。

IV 設立措施使最初負責發出及處理自營買賣指示的任何人士，均不能夠取覽平台上任何買賣或交易資料。

A 只有 I、II

B 只有 II、III

C 只有 I、II、IV

D 只有 II、III、IV

---

40. 以下有關市場波動調節機制的冷靜期的陳述，**不正確**的是？

I 若合約以偏離 20 分鐘前最後一個成交價超過指明觸發界線的價格進行交易，該特定產品便會有五分鐘的冷靜期。

II 該產品在冷靜期內需要暫停進行交易。

III 五分鐘冷靜期過後將恢復正常的持續交易，但交易的價格浮動會被限制在上次觸發冷靜期時點價格的 5% 內。

IV 冷靜期在每個持續交易時段只能觸發一次，以及每個持續交易時段觸發一次後，不再受市場波動調節機制監控。

A 只有 I、II、III

B 只有 I、III、IV

C 只有 II、IV

D I、II、III 及 IV

41. 交易所參與者毋須時常**符合**下列**哪一項**規定？

A 已向聯交所繳納相關按金及登記費用。

B 須是根據《證券及期貨條例》已就經營第 1 或第 2 類受規管活動獲發牌的持牌法團。

C 須是一間公司或個人。

D 財政狀況良好，作風誠實正直。

42. 根據《客戶款項規則》，從事第 13 類受規管活動的法團，是否可以從客戶帳戶上提取款項？以下**哪一項**相關陳述是**正確**的？

A 不可以，因為集體投資計劃的財產屬於獨立管理的帳戶。

B 可以，但只能根據集體投資計劃的計劃文件從帳戶提取。

C 可以，但只能根據客戶的書面指令從帳戶提取。

D 可以，但提取的款項不能支付給持牌法團有聯繫實體的高級人員。

43. 以下有關交易所參與者的陳述，**正確**的是？

I　每年都需要向香港交易所提交合規評審表格，以確認其遵守參與者活動所適用的相關規則及規例。

II　兩地市場互聯互通機制包括滬港通和深港通。

III　滬港通和深港通買賣、交易和結算操作都是透過本地公司進行，並遵守本地公司母公司所在市場的規則及程式。

IV　滬港通和深港通會影響到現有各方市場，上市公司或中介人的監管安排。

A　只有 I、II

B　只有 II、III

C　只有 I、IV

D　只有 III、IV

---

44. 以下哪些**不是**滬港通南向交易的合資格證券？

A　恒生綜合大型股指數成份股。

B　恒生綜合中型股指數成份股。

C　所有其發行人在上交所或深交所同時有 A 股上市的 H 股。

D　市值不少於 50 億港元的恒生綜合小型股指數的成份股。

45. 以下有關內地與香港市場互聯互通交易、結算及交收的陳述，**正確**的是？

I 北向和南向交易通的交易均透過各自交易所成立的子公司及對方證券公司承接。

II 買賣盤均須在相關交易所平台進行配對及執行，例如北向交易於上交所/ 深交所平台進行。

III 中央結算公司釐定的內地結算保證金應以人民幣現金繳付。

IV 就北向交易而言，聯交所參與者必須登記為 CCEP 後，方可透過相關的交易通執行買賣盤。

A 只有 I、II、III

B 只有 I、II、IV

C 只有 II、III、IV

D I、II、III 及 IV

---

46. 以下有關北向交易的陳述，**不正確**的是？

A 上交所對保證金交易的股票進行資料指標監控，並在適當的時候暫停和恢復保證金交易。

B 北向交易中，只允許有擔保賣空，且允許的股票會於香港交易所網站公佈。

C 北向交易中，可賣空證券的數量是沒有限制的，只要不超過北向交易的淨額即可。

D 被輸入的賣空盤的價格，不得低於該賣空證券最近期的成交價或前收市價。

47. 以下陳述**正確**的是？

I　《上市規則》旨在確保董事本着股東的整體利益行事，並妥為顧及少數股東的權利。

II　獲提名擔任上市發行人董事會內之獨立非執行董事，如果持有佔上市發行人已發行股份數超過 1%，將不被看成是獨立人士。

III　除非現有股東另有決定，否則所有新發行的股份，均首先以供股形式售予現有股東。

IV　發行人設立的審核委員會成員至少須有一名非執行董事。

A　只有 I、III

B　只有 II、III

C　只有 I、IV

D　I、II、III 及 IV

48. 以下哪些屬於**正確**的陳述？

I　發行人的董事會獨立非執行董事須佔成員中的大多數。

II　發行人的審核委員會主席，必須由獨立非執行董事出任。

III　保薦人將須就識別被視為控股股東的人士的工作進行適當的盡職審查，僅檢視股東名冊並不足夠。

IV　如果法人團體是作為特定目的投資機構而成立，則該法人最多只有一個控股股東。

A　只有 I、II

B　只有 I、IV

C　只有 II、III

D　只有 I、III、IV

49. 以下關於授權代表的陳述，**不正確**的是？

A 每名上市發行人必須委任兩名授權代表，隨時作為發行人與聯交所的主要溝通管道。

B 就 GEM 而言，當發行人已委託保薦人時，則由該保薦人在委任期內擔任主要溝通管道。

C 授權代表不可以委任公司秘書。

D 如為 GEM 上市公司，可以委任執行董事為授權代表。

50. 以下哪些是有關上市申請人股份計劃的**正確**陳述？

I 向股東發出的計劃文件，必須載有計劃的條款（為上市後打算採納的計劃），但計劃本身毋須獲股東在股東大會上批准。

II 上市公司發出的股份期權總數，不得超過計劃批准當時已發行的有關類別的證券的 10%。

III 股份期權行使期由期權授出日起不得超過 10 年，計劃的有效期亦不得超過 10 年。

IV 向董事、最高行政人員或主要股東，或其任何聯繫人授予期權之前，必須獲證監會的核准。

A 只有 II、III

B 只有 I、II、IV

C 只有 II、III、IV

D I、II、III 及 IV

51. 以下有關停牌的陳述，**正確**的是？

I 發行人合理相信涉及須向證監會申請豁免的內幕消息已經洩露時，有必要申請短暫停牌。

II 發行人打算刊發公告回應涉及詐騙等傳聞，也可以申請短暫停牌。

III 聯交所認為公眾人士所持有的股份數量不足，也可以指令短暫停牌。

IV 發行人可以在任何時間自動撤回上市。

A 只有 I、II、III

B 只有 II、III

C 只有 I、IV

D 只有 I、III、IV

---

52. 以下陳述**正確**的是？

I 《股份回購守則》適用於所有類別的股份。

II 股份回購只能夠由該股份所屬的上市公司提出。

III 收購及合併委員會倘發現有違反《收購守則》和《股份回購守則》之一或某項裁定的情況，可以對相關人士採取冷淡對待令。

IV 收購及合併委員會的所有非紀律聆訊，都是以正式及公開的形式進行。

A 只有 I、II、III

B 只有 I、III、IV

C 只有 II、III、IV

D 只有 I、II、IV

53. 以下關於認可集體投資計劃受託人／保管人及管理公司的陳述，說法**正確**的是？

I 受託人／保管人可以是獲發牌的銀行。

II 受託人／保管人可以是在香港以外地方註冊成立的銀行。

III 管理公司的繳足股本及非分派資本儲備須至少達 1,000 萬港元或等值外幣。

IV 自行管理計劃的董事能夠以主事人的身份與該計劃進行交易。

A 只有 I、IV

B 只有 I、II、III

C 只有 II、III

D 只有 II、IV

54. 以下陳述**正確**的是？

I 如果認可集體投資計劃的管理公司並非在香港註冊成立，則必須委任一名香港代表。

II 非上市結構性投資產品若想獲得認可，必須提名一個通常居住於香港的人作為核准人士。

III 認可非上市結構性投資產品的發行人，可以是在其他獲證監會接納的司法管轄區成立的法團。

IV 集體投資計劃的管理公司所委任的代表，不能是註冊信託公司。

A 只有 I、II、III

B 只有 II、IV

C 只有 III、IV

D 只有 I、II

55. 張先生是持牌法團維基公司的員工，他因為疏忽，在分發予客戶的公司資料中加入了誤導性資訊，請問張先生這樣是否屬於市場失當行為？

A　不屬於，因為張先生的行為是疏忽導致，並非有意為之。

B　不屬於，因為由疏忽造成的後果不屬於市場失當行為。

C　屬於，因為題中所述為干犯市場失當行為的其中一種形式。

D　屬於，但前提是張先生存在知悉或罔顧有關資料是否屬虛假或具誤導性的情節。

56. 以下關於內幕交易的理解，**不正確**的是？

A　內幕交易可視為由交易和通風報信所產生的。

B　內幕交易必須與已上市的證券有關。

C　內幕交易中的具體消息，並非普遍買賣該上市證券的人士所知悉。

D　內幕交易若為普通人知悉，相當可能會對上市證券的價格造成重大影響。

57. 以下關於虛假交易的陳述，**正確**的是？

I 罔顧後果地間接製造非真實價格或維持非真實價格水平的交易，亦算是虛假交易。

II 透過自動化交易服務買賣金融工具，也有可能會產生虛假交易。

III 在香港進行有關美國市場的金融工具買賣，不會產生虛假交易。

IV 配對交易是其中一種可構成虛假交易指控的活動。

A 只有 I、II

B 只有 II、III

C 只有 III、IV

D 只有 I、II、IV

58. 以下有關市場失當行為的陳述，**正確**的是？

I 為意圖影響其他人的投資決定而訂立交易，有可能涉及操縱證券市場。

II 關於披露受禁交易，只要當事人可以證明自己並未從中收取任何利益，亦能以此作免責辯護。

III 日常業務過程中以印刷商或出版商的身份，真誠地充當傳送管道而傳送或再傳送有關資料，則不會被視為從事市場失當行為。

IV 國際性市場失當行為僅包括在香港發生而影響境外市場的行為，以及牽涉香港上市的證券或在香港雙重上市的境外證券的內幕交易。

A 只有 II、III

B 只有 I、II、III

C 只有 II、III、IV

D I、II、III 及 IV

59. 范先生是中介人中德公司的客戶，李先生為中德公司的持牌代表。某天李先生在無預約下擅自造訪范先生，並促使范先生簽訂了購買基金的合約，以下哪些是**正確**陳述？

I 范先生可以直接不承認該合約的有效性，由於那是在一次未獲邀約的造訪中所訂立的合約，所以合約一開始就是無效的。

II 范先生不可以在訂立協議當日後 28 天內，發出書面通知撤銷協議。

III 如察覺到問題，范先生可在察覺問題後的七天內，發出口頭通知撤銷協議。

IV 因為范先生為中德公司的原有客戶，所以不受未獲邀約的造訪條文限制。

A 只有 I、II

B 只有 I、III

C 只有 II、IV

D 只有 I、II、III

60. 王先生是中介人中德公司的客戶經理，為了開拓業務，王先生造訪了其他中介人的客戶范先生，以下陳述**正確**的是？

I　如果范先生是專業投資者，則此次造訪不會被視為未獲邀約的造訪。

II　若范先生之前曾經持有過某上市公司的證券，則透過此次造訪從而繼續向他銷售該證券，是法例允許的。

III　對范先生進行親身拜訪和電話交談，都不屬於「獲准許的通訊」。

IV　向大量客戶批量發出相同內容短信，其中包括范先生，這種行為不屬於未獲邀約的造訪。

A　只有 II、III

B　只有 I、II、IV

C　只有 II、III、IV

D　I、II、III 及 IV

# 模擬試卷・二

1. 以下關於積金局的陳述，**正確**的是？

   I 全稱是「強制性公積金計劃管理局」。
   II 負責強積金註冊計劃。
   III 審批和認可強積金產品相關推銷資料。
   IV 負責註冊及核准強積金投資經理。

   A 只有 I、II
   B 只有 II、III、IV
   C 只有 I、III、IV
   D I、II、III 及 IV

2. 以下陳述**不正確**的是？

   I 違反《證券及期貨條例》及附屬法例，並不一定屬於違法行為。
   II 只要能夠制止違法行為，證監會可向法庭申請發出禁制令。
   III 由市場失當行為審裁處作出的裁斷，在私人民事訴訟中可獲接納為證據。
   IV 證監會發出的守則及指引具備法律效力，可以強制執行。

   A 只有 I、II、III
   B 只有 I、II、IV
   C 只有 I、III、IV
   D 只有 II、III、IV

3. 維基公司是認可財務機構，準備從事機構融資業務，需要向證監會申請成為註冊機構，以下陳述**正確**的是？

I 維基公司需要向金管局遞交註冊材料。

II 金管局會依據證監會的「適當人選」準則來衡量維基公司的註冊資質。

III 註冊後，如發現維基公司有不良行為，金管局可以把該個案提交給證監會處理。

IV 如發現違規，金管局可撤銷維基公司的註冊。

A 只有I、II、III

B 只有I、III、IV

C 只有II、III、IV

D I、II、III及IV

4. 以下哪些**不屬於**香港金融監管當局的監管對象？

I 中介人從事房地產投資信託基金業務。

II 外國客戶在香港金融機構存入的款項。

III 把房屋用作建工廠。

IV 投資房地產市場。

A 只有III、IV

B 只有II、IV

C 只有I、II、IV

D 只有I、II、III

5. 以下有關《公司條例》的陳述，**不正確**的是？

A 董事不受成員大會上通過的決議所規限。
B 成員大會的成員不可介入公司的管理事務。
C 李先生於一年前作為一家破產公司的董事，不一定影響他日後擔任董事的資格。
D 成員不得凌駕董事日後的管理事宜。

6. 根據《公司條例》，以下哪項對董事的描述是**正確**的？

I 以任何名義擔任董事職務的人士，都可以看成是董事。
II 擔保公司和上市公司必須有至少兩名董事。
III 私人公司須有最少兩名董事。
IV 上市公司集團成員須最少有一名自然人董事。

A 只有 I、II
B 只有 I、III
C 只有 II、III、IV
D 只有 I、II、IV

7. 在香港，公司成員在成員大會上**可行使**的權力包括？

I 削減資本。
II 修改跟現有核數師的合同。
III 批准支付離職補償。
IV 根據法令完成自動清盤。

A 只有 I
B 只有 I、II、III
C 只有 I、III、IV
D I、II、III 及 IV

8. 以下關於「有償債能力證明書」的描述，**正確**的是？

I 該證明書與強制清盤有關。

II 如果是只有一名董事的私人公司，則無法發出有償債能力證明書。

III 該證明書必須在公司清盤決議通過前發出。

IV 該證明書須載有在切實可行範圍內最近期的公司資產負債表。

A 只有 III、IV

B 只有 II、III

C 只有 II、III、IV

D I、II、III 及 IV

9. 以下有關涉及公司貸款的事項，陳述**正確**的是？

I 無論在何種情況下，公司都不能向董事借出貸款。

II 在經公司成員批准後，公司可以就該項貸款訂立擔保或提供保證。

III 董事的成年子女及同居者，也會受制於貸款的限制。

IV 向董事作出價值不超過公司淨資產 5% 的貸款，可以毋須經過公司成員批准。

A 只有 I、II

B 只有 II、III、IV

C 只有 I、II、III

D 只有 II、IV

10. 以下陳述**正確**的是？

I 有聯繫實體當不再是有聯繫實體後，需要書面通知證監會。

II 中介人的有聯繫實體收取該中介人客戶資產時，除非獲證監會認可，否則該有聯繫實體不得經營其他業務。

III 任何人沒有備存紀錄則屬於犯罪。

IV 《證券及期貨條例》的審計條文適用於註冊機構。

A 只有 I、IV

B 只有 II、IV

C 只有 I

D 只有 III、IV

11. 以下陳述**正確**的是？

I 持牌法團須於財政年度終結後，向證監會呈交經審計帳目。

II 持牌法團必須在獲發牌前委任核數師。

III 持牌法團在委任核數師後，需要將委任詳情通知證監會。

IV 若核數師任期屆滿後不再續任，此情況毋須書面通知證監會。

A 只有 I、II

B 只有 I、III

C 只有 III、IV

D 只有 II、IV

12. 以下哪些情況下，甲和乙兩法團**不是**有連繫法團？

A 甲法團控股乙法團所持股的丙公司。

B 甲法團為乙法團控股公司丁的附屬公司。

C 甲法團為乙法團的控股公司。

D 甲法團為乙法團的附屬公司。

13. 以下哪種情況，甲和乙兩實體**不算是**有連繫法團？

A 甲控制乙董事局的組成。

B 甲控制乙法團成員大會上過半數的投票權。

C 甲控制乙的 60% 已發行股本。

D 甲控制乙的 20% 已發行股本。

14. 以下有關期貨合約交易的定義，**正確**的是？

I 財政司司長有權根據《證券及期貨條例》訂明為期貨合約。

II 期貨合約必須存在一方對另一方有關未來交付財產的約定。

III 期貨合約會涉及到約務更替。

IV 期貨合約下的合約義務通常不會在合約到期日前根據規則或慣例解約。

A 只有 I、II、III

B 只有 I、III、IV

C 只有 II、III、IV

D 只有 I、II、IV

15. 根據證券保證金的定義，以下陳述**正確**的是？

I 證券保證金融資的目的是為了取得任何在證券市場，包括海外市場上市的證券。

II 證券保證金融資中，取得的證券必須做質押，以取得資金。

III 投資者杜先生由某認可財務機構提供財務融通，杜先生用借來的資金取得證券，該活動可以被看成是證券保證金融資。

IV 由持有某公司不少於 10% 已發行股份的個人向該公司提供財務融通，以利便證券保證金融資，這種情況不屬於證券保證金融資。

A 只有 I、II

B 只有 I、IV

C 只有 II、IV

D I、II、III 及 IV

16. 以下陳述**正確**的是？

I 就杠杆式外匯交易而言，中德公司作為認可財務機構，可根據《證券及期貨條例》獲得某些豁免。

II 就杠杆式外匯交易而言，若客戶要求持牌交易商中德公司以仲裁方式解決爭端，該公司有責任配合。

III 發出和分析報告，目的是為了自己公司作參考，屬於就證券及期貨合約提供意見這類受規管活動。

IV 信託公司就證券及期貨合約提供意見，毋須取得相關牌照。

A 只有 I、II

B 只有 I、III

C 只有 I、II、III

D 只有 II、IV

17. 以下陳述**正確**的是？

I 中介人如察覺本身沒有遵守備存紀錄規則，必須在察覺後一個營業日內，將此事通知證監會。

II 成交單據載有中介人與客戶之間帳戶狀況的詳細資料。

III 如有需要，戶口結單的全部交易細節可以載於成交單據內。

IV 戶口結單包括一定時間內開始及終結時的資產及款項結餘。

A 只有 I、II、III

B 只有 I、II

C 只有 II、III、IV

D 只有 I、IV

18. 以下有關成交單據、戶口結單及收據的陳述，**不正確**的是？

A 與證券保證金融資有關的結單，必須載有客戶帳戶在當日的結餘，而不用列出該日內的變動細節。

B 與證券保證金融資有關的結單，必須載有抵押品的市場價格和市值。

C 戶口月結單必須載列有製備該結單的日期。

D 戶口月結單必須顯示該月終結時的所有未平倉合約。

19. 以下關於向客戶提供成交單據、戶口結單及收據的陳述，**正確**的是？

A 單一交易只能製備一份成交單據。

B 在同一日為同一客戶訂立的數份合約，可納入同一份成交單據。

C 《成交單據規則》要求中介人必須向專業投資者提供戶口結單。

D 日結單須在指明事件發生後兩個營業日內向客戶發出。

---

20. 以下有關《成交單據規則》的相關陳述，**不正確**的是？

I 中介人不必對專業投資者提供成交單據。

II 中介人如不想對投資者提供成交單據，需要書面通知客戶。

III 成交單據載有相關客戶的姓名及帳戶號碼。

IV 成交單據可以載有杠杆式外匯交易詳情。

A 只有 I、II

B 只有 I、III

C 只有 II、III

D 只有 I、IV

21. 李先生是中德公司的客戶，已經簽署處理證券和抵押品的常設授權，以下做法**正確**的是？

A 中德公司可以用常設授權，將李先生證券抵押品轉移到光大公司，其中，中德公司持有光大公司 50% 的股權。

B 中德公司可以用常設授權，將李先生證券抵押品轉移到其僱員黃先生的帳戶內。

C 中德公司將李先生的證券抵押品低價出售，而此時李先生並未違約。

D 中德公司可以將李先生的證券抵押品，轉移到以中德公司名義設立的獨立信託帳戶內。

22. 黃先生簽署了常設授權，允許持牌人中德公司處理其證券及證券抵押品，則以下做法**不正確**的是？

A 在不考慮豁免的情況下，中德公司首先要獲得 1 號牌照，才能處理黃先生的證券。

B 中德公司可以使用黃先生的證券抵押品進行股票借貸活動，但不能對黃先生的證券進行同一操作。

C 中德公司可以將黃先生的證券抵押品抵押給認可財務機構。

D 中德公司將黃先生的證券抵押品存入聯交所結算所。

23. 中介人中德公司收取了其客戶黃先生的款項，以下有關之後的處理方式，**不正確**的是？

A 收到款項後，中德公司應當在一個營業日內進行處理，可以將款項存入獨立帳戶。

B 按照常設授權支付該款項是合規的。

C 如果款項當時未支付，需要放入獨立帳戶。

D 該款項不能用於支付保證金。

24. 根據《操守準則》，法團專業投資者如果想獲得更多豁免，應該具備一些條件，以下有關說法**不正確**的是？

A 法團必須有合適的企業架構。

B 法團必須有合適的投資程式和監控措施。

C 法團作出投資決定的人士，必須擁有充足的投資背景。

D 法團必須每兩年更新自己的內控程式。

25. 以下關於非中央結算場外衍生工具交易的保證金規定，說法**正確**的是？

A 根據《操守準則》，開倉保證金的規定適用於作為訂約方與受涵蓋實體進行相關非中央結算場外衍生工具交易的任何持牌人。

B 受涵蓋實體包括金融及非金融對手方（但不連同其集團公司），擁有的非中央結算場外衍生工具的平均總計名義數額。

C 註冊機構不被視為金融對手方。

D 開倉保證金及變動保證金的規定，一定適用於所有非中央結算場外衍生工具交易。

26. 甲是中介人中德公司的客戶，也是專業投資者，以下陳述**正確**的是？

A 如果甲是機構專業投資者，則中德公司可以不提供其僱員的資料給甲。

B 如果甲是個人專業投資者，則中德公司可以不披露與交易有關的資料。

C 如果甲是個人專業投資者，則中德公司一定毋須提供有關 NASDAQ-AMEX 試驗計劃的資料文件。

D 如果甲是法團專業投資者，則中德公司必須儘快向客戶做出交易確認。

27. 關於《企業融資顧問操守準則》，以下**哪一項**陳述是**錯誤**的？

A 企業融資顧問於任何時間應以客戶的最佳利益為依歸而行事。

B 企業融資顧問應要求客戶向監管機構報告任何不合規的事項。

C 就一切有關及重要的資料，向客戶作出充分披露。

D 如交易涉及監管的問題，企業融資顧問應全程諮詢監管機構的意見，以尋求指引。

28. 黃先生為信貸評級機構中德公司的代表，目前參與評級法團興業公司發行的債券，以下陳述**正確**的是？

I 黃先生不能接受興業公司員工趙先生的現金饋贈。

II 中德公司可以向興業公司的控股公司——招商公司，提供法律框架諮詢服務。

III 中德公司必須披露與興業公司訂立的報酬安排。

IV 中德公司與興業公司的收費安排，不能與評級結果進行關聯

A 只有I、II

B 只有I、II、IV

C 只有II、III

D 只有I、III、IV

29. 以下有關《開放式基金型公司守則》的陳述，**不正確**的是？

A 開放式基金型公司讓投資基金可在香港成立可變動股本的註冊公司。
B 《開放式基金型公司守則》適用於公眾及私人開放式基金型公司。
C 公眾開放式基金型公司及其主要經營者須額外遵守有關規定。
D 開放式基金型公司的計劃財產可由保管人持有，也可以自行管理。

30. 以下關於非中央結算場外衍生工具保證金的陳述，**不正確**的是？

A 當持牌人不會承受對手方風險，就不需要交換開倉保證金。
B 當對手方為重大非金融對手方，有可能不需要交換開倉保證金及變動保證金。
C 當將要交換保證金時，將予交換的保證金必須採用《操守準則》所載各項計算法的步驟計算。
D 保證金的計算應該總是能反映相關衍生工具所涉及的已知風險，但無法確保能涵蓋所有對手方風險。

31. 以下有關《基金經理操守準則》內容的陳述，**不正確**的是？

A 交易應總是在符合客戶最佳利益的前提下進行。
B 基金經理不應利用機密的價格敏感資料進行交易。
C 基金經理不應替基金進行過量的買賣。
D 基金經理也需要遵守《單位信託守則》。

32. 張先生是中德公司的一位基金經理，以下陳述**不正確**的是？

A 中德公司應該向客戶提供張先生的營業地址。

B 中德公司需要向客戶提供有關張先生上級的身份和職位資訊。

C 張先生需要向中德公司披露自己的財政狀況。

D 如張先生為委託帳戶經理，需要向客戶提供按中德公司標準訂立的客戶協議書。

33. 中德公司是一家持牌法團，以下有關風險的説明，**正確**的是？

I 後勤部門將交易誤差原路退回到帳戶中，以便及時解決問題。

II 中德公司的大手筆投資，由於市場波動導致虧損，這屬於市場風險。

III 中德公司急需資金處理業務，不得不將所持有的長期債券低價變現，損失很大，這屬於市場風險。

IV 中德公司與一家信用評級很低的公司交易，結果被對方欺詐，損失很大，這屬於運作風險。

A 只有 II、III

B 只有 II、IV

C 只有 I、II、IV

D I、II、III 及 IV

34. 以下哪種情況**不涉及**洗錢？

A 客戶利用持牌法團持有閒置資金，即有關資金並非用來買賣。

B 與未經核實或難以核實的第三者有頻繁的資金調撥或支票付款活動。

C 僱員不願意休假。

D 僱員銷售業績增幅很快。

35. 中介人中德公司的客戶王先生與中德公司簽訂證券交易開戶合同，中德公司表示要收取相關個人資訊，以下有關《個人資料（私隱）條例》的説法和做法，**不正確**的是？

A 王先生同意中德公司將使用者資料分享給協力廠商平台，但有權要求中德公司公佈協力廠商平台相關資訊。

B 王先生同意中德公司將使用者資料分享給協力廠商平台，但有權要求協力廠商平台支付費用，才能使用王先生的資料。

C 王先生有權要求改正自己留存在中德公司的資料，如果中德公司拒絕，則王先生可以向隱私專員反映此事。

D 李先生與王先生發生經濟糾紛，李先生到中德公司要求查閱王先生的資料，中德公司回覆李先生，只有王先生本人才能查閱有關資料。

36. 持牌法團的業務運作與常規中，以下有關保險事宜的陳述，**正確**的是？

A 持牌法團必須投購保險，否則不能獲證監會發牌。

B 《保險規則》適用於所有持牌法團。

C 受保的風險範圍指持牌法團的客戶資產因各種原因造成的損失。

D 《保險規則》指明的各類受規管活動，投保額並不相同。

37. 以下哪種行為**可以**被看成是疑似進行洗錢活動？

A 客戶高先生平時用別人的銀行卡進行交易，目的是不讓自己的姓名出現在交易單上。

B 客戶杜先生多次買賣不同種類的證券，而且在巨額虧損下依然平倉。

C 客戶范先生通過買賣複雜期貨產品，獲利頗豐。

D 客戶王女士通過自己名下的十個股票交易帳戶進行交易，某日她突然將所有帳戶平倉，並把款項轉移到自己在美國的銀行帳戶。

38. 維基公司為香港一家持牌法團，同時是香港一家大型金融集團——興業公司的子公司。麗穎公司為一家總部位於英國的銀行，因維基公司業務拓展的需要，與麗穎公司達成了戰略合作協議，兩者建立了跨境代理關係。就維基公司應當如何根據《打擊洗錢及恐怖分子資金籌集指引（適用於持牌法團）》進行反洗錢盡職調查，以下陳述**正確**的是？

A 因為麗穎公司為一家境外的銀行，所以維基公司不能與其建立跨境代理關係。

B 維基公司不能以簡化的方法來進行額外的盡職審查，因為其交易對手為境外金融機構，具有較高的風險。

C 維基公司可依賴興業公司層面的打擊洗錢/ 恐怖分子資金籌集計劃的措施，只要興業公司的有關政策能夠充分減低較高的風險因素。

D 如果麗穎公司不屬於金融集團性質公司的子公司，則其無法與維基公司建立起跨境代理關係。

39. 根據《打擊洗錢及恐怖分子資金籌集指引（適用於持牌法團）》的相關規定，以下有關可疑交易的陳述，**不正確**的是？

A 操縱市場活動有可能屬於可疑交易。

B 與難以核實的第三者有頻繁的資金調撥或支票付款活動，屬於可疑交易。

C 對於看似代表客戶行事但無實際證據的客戶，中介人應當採取額外的風險管理措施。

D 資產管理人獲正式授權的員工通常會被視為看似代表客戶行事的人，所以要對其採取額外的風險管理措施。

---

40. 范先生和中德公司分別是香港的投資人和投資機構，同樣看好內地經濟發展，打算通過北向交易投資內地股票。光大公司為一家內地上市公司，目前光大公司的股票業績較好，以下做法**符合**規定的是？

A 范先生購買了光大公司 20% 已發行股票。

B 范先生和中德公司都投資了光大公司，中德公司持有光大公司 30% 已發行股票。

C 中德公司投資了 10% 的光大公司股票，按照規定，香港交易所一定會要求中德公司減持，賣出光大公司股票。

D 中德公司持有光大公司 5% 的股份，這種情況下中國證監會將要求中德公司作出資訊披露。

41. 以下關於透過北向交易通進行賣空的內容，陳述**不正確**的是？

A 交易所參與者須就賣空證券的未平倉淡倉，向聯交所提交報告。

B 被輸入的賣空盤價格，不得低於該賣空證券最近期的成交價或前收市價。

C 與北向交易不同，南向交易允許無擔保賣空。

D 當某 A 股的總未平倉淡倉數量達到上市可流通數量的一定比例時，上交所/ 深交所可以暫停該 A 股的賣空活動。

42. 以下哪一項是有關證券借貸的**不正確**陳述？

A 證券借貸業務中，借用人承諾於未來日期向借出人交還性質相同的證券。

B 證券借貸可以豁免繳付印花稅。

C 證券借貸可讓保管機構持有原本無法流通的大量證券流入市場，促進市場流通性。

D 從事證券借貸活動的交易所參與者，根據最新市價調整證券價值。

43. 李先生打算進行賣空活動，中德公司為交易所參與者，以下關於賣空的說法或做法，**不正確**的是？

A 李先生屬於秉誠行事的人，他有合理理由證明自己具有將證券轉移的能力。

B 中德公司在日常業務過程中買賣碎股，可以被看成是獲准許進行賣空的參與者。

C 李先生出售一個期權合約證券，而該合約是在場外進行交易的，此種情況可以被看做是獲准許的賣空。

D 李先生進行賣空時，在傳達賣空指示時，必須向對手表明此為賣空交易。

44. 以下關於結算及交收服務，說法**不正確**的是？

A 結算參與者可透過本身的中央結算系統終端機取得的臨時結算表，以核對他們的內部紀錄。

B 最後結算表於 T+1 日提供予 CCASS 結算參與者，以確認交收。

C CCASS 結算參與者的股票持倉與款項數額的計算方法成為「總額交收」制度。

D 通過法律上的責務變更程序，中央結算公司以 CCASS 結算參與者的交收對手身份承擔交收風險，為交收提供保證。

45. 以下哪些是有關交收內容的**正確**陳述？

I 透過「持續淨額交收」制度進行交收的聯交所買賣須於 T+2 日以貨銀對付方式交收。

II 款項交收只可於中央結算系統內的股份交收完成後方可進行。

III CCASS 結算參與者透過其指定的銀行交收款項後，會於股份交付予他們的當日完結時（T+2 日）獲得確認。

IV CCASS 結算參與者向中央結算公司預付現金款項，即可在 T+1 日使用該證券。

A 只有 I、II、III

B 只有 II、III、IV

C 只有 II、III

D 只有 I、II、IV

46. 以下關於聯交所買賣的交易所期權的陳述，**正確**的是？

I 為了提高流通量，聯交所在交易所買賣期權市場實行莊家機制。

II 期權買賣交易所參與者可向聯交所申請，就特定期權類別擔任莊家。

III 聯交所期權結算所的結算參與者，不一定是聯交所期權買賣交易所參與者。

IV 「間接結算參與者」是聯交所期權結算所的結算參與者資格的其中一種。

A 只有 I、III、IV

B 只有 I、II

C 只有 II、IV

D 只有 I、II、IV

---

47. 中德公司為非上市結構性投資產品的發行人，范先生為中德公司的董事，李先生為中德公司的持牌代表，關於成為可就該結構性投資產品發出送達通知的獲核准人士，以下陳述**正確**的是？

I 范先生可以獲提名成為該人士。

II 李先生如果想獲資格，必須持有第 1 或第 4 類牌照。

III 李先生如果居住於中國內地，便無權獲得此資格。

IV 李先生有大金額的負債，不符合任職資格。

A 只有 I、II、IV

B 只有 I、II、III

C 只有 II、III、IV

D I、II、III 及 IV

48. 中德公司為一法團，其資產淨值為 20 億港元，該公司在以下哪些情況下**可以**成為非上市結構性投資產品的發行人？

I 中德公司為一家受金管局規管的銀行。
II 中德公司為一個受證監會發牌的法團。
III 中德公司為一家在澳洲獲發牌的銀行，受當地金融監管當局的監管。
IV 中德公司為一家認可財務機構。

A 只有 I、II、III
B 只有 I、III、IV
C 只有 II、III、IV
D I、II、III 及 IV

49. 以下關於集體投資計劃的陳述，**不正確**的是？

A 證監會可以在授出認可後撤回該計劃。
B 必須有一名個人獲證監會核准可就認可集體投資計劃收取證監會發出的通知及決定的核准人士。
C 其他並無向公眾銷售的集體投資計劃，不屬於證監會的規管範圍。
D 就集體投資計劃權益而作出的廣告，若該計劃只提供予專業投資者，則有關廣告可以毋須經證監會認可。

50. 以下關於保薦人的職責，哪項是**不正確**的？

A 為編制新申請人的上市檔提供全程諮詢。
B 盡合理的努力，適時處理聯交所提出的所有事項。
C 陪同新申請人出席與聯交所舉行的任何會議。
D 進行合理盡職審查的查詢，使其可做出相關聲明。

51. 以下有關《非上市結構性投資產品守則》中主要產品對手的陳述，**正確**的是？

I 結構性產品的特徵，決定了其經濟回報的全部或絕大部分來源於對手方。

II 該《守則》直接向主要產品對手施加資格規定。

III 發行人必須獨立於任何主要產品對手。

IV 每名產品安排人均需須確保與主要產品對手的交易均能獲取合理收益。

A 只有 I、III

B 只有 II、IV

C 只有 I、II、III

D 只有 I、II、IV

52. 以下有關集體投資計劃管理公司的陳述，**正確**的是？

A 《單位信託守則》只規管獲證監會發牌或註冊的管理公司。

B 所有的集體投資計劃均需要委任證監會接納的管理公司。

C 自行管理的集體投資計劃可由該計劃的董事局管理。

D 自行管理的集體投資計劃在香港是普遍存在的。

53. 以下陳述**正確**的是？

I　投資銀行可以在香港發行衍生權證。

II　當需要擔保的衍生權證尋求上市時，擔保人不得為私人公司。

III　衍生權證可以於 GEM 上市。

IV　認股權證由發行或授予日期起計，不得少於一年或多於十年，期間可以轉換為該等時間範圍外其他可認購證券的權利。

A　只有 I、II

B　只有 II、III

C　只有 II、IV

D　只有 I、IV

54. 以下關於《收購守則》和《股份回購守則》的陳述，**不正確**的是？

A　兩份《守則》均屬於自律性質。

B　香港法院接納就收購及合併委員會所作裁定而提出的司法覆核申請。

C　在香港以外地方作第一上市的公司，也必須遵守《股份回購守則》，不能豁免。

D　透過全面要約進行的股份回購，會被視為要約。

55. 以下有關高壓推銷證券活動的陳述，**正確**的是？

I　推銷活動中所涉及的證券一定是虛假的。
II　賣方通常身處境外。
III　投資者通常會被未獲邀約的上門造訪所打擾。
IV　推銷的產品名稱可能稀奇古怪。

A　只有 II、IV
B　只有 III、IV
C　只有 I、II、III
D　I、II、III 及 IV

56. 杜先生為持牌法團維基公司的客戶，曾經通過維基公司大量購買甲公司股票。某日，一名維基公司的經紀人張先生未提前預約主動登門，向杜先生講解現在的股市行情，並建議杜先生再次購買甲公司股票，以下哪一項是相關的**正確**陳述？

A　張先生的行為構成了市場失當行為。
B　張先生的行為構成未獲邀約的造訪，但這種行為是被允許的。
C　張先生的行為構成了未獲邀約的造訪，而這種行為是不被允許的。
D　無論是否未獲邀約的造訪，杜先生都可以選擇要求取消交易。

57. 以下哪些是有關獲准許的通訊的**不正確**陳述？

I　獲准許的通訊一定不是在親身探訪中作出的。
II　電話談話有可能屬於獲准許的通訊。
III　互動式對話都會被看成是未獲准許的通訊。
IV　如果屬於獲准許的通訊範疇內的行為，一定不屬於未獲邀約的造訪。

A　只有 I、II、IV
B　只有 II、III、IV
C　只有 I、III
D　只有 III、IV

58. 以下有關「老鼠倉」的陳述，**正確**的是？

A　老鼠倉屬於市場失當行為。
B　老鼠倉涉及重新對買賣盤的分配，將客戶的買盤以較低的價格分配。
C　老鼠倉的行為中，客戶主任往往不執行客戶的操作。
D　老鼠倉的行為中，往往牽涉到操盤者本人的戶口。

59. 維基公司是香港一家從事證券交易的持牌法團，杜先生為其客戶經理，因為杜先生急於提升自己的業績，於是用自己的手機向他現有的客戶群發短信，短信內容是介紹維基公司對行業的看法，請問以下哪一項是**正確**的陳述？

A　該行為屬於市場失當行為。
B　該行為屬於未獲邀約的造訪，應當被禁止。
C　該行為不屬於未獲邀約的造訪。
D　該行為屬於未獲邀約的造訪，但是該等行為被允許。

60. 以下有關不當交易手法的陳述，**正確**的是？

I　不當交易手法是市場失當行為。

II　不當交易可能會影響持牌人或註冊人持有牌照或註冊的適當人選資格。

III　不當交易是違反證監會守則和不道德行為，並不涉及法律問題。

IV　老鼠倉交易屬於不當交易手法。

A　只有 I、II

B　只有 I、IV

C　只有 I、III、IV

D　只有 II、IV

# 模擬試卷・三

1. 以下陳述**正確**的是？

I　行政長官可以罷免任何證監會董事。
II　行政長官可以釐定董事的任職條款。
III　督導貿易及就業政策的制定並不是財政司司長的職責。
IV　財政司司長對證監會具有全部有效權利。

A　只有 I、II
B　只有 III、IV
C　只有 II、III、IV
D　只有 I、II、IV

2. 以下有關積金局和證監會對強積金監管職能的陳述，**正確**的是？

I　積金局負責核准匯集投資基金。
II　證監會負責監督註冊強積金計劃的行政與管理事宜。
III　積金局負責調查涉及違反《強積金條例》的行為。
IV　積金局負責持續監察強積金產品投資經理的操守。

A　只有 I、II、III
B　只有 II、III、IV
C　只有 I、III
D　只有 I、II、IV

3. 以下陳述**正確**的是？

I 收購上訴委員會是獨立於證監會成立的機構。

II 證監會的企業融資部負責監督聯交所與上市有關的事務。

III 證監會的法規執行部負責執行《公司收購、合併及股份回購守則》。

IV 證監會企業融資部負責註冊及規管開放式基金公司。

A 只有 I、II、IV

B 只有 I、III、IV

C 只有 II

D I、II、III 及 IV

4. 有關香港金融監管當局監管的理念的陳述，哪項是**正確**的？

I 視具體監管情況而定，沒有固定的監管套路，有時以「評審結果為本」，有時以「披露為本」。

II 香港公司條例監管理念是以「評審結果為本」。

III 以「評審結果為本」和以「披露為本」兩者現實中區別很大，涇渭分明，且在實際監管中兩者不互相重疊，互相獨立。

IV 所有的監管理念目的是協助提高本港金融市場的信心。

A 只有 I、II

B 只有 I、IV

C 只有 II、III

D 只有 III、IV

5. 以下關於香港法律的陳述，**正確**的是？

I 證監會所有規則都是由立法會直接制定的。
II 金融業的衡平法補救包括禁制令、強制履行令等。
III 刑事案件必須經證明「無合理疑點」。
IV 與刑事法一樣，民事法也旨在處罰違法者。

A 只有 I、II
B 只有 III、IV
C 只有 I、III
D 只有 II、III

---

6. 中德公司是一家公眾公司，已發行了可贖回股份，以下陳述**正確**的是？

I 可以發行新股份，所得收益以備將來可贖回股份的贖回。
II 不能從資本中就可贖回股份作出付款，否則違反《公司條例》的規定。
III 可贖回股份贖回後，若是從股本中撥款贖回的，需要減少股本的款項。
IV 公司不能主動選擇贖回，目前規定只有股東才可以。

A 只有 I、II
B 只有 II、III
C 只有 I、III
D 只有 II、IV

7. 李先生是中德公司的董事，以下陳述**正確**的是？

I 如果中德公司是一家私人公司，且不屬於上市公司集團的成員，則中德公司可以沒有自然人董事。

II 黃先生是中德公司的高級法律顧問，公司大多數董事均聽取其意見，所以黃先生是中德公司的幕後董事。

III 張先生是公司秘書，他也屬於高級人員。

IV 李先生必須由在成員大會行事的成員委任。

A 只有 I、IV

B 只有 II、III

C 只有 I、III

D 只有 III、IV

8. 黃先生是香港公眾公司——中德公司的股東，也是中德公司的成員，以下陳述**正確**的是？

I 黃先生可於成員大會上罷免董事。

II 黃先生如果認為個別成員現時的行事方式損害大多數成員的權益，他可以向法院提出呈請和異議。

III 單靠黃先生一個人，不能單獨向法院提出將公司清盤。

IV 黃先生是有 2% 附帶投票權的已繳足股本的成員，他可以要求召開成員大會。

A 只有 I、II

B 只有 III、IV

C 只有 II、III

D 只有 II、IV

9. 以下有關決議的陳述，**正確**的是？

I 特別決議的通過需要召開成員大會，並需要在大會前21 天就該決議發通知。
II 股本減少事宜需要特別決議通過。
III 公司需要在普通決議通過後，才可由法院清盤。
IV 特別決議的文本要在規定的時間遞送予公司註冊處處長。

A 只有 II、IV
B 只有 I、II、III
C 只有 I、II、IV
D I、II、III 及 IV

10. 以下有關對投資者的賠償，説法**正確**的是？

I 投資者賠償基金的賠償對象不包括非交易所參與者。
II 投資者賠償基金的來源是政府撥款。
III 在證監會批准下，投資者賠償有限公司可就其業務運作制定規則。
IV 現時賠償上限是 50 萬港元。

A 只有 I、III
B 只有 I、II
C 只有 III、IV
D 只有 II、IV

11. 以下陳述**正確**的是？

I 受規管人士一定是證監會的持牌人。

II 若個人或董事在精神上無行為能力，可能導致公司牌照或註冊被撤銷。

III 證監會可以寬減制裁那些跟該會合作良好的調查及執法對象。

IV 董事被裁定犯罪也可能導致公司被暫時吊銷牌照。

A 只有I、II、IV

B 只有II、III、IV

C 只有I、II、III

D 只有II、IV

12. 黃先生是中德公司的董事，以下陳述**正確**的是？

I 黃先生因疏忽導致違反披露規定，他需要承擔法律責任。

II 李先生是黃先生的下屬，李先生違反了披露規定，黃先生沒有採取措施防止，黃先生也需要承擔法律責任。

III 黃先生違反《內幕消息披露指引》即意味着違法。

IV 黃先生持有中德公司的股權，但該股權並未上市發行，所以不用履行權益披露責任。

A 只有I、II

B 只有II、III、IV

C 只有I、II、IV

D 只有I、III、IV

13. 以下有關權益披露的陳述是**正確**的？

I　董事和最高行政人員以外的人員一定沒有披露責任。
II　根據規定，上市公司有關股本權益應按照淨額計算的標準披露。
III　有披露責任的人士，當所持權益百分比水平從 5.1% 增加到 7%，也需要作出披露。
IV　必須在指定時限內作出披露。

A　只有 I、II
B　只有 II、IV
C　只有 III、IV
D　只有 I、IV

14. 中德公司是有第 1 和 8 號牌照的持牌法團，該公司為客戶黃先生提供了 10 萬元融資，以購買股票，黃先生抵押了所購股票 10 萬股，當前市價為 1 元／股，以下陳述**正確**的是？

I　如果股價漲到 1.2 元／股，中德公司須退還部分股票抵押品給黃先生。
II　如果股價漲到 1.4 元／股，中德公司可以甚麼都不做。
III　如果股價漲到 1.6 元／股，中德公司須退還部分股票抵押品給黃先生。
IV　中德公司如要退還部分抵押品，需要在當日營業結束前操作。

A　只有 II、III
B　只有 I、II、IV
C　只有 III、IV
D　只有 II、III、IV

15. 黃先生是中介人中德公司的客戶，關於中德公司在收取黃先生款項方面的陳述，**正確**的是？

I 中德公司持有部分黃先生在美國持有的美元現金，這類款項不受《客戶款項規則》的規管。

II 黃先生拋售在香港買入的股票後，將資金轉入美國，由於這是在香港買賣股票所得資金，故仍然受到《客戶款項規則》規管。

III 黃先生在香港渣打銀行開立的個人帳戶沒有進行其他交易關聯，則不受《客戶款項規則》所規管。

IV《客戶款項規則》對黃先生款項的保障，為中德公司代黃先生收取的所有款項之總和。

A 只有 II、III、IV

B 只有 I、III

C 只有 I、IV

D I、II、III 及 IV

16. 中介人中德公司收取了客戶黃先生的證券或證券抵押品後，以下哪一項是**不正確**的做法？

A 黃先生口頭告知中德公司，將股票出售；中德公司則出售股票。

B 黃先生書面告知中德公司，遇到行情不好就拋售；中德公司見行情不錯，暫時不進行操作。

C 黃先生給予中德公司常設授權，中德公司將黃先生的證券抵押品轉移到有聯繫實體——中德實業的帳戶，以信託帳戶方式存放。

D 黃先生給予中德公司常設授權，中德公司將黃先生的證券轉移到其子公司——中德實業的帳戶，並且以子公司的名義存放。

17. 李先生是獲證監會發牌法團中德公司的客戶，以下關於存放證券或抵押品的陳述，**正確**的是？

I 中德公司存放李先生的證券，以中德公司有聯繫實體中德實業的名稱，存放在獨立帳戶。

II 中德公司存放李先生的證券，以中德公司的名稱，存放在獨立帳戶。

III 中德公司存放李先生的證券及證券抵押品時，不可以只開設一個獨立帳戶。

IV 中德公司存放李先生的證券，以李先生的名稱，存放於李先生的客戶帳戶。

A 只有 I、II、III

B 只有 I、II、IV

C 只有 I、III、IV

D 只有 II、III、IV

---

18. 中介人中德公司收到客戶黃先生的證券，以下哪些做法是**正確**的？

I 存放於認可財務機構中德銀行。

II 存放於核准保管人光大公司。

III 存放於具有證券交易牌照的中介人——興業公司。

IV 存放於以中德公司為名稱的獨立信託帳戶。

A 只有 I、II

B 只有 I、IV

C 只有 I、II、III

D 只有 III、IV

19. 以下有關核准介紹代理人的陳述，**不正確**的是？

I 核准介紹代理人需要維持繳足股本。

II 核准介紹代理人不屬於證券及期貨交易商。

III 核准介紹代理人會從客戶處接收進行證券交易的要約，然後以自身的名義將該要約轉交予交易所。

IV 核准介紹代理人除非本身有疏忽等過錯，一般不會就介紹業務承擔法律責任。

A 只有 I、II、III

B 只有 I、III、IV

C 只有 II、III、IV

D I、II、III 及 IV

20. 關於發牌及註冊的規定，以下陳述**不正確**的是？

A 提供證券保證金融資的認可財務機構不需要成為註冊機構即可開展業務。

B 提供槓杆式外匯交易的認可財務機構必須成為註冊機構才能開展業務。

C 有了證券交易的牌照，想附帶證券交易的主營業務從事第 4 類受規管活動可以豁免申請 4 號牌。

D 持牌代表可以隸屬於同一公司集團內的多個持牌法團。

21. 黃先生是持牌法團中德公司的員工，以下陳述**正確**的是？

I 中德公司已有一名負責人員，而該人員符合證監會的最低要求，因此沒有必要再任命黃先生為負責人員。

II 如中德公司任命黃先生為負責人員，他必須長駐香港。

III 李先生為中德公司的執行董事，他必然是負責人員。

IV 對於證券交易這項業務，可以只任命黃先生一人為負責人員來監督該項業務。

A 只有 I、III

B 只有 II、IV

C 只有 III、IV

D 只有 I、IV

22. 以下關於持牌代表適當人選的陳述，**正確**的是？

I 李先生在美國曾經宣告破產，目前尚未解除破產，但他可以在香港申請持牌代表的資格。

II 勝任能力測試包括經驗和學歷。

III 李先生曾經受體育協會的紀律處分，但這不影響他申請證監會的牌照。

IV 李先生個人必須品德良好，無不良嗜好。

A 只有 I、IV

B 只有 I、II

C 只有 II、III

D 只有 II、IV

23. 以下有關大股東的陳述，**正確**的是？

A　成為某法團的大股東必須要得到證監會核准。

B　黃先生持有中信公司 5% 股份權益，黃先生是中信公司的大股東。

C　黃先生通過持股間接控制中信公司股東大會 5% 投票權，黃先生是中信公司的大股東。

D　黃先生在光大公司股東大會上可以行使 40% 的投票權，光大公司在中信公司股東大會上擁有 10% 投票權，黃先生不是中信公司的大股東。

---

24. 以下有關《基金經理操守準則》的陳述，**正確**的是？

A　《基金經理操守準則》適用於以設定的授權投資範圍或預設的標準投資組合形式操作的委託帳戶。

B　《基金經理操守準則》不適用於未獲認可的集體投資計劃。

C　對於違反《基金經理操守準則》的行為作出懲罰時，證監會不會考慮基金經理的規模。

D　不是所有的廣告及市場推廣資料都要按證監會規定獲得認可（不考慮豁免的情況）。

---

25. 以下有關基金管理、與客戶進行交易以及客戶關係的陳述，**不正確**的是？

A　基金的廣告所載關於基金表現的聲稱均可證明屬實。

B　所有會影響基金及基金投資者的費用、收費及將價格標高的做法，均應屬公平和合理。

C　基金經理以主事人身份行事時，將價格標高的做法應當禁止。

D　基金的廣告需要載有適時及與基金銷售文件一致的內容。

26. 以下哪一項是有關「開倉保證金」的**不正確**陳述？

A 提供或收取開倉保證金的持牌人所提供的資產，必須有適當及法律上可以被強制執行的保障。

B 不可以使用第三方保管人，因為這樣無法確保有關開倉保證金與對手方的資產適當地分離。

C 開倉保證金必須與持牌人自有資產分離。

D 除了特殊情況外，持牌人不得以再質押等方式使用有關的開倉保證金。

27. 甲為中介人中德公司的客戶，以下有關陳述**不正確**的是？

A 如果甲為機構專業投資者，則中德公司可以毋須確立甲的投資經驗及投資目標。

B 如果甲為法團專業投資者，則中德公司必定不用確保所提出的建議是合適的。

C 如果甲是個人專業投資者，在任何情況下，中德公司都必須提供有關複雜產品的充分資料。

D 如果甲為機構專業投資者，則中德公司可以毋須評估甲對衍生工具的認識。

28. 維基公司是證監會持牌中介人，參與了購買場外證券及預托證券轉換為股份的操作，以下有關維基公司是否需要向聯交所及證監會作出交易匯報的陳述，**正確**的是？

A 所有交易都必須向聯交所和證監會作出匯報。

B 如果所涉及的交易不需要向聯交所報告，也一定不需要向證監會報告。

C 將預托證券轉換為股份的操作不需要向證監會報告。

D 購買場外證券的行為必須向聯交所進行匯報。

29. 以下對於管理集團公司有關場外衍生工具交易的風險的陳述，**正確**的是？

I 持牌法團可能會因為協力廠商的財務風險承擔而受影響，協力廠商可以包括集團附屬公司。

II 持牌法團可以安排客戶與並非證監會持牌人的集團連署公司訂立場外衍生交易，無論客戶屬於甚麼類別的客戶，這種情況都需要額外的風險披露。

III 持牌法團可能作為交易的對手方或涉及集團連署公司的交易安排人。

IV 持牌法團應當時刻知悉其風險管理責任。

A 只有I、II

B 只有II、IV

C 只有I、III

D 只有I、III、IV

30. 以下哪些資產**可以**作為開倉保證金及變動保證金的合資格資產？

A 有價債務證券和上市股份。

B 與持牌人屬於同一綜合集團的公司所發行的證券。

C 與對手方信用素質有重大相關性的證券。

D 信貸素質並非屬於投資級別的證券。

31. 以下有關非中央結算場外衍生工具交易的保證金規定，**正確**的說法是？

A 規定主要目標在於降低非系統性風險及鼓勵採用中央結算。

B 開倉保證金反映了其中一方因場外衍生工具隨時間按市值計算的價值的變動而已經產生的現行風險承擔。

C 開倉保證金和變動保證金一般由場外衍生工具交易的一方提供給另一方，避免一方免收另一方可能的違約。

D 《操守準則》下的開倉保證金及變動保證金規定不適用於註冊機構。

---

32. 以下有關《操守準則》中遵守法規之一般原則的相關陳述，**不正確**的是？

A 這裏的法規包括證監會訂立的附屬法例。

B 中介人從事的第 1 至 10 類受規管活動，都要遵從金融糾紛調解中心有限公司執行的調解計劃。

C 中介人可以禁止僱員為本身帳戶進行證券或期貨合約交易或買賣。

D 遇到客戶投訴，中介人可以將糾紛轉介到調解中心。

---

33. 維基公司為香港持牌法團，從事 1 號牌相關業務，張先生某天前來維基公司開戶，過程中，維基公司員工趙女士發現張先生的姓名在公司的反洗錢黑名單中，以下有關說法和做法，**正確**的是？

A 應當立即電話通報給聯合財富情報組。

B 應當對張先生作出進一步的盡職調查。

C 應當拒絕張先生開戶。

D 應當將此事告知張先生，以便對方衡量開戶的風險。

34. 維基公司是一家香港的持牌法團，從事證監會 1 號牌的業務，以下有關其員工狀態的陳述，可能涉及洗錢活動，除了**哪一個**選項？

A 張先生，最近認識一個大老闆，該老闆從其他銀行轉入很多資金用來炒股，張先生的業績因此變得很好。

B 李小姐，單身，最近突然大手筆消費和投資，原因不明。

C 杜先生，任公司會計經理，平時工作懶散，但長期不願意休假。

D 高女士，平時提供自己的家庭地址予一些客戶接收郵件。

35. 以下有關《打擊洗錢條例》的陳述，**正確**的是？

I 《打擊洗錢條例》涵蓋對象只包括金融業從業者。

II 違反《打擊洗錢條例》的規定屬刑事罪行。

III 《打擊洗錢條例》對持牌法團及註冊機構施加一般責任，要求持牌法團及註冊機構採取所有合理措施，以消除洗錢風險。

IV 《打擊洗錢條例》中含有了實施有關客戶盡職審查的規定。

A 只有 I、II、III

B 只有 I、II、IV

C 只有 III、IV

D 只有 II、IV

36. 以下陳述**不正確**的是？

A　研究分析員不應獲得最終在發售文件刊發之內容以外的其他資料。

B　研究員的報告不應包括招股章程中未有載列的公司資料。

C　交易前研究報告可按照上市申請人的需求向機構投資者分發。

D　在交易前研究報告中應隨附函件，強調限制有關資料向非列名的指定收件人披露及散發。

37. 維基公司為香港一家受證監會監管的持牌法團，從事證券交易等活動，以下為有關該公司在日常業務活動中處理客戶買賣盤的陳述，**正確**的是？

I　在執行買盤操作時，查核客戶現有的資金，如果沒有資金或僅靠借貸交易，則拒絕客戶的買盤請求。

II　如客戶擬授權維基公司在對盤中就對盤條件設定限制，應當拒絕客戶的該項請求。

III　對於某些客戶，應當延遲或拒絕執行客戶買賣盤。

IV　在切實可行的情況下，指派獨立高級職員負責分配客戶買賣盤。

A　只有 I、II

B　只有 II、IV

C　只有 III、IV

D　只有 II、III

38. 根據《打擊洗錢及恐怖分子資金籌集指引（適用於持牌法團）》，以下哪些是有關資料備存及保留紀錄的**正確**陳述？

I　需要備存任何實益擁有人身份的文件。
II　需要備存與客戶建立業務關係的目的。
III　簡化的盡職審查文件紀錄也需要備存。
IV　所取得與持牌法團進行每項交易的數據及資料的記錄程度，應當以維護投資者合法權益為最高目的和標準。

A　只有 I、II、III
B　只有 I、II、IV
C　只有 I、III、IV
D　只有 II、III、IV

39. 李先生是香港持牌法團維基公司的董事，根據證監會《內部監控指引》，以下哪項做法和說法**符合**該指引中「運作監控」的規定？

I　李先生必須制定政策，要求維基公司在開戶前取得每位客戶就帳戶操作發出指示的人的真正身份。
II　李先生必須制定政策，要求維基公司在開戶前取得有關客戶的財政狀況、投資經驗與目標的資料。
III　李先生必須制定政策，要求維基公司確保收取酬金的投資意見均經過該公司董事會批准。
IV　李先生必須制定政策，要求維基公司確保消除出現利益衝突的可能性，須確保客戶的利益不受到損失。

A　只有 I、II
B　只有 II、IV
C　只有 I、III
D　只有 III、IV

40. 以下關於期貨交收的陳述，**正確**的是？

I 期貨合約交收方法視乎每種產品的合約細則中所指定的機制而定。

II 交收方式可以是現金，也可透過相關金融工具進行實物交收。

III 現金交收合約必須以支付現金的方式進行。

IV 在實物交收合約的方式中，合約買方須支付現金。

A 只有 I

B 只有 I、II

C 只有 II、III

D I、II、III 及 IV

41. 以下關於「既有客戶」的理解，**正確**的是？

I 在少數特定情況下，即使既有客戶未有事先提供足夠抵押品，期交所參與者仍然可以為其進行具體交易。

II 若最低按金已到期，參與者必須告知客戶，不得遲於開新倉的 T 時段或 T+1 時段的下一個營業日內到期繳付。

III 倘客戶有最低按金逾期未繳，參與者不得批准該客戶再開新倉。

IV 若既定客戶向來只進行即日買賣，在該客戶提供足以達到最低按金要求的抵押品之前，期交所參與者也可以代該客戶進行即日盤買賣。

A 只有 I、II

B 只有 II、III

C 只有 I、II、III

D I、II、III 及 IV

42. 中德公司為一家持牌法團，它希望為客戶提供期權買賣服務，以下哪些是**正確**的陳述？

I 如果中德公司希望成為莊家，則必須向聯交所申請。

II 中德公司必須與全面結算參與者簽訂協議，以便更好地進行結算。

III 如果中德公司不是聯交所期權買賣交易所參與者，則不能夠成為聯交所期權結算參與者。

IV 如果中德公司是期權買賣交易所參與者（擁有系統聯通權），肯定會使用到 HKATS 系統。

A 只有 II、III、IV

B 只有 I、II、III

C 只有 I、III、IV

D I、II、III 及 IV

43. 如果想進行股票期權的結算，將會**使用**以下哪一個系統？

A HKATS

B OTP-C

C 衍生產品結算交收系統

D CCASS

44. 以下哪些是**正確**的陳述：

I　所有在聯交所進行的期權交易中，由聯交所期權結算所擔當交易對手方，同時亦擔當保證人，確保款項結算及股票交收得以履行。

II　SEOCH 結算參與者透過衍生產品結算及交收系統，為公司本身及客戶的持倉輸入行使期權指示。

III　聯交所期權結算所負責進行分配及責務變更事宜。

IV　如期權交易所參與者並沒有迅速取得客戶的期權金，則可以視為該期權交易所參與者失責。

A　只有 I、II、III

B　只有 II、III、IV

C　只有 I、III、IV

D　I、II、III 及 IV

---

45. 聯交所會就每宗證券交易收取一些費用，以下相關陳述**不正確**的是？

A　代表證監會收取證監會交易徵費，用於證監會的運作資金。

B　證監會就每宗交易徵費的費率為 0.0027%。

C　聯交所代表會計及財務匯報局收取該局交易徵費。

D　會計及財務匯報局的交易徵費用途為支持證券市場發展。

46. 以下對交易所或結算所參與者描述，哪些是**不正確**的？

I 取得聯交所參與者資格時，隨即成為期交所參與者。

II 交易所的交易權是不可轉讓的。

III 只有期交所參與者方可以成為期貨結算所參與者，期交所參與者均為期貨結算所參與者。

IV 取得結算所參與者資格時，隨即成為聯交所參者或期交所參與者。

A 只有 II

B 只有 II、III

C 只有 I、III、IV

D I、II、III 及 IV

47. 以下有關上市申請人的審核委員會的陳述，**正確**的是？

A 三分之二以上的成員必須是非執行董事。

B 至少要有兩名成員。

C 獨立執行董事須佔成員的大多數。

D 其中至少要有一名成員為具備適當專業資格的會計專長的獨立非執行董事。

48. 以下有關《上市規則》有關控股股東的陳述，**正確**的是？

A 有權行使或控制 5% 或以上的投票權股份，即屬於控股股東。

B 控股股東必須是可控制組成發行人董事會的大部分成員的一名或一組人士。

C 保薦人須就被視為控股股東的人士的工作，進行適當的盡職審查，亦可以採用僅檢視股東名冊的方法進行盡職審查。

D 若法人團體為控股股東，就有必要釐定其股東有否對上市申請人行使有效控制權。

49. 以下有關上市程序及準則中營業紀錄的陳述，**正確**的是？

A 上市申請人必須在相若的管理層管理下，具備至少最近一個經審計的會計年度直至緊貼發售的擁有權維持不變，即滿足營業紀錄的要求。
B 上市申請人必須在相若的管理層管理下，具備至少前三個會計年度的營業紀錄直至緊貼發售的擁有權維持不變，即滿足營業紀錄的要求。
C 有關「擁有權和控制權維持不變」的規定，是特指控股股東所持投票權的擁有權及控制權。
D 在若干情況下，聯交所可根據《上市規則》豁免盈利要求。

50. 維基公司是一家打算在香港上市的公司，其市值為 50 億港元，經審計的最近一個會計年度公司收益為 6 億港元，其前兩年累計的股東應佔盈利合計為 4,000 萬港元。以下陳述**正確**的是？

A 維基公司符合三項定量測試中的盈利測試。
B 維基公司符合三項定量測試中的市值／收益／現金流量測試。
C 維基公司符合三項定量測試中的市值／收益測試。
D 維基公司不符合三項定量測試中的任何一項。

51. 以下有關一家公司擁有不同投票權的陳述，**不正確**的是？

A 此種情況偏離「一股一票」原則。
B 對於每一股來說，一股不同投票權股份的持有人將較一股普通股持有人享有更多投票權。
C 此類公司於上市時市值必須至少達 400 億港元。
D 若此類公司於上市時的市值少於 50 億港元，則一定不符合有關上市的要求。

52. 以下有關上市發行人股份期權計劃的陳述，**正確**的是？

A 根據計劃將予授出的期權總數沒有限制。

B 根據計劃將予授出的期權予以行使時發行的證券總數，不得超過於計劃實施當時已發行的有關類別證券的 10%。

C 行使期由期權授出日起計不得超過 10 年。

D 計劃的有效期不得超過 5 年，行使價不受到其他限制。

53. 以下哪一項是有關穩定價格行動的**正確**陳述？

A 穩定價格的主體必須是發行人。

B 穩定價格行動不會被視為操縱證券市場。

C 穩定價格活動也適用於小型發售（少於 1 億港元）。

D 《穩定價格規則》旨在防止新發行證券的市場價格下跌至低於首次公開招股發售價。

54. 以下有關《證券及期貨條例》中集體投資計劃的陳述，**不正確**的是？

A 財政司司長可以根據《證券及期貨條例》所訂明者，來界定集體投資計劃。

B 集體投資計劃的財產管理受到計劃參與者的日常控制。

C 集體投資計劃的財產整體上是由營辦該安排的人管理。

D 集體投資計劃參與者的供款和應計利潤或收益是匯集的。

55. 杜先生為證監會 1 號牌照持牌人——維基公司的客戶，杜先生外出時，他通過口頭授權，准許其客戶主任透過杜先生的帳戶進行交易，在此期間，客戶主任多次就杜先生的帳戶進行交易，以下有關此案例的陳述，**不正確**的是？

I 只要杜先生收到成交單據，這樣的做法就沒有問題。
II 因為有杜先生的授權，所以這種做法沒有問題。
III 這種做法是違規的，屬於未經授權的交易。
IV 只要操作的帳戶屬於委託帳戶（此前已獲書面授權），就沒有問題。

A 只有 I、III
B 只有 I、II
C 只有 I、II、IV
D 只有 II、IV

---

56. 維基公司是一家從事基金業務的公司，近期因為市場行情變動劇烈，維基公司為作應對，進行了大量買賣盤操作，操作人是張經理，而張經理在操作前參考了很多客戶的買賣盤。李先生是維基公司的客戶，他就上述情況指控維基公司有不當交易行為，以下陳述**正確**的是？

A 維基公司的操作並無不當交易行為。
B 維基公司的操作存在市場失當行為。
C 維基公司的行為構成了過分頻密的交易。
D 張經理的行為構成了扒頭交易。

57. 杜先生為香港證監會 1 號牌照持牌人——維基公司的員工，他被控存在市場失當行為，以下有關陳述**正確**的是？

A 可以用雙軌法律途徑，即民事和刑事兩套處理方案，同時提交市場失當行為審裁處和刑事法庭。
B 證監會沒有權力將杜先生提交至刑事法庭進行審訊。
C 如將杜先生進行刑事定罪，需要較高的舉證準則，若證據不充分，只能循民事途徑解決。
D 如案件經過調查，證監會認為適合通過民事途徑處理案件，可以直接交由市場失當行為審裁處進行研訊。

58. 杜先生為某持牌法團的持牌代表，他收到一條有關甲股票的消息，經過分析，他確認那是虛假消息。但為了自己的業績，杜先生仍然把該消息轉發給客戶，促使客戶大量購買甲股票。有關杜先生的行為，以下陳述**正確**的是？

A 這種行為構成內幕交易。
B 這種行為構成披露關於受禁交易的資料。
C 這種行為構成披露虛假或具誤導性資料以誘使進行交易。
D 因為題目中未指明客戶有否盈利，所以無法判斷這種行為是否市場失當行為。

59. 以下哪一項**不屬於**市場失當行為？

A 在第 3 類受規管活動中的欺騙行為。
B 披露虛假或誤導性資料以誘使訂立槓杆式外匯交易合約。
C 向某人作出已代其進行期貨合約交易的虛假陳述。
D 高壓推銷證券業務。

60. 以下有關內幕交易和內幕消息的陳述，**不正確**的是？

I 進行內幕交易的人士必須跟某上市法團有關。

II 未上市的證券也可以涉及內幕交易。

III 必須是直接獲得內幕消息才能從事內幕交易。

IV 有關某上市公司普通僱員的消息也屬於內幕消息。

A 只有 I、II

B 只有 I、III

C 只有 II、III

D 只有 I、III、IV

# 模擬試卷·四

1. 中德公司為一家法團，有意從事受證監會的規管活動，但是證監會以不符合資格為由拒絕其牌照申請，中德法團該怎麼辦？

   A 向證監會的上級部門財政司上訴。
   B 向律政司上訴。
   C 向上訴審裁處上訴。
   D 向程序覆檢委員會上訴。

2. 以下有關證監會諮詢委員會的陳述，哪些是**不正確**的？

   I 該委員會為證監會的執行部門之一。
   II 諮詢委員的設立是為了監察證監會的工作。
   III 諮詢委員會由證監會副主席擔任主席。
   IV 諮詢委員會成員包括行政總裁。

   A 只有I、II、III
   B 只有I、III、IV
   C 只有I、II
   D 只有I、IV

3. 以下哪些委員會在性質上與程序覆檢委員會**並不類似**？

I 收購及合併委員會
II 產品諮詢委員會
III 杠杆式外匯交易仲裁委員會
IV 收購上訴委員會

A 只有I、II、III
B 只有I、II、IV
C 只有II、III、IV
D I、II、III及IV

4. 根據《證券及期貨條例》，證監會的一般責任**包括**以下哪些內容？

I 協助維持香港作為國際金融中心的地位。
II 促進金融產品的廣泛創新。
III 避免過度競爭，以開放透明的方式行事。
IV 有效地運用各類金融資源。

A 只有I、II、III
B 只有I、II、IV
C 只有II、III、IV
D 只有I、III、IV

5. 以下就《公司條例》相關事宜的陳述，哪項是**不正確**的？

I 公司可以擁有財產，以及可能會犯罪。

II 一家公司建立後一定會永久延續。

III 擔保公司必須有股本。

IV 私人公司的股份轉讓是沒有任何限制的。

A 只有 I

B 只有 I、II、III

C 只有 II、III、IV

D 只有 I、III、IV

6. 中德公司要召開一系列會議，以下陳述**正確**的是？

A 成員大會上要投票，這時只有親身出席大會人士的投票才具備效力。

B 在成員大會召開前 7 天發出通知，預先告知大會要進行特別決議的投票。

C 中德公司決定減少股本，準備透過普通決議通過該決定並執行。

D 中德公司決定進行公司自動清盤，需要將該決議以特別決議的方式給予通過並執行。

7. 中德公司打算任命黃先生為公司的董事，以下陳述**正確**的是？

I 黃先生年滿 19 歲，符合出任董事的條件。

II 黃先生在一年前宣佈破產，但於 6 個月前已解除破產狀態。惟因為他有破產紀錄，所以不符合董事資格。

III 黃先生之前曾出任光大公司董事，其後光大公司無力償債，因此黃先生一定不符合擔任中德公司董事資格。

IV 如果黃先生之前曾干犯欺詐罪並被定罪，一定不能擔任中德公司董事。

A 只有 I、II

B 只有 II、III

C 只有 III、IV

D 只有 I、IV

8. 周先生為中德公司的董事，以下哪項陳述是**正確**的？

I 周先生的權力不可淩駕股東之上。

II 周先生可以行使公司的所有權力。

III 周先生的日常經營管理不受公司成員干擾，但會受到獲成員在成員大會上通過的決議所規限。

IV 如果周先生違反受信責任，則成員大會的成員可以介入公司管理事務。

A 只有 I、III

B 只有 II、III

C 只有 I、IV

D 只有 II、IV

9. 黃先生為香港公眾公司——中德公司的董事，以下陳述**正確**的是？

A 黃先生的董事酬金應當於薪酬委員會上釐定。

B 一般情況下，黃先生會拿到兩份獨立的薪酬，即董事酬金和董事袍金。

C 黃先生擅長法律事務，他同時擔任公司法律顧問，該角色從屬於董事，因此毋須訂立合同。

D 即使未獲公司成員批准，黃先生也有可能從公司獲得一定金額的貸款。

---

10. 以下陳述**正確**的是？

I 設立證券及期貨事務上訴審裁處，是為了向不滿證監會裁決者提供上訴機會。

II 證監會可以直接干預民事法律程序，介入涉及《證券及期貨條例》的個案。

III《持續培訓的指引》是證監會發出的特別指引。

IV《證券及期貨（淡倉申報）規則》屬於證監會發出的重要守則。

A 只有 I、III

B 只有 II、IV

C 只有 III、IV

D 只有 I、IV

11. 李先生是證監會委任的核數師，準備對維基公司進行審查和審計，請問李先生據此**擁有**以下哪些權力？

I 可以詢問維基公司的未經宣誓高級人員。

II 要求認可交易所、結算所交出紀錄。

III 要求調查維基公司的其他業務，該其他業務屬於審計工作以外的事項。

IV 處置或促致處置任何與該項審計有關的財產。

A 只有 I、II

B 只有 II、IV

C 只有 I、III、IV

D 只有 II、III、IV

12. 以下陳述**不正確**的是？

A 證監會可以向原訟法庭申請提出開放式基金型公司清盤令。

B 證監會可以向持牌代表作出破產令（向法庭申請）。

C 證監會可以申請發出強制令，以防止任何人違反有關條文。

D 證監會已成立了上訴審裁處，由證監會副主席兼任主席，就因應證監會的決定所提出的上訴進行聆訊。

13. 以下陳述**正確**的是？

A 交易所控制人是指聯交所。

B 交易所公司是指香港交易及結算所有限公司。

C 香港目前有 3 間結算所。

D 證監會對於營運機構的認可，必須獲財政司司長同意。

14. 根據證券交易的定義，以下哪種情況**可以**視為證券交易？

A 李先生與專業投資者高先生進行交易，以取得高先生的證券。

B 中信公司發出招股章程。

C 光大公司向公眾發佈宣傳自家投資計劃的廣告，而該廣告已獲證監會認可。

D 中信公司與證券交易商光大公司簽訂協議，目的是幫助中信公司的客戶李先生買入證券，而中信公司收取一定的中介費。

15. 以下陳述**正確**的是？

I 常設授權的續期可以應客戶的口頭要求訂立。

II 《客戶證券規則》適用於證監會根據《證券及期貨條例》第 104 條認可的集體投資計劃之權益。

III 李先生是中介人——招商公司的客戶，對於招商公司來說，無法依據《客戶證券規則》干涉李先生以自己名義存放在另一中介人的證券。

IV 非香港公司無法在香港收取中介人的客戶款項。

A 只有 II、III

B 只有 I、II、IV

C 只有 I、IV

D 只有 I、II

16. 以下哪些情況**符合**證券保證金融資的定義？

I 維基公司為一家持牌法團，提供資金予投資者張先生，以利便張先生取得在美國上市的股票。

II 維基公司為一家持牌法團，提供資金予投資者李先生，以利便張先生繼續持有之前已持有的股票。

III 維基公司為一家香港 1 號牌持牌人，提供資金予麗穎公司，以利便麗穎公司的客戶能夠通過該筆資金獲得證券。

IV 維基公司為一家認可財務機構，向其客戶杜先生提供資金，以利便杜先生繼續持有證券。

A 只有 I

B 只有 I、II

C 只有 II、III

D I、II、III 及 IV

17. 維基公司為香港一家持牌法團，以下有關該公司**需要**提交的財務報表相關內容的陳述，**正確**的是？

I 維基公司的有聯繫實體的損益表亦需要提交。

II 如果維基公司停止從事某項受規管活動，須發出停止營業帳目。

III 維基公司必須提交速動資金計算表。

IV 維基公司肯定不需要提交客戶帳戶分析資料。

A 只有 I、II

B 只有 I、II、IV

C 只有 III、IV

D 只有 II、III、IV

18. 維基公司為香港一家持牌法團，僅從事第9類受規管活動，且不持有客戶資產，根據《財政資源規則》，維基公司是否需要提供每月申報表？

A 需要，因為從事任何受規管活動都要提供每月申報表。

B 不需要，因為維基公司不持有客戶資產。

C 不需要，因為從事第9類受規管活動一定不需要提供每月申報表。

D 需要，因為維基公司為一家持牌法團。

---

19. 維基基公司是一家持牌法團，以下哪些是關於其場外衍生工具匯報責任的**正確**陳述？

I 以對手方身份訂立指明場外衍生工具後，則會產生匯報責任（不考慮所有豁免的情況）。

II 如果代表聯屬公司在香港進行指明場外衍生工具交易，則會產生匯報責任。

III 一旦產生了匯報責任，就不會失去匯報責任。

IV 如果維基公司之前被豁免了匯報責任，則今後一定不會產生匯報責任。

A 只有I、II、III

B 只有I、II、IV

C 只有II、III、IV

D I、II、III及IV

20. 杜先生為香港持牌法團維基公司的核數師，他按照《帳目及審計規則》出具核數師報告，以下關於該核數師報告的陳述，**正確**的是？

I 核數師報告必須確認維基公司的損益表及資產負債表是否「真實而中肯地反映」有關狀況。

II 如果維基公司在今年違反了《財政資源規則》，則核數師報告中必須加以體現。

III 杜先生必須呈交兩份報告。

IV 如杜先生無法確認維基公司是否遵從了《客戶證券規則》，他須向維基公司索要更多資訊。

A 只有 I、II

B 只有 I、III、IV

C 只有 I、II、IV

D 只有 II、III

21. 客戶黃先生是持牌法團中德公司的客戶，以下關於常設授權的陳述，**正確**的是？

A 黃先生的常設授權有效期為 24 個月。

B 每次常設授權的續期不超過 6 個月。

C 如果黃先生為專業投資者，則證監會不會對他的常設授權設下有效期和續期的時限要求。

D 黃先生須在常設授權到期前最多 14 天，才可以提出續期要求。

22. 戶口結單中的日結單，在以下哪些情況中提供？

I 進行保證金交易的中介人，當發生任何保證金交易平倉時，需要製備。

II 進行保證金交易的中介人，在訂立保證金融資交易時，需要製備。

III 提供證券保證金融資的中介人及其有聯繫實體，在指明事件發生時製備。

IV 客戶同意中介人在指明事件發生時製備。

A 只有 I、II、III

B 只有 I、II、IV

C 只有 II、III

D 只有 II、IV

23. 張先生是香港證監會持牌人維基公司和麗穎公司的客戶，以下有關《客戶證券規則》的陳述，**不正確**的是？

I 如果張先生購買的證券，是在聯交所以外市場進行交易的，則不受《客戶證券規則》規管。

II 如果張先生參與的是集體投資計劃，則該產品一定受到《客戶證券規則》規管。

III 麗穎公司在從事 1 號牌受規管活動中，從海外收取的證券也適用於《客戶證券規則》。

IV 張先生以本身名義在持牌人中興公司開立了帳戶，該帳戶對於維基公司來說，也適用於《客戶證券規則》。

A 只有 I、II、IV

B 只有 I、II、III

C 只有 I、III、IV

D 只有 II、III、IV

24. 黃先生是持牌法團中德公司的持牌人，根據可以收取的金錢利益的規定，以下哪些是他**可以**收受的？

I　一本有關經濟政策研究的雜誌。
II　一個儲存資料的硬碟。
III　一部便攜式打印機。
IV　一家書店的會員會籍年費。

A　只有 I、II、IV
B　只有 II、III
C　只有 I、II
D　I、II、III 及 IV

25. 以下有關為客戶提供資料的原則，陳述**正確**的是？

I　中介人需要披露是以主事人還是代理人身份行事。
II　中介人需要披露與產品發行人的聯繫。
III　如中介人無法在交易完成前以書面形式完成披露，則不可以繼續交易。
IV　中介人應該向客戶提供收費折扣的任何條款及細則。

A　只有 I、IV
B　只有 III、IV
C　只有 I、II、IV
D　只有 I、III

26. 以下有關為客戶提供資料的原則，陳述**正確**的是？

I 應當以交易為本作為披露原則。
II 一般情況下需要作出一次性披露。
III 如果收益本身可以量化，應當披露每年可取得的金錢收益的最高百分比。
IV 背對背交易中，中介人是作為主事人與協力廠商進行交易的。

A 只有 I、II、III
B 只有 I、IV
C 只有 II、III、IV
D I、II、III 及 IV

27. 以下有關一般原則之利益衝突的陳述，**正確**的是？

I 利益衝突指的是客戶與持牌人或註冊人或其職員，不包括兩名客戶之間的衝突。
II 客戶的交易指示應該較中介人僱員帳戶發出的交易指示，獲得優先處理。
III 中介人不能將數名客戶的交易指示合併處理。
IV 扒頭交易是被禁止的。

A 只有 I、II
B 只有 I、III
C 只有 I、IV
D 只有 II、IV

28. 李先生想在中介人中德公司開立帳戶，如他不選擇親身訂立客戶協定，以下有關身份驗證的陳述，**不正確**的是？

A　可以由銀行分行經理驗證。

B　可透過郵遞的方式，取得新客戶以本身名義在任一銀行開立的帳戶所簽發及兌現的支票，以作驗證。

C　可以使用香港郵政提供的數碼簽名服務進行驗證。

D　可以由律師驗證。

29. 如果中介人想要通過香港銀行帳戶在網上與客戶建立業務關係，以下陳述**正確**的是？

I　中介人需要取得客戶透過電子簽署方式簽訂的客戶協定。

II　中介人需要取得客戶的身份證明文件正本。

III　以客戶名義在香港持牌銀行開立的銀行戶口成功轉至其本身的銀行戶口內收款，金額不小於 10,000 港元。

IV　除第一次驗證外，今後中介人就客戶的交易戶口作出的所有存款及提款，可以透過客戶在任何銀行的戶口進行。

A　只有 I、II、IV

B　只有 I、IV

C　只有 I、III、IV

D　只有 I、III

30. 黃先生想在持牌法團中德公司開立委託帳戶，下列陳述**正確**的是？

I 該帳戶（全權委託）開立後，在作出每項交易前，均毋須事先獲得該客戶批准。

II 開立委託帳戶，必須進行全權委託授權。

III 黃先生必須以書面形式作出授權。

IV 該等授權必須每年重新簽署。

A 只有 III

B 只有 I、III

C 只有 I、IV

D I、II、III 及 IV

31. 以下哪些是有關高級管理層的責任的**正確**陳述？

I 中介人的高級管理層應承擔首要責任。

II 中介人的高級管理層可以及時取覽所有與該業務有關的資料。

III 中介人的高級管理層可以獲得一切與本身責任有關的必須意見。

IV 證監會將考慮有關個人在該中介人的業務經營中，擁有的實際而非表面權力。

A 只有 I、IV

B 只有 I、II、IV

C 只有 I、II、III

D I、II、III 及 IV

32. 以下有關客戶協定及風險披露聲明的陳述，**正確**的是？

I 客戶協定必須載有風險披露聲明。

II 風險披露聲明應當使用中介人選擇的語言。

III 客戶須在有關的風險披露聲明文件上作簽署及標明日期。

IV 香港以外收取或持有的客戶資產存在風險，是因為跨境進行資金轉移存在較大風險。

A 只有 III

B 只有 I、II

C 只有 I、III

D 只有 I、II、IV

33. 維基公司是一家香港的持牌法團，該公司打算聘請外部核數師——麗穎公司進行審計工作，以下有關陳述**正確**的是？

I 麗穎公司需要向維基公司的高級管理層負責。

II 維基公司的內部審計小組必須聽從麗穎公司就審計工作的統籌安排。

III 麗穎公司只會在其信納內部審計職員擁有勝任能力及獨立授權時，才會接受劃分工作職責。

IV 麗穎公司提出的建議，應向維基公司高級管理層及時作出匯報。

A 只有 I、III、IV

B 只有 III、IV

C 只有 I、II、III

D I、II、III 及 IV

34. 維基公司為香港一家持牌法團，根據《內部監控指引》人事及培訓方面的要求，以下陳述**正確**的是？

I 張先生進入職公司後將從事運營工作，公司要求張先生必須取得證監會 1 號牌才可以履職。

II 李先生為公司新入職的員工，於上班的第一天，公司將最新的業務操作流程學習手冊交給李先生閱讀。

III 杜先生為公司新入職的員工，入職後公司對他進行英語培訓。

IV 高先生為公司的合規部主任，公司要求高先生獲取證監會的 1 號牌照。

A 只有 I、IV

B 只有 II、III

C 只有 I、III、IV

D 只有 II、III、IV

---

35. 中德公司是一家持牌法團，以下關於如何進行職責劃分的陳述，**不正確**的是？

A 李先生是一名客戶經理，有關監察的職責不應該由他來承擔。

B 黃先生是公司一名負責交易業務的經理，他不應該負責會計工作。

C 張先生為一名研究員，他不應該負責銷售工作。

D 杜先生為審計部門員工，他應該向監察部門匯報工作。

36. 中德公司是一家持牌法團，以下有關監察事宜陳述，**不正確**的是？

A 建立監察部，直接向董事長匯報。
B 擴大合規部的權力，使其可以檢查所需的業務資料。
C 對職員的交易採取事後報告和審批制度。
D 建立投訴處理機制。

37. 以下有關《打擊洗錢條例》和《打擊洗錢及恐怖分子資金籌集指引（適用於持牌法團）》的陳述，**不正確**的是？

A 《條例》僅針對香港金融業。
B 《條例》規定屬於刑事罪行。
C 《指引》中將常見的洗錢分為三個階段，其中第二階段是持牌法團最有可能被牽涉其中的。
D 《指引》中規定要設立合規主任和洗錢報告主任。

38. 黃先生是持牌法團中德公司的員工，在識別客戶身份及風險狀況時，以下哪些做法是**正確**的？

I 無記名可導致理財風險更高，黃先生對此進行更嚴格的審查。
II 客戶採用非面對面方式開戶，黃先生對此提高警惕。
III 客戶存入大額現金並匯往海外，黃先生對此加強了審查。
IV 客戶為某國政治人物，持外國護照來開戶，黃先生拒絕了其開戶要求。

A 只有 I、II、III
B 只有 II、IV
C 只有 I、III、IV
D I、II、III 及 IV

39. 中德公司是一家持牌法團，以下關於審計事宜的做法，**不正確**的是？

A 聘請外部審計公司來進行審計。

B 將審計職能單獨成立一個部門，並直接向公司總經理匯報。

C 總經理為外部核數師李先生訂明權責，要求李先生在審計工作中必須遵守。

D 通過協調，公司內部和外部審計師界定了彼此的角色、責任和工作關係。

40. 以下關於期貨交易的陳述，**不正確**的是？

A 期貨結算所參與者如是為本身利益而進行交易，則必須按持倉淨額基準存入規定的按金。

B 如戶口中的按金餘額跌至低於維持按金水平，客戶需要再向戶口存入款項，使按金款額回復至基本按金的要求水平。

C 於每個營業日的 T 時段的交易結束時，未平倉的合約會被視為已平倉處理，並按照收市價訂立新合約。

D 當價格劇烈波動時，期貨結算所有權就未平倉合約進行額外的即日按市價計值，並要求在任何營業日的不遲於 T+1 時段內支付變價調整。

41. 以下有關深港通北向交易的合資格證券的陳述，**正確**的是？

I　包括部分深證成份指數的成份股。
II　包括所有的深證中小創新指數。
III　所有於深交所上市的 A 股。
IV　均須為以人民幣交易及沒有被深交所實施「風險警示」。

A　只有 IV
B　只有 I、II
C　只有 III、IV
D　只有 I、II、IV

---

42. 以下有關北向交易的投資者識別碼制度的陳述，**不正確**的是？

A　對於滬深港通的每位北向交易客戶來説，「券商客戶編碼」是獨一無二的。
B　已編派予客戶的「券商客戶編碼」不得更改，而且不可以編派給其他客戶。
C　每個「券商客戶編碼」應與該特定客戶的客戶識別資訊配對，該等資訊包括客戶類別及號碼。
D　要在滬深港通的交易日（「T 日」）輸入北向買賣盤，CCEP 必須已在 T 日或之前向聯交所發出配對資料文件。

43. 以下有關北向交易的額外限制的陳述，**不正確**的是？

A 若干限制特定適用於北向交易通而不適用於南向交易通。

B 在北向交易中是不能進行保證金買賣的。

C 保證金買賣可以由已向聯交所登記「可透過 CCEP 為其客戶進行北向交易」的交易所參與者提供。

D 所有股票借貸活動必須向聯交所申報。

---

44. 張先生為一名香港投資者，他打算投資在上交所上市的麗穎公司，請問以下有關陳述**不正確**的是？

A 張先生不可以持有麗穎公司已發行股份總數的 15%。

B 如果張先生透過北向通購買麗穎公司的股份，有可能無法持有麗穎公司已發行股份總數的 8%。

C 在某些情況下，如果張先生經由北向通購買麗穎公司股份，可能會被要求強制售出該公司的股份。

D 在透過北向通購買麗穎公司股份這件事上，張先生不會受到其他非中國內地投資者的影響。

---

45. 以下有關在聯交所買賣的交易所買賣期權的陳述，**不正確**的是？

A 美式期權可在有效期間內的任何時間行使，而歐式期權僅能在到期日行使。

B 交易所買賣期權是根據交投活躍的聯交所上市股票而發行。

C 只有獲證監會發牌或註冊的人士，才可以在香港直接使用聯交所的期權買賣市場的交易系統及設施，從事交易所買賣期權業務；如果是間接使用聯交所上述系統及設施，則不用獲證監會發牌或註冊。

D 期權買賣交易所參與者使用的是期交所的 HKATS 電子交易系統。

46. 以下有關北向交易中優化的前端監控的陳述，**正確**的是？

I 只有存放於中央結算公司全面結算參與者才准許在中央結算系統開設一個特別獨立戶口（SPSA）。

II 當在中央結算系統開設 SPSA，會被賦予一個獨有的投資者識別號。

III 即使 SPSA 中未有足夠的股份，賣盤也會被執行。

IV 投資者只須在執行及配對賣盤後，才將股份轉移至其與交易所參與者開設的帳戶。

A 只有 II、IV

B 只有 IV

C 只有 II、III

D 只有 I、IV

47. 以下有關證監會對認可集體投資計劃所涉各方的特別規定的陳述，**正確**的是？

A 受託人／保管人的活動屬於《證券及期貨條例》下的「受規管活動」。

B 在香港境內的受託人／保管人的活動受證監會的規管制度所限制，須獲證監會發牌或註冊。

C 單位信託必須有受託人。

D 互惠基金公司並非必須有保管人。

48. 以下哪一項是有關股份收購及回購的紀律研訊的**正確**陳述？

A 將受紀律制裁的當事人同意執行人員建議採取的紀律行動，執行人員便可自行處理有關的紀律事宜。
B 收購及合併委員會的所有非紀律聆訊都是非正式及以公開形式進行。
C 收購及合併委員會的紀律聆訊都是以公開形式進行。
D 收購及合併委員會有訂立相關證據規則。

49. 以下有關集體投資計劃的認可的陳述，**不正確**的是？

A 「獲證監會認可」是集體投資計劃可向香港公眾發售的主要規定。
B 證監會如認為適當，可應任何人向該會提出的申請而認可集體投資計劃。
C 證監會有權撤回已發出的認可。
D 必須有一名董事就認可集體投資計劃收取證監會發出的通知。

50. 以下有關結構性產品的認可的陳述，**正確**的是？

A 只有在聯交所上市後，才可以向香港的公眾人士發售。
B 如獲證監會認可，必須要在聯交所上市。
C 證監會有權拒絕認可申請，以及於授出認可後撤回該認可。
D 中介人中必須有一名個人獲證監會核准可就認可結構性產品收取證監會發出的通知及決定的核准人士，證監會對該名人士的身份和資歷沒有限制。

51. 乙公司為具規模的財務機構丙的全資附屬公司，如乙公司想成為集體投資計劃甲的受託人，則以下哪一項是**正確**陳述？

A 乙公司繳足股本及非分派資本儲備至少為 1,000 萬港元或等值外幣，才可以充當計劃甲的受託人。

B 如果財務機構丙發出有效期為一年的承擔文件，承諾若證監會要求，將會認購額外的資本額，以符合規定，則乙公司在不用滿足其他條件的前提下，可以成為計劃甲的受託人。

C 財務機構丙承諾由乙公司履行責任，則乙公司一定不可以充當計劃甲的受託人。

D 如果丙為具規模的財務機構，則乙公司有可能不須經獨立審計。

---

52. 就香港證監會對於虛擬資產監管方面的處理，以下哪些陳述是**正確**的？

I 不是所有獲准在持牌平台買賣的虛擬資產均受相同水平的法定保障。

II 如果發行不屬於證券的虛擬資產，毋須遵守招股章程規定。

III 虛擬資產買賣並非在《證券及期貨條例》內所界定的「相關認可市場」進行。

IV 市場失當行為條文適用於虛擬資產。

A 只有 II

B 只有 I、II、III

C 只有 I、III、IV

D 只有 I、III

53. 維基公司為一家從事證券交易的證監會 1 號牌照的持牌人，其同時持有證監會其他受規管活動的牌照，並打算向客戶李先生提供虛擬資產的服務，以下哪一項是有關的**正確**陳述？

A 如果維基公司提供的虛擬資產不具有證券的特徵，則維基公司不用申請有關虛擬資產監管方面的牌照。

B 如果維基公司提供的虛擬資產具有證券的特徵，則維基公司必須按照《打擊洗錢及恐怖分子資金籌集條例》申請發牌。

C 如果維基公司從事與虛擬資產相關的活動，則必須遵守《證券及期貨條例》。

D 對於向李先生提供虛擬資產服務來說，維基公司僅可透已獲證監會發牌的虛擬資產交易平台合作提供相關服務。

---

54. 聯交所倘發現上市公司或相關人員違反《上市規則》，可採取以下哪些行動？

I 私下譴責。

II 公開批評。

III 對其中介人採取冷淡對待令。

IV 禁止其顧問出席任何會議。

A 只有 I、II

B 只有 III、IV

C 只有 I、II、III

D I、II、III 及 IV

55. 杜先生是一名專業投資者，李先生是杜先生的朋友。杜先生通過持牌法團維基公司的朋友幫忙進行操作，將杜先生本身持有的甲公司股票全數轉讓給李先生，但同時李先生再通過法律文書私下將全數股票轉回給杜先生，上述交易均通過場外進行，以下哪一項是有關這種行為的**正確**陳述？

A 該交易不屬於市場失當行為。
B 該交易屬於市場失當行為。
C 無法判斷該交易是否屬於市場失當行為。
D 屬於配對交易，但不屬於市場失當行為。

---

56. 杜先生為上市公司——維基公司的高級管理人員，最近有一家美國公司準備收購維基公司，該收購消息目前僅有維基公司高層少數人知悉。在一次聊天中，杜先生無意中將該消息透漏給李先生，杜先生並未在意，而李先生則因應該消息，大量賣出維基公司的股票，以下關於此事的理解，**正確**的是？

I 杜先生的行為有問題，屬於內幕交易。
II 杜先生的行為不屬於內幕交易。
III 無法判定杜先生的行為是否屬於市場失當行為。
IV 要判斷杜先生的行為是否屬於市場失當行為，需要更多的資訊。

A 只有 II
B 只有 II、IV
C 只有 I、III
D 只有 III、IV

57. 杜先生為一名資深投資者，一日他從朋友張先生那裏得悉一些有關香港上市公司維基公司的一些消息，杜先生隨後根據該些消息作出判斷，大量買入維基公司的股票，以下有關該行為的陳述，**正確**的是？

A 該行為屬於市場失當行為中的內幕交易。
B 該行為不屬於市場失當行為。
C 單靠現有資訊無法判斷該行為是否屬於市場失當行為。
D 該行為屬於市場失當行為，但不屬於內幕交易。

---

58. 以下有關虛假交易的陳述，**正確**的是？

A 間接參與製造非真實價格的交易不算是虛假交易，只有直接參與製造才算。
B 在香港買賣境外市場的金融工具，不算是虛假交易，只有對象是香港境內的產品才算。
C 在中國內地透過港交所買賣香港的股票，不可能被指控為虛假交易。
D 凡進行虛售交易或配對交易的人士，會被假定為從事虛假交易（場外交易除外）。

---

59. 以下哪一項是有關「內幕消息」的**正確**陳述？

A 有關該法團股東的具體消息一定不屬於內幕消息。
B 有關該法團衍生工具的消息一定屬於內幕消息。
C 並非為普遍買賣相關上市證券者所知的消息，一定屬於內幕消息。
D 某法團的僱員可以被看成是與法團有關聯的人。

60. 杜先生為香港股票場外交易的參與者，他在場外交易中，意圖通過一些交易來控制證券的價格，以下關於其行為的陳述，**正確**的是？

A 杜先生的行為屬於操控價格。

B 杜先生的行為屬於操縱證券市場。

C 杜先生的行為不屬於操控價格。

D 需要看杜先生交易的股票是否屬於香港公司發行的，才可再作判斷。

# 模擬試卷・五

1. 以下關於公司註冊處處長之職能和權利的陳述，**正確**的是？

   I　執行《有限責任合夥條例》。
   II　執行《註冊受託人法團條例》。
   III　執行《破產條例》。
   IV　公司註冊處處長可以直接監管有限責任合夥公司。

   A　只有 I、II
   B　只有 I、IV
   C　只有 II、III、IV
   D　I、II、III 及 IV

2. 近來瑞士金融監管當局開展了反貪腐行動，查到某個瑞士公民於香港開立的瑞士法郎帳戶，該公民涉嫌干犯相關罪行，以下陳述**正確**的是？

   I　瑞士金融監管當局可以向香港證監會索要涉案人員資料。
   II　兩地為跨司法管轄區，香港證監會無義務一定提供資料。
   III　香港證監會決定不提供資料，以免對香港監管機構的聲譽有不利影響。
   IV　如果資料包含機密內容，則不能提供。

   A　只有 I、II
   B　只有 I、III
   C　只有 II、IV
   D　I、II、III 及 IV

3. 有關證監會的規管目標，說法**正確**的是？

I　力求完全避免證券及期貨市場的罪行及失當行為。
II　維持及促進證券及期貨市場的透明度。
III　提高公眾對證券及期貨業的瞭解。
IV　減低在證券及期貨業內的非系統風險。

A　只有 I、II
B　只有 III、IV
C　只有 II、III
D　只有 I、IV

---

4. 以下哪些是**正確**的陳述？

I　財政司司長對證監會具有全部有效權利。
II　證監會的副主席由香港財政司司長委任。
III　香港的金融監管框架是要達到國際監管水平。
IV　金銀業貿易場受到直接監管。

A　只有 I、II、III
B　只有 I、II、IV
C　只有 I、III
D　只有 II、IV

5. 中德公司在經營上有很多問題，以下有關財政司司長委任審查員對該公司展開調查的陳述，**正確**的是？

I 該調查必須有法院的調查令。

II 中德公司可以通過一個特別決議，要求委任審查員調查。

III 財政司司長因為中德公司 8 年前侵吞了公司成員黃先生的資金，下令調查。

IV 中德公司的合作銀行中德銀行拒絕配合調查，審查員無權干涉。

A 只有 I、IV

B 只有 I、II

C 只有 II、III

D 只有 III、IV

---

6. 以下有關強制清盤的陳述，**正確**的是？

I 強制清盤只能在法院主導下進行。

II 如果公司在成立一年內並無營業，可以進行清盤。

III 公司沒有成員也可以進行強制清盤。

IV 公司未達到其主要宗旨，但無違法行為，這種情況下不能進行強制清盤。

A 只有 I、II、III

B 只有 I、II、IV

C 只有 II、III、IV

D 只有 III、IV

7. 有關香港法律制度下刑事案件和民事案件的區別，以下陳述**正確**的是？

I 刑事案件必須 100% 確信無疑，無合理疑點，才可以判決。
II 民事案件不允許推論的存在。
III 民事案件可以根據「相對可能性的衡量」來裁決。
IV 一般情況下，刑事案件的證據搜集比民事案件複雜。

A 只有 I、II、III
B 只有 I、II、IV
C 只有 II、III、IV
D 只有 I、III、IV

8. 維基公司是一家私人公司，杜先生是該公司的董事，以下陳述**正確**的是？

I 杜先生可以將公司股份按照自己的意願轉讓。
II 公司的股東人數為 50 人，杜先生不可以再增加股東人數，但可以增加員工數目。
III 杜先生可以向公眾發放債權證。
IV 維基公司一定不屬於擔保公司。

A 只有 I、II
B 只有 I、II、IV
C 只有 II、IV
D 只有 I、III、IV

9. 公司在以下哪些情況發生時**可以**自動清盤？

I 公司的組織章程細則述明的公司存在期限屆滿。

II 公司因負債而不能再持續經營，而且進行清盤的特別決議獲通過，由法院下達清盤令。

III 公司董事長決定清盤，可以立即開展清盤工作。

IV 進行清盤的特別決議獲成員大會通過。

A 只有 I、II

B 只有 I、IV

C 只有 II、III、IV

D 只有 I、III、IV

10. 以下有關中介人有聯繫實體的陳述，**正確**的是？

A 成為某中介人的有聯繫實體後，必須通知證監會。

B 成為某中介人的有聯繫實體後，不一定需要根據證監會訂立的相關規則提供其他訂明資料。

C 成為某中介人的有聯繫實體後，如相關資料其後有任何改變，必須向中介人進行匯報。

D 當中介人的有聯繫實體為認可財務機構時，其收取該中介人的客戶資產時，除非獲證監會書面認可，否則不得經營任何其他業務。

11. 杜先生為維基公司的僱員，杜先生因違反證監會相關規定而受證監會調查，以下有關陳述**正確**的是？

I 證監會可以授權其僱員進行調查。
II 獲證監會授權的調查人員，可以對任何人士進行調查。
III 受調查人士須向調查員提供一切合理的協助。
IV 受調查人士必須提供相關違規問題的證據。

A 只有 I、II、III
B 只有 II、III、IV
C 只有 I、III、IV
D I、II、III 及 IV

12. 杜先生為香港上市公司維基公司的董事，持有該公司 4% 的股權，請問杜先生是否需要披露自己所持有的相關股本權益？

A 需要，因為杜先生是維基公司董事。
B 需要，因為杜先生的持股比例超過了 1%。
C 不需要，因為杜先生的持股比例不足 5%。
D 不需要，因為杜先生不是最高行政人員，故毋須披露。

13. 維基公司是香港一家持牌法團，現時被證監會調查，根據《證券及期貨條例》中有關審計的規定，以下哪項陳述**屬於**犯罪行為？

I 維基公司在審計前刪除了一些公司的資料。

II 為了簡化審計工作，維基公司臨時處理了一些與審計有關的財產。

III 為了逃避審計責任，維基公司試圖將一部分審計物件轉移出香港；惟截至審計工作開始前，尚未實現轉移。

IV 為了逃避審計責任，將一部分審計物件轉移出香港，截至審計工作開始前，已經實現轉移。

A 只有 I、III

B 只有 III、IV

C 只有 II、III、IV

D I、II、III 及 IV

14. 資產管理的定義**不包括**以下哪些有關集體投資計劃中的權益？

I 《強積金條例》下的註冊強積金計劃。

II 《職業退休計劃條例》下的職業退休計劃。

III 《保險業條例》指明的保險業務類別有關的保險合約。

IV 房地產投資計劃管理下的房地產投資計劃。

A 只有 I、II、III

B 只有 I、III、IV

C 只有 II、III、IV

D I、II、III 及 IV

15. 以下哪些情況**不屬於**證券交易定義所包含的內容？

I 為了獲取報酬，將證券交易商與第三者作互相介紹。

II 該人士以主事人身份與某些類別的專業投資者認購證券。

III 發出已獲證監會認可的廣告或邀請。

IV 為了獲取報酬，代第三者與證券交易商訂立證券交易合約。

A 只有I、II

B 只有I、III

C 只有II、III

D 只有I、IV

16. 根據《證券及期貨條例》，證券**包括**下列哪項？

I 已向公眾作出要約的結構性產品。

II 在集體投資計劃中的權益。

III 通常稱為證券的權益，但僅限於屬於文書形式的。

IV 財政司司長根據《證券及期貨條例》訂明為證券的權益。

A 只有I、II

B 只有II、IV

C 只有II、III、IV

D I、II、III及IV

17. 李先生為持牌法團維基公司的客戶，該公司是一家持有客戶資產的公司，以下陳述**正確**的是？

I 李先生如果提出要求，維基公司必須在切實可行的範圍內盡快發出成交單據。

II 維基公司在收取李先生的資產後，應當於當天營業日結束前向李先生發出收據。

III 某些情況下，維基公司可以不向李先生發出收據。

IV 李先生可直接查閱由維基公司備存的成交單據、戶口結單及收據的副本。

A 只有 I、II

B 只有 I、III

C 只有 II、III

D 只有 II、IV

---

18. 以下人士想就證券及期貨合約提供意見，關於對他們的牌照要求，説法**不正確**的是？

I 張先生，一名香港大律師，可以直接豁免發牌。

II 李先生，一名財經記者，他有意向公眾提供投資意見，如果是付費觀看需要申請發牌；如果是免費的，則可以直接豁免發牌。

III 維基公司是一個持牌法團，麗穎公司為其全資附屬公司，維基公司提供證券及期貨合約意見不需要獲發牌照。

IV 杜先生為香港 1 號牌照的持牌人，他為自己的客戶提供對證券及期貨合約意見，不需要獲發牌。

A 只有 I、II、III

B 只有 I、II、IV

C 只有 I、III、IV

D I、II、III 及 IV

19. 以下有關備存紀錄的陳述，**不正確**的是？

I 備存紀錄必須以書面形式保留。

II 《備存紀錄規則》規定，列載命令及收取指示的紀錄應保存至少兩年。

III 備存紀錄的內容應當以中文和英文兩種語言進行保存。

IV 《備存紀錄規則》沒有規定保存電話錄音，所以電話錄音不屬於需要備存的內容。

A 只有 II、III

B 只有 I、III

C 只有 I、III、IV

D 只有 I、II、IV

---

20. 維基公司是香港一家持牌法團，從事證券交易及保證金融資等活動，一日收到了其客戶張先生的款項，維基公司將該筆款項存放在獨立帳戶，請問在此之後，下列做法**正確**的是？

I 向張先生的交易對手杜先生支付了該款項。

II 按照張先生的書面指示將該款項支付給李先生。

III 按照常設授權將該款項支付給王先生。

IV 因為張先生之前欠了另一持牌法團——麗穎公司的債項，於是將張先生的款項支付給麗穎公司。

A 只有 I、III、IV

B 只有 I、II、III

C 只有 I、II、IV

D 只有 II、III、IV

21. 維基公司是香港的一家持牌法團，持有 1 號牌照，其剛剛收到一名客戶的證券，請問下列做法**正確**的是？

I 因為維基公司持有 1 號牌照，所以可以將證券存放到維基公司。

II 可以將證券存放於維基公司有聯繫實體。

III 存放後可以以維基公司有聯繫實體的名義登記。

IV 不能以維基公司本身的名義登記。

A 只有 I、II

B 只有 III、IV

C 只有 I、III

D 只有 II、III

---

22. 以下有關合規顧問的陳述，**正確**的是？

I 持有 6 號牌照的持牌人都有資格從事保薦人工作。

II 合規顧問需要根據《上市規則》獲委任，並以合規顧問的身份行事。

III 合規顧問要時刻擁有至少兩名主要人員是由該商號委任負責監督交易小組。

IV 保薦人因為不持有客戶資產，對於資本沒有最低規定。

A 只有 I、II

B 只有 I、II、IV

C 只有 I、III、IV

D 只有 II、III

23. 根據《證券及期貨條例》的陳述，以下內容**不正確**的是？

I 註冊機構需要遵守《證券及期貨條例》全部法例。

II 註冊機構不需要遵守證監會制定的《帳目及審計規則》。

III 註冊機構就每一類受規管活動需要任命至少一名主管人員。

IV 證監會為註冊機構的前線監管機構。

A 只有 I、II、III

B 只有 I、II、IV

C 只有 I、III、IV

D 只有 II、III、IV

24. 為了使法團專業投資者及個人專業投資者得到更多的豁免，以下有關中介人的做法，**正確**的是：

I 中介人必須告知客戶有關被視為專業投資者身份的後果。

II 中介人須告知客戶，專業投資者身份與整個市場和所有產品相關。

III 中介人須解釋撤回專業投資者身份的困難性。

IV 中介人須解釋其會每年確認專業投資者的身份狀態。

A 只有 I、II

B 只有 II、III

C 只有 I、IV

D 只有 II、III、IV

25. 以下哪些是有關專業投資者的**不正確**陳述？

I 交易所為法團專業投資者。

II 持牌法團的全資附屬公司是機構專業投資者，但持牌法團控股公司的全資附屬公司不是。

III 認可財務機構的全資附屬公司是機構專業投資者。

IV 根據《保險業條例》獲授權及受規管的保險人是法團專業投資者。

A 只有 I、II、III

B 只有 II、III、IV

C 只有 III、IV

D 只有 I、II、IV

26. 以下關於專業投資者的陳述，**不正確**的是？

I 強積金投資經理是法團專業投資者。

II 中央銀行屬於機構專業投資者。

III 信託公司屬於機構專業投資者。

IV 擁有 1,000 萬港元總資產的法團屬於法團專業投資者。

A 只有 I

B 只有 II、III、IV

C 只有 I、III、IV

D I、II、III 及 IV

27. 甲法團擁有 900 萬港元的投資組合，乙法團擁有 3,000 萬港元總資產，乙法團全資擁有甲法團，以下有關陳述**正確**的是？

I 甲法團是專業投資者。
II 甲法團不是專業投資者。
III 乙法團是專業投資者。
IV 乙法團不是專業投資者。

A 只有 I、IV
B 只有 II
C 只有 I、III
D 只有 III

28. 李先生是中德公司（基金經理）的投資經理，同時是中德公司旗下一款股票型基金——「大成優選」的管理人，以下有關陳述**不正確**的是？

I 李先生在任何情況下都不能代該基金與關連人士進行交易。
II 光大公司為中德公司的控股公司，李先生能夠以高於市場利率從光大公司借入款項。
III 應禁止客戶帳戶之間的交叉盤。
IV 同等條件下，李先生應當先處理客戶買賣盤，之後再處理中德公司帳戶的交易。

A 只有 I
B 只有 I、II、III
C 只有 III、IV
D 只有 IV

29. 以下有關基金經理控制的公司帳戶進行交易的陳述，**正確**的是？

I　一般優先執行客戶的買賣盤。
II　公司和客戶的買賣盤不能合併處理。
III　在客戶收到有關建議及有合理機會根據該等資料作出決定之前，基金經理不應利用預先知悉的資料進行交易。
IV　在任何情況下，都不能先於基金進行任何交易。

A　只有 I
B　只有 I、III
C　只有 III、IV
D　只有 IV

30. 以下有關基金資產的陳述，**不正確**的是？

I　基金經理在條件符合的情況下，可以負責保管存放在獨立信託帳戶內的資產。
II　基金經理可以委任適當資格的代管人，但不能包括海外銀行。
III　如託管安排有任何重大變動，應該向投資者披露。
IV　委任代理人應訂立正式的託管協議書。

A　只有 I、II、III
B　只有 II
C　只有 IV
D　只有 I、II

31. 從事受證監會規管活動的中介人透過使用指定香港銀行帳戶在網上與客戶建立業務關係，以下哪些中介人為此而作出的行動是**不正確**的？

I 若是通過郵寄方式取得由客戶簽訂的客戶協議，必須連同該客戶的身份證明文件副本。

II 將數額不少於 1,000 港元的首筆存款，由以客戶名義在香港持牌銀行開立的銀行戶口成功轉帳至其本身的銀行戶口內收取。

III 日後就客戶交易戶口作出的所有存款及提款，可以透過證監會指定的銀行戶口或其他戶口進行。

IV 通過此方法與客戶建立業務關係，客戶協議中必須包括客戶及持牌人/ 註冊人的全名及地址。

A 只有 I、II、III

B 只有 I、II、IV

C 只有 I、III、IV

D 只有 II、III、IV

32. 以下有關《基金經理操守準則》的陳述，**正確**的是：

I 基金經理不能接受任何饋贈。

II 基金經理可以接受饋贈，僅需要記錄收取到的物品即可。

III 基金經理以最佳條件執行客戶交易。

IV 基金經理須具備妥善實施的程序及監控措施，使其訂立的交易符合相關基金的投資授權範圍內。

A 只有 I、IV

B 只有 II、IV

C 只有 I、III

D 只有 III、IV

33. 以下哪些**屬於**可疑交易的例子？

I 李先生開立多個銀行戶口。

II 高先生頻繁買賣股票，但最終並無盈利。

III 張先生頻繁地進行小額交易，並以現金購買，然後再一次出售，售賣所得交給第三者。

IV 只使用現金進行交易。

A 只有 I、II

B 只有 I、III

C 只有 II、III

D 只有 III、IV

34. 持牌法團中德公司的前線僱員張女士在為客戶辦理業務的過程中，發現客戶行為可疑，有洗錢跡象，以下做法**正確**的是？

I 張女士應該告知客戶其行為可能違反反洗錢的法律。

II 張女士應建議客戶登出帳戶。

III 張女士應向公司的高級管理層匯報。

IV 張女士應進一步對客戶進行盡職調查。

A 只有 I、II

B 只有 I、II、III

C 只有 III、IV

D I、II、III 及 IV

35. 下列關於電子交易平台的陳述，**正確**的是？

I 應備存有關交易系統的設計與開發的紀錄，包括升級和改動，但可以不包括測試和檢視的結果。

II 有關該系統風險管理監控措施的全面文件，在系統停用後即可銷毀。

III 中介人提供互聯網交易直達市場安排服務時，需要就輸入錯誤發出警示。

IV 定期的交易後監察以識別出任何屬操縱或違規性質的交易指示。

A 只有 I、II

B 只有 I、IV

C 只有 III、IV

D 只有 I、III

---

36. 以下陳述**正確**的是？

I 直達市場安排服務對客戶有較高的要求，例如客戶應該能熟練的使用系統、理解監管規定等。

II 對於使用直達市場安排的客戶，應該定期評估該客戶的基本情況是否符合繼續使用服務的要求。

III 程式買賣系統及買賣程式會被定期檢視和測試，以評估該程式買賣系統能否處理相當大的成交量。

IV 對於相關網絡基礎設施而言，中介人應至少每星期為紀錄及數據庫進行線上備份，並確保重大系統變更得以成功還原。

A 只有 I、II

B 只有 II、III

C 只有 I、II、III

D 只有 II、III、IV

37. 中介人中德公司的客戶王先生與中德公司簽訂代客理財合同，中德公司表示要收取相關個人資訊，以下有關《個人資料（私隱）條例》的陳述，**不正確**的是？

A 中德公司必須告知王先生該些資料的用途。

B 中德公司必須告知王先生該些資料有可能需要轉移給資金託管的銀行使用。

C 中德公司必須確保該些資料永久保留而不外洩。

D 中德公司公司要確保王先生的資料不能在意外的情況下被刪除。

---

38. 以下有關電子交易和另類交易平台的陳述，**正確**的是？

I 電子交易是指使用電子系統在交易所和非交易所進行的證券貨期貨合約買賣。

II 程式買賣也是其中一種電子交易。

III 持牌人或註冊人對透過其電子交易系統傳送至市場的交易指示的結算和財務負有責任。

IV 另類交易平台是指由交易所開發，可以讓客戶直接連通的系統。

A 只有I、II

B 只有I、IV

C 只有I、III、IV

D 只有II、III

39. 以下有關香港交易及結算所有限公司的陳述，**正確**的是？

I 香港交易所是聯交所上市公司。

II 香港中央結算有限公司、香港聯合交易所期權結算所有限公司及香港期貨結算有限公司成為香港交易所的全資附屬公司。

III 香港交易所需要確保在公眾利益與任何其他利益發生衝突時，優先照顧公眾利益。

IV 香港交易所會負責對市場參與者進行前線的審慎及操守規管。

A 只有 I、II、III

B 只有 I、II、IV

C 只有 II、III、IV

D 只有 I、IV

40. 以下有關聯交所的款項交收的陳述，**不正確**的是？

A 每位 CCASS 結算參與者須在中央結算公司核准的銀行開設一個戶口，並授權中央結算公司於該戶口進行存帳或扣帳。

B 對於以貨銀對付方式進行的交收而言，各 CCASS 結算參與者於交收日持有以支付股票交易所涉及的款額將會互相抵銷。

C CCASS 結算參與者都可以透過中央結算系統終端機輸入指示。

D CCASS 結算參與者在具備條件的前提下，可授權中央結算公司代其於各交收日發出經常性預付現金款項指示。

41. 在聯交所進行期權交易，以下**哪一個**情況下**會觸發**即日追收按金？

A　某類期權損失超過 70%。
B　任何一類期權損失超過 30%。
C　任何一類期權的按金間距損失達 50%。
D　當天不會觸發，只有下一個交易日才會觸發。

---

42. 以下有關期交所結算及按金的陳述，**不正確**的是？

I　HKATS 電子交易系統的每宗交易均在多於一個期交所 / 聯交所參與者之間進行。
II　HKATS 電子交易系統的同一參與者不可以同時代表期交所買賣雙方行事。
III　期貨結算所自接納交易進行結算起，即擔當起每宗交易的交易對手角色。
IV　結算參與者可透過衍生產品結算及交收系統進行平倉交易，從而解除原本的交易的所有法律責任。

A　只有 I
B　只有 II
C　只有 III、II
D　只有 I、IV

43. 以下有關兩地互聯互通下，南北向交易交收規則的陳述，**正確**的是？

A 已執行的南向交易證券在 T+1 日交收。

B 已執行的北向交易證券在 T+1 日交收。

C 已執行的北向交易款項在 T+0/ T+1 日交收。

D 南向交易與在聯交所執行的其他交易，兩者的交收規則不同。

44. 透過兩地互聯互通的北向通交易，上交所上市交易所買賣基金必須符合多項條件才合資格可進行買賣，以下各項條件，說法**正確**的是？

A 該交易所買賣基金必須已上市至少 6 個月，且跟蹤的標的指數發佈時間必須至少達 6 個月。

B 該交易所買賣基金必須以人民幣交易，且過去 6 個月的日均資產規模不低於 15 億人民幣。

C 上交所上市 A 股及深交所上市 A 股在跟蹤的標的指數中的權重佔比，一般沒有硬性要求。

D 合資格交易所買賣基金如之後未能符合一些條件，且就日均資產規模及跟蹤的標的指數而言低於若干門檻，則該交易所買賣基金將被強制賣出並強制贖回。

45. 中介人在聯交所進行買賣及結算期間，受《證券及期貨條例》的操守規管，這是由以下哪機構執行？

A 聯交所

B 結算所

C 證監會

D 金管局

46. 根據聯交所主板《上市規則》，以下一項是有關股份期權計劃的**不正確**陳述？

A 股份期權計劃是上市公司自願設立的。

B 股份期權計劃的所有重大條款，必須在招股章程中清楚列明。

C 如果股份期權計劃擬於上市前採納，則該計劃必須在上市後獲股東在股東大會上批准。

D 股份期權計劃的行使期由期權授出日起計不得超過 10 年。

---

47. 有關聯交所對於「同股不同權」的看法，以下**正確**的是？

A 不允許，因為這違背「一股一票」原則。

B 允許，但是僅限於海外發行人。

C 允許，若干情況下，該架構現已獲得許可。

D 不允許，僅有私人公司例外。

---

48. 麗穎公司於 2025 年 1 月出任上市申請人維基公司的保薦人，至 2027 年 1 月離任。在 2028 年 1 月時發現麗穎公司在 2026 年 1 月期間向聯交所提交的某份資料有誤，且麗穎公司在 2026 年 2 月時的獨立性已發生變化，請問以下**哪一項**陳述**正確**？

A 因為保薦人服務期已經結束了，所以麗穎公司毋須做任何事情。

B 保薦人服務期是終身的，所以麗穎公司應當對維基公司 2027 年 1 月以後提交的資料負責。

C 麗穎公司在停任後，依然有責任確保維基公司上市過程中提交資料的有效性和真實性。

D 麗穎公司有責任向聯交所提交報告，說明於 2026 年 2 月獨立性發生變化的原因。

49. 上市時，上市申請人需要經過有關市值／收益的測試，以下有關陳述**錯誤**的是？

A 上市時，發行人的市值至少須為 40 億港元（市值/ 收益測試）。

B 股份須由足夠數目的股東持有，至少為 300 名股東。

C 《GEM 上市規則》的上市資格與《主板上市規則》的上市資格相同。

D 上市時，經審計的最近一個會計年度的收益至少為 5 億港元（市值/ 收益測試）。

50. 按《上市規則》規定、新發行人須滿足三項定量測試之中的一項是？

A 具備至少兩個會計年度的營業記錄。

B 最近一年的盈利不得低於 3,500 萬港元。

C 聯交所不接納較短的營業紀錄。

D 新發行人上市時須至少有 200 名股東。

51. 維基公司為聯交所上市申請人，該公司擬任命以下人士為其獨立非執行董事，當中哪位**毋須**向聯交所確認獨立性？

A 杜先生，持有維基公司 3% 股份。

B 李先生，目前擔任麗穎公司的董事，麗穎公司一年前曾向維基公司的控股公司提供法律方面的專業服務。

C 趙先生，是維基公司的附屬公司——興業公司主要的供應商。

D 高先生，擔任維基公司的董事，他從維基公司的附屬公司——光大公司收取了一些股份，作為他的部分董事袍金。

52. 根據《證券及期貨條例》，如果集體投資計劃的受託人／代管人及管理公司被認為是獨立的，以下哪些是有關的**正確**陳述？

I 受託人／保管人及管理公司均非對方的附屬公司。
II 受託人／保管人及管理公司為對方的附屬公司。
III 受託人／保管人及管理公司並沒有聘用同一個法律顧問。
IV 受託人／保管人及管理公司並無相同的董事。

A 只有 I
B 只有 I、IV
C 只有 II、III
D 只有 II、IV

53. 維基公司為一家有保薦人商號的公司，其為香港聯交所上市申請人麗穎公司提供保薦人服務。如果麗穎公司打算停止維基公司作為保薦人，以下有關陳述**正確**的是？

A 必須等待聯交所和證監會的批准，才可以停任。
B 必須完成上市的整個流程，才可以停任。
C 如果維基公司為獨立保薦人，則不能被暫停保薦人資格，因為這會影響到上市過程的獨立性。
D 維基公司應盡快向聯交所匯報停任的原因。

54. 李先生為香港的知名財經分析人士，經常在電視作出相關評論，而杜先生為電視台的知名主持人，在杜先生主持的一個訪談節目中，李先生應邀就當前市場作出分析。之後有人指出，李先生的分析中含有虛假和誤導性資料，李先生私下表示自己也是受到了一些資料的誤導，在發表分析前未能充分核實自己所看到的資料。請問對於這個案例，以哪些是**不正確**的？

I 李先生不是有意發表虛假或具有誤導性的資料，因此他並無干犯市場失當行為。

II 李先生的行為構成了市場失當行為。

III 杜先生的行為不構成市場失當行為。

IV 李先生的行為屬於在現場直播等活動中充當傳送渠道，因此可以合法抗辯自己的行為不屬於市場失當行為。

A 只有 I

B 只有 I、IV

C 只有 II、III

D 只有 IV

55. 杜先生為維基公司的董事，他最近被市場失當行為審裁處裁定為干犯市場失當行為，關於他可能面臨的後果，以下陳述**正確**的是？

I 永久取消擔任董事職務。
II 禁止在香港地區涉足金融業，為期最長 5 年。
III 向政府繳納他所獲取的任何利潤或避免的損失，同時還要支付利息。
IV 支付證監會合理的訴訟費用。

A 只有 I、II
B 只有 II、III
C 只有 III、IV
D 只有 I、II、III

56. 以下有關市場失當行為可能造成的制裁後果，哪項是**正確**的？

I 如果要判定為刑事責任，需要循公訴程序定罪，不可循簡易程序定罪。
II 如果案件循法律程序處置，法院亦可以施加市場失當行為審裁處作出的制裁。
III 受到市場失當行為影響的個人，均可以向市場失當行為審裁處請求幫助索償。
IV 受到市場失當行為影響的個人在提交私人訴訟時，可以使用市場失當行為審裁處的裁斷作為證據。

A 只有 I、II
B 只有 III、IV
C 只有 I、II、III
D 只有 II、IV

57. 香港的兩家持牌法團，維基公司和麗穎公司簽訂了長期金融交易的合同，進行了幾筆交易。之後維基公司的董事被控在這項金融交易合同中存在市場失當行為，關於之前進行的交易是否繼續有效，以下哪項陳述**正確**？

A 因為存在市場失當行為，所以交易完全無效。

B 不能僅僅因為市場失當行為的存在，就推導出交易無效。

C 因為存在市場失當行為，所以部分交易一定無效。

D 因為存在市場失當行為，所以要對之前已經完成的交易進行取消。

58. 有關發行人或包銷商就公開發售實施穩定價格行動是否構成市場失當行為，以下哪項陳述是**正確**的？

A 不構成，因為《證券及期貨（穩定價格）規則》將該活動從市場失當行為的釋義中豁除。

B 構成，所有穩定價格的行為都屬於操控價格。

C 不構成，因為所有穩定價格活動的目的都是為了市場而進行的持正操作。

D 不構成，前提是穩定價格活動由發行人或包銷商進行。

59. 李先生是持牌法團中德公司的員工，他被查出干犯市場失當行為，以下哪項陳述是**正確**的？

A 對李先生就其市場失當行為，可以同時在市場失當行為審裁處進行研訊程序及提出刑事檢控。

B 如交由市場失當行為審裁處，該處會以「無合理疑點」的原則作出裁定。

C 如證監會調查認為應當遵循民事途徑處理案件，則經過證監會同意後，可以直接交由市場失當行為審裁處提起研訊程序。

D 證監會有權循簡易程序，在裁判法院檢控較輕的罪行。

60. 根據《打擊洗錢及恐怖分子資金籌集指引（適用於持牌法團）》，是否可以針對不同風險等級的客戶，採用加強或簡化的反洗錢制度？

A　不可以，所有客戶都應當採取相同水平的反洗錢風險措施。

B　不可以，所有的客戶都應當採用加強的反洗錢風險措施。

C　可以，但前提是採取的所有反洗錢措施要相同。

D　可以，因為這樣做符合以風險為本的監管理念。

# 模擬試卷‧一　答案及解析

## 1. 答案：C

機構投資者*通常為代表他人進行投資的實體，所以選項 I 不正確；基金經理也是機構投資者，所以選項 II 亦不正確；證監會可根據特定的條件，確認若干高資產淨值人士為專業投資者，而不是所有高淨值個人都是專業投資者，注意兩者概念上的區別。專業投資者的特徵除了具有高淨值之外，還要有一定的投資經驗和知識，所以選項 IV 也不正確。

* 機構投資者通常是比較有實力，代表他人進行投資的專業機構。

## 2. 答案：A

**解析：**選項 III 的正確説法應該是「**金管局**是註冊機構的前線監管部門」。選項 IV 的職能是屬於金管局的，考生只要記着註冊機構的「紀錄冊」是存置在金管局就可以。

## 3. 答案：B

強積金受託人的審批和規管職能**均歸屬於**積金局，所以選項 I 錯誤。強積金產品推廣資料由證監會審批及認可，所以選項 IV 亦錯誤。

## 4. 答案：A

「戴維森改革」建議的是**以從業員為本**的監管制度，所以選項 III 錯誤。而其建議的監管框架至今仍保持不變，所以選項 IV 錯誤。

5. 答案：**A**

衡平法與普通法是平行關係，所以選項 III 的説法錯誤。衡平法的撤銷，一般是指合約的撤銷（而非撤銷法院判決），目的在於使合約雙方恢復至合約訂立前各自本來的狀況，所以 IV 亦錯誤。

6. 答案：**D**

選項 I 錯誤，特別決議需要成員大會上須經**至少 75%**（而非一半）已投票成員通過；由於成員也可以委任代表進行投票，故選項 II 亦錯誤。董事的委任和罷免均**毋須**由特別決議通過，所以選項 IV 亦不正確。

7. 答案：**C**

A、B、D 三種情況均載於本書精讀部分中有關《公司條例》的部分：一名或多名成員可在「執行某些個人權利」、「全體或部分成員的權利受到類似的侵犯」或「涉違法者為公司控制人」三種情況下，提出訴訟。

選項 C 不符合上述三種情況，亦未指明不當行為是否和公司有關，以及是否損害公司利益。

8. 答案：**C**

選項 II 的説法跟法例相反，正確規定該是「僅在公司已發行的股份中有**不可贖回**的股份時，才能發行可贖回股份」。選項 IV 亦錯誤，因法例**允許**公司從可分派利潤中撥款就贖回進行付款。

## 9. 答案：B

**不可以**通過發出通函的方式將任期未屆滿的核數師罷免（如要罷免任期未屆滿的核數師，必須在成員大會上提交予成員通過為普通決議），所以 II 錯誤。特別決議是要求成員大會上**至少 75%** 已投票成員通過，所以選項 IV 說法錯誤。

## 10. 答案：C

選項 I 是證監會干預持牌法團的目的，而非可以干涉的情況。

根據《證券及期貨條例》，需要干涉的情況包括「在符合投資大眾或公眾利益時」，以及持牌法團「不符合適當人選標準」、「違反《證券及期貨條例》條文」或「其牌照已被暫時吊銷或撤銷」三種情況，選項 II、III、IV 都符合。

## 11. 答案：C

註冊機構是受金管局（而非證監會）直接監督，所以選項 II 錯誤。中介人是指「持牌法團及註冊機構」，所以選項 III 亦是錯誤。

## 12. 答案：A

目前實行的是單一牌照制度，即會向同一名人士授出單一牌照，允許持有人進行十類受規管活動中的一類或多類，所以選項 I 錯誤。持牌代表需要通過考試的（不然大家也不用考這個證券試了），不會自動獲發牌照，所以選項 II 錯誤。適當人選規則適用於個人和法團，所以選項 IV 也是錯誤。

13. 答案：**C**

如果持牌法團未能遵守財政資源指明的資金數額，應當在合理的範圍內儘快通知證監會，而不是一個營業日內；請注意，需要在一個營業日內通報的是違反其他規定的情況（而非指明資金數額），所以選項 II 錯誤。選項 IV 的情況，證監會仍可准許該法團在某些條件規限下繼續營運，所以選項 IV 錯誤。

另外，選項 I 的説法正確，是因為持牌法團其實只需要遵守證監會（並非金管局）的規則。金管局對財政資源規則的要求標準較證監會相關規則嚴格，而持牌法團是受證監會監管的，所以毋須遵守金管局的要求。若這個選項的字眼更換為「註冊機構只需遵守證監會而非金管局關於財政資源方面的要求」，則是錯誤説法，因為註冊機構是受到金管局監管，應當遵守較嚴格的財政資源規則要求。

14. 答案：**C**

選項 A 説法錯誤，正確的是**僅可以有限的方式**處理客戶證券，並受客戶書面授權所限制。選項 B 亦錯誤，證券保證金融資人**可以**提供這樣的貸款，但不屬於證券保證金融資的範疇。選項 D 則是上限數值有誤，正確是 140%。

## 15. 答案：D

選項 A 説法不正確，定義是任何證券市場（不論是香港或其他地方）上市的證券。選項 B 説法不正確，這不是必須的。選項 C 不正確，這種活動**不算**是證券保證金融資。

另外，選項 D 説法正確。注意我們只將「中介人向其客戶融資，以便中介人自己的客戶繼續持有或者新獲得證券」看成是證券保證金融資活動；而不包括持牌法團將資金融通給了甲，而甲又將該資金給自己的客戶乙（中間多了一個實體）這種情形。

## 16. 答案：D

選項 I 和 III 的做法都是不允許的。按規定，不可以將證券抵押品轉移到中介人處存放（無論是否使用常設授權），但因為是證券抵押品，所以可以存放在中介人名義開立的帳戶內（如果是證券就必須存放到信託或客戶帳戶中，而且必須是獨立的）。具體內容為，如要存放客戶證券或證券抵押品，必須：

存放於：(i) 認可財務機構；(ii) 核准保管人；或 (iii) 另一獲發牌進行證券交易（第 1 類受規管活動）的中介人。

存放方式：(i) 如為客戶證券及證券抵押品，分別存放於為這兩個類別的每類而設的獨立帳戶作穩妥保管，而該帳戶是指定為信託帳戶或客戶帳戶；或 (ii)（僅就證券抵押品而言）亦可以存放於以該中介人或其有聯繫實體的名稱在上述任何實體維持的帳戶。

另外，《客戶證券規則》不允許中介人或其有聯繫實體使用常設授權「將客戶證券或證券抵押品轉移至中介人、其有聯繫實體或任何與該中介人存在控權實體關係或透過控權實體關係與該有聯繫實體存在連系的實體（有關上文存放方式中所述的帳戶除外）」。綜上所述，選項 III 的說法不正確，因為中介人可以將客戶的證券抵押品存放到上述 (a) 的三種機構，並以該中介人或其有聯繫實體的名稱登記，這屬於除外豁免情況。

## 17. 答案：C

選項 I 錯誤，正確的說法應該是在第二個營業日（即 3 月 3 日）終結前收到單據。選項 IV 錯誤，因為月結單是在按月會計期終結後（即 3 月 31 日後）的七個營業日內發出。

## 18. 答案：D

選項 A 是依靠專業能力附帶提供意見，**不需要**申請牌照。選項 B 中，9 號牌照持人提供投資意見時附帶就證券合約提供意見，以及選項 C 情況下的傳媒向公眾發表意見，均可豁免。

## 19. 答案：C

資產經理**毋須**就其管理的獲認可集體投資計劃的帳戶製備戶口月結單，所以只有 C 的說法正確，選項 A、B、D 均錯誤。

## 20. 答案：B

選項 A 錯誤，如果獲得相關豁免，可以不必強制結算。選項 C 說法不正確，必須是「**認可**結算所和**獲證監會授權提供**自動化交易服務的人士」才對。選項 D 錯誤，並非必須匯報。

## 21. 答案：A

對於註冊機構來說，每一類受規管活動都需要至少任命兩名主管人員，且其中一人是證監會能時刻聯絡得上並身在香港；而主管人員容許兼任不同的受規管活動，因此選項 A 最合適。

## 22. 答案：B

控權實體的定義為控制該法團不少於 20% 投票權或有權提名該法團任何董事，或於該法團擁有股份權益可否決或修訂其決議案的人士。由此可知選項 A 錯誤，因麗穎公司持有的投票權雖然少於 20%，但有權提名維基公司的任何董事，從這點來看，麗穎公司也符合控權實體的關係。

選項 C 錯誤，因為如果拋售了維基公司所有的股份後，就有可能不是維基公司的有聯繫實體了，這種情況發生下需要通知證監會。選項 D 錯誤，在此情況下，認可財務機構是不需要證監會批准的。

## 23. 答案：C

選項 I 錯誤，應該是每個月都要提交。選項 II 亦錯誤，第 4 類受規管活動雖屬於豁除範圍，但需要每半年提交申請表一次。選項 IV 錯誤，認可財務機構不用遵守該規則。

## 24. 答案：C

選項 A 不正確，不只是金錢利益，只要是不公平收益都禁止收取，否則有可能導致犯罪。選項 B 為無中生有的錯誤陳述，中介人同樣要遵守諸如廉政公署之類政府機關制定的規則。

選項 C 正確，按規例，「任何人如向代理人提供利益，亦屬犯罪」，而選項裏的中介人即屬於中介人客戶的代理人。

選項 D 不正確，因為「在**未獲得其主事人許可**的情況下，以代理人身份行事的代表不應索取或收受可能在任何方面干預或妨礙其行為操守的利益，例如：金錢、饋贈、僱傭、服務或優待。」換言之，如果主事人同意，且相關利益不影響或妨礙中介人正常履職，中介人是可以索取或收取相關利益的。請注意，這與選項 C 沒有矛盾，因為選項 C 依據的是《防止賄賂條例》，而選項 D 依據的是證監會《操守準則》，前者規範的是一般情況，後者規範的是具體行為情況。

## 25. 答案：A

公司和客戶的買賣盤僅應在符合客戶的最佳利益下，才可合併處理，所以選項 II 不正確。選項 III 説法不準確，在這種情況下也要以符合客戶的最佳利益的前提下進行，並不是無條件地合併處理。選項 IV 也錯誤，正確的説法是：在客戶收到有關建議、研究或分析報告及有合理機會根據該等資料作出決定之前，持牌法團不應利用預先知悉的資料進行交易（不論為法團本身或為客戶）。説得更淺白一點就是：基金經理由於自身優勢地位，會得到許多客戶難以得到的資訊；基金經理必須等到客戶收到這些資訊後，才可以根據這些消息作出交易，這樣做是為了確保基金經理和客戶處於平等的地位。

## 26. 答案：C

在集體投資計劃中，不需要識別最終受益人和發出交易指示的人（除非發出交易指示的人士事實上是最終受益者），所以選項 I 錯誤。而其餘 II、III、IV 選項均正確。

## 27. 答案：D

選項 D 説法錯誤，此種情況該款項必須存放在香港的獨立銀行帳戶內。

## 28. 答案：C

選項 C 做法屬違規，維基公司需要獲得建北公司的授權才可以。

## 29. 答案：D

四項資料皆需要。根據《操守準則》，進行相關轉移時，相關持牌人或註冊人（中介人）須在轉移（交易）當日後的三個香港交易日內向證監會匯報以下資料：

(i) 進行該轉移的相關持牌人或註冊人的中央編號及角色，例如是屬於受讓人、出讓人或受讓人及/ 或出讓人的代理人；(ii) 該轉移的説明（包括轉移股份的證券名稱及證券代號、相關持牌人或註冊人所轉移的股份數目、有關交易的股份數目、股份轉移日期、每股成交價及交易日期）；(iii)（如受讓人為相關持牌人或註冊人的客戶）受讓人的客戶識別信息；(iv)（如出讓人為相關持牌人或註冊人的客戶）出讓人的客戶識別信息；及 (v)（如相關持牌人或註冊人在該轉移中的對手方公司亦屬持牌人或註冊人），該對手方公司的中央編號。

## 30. 答案：C

選項 C 錯誤，正確的說法應是「持牌法團專有模式或協力廠商擁有模式都可以」。

## 31. 答案：D

選項 I 錯誤，因為某些內容，如本質上是只能於較後日期處理的事項，應當除外，也就是說不一定要在呈交上市申請前必須完成所有盡職審查。選項 III 的陳述不準確，準確的說法是「確保不會收到**沒有在上市文件內披露**的重大資料」。

## 32. 答案：D

如果超過兩年無投資活動，風險評估即失效，所以選項 A 錯誤。由於題目中並未提及中介人是否曾確認專業投資者的事項，所以無從判斷選項 B 正確與否。至於選項 C，題目中說的是重新投資，而合適性評估必須針對特定產品或市場，在無法判斷光大公司的投資方向下，不能確定選項 C 的對錯。

## 33. 答案：C

只有選項 III 說法錯誤。就**不相容**的職責，如果不對責任及職能進行劃分，只由同一人執行時，會容易讓違規者有機可乘，而非選項 III 所說的**相容**職責。

## 34. 答案：D

選項 D 不符合。持牌法團應防止出現資料處理系統及資料庫被入侵的問題，而使用第三方線上文書工具有遭入侵的風險，須避免。

## 35. 答案：B

選項 III 的陳述不正確。準確的說法是「確保客戶完全掌握有關情況，並得到公平對待。

另外，注意選項 I 的陳述正確，這裏引用官方法規的原文：「在為客戶執行任何交易前，持牌人或註冊人須基於合理的原因信納最初發出交易指示的人士及該交易的最終受益人的身份、地址及聯絡詳情，並備存用於確立上述詳情的資料。就集體投資計劃或委託帳戶而言，持牌人或註冊人須確立集體投資計劃或帳戶及其經理人的身份。只有當作出交易指示的人士事實上是最終受益人時，才須確立最終受益人的身份。」

## 36. 答案：C

選項 C 有兩處錯誤：一、是要定期核對；二、要由獨立的高級職員負責檢查。

另外，選項 B 的說法正確，在交易期間及場所不允許使用手機。《操守準則》第 3.9 段規管持牌人或註冊人透過電話收取客戶的交易指示，應利用電話錄音系統記錄有關交易指示，並保存有關紀錄至少 6 個月。雖然證監會極不鼓勵中介人利用流動電話接收客戶的交易指示及禁止中介人在交易場地、盤房、收取交易指示的通常營業地點或通常經營業務的地點內使用流動電話接收客戶的交易指示，但若以流動電話於以上所提及的禁止地點以外的地方接收交易指示，便應立即致電辦事處的電話錄音系統以記錄收到交易指示的時間及有關指示的詳情。

## 37. 答案：C

選項 C 的説法不準確。風險無法消除，只能維持在可接受的水平。

## 38. 答案：B

選項 B 的説法不準確。正確做法不是直接拒絕，而是要看公司的規定，如允許交易，則進行記錄並蓋上時間印章。

## 39. 答案：D

選項 I 的説法不準確，應該是職員只能在**有需要**的情況下才能取覽。

另外，選項 IV 的説法是正確的，這是避免在另類交易平台上的自營買賣借此身份，取得其他交易者的交易資訊。

## 40. 答案：D

選項 I 説法有誤，正確是：合約以**偏離五分鐘**前最後一個成交價超過指明觸發界線的價格進行交易，該特定產品便會有五分鐘的冷靜期。選項 II 不正確，因為在冷靜期內仍可進行交易，但須受若干價格限制。選項 III 為無中生有的説法，正確的説法是在五分鐘冷靜期過後，將恢復正常的持續交易（無價格浮動限制）。選項 IV 亦錯誤，冷靜期是可被多次觸發的。

## 41. 答案：C

選項 C 的陳述不正確，交易所參與者只能是公司，不能是個人；對於個人來説，只能通過中介人（成為交易所參與者的公司）進行證券買賣交易。

## 42. 答案：**D**

《客戶款項規則》具體標明，法團可根據集體投資計劃的計劃文件或按照客戶書面指令從帳戶提取款項的方式，但不得支付予持牌法團、其有聯繫實體或與其有控權實體關係的高級人員或僱員，所以選項 D 正確。

## 43. 答案：**A**

選項 III 錯誤，正確是：滬港通和深港通買賣是透過本地公司進行，但交易及結算操作均須遵守**進行交易及結算的所在市場**的規則及程式。選項 IV 亦錯誤，正確說法是**不會**影響到現有各方市場。

## 44. 答案：**C**

注意，選項 C 說法不準確，因為還要滿足一個前提條件，就是該 H 股相應的 A 股必須**沒有**被實施風險警示或（僅在深交所的情況下）除牌安排。

## 45. 答案：**C**

只有選項 I 錯誤。並非跟對方證券公司，而是和本地公司承接。

## 46. 答案：**C**

選項 C 錯誤，因為可賣空證券的數量是有限的。

注意，這裏不要和北向通正常證券賣出的額度為無限（在總額度範圍內）相混淆。北向通（滬港通和深港通）每日交易額度各自為 520 億元人民幣，並實行淨額管理，也就是說只統計淨買量。在這種情況下，賣出是可以抵消買入量的，因此理論上賣出額度是無限的。

**47. 答案：A**

選項 II 錯誤，正確說法是：超過 1% 會影響其獨立性（持有 5% 或 5% 以上權益的人士一般不被視作獨立人士）。換句話說，就是獲提名擔任上市發行人董事會之獨立非執行董事，不能持有佔上市發行人已發行股份數超過 1%。

選項 IV 有誤，審核委員會的成員須**全部是**非執行董事。

**48. 答案：C**

選項 I 錯誤，因按規定，「各上市發行人的董事會必須包括至少三名獨立非執行董事，其中至少一名獨立非執行董事必須具備適當的專業資格。獨立非執行董事必須佔發行人董事會成員人數的至少三分之一。」選項 IV 不正確，在此情況下，「如法人團體乃作為特定目的投資機構成立，則其亦將會假定法人團體的任何控股股東的緊密連絡人為控股股東，並假定法人團體的所有股東為控股股東。」然而，上市申請人可以反駁有關假定，當法人團體的股東數多於一個時，其控股股東數也可以多於一個的。

**49. 答案：C**

選項 C 錯誤，授權代表是**可以**委任公司秘書的。

**50. 答案：A**

選項 I 說法不準確，該類計劃必須獲股東在股東大會上批准。

選項 IV 的正確說法應該是**必須**獲得獨立非執行董事批准。注意這個題目說的是股份期權（也稱為股份計劃），不要跟「認股權證」混為一談。股份計劃是上市公司設立，僅針對內部員工工作激勵之用。認股權證是在公開市場上發行，給予持有人購買股票的權利。兩者的行使權和時間範圍規定亦完全不同。

**51. 答案：A**

只有選項 IV 錯誤，發行人一般不得自動撤回上市。

**52. 答案：A**

只有選項 IV 錯誤。由於收購及合併委員會的非紀律聆訊往往涉及機密的價格敏感資料，故會以非正式及非公開形式進行。

**53. 答案：B**

選項 IV 錯誤。自行管理計劃的董事**不可**以主事人的身份與該計劃進行交易。

另外，注意選項 III 對於受託人/ 保管人也有相同規定，而且兩者的帳目還必須經過獨立審計。當然如果未達到所述要求，但受託人/ 保管人是具規模的財務機構的全資附屬公司，且在滿足一定條件下，該規定可獲得豁免。具體內容詳見本書講義。

**54. 答案：A**

選項 IV 錯誤。集體投資計劃的管理公司**能夠**委任註冊信託公司作為代表。

**55. 答案：C**

選項 A 錯誤，不論是有意還是無意的疏忽，都可以構成市場失當行為。選項 B 和 D 均為無中生有的說法。

**56. 答案：B**

選項 B 說法不正確。內幕交易可以擴展至未發行/ 未上市的證券，只要當時可合理預見相關證券將發行或上市，而其後確實發行及上市，亦適用。

**57. 答案：D**

只有選項 III 錯誤。在香港進行的境外市場買賣也有機會產生虛假交易。另因為這是被允許的未獲邀約造訪，所以選項 II 的說法正確，該協議不可撤銷。

**58. 答案：B**

只有選項 IV 錯誤，除題目中所述情況，國際性市場失當行為還包括在境外發生而影響香港市場的行為。

另外，注意選項 II 的說法只是豁免情況之一，並不是全部，具體規定是：「該人如要進行免責辯護，須證明其以真誠行事，或並無從參與受禁交易的人士或該人的有聯繫者收取任何利益。」換言之，是**真誠行事**或**並未收取利益**二者符合其一即可，故可視為正確陳述。

**59. 答案：C**

選項 I 和 III 的陳述都不正確，因為范先生是原有客戶，所以這種未獲邀約的造訪是法規上允許的，合約是有效的。

**60. 答案：A**

選項 I 説法錯誤，這種情況仍然屬於未獲邀約的造訪，而這種造訪是法例允許的。選項 IV 説法錯誤，因為這種用相同語句向多於一名接收者發出的通訊，屬於「獲准許的通信」，但也被視為其中一種未獲邀約的造訪。

# 模擬試卷・二　答案及解析

**1. 答案：A**

選項 III、IV 是證監會的職責，所以不正確。注意這是頗常見的出題角度，因為證監會與積金局在一些職能上有重合之處，但又各自有所側重，容易混淆。

總括而言，證監會的職能主要覆蓋投資產品、推銷材料、投資經理。記住這個要點就應該比較易區分。

**2. 答案：B**

違反《證券及期貨條例》及附屬法例均屬於違法行為，所以選項 I 錯誤。法庭發出的禁制令須符合公眾利益，故選項 II 錯誤。證監會的守則及指引不具備法律效力，不可以強制執行，所以選項 IV 亦是錯誤。

**3. 答案：A**

只有證監會才能撤銷註冊，所以選項 IV 錯誤。其餘選項均是正確。需要注意的是，認可財務機構在申請成為註冊機構的過程中，金管局居於主導地位（因為認可財務機構乃至註冊機構都直接受金管局監管），並由金管局負責遞交相關資料予證監會，所以整套流程大多數步驟都是金管局辦理，但是金管局會依照證監會的標準來管理相關受規管活動，因為該牌照畢竟屬於證監會管理，相關細則也是證監會制定的，只不過金管局可以直接依循使用。

## 4. 答案：A

不論是誰人在香港存入款項都是香港金融機構監管對象，所以先排除選項 II。因為房地產投資信託基金業務屬於集體投資計劃及資產管理的一部分，所以肯定屬於金管局監管的對象，故選項 I 亦排除。

至於選項 III，因為房屋不屬於金融行業，自然不是證監會的監管對象。至於選項 IV，請注意題目說的是房地產市場，而非房地產投資計劃，前者不屬於金融行業，後者才是，這正正是選項 I 和 IV 的區別。

## 5. 答案：B

選項 B 錯誤，因在一些特殊情況下，成員可以介入公司管理事務。

另外，選項 C 其實是正確的，因為在李先生擔任破產公司的董事期間，只要沒有被評為不合適，就不影響他出任董事的資格。

## 6. 答案：A

選項 III 錯誤，正確的説法應該是最少有**一名**董事。

選項 IV 也不正確，正確説法是：每一間私人公司（上市公司集團的成員除外）須有最少一名自然人董事。説得淺白點，就是如果這家私人公司是一個上市公司集團的成員，可以沒有自然人董事。

## 7. 答案：C

只有選項 II 是成員大會不可行使的權力。正確的説法是，公司成員可在成員大會上委任核數師（而非修改跟現有核數師的合同）。

**8. 答案：A**

選項 I 的說法錯誤，應該是與**自動清盤**有關。選項 II 亦錯誤，正確說法是只有一名董事（唯一董事）的私人公司，亦可以發出「有償債能力證明書」。

**9. 答案：B**

只有選項 I 說法錯誤。經過公司成員批准後，公司**可以**向董事借出貸款。

**10. 答案：C**

選項 II 內容不準確，未有指明中介人是「除了認可財務機構的中介人」，所以錯誤。選項 III 欠缺了前提條件，正確是「任何人**意圖詐騙**而沒有備存紀錄」才屬犯罪。選項 IV 也錯誤，《證券及期貨條例》的審計條文**不適用**於註冊機構。

**11. 答案：B**

選項 I 正確，附帶一提，經審計帳目是在財政年度終結後四個月內提交。

持牌法團在獲發牌後的一個月內委任核數師，所以選項 II 錯誤。至於選項 IV 的情況是需要通知證監會的。

## 12. 答案：A

首先區分控股公司和附屬公司的關係。簡單來說就是如果甲公司是乙公司的控股公司，則乙是甲的附屬公司。

現行對於法團的定義為：(i) 如法團是另一法團的控股公司、另一法團的附屬公司或另一法團的控股公司的附屬公司，則該等法團是彼此的有連繫法團；或 (ii) 任何人如控制一個或多於一個法團的董事局的組成、控制一個或多於一個法團在成員大會上的過半數投票權或持有一個或多於一個法團的過半數參與已發行股本，則每一個法團及其每一附屬公司屬彼此的有連繫法團。據此分析，只有選項 A 的陳述不正確。

## 13. 答案：D

可以參考前一題對於有聯繫法團的定義。據此分析，只有選項 D 不可以視為有連繫法團，因為甲尚未控制乙的 50% 或以上已發行股本。

## 14. 答案：A

只有選項 IV 錯誤，期貨合約在合約到期日前**可以**根據規則或慣例解約。

## 15. 答案：B

選項 II 錯誤，沒有規定取得的證券必須做質押。選項 III 亦有誤，正確定義如下：由認可財務機構提供財務融通，以利便其客戶取得或持有證券，這種情況**不屬於**證券保證金融資。

**16. 答案：A**

發出分析或報告，目的是為了自己公司作參考，即並非作為盈利手段，這種情況**不歸入**就證券及期貨合約提供意見的受規管活動，所以選項 III 錯誤。選項 IV 亦錯誤，因未提及前設條件，就是信託公司必須完全因其專業身份附帶提供意見，才可以這樣做。

**17. 答案：D**

選項 II 錯誤，載有中介人與客戶之間帳戶狀況的詳細資料是**戶口結單**（而非成交單據）的特徵。選項 III 錯誤，正確的說法是：如有需要，**成交單據**的全部交易細節可載於**戶口結單**內。

**18. 答案：A**

選項 A 錯誤。相關結單必須把該日所有的變動細節也列明。

**19. 答案：B**

選項 A 是通常的情況，但不一定所有情況都只能如此，所以說法有誤。C 選項不正確，中介人可以**不提供**戶口結單給專業投資者。選項 D 的正確說法應是**在第二個營業日終結前發出**。

**20. 答案：A**

中介人必須以書面通知客戶，並且客戶無反對，才可以不提供成交單據，此做法僅適用於專業投資者，所以選項 I 及 II 均錯誤。

**21. 答案：D**

選項 A 錯誤，公司**不能**利用常設授權將證券抵押品轉移到控權實體。選項 B 錯誤，公司**不可以**將客戶的證券抵押品轉移到僱員名下。選項 C 錯誤，公司將客戶的證券抵押品低價出售屬於不合情理的方式處理客戶證券抵押品。

**22. 答案：B**

選項 B 錯誤，因為證券也可以這樣操作，不僅僅是證券抵押品。

**23. 答案：D**

選項 D 錯誤，因為該款項**可以**用來支付保證金，前提是支付前需要一直放在獨立帳戶中。

**24. 答案：D**

選項 D 為無中生有的內容。

**25. 答案：A**

選項 B 有兩處錯誤，一是**連同**其集團公司，二是平均總計名義數額超過相關門檻。選項 C 錯誤，註冊機構**可能**被視為金融對手方。選項 D 沒提及有不適用的特例，如若干實物交收或若干商品遠期交易等。

## 26. 答案：A

選項 B 錯誤，作為個人專業投資者是不能豁免的，中介人必須披露交易資料。選項 C 錯誤，在具備一定條件的前提下，是可以不提供的，「一定毋須」的說法過於絕對，具體的條件如下：持牌人或註冊人須告知客戶有關被視為專業投資者身份的後果，説明作為專業投資者身份僅與某特定產品及市場有關，解釋其享有於任何時候撤回專業投資者身份的權利，以及獲得客戶的書面同意。每年應確認專業投資者身份狀態，並以書面形式提醒客戶有關專業投資者身份的風險及後果。選項 D，如果中德公司和甲法團滿足一定條件，可以豁免交易確認。

## 27. 答案：D

選項 D 錯誤。注意，企業融資顧問要在交易的**初期**諮詢監管機構。

另外，注意選項 A 是正確的，「**應以**客戶的最佳利益為依歸」，不存在過於絕對（如必須）的意思。

## 28. 答案：D

只有選項 II 錯誤，信貸評級機構**不應該**向獲評級實體或其有連繫人士，提供企業或法律架構、資產、負債或活動有關的諮詢或顧問服務。

另外，選項 III 是正確的，信貸評級機構可以與獲評級實體訂立報酬安排，只不過這種安排**要進行披露**，而且這種報酬安排不能與評級結果掛鈎。

**29. 答案：D**

選項 D 錯誤，開放式基金型公司的計劃財產**只能**由保管人持有。

**30. 答案：D**

選項 D 有兩處錯誤，一是所反映的是**潛在風險**，而非已知風險；二是**要確保**能涵蓋所有對手方風險承擔。

**31. 答案：A**

選項 A 說法不完整，正確是：交易總是在符合客戶最佳利益的前提下，且按照公平原則及最佳條件的一般商業條款的情況下進行。

**32. 答案：D**

選項 D 錯誤，正確說法是：向客戶提供以客戶明白的語言訂立的委託帳戶的客戶協議書。

另外，選項 B 是應提供的資訊。《基金經理操守準則》的說法是，應該提供有關基金經理的充分資料，包括其營業地址、經營業務的條件或限制，以及代表基金經理執行工作並可能與基金（及基金投資者，如基金經理負責基金的整體運作）有所聯繫的人士的身份和職位。

**33. 答案：B**

選項 I 的說法錯誤，正確是「將交易誤差記入誤差或暫記帳戶內，以便及早糾正」。選項 III 屬於典型的資金流動性風險，而非市場風險。

另外選項 IV 是正確的。注意，「欺詐」是被歸類為運作風險的。

## 34. 答案：D

選項 D 的陳述有誤，正確應該是「出現**不尋常或預期以外的增幅**」，才有可能涉及洗錢活動。

另外補充一下，洗錢活動的關鍵操作步驟是大額資金的存放和整合，而選項 A 的行為表面上看是正常的資金存放，但實際目的並不是為了證券交易，而是長期將錢打着合法的幌子存放，並找機會進行分散與整合。而選項 C 背後的意思是，休假後由別人接替崗位容易暴露問題（如涉及洗錢行為的話）。

## 35. 答案：D

選項 D 末句「只有王先生本人才能查閱」的説法有誤。正確的做法應是按照《條例》**規定**，以及中德公司和王先生的**協議**來應對第三方的查詢。規定指，如果相關部門出具法院的調查令也可以查詢有關資料；至於協議則指李先生與中德公司簽署的開戶合同，一般都會列明當第三者要求查閱資料採取甚麼行動，並按約定執行。

## 36. 答案：D

選項 A 錯誤，正確是除了投購保險，還可以於證監會存放保證金以獲發牌。選項 B 錯誤，若持牌法團為「受發牌條件限制不得持有客戶資產，以及並非聯交所或香港期交所參與者」，《保險規則》並不適用。選項 C 錯誤，受保的範圍僅限於客戶資產**因欺詐或盜竊類原因**而蒙受損失的風險。

另外，如果是有閱讀官方溫習手冊的考生要小心選項 D，該手冊中説，「證券交易、期貨合約交易及提供證券保證金融資的投保額各為 1,500 萬港元」，其實這**只是一個舉例**，並非指所有受規管活動的投保額都是該金額。

## 37. 答案：A

選項 B 錯誤，大額虧損依然平倉可能是正常的投資策略，不算可疑。選項 C 也是正常交易。選項 D 亦無異常，因為款項轉入的也是她本人的帳戶。

## 38. 答案：C

選項 A 錯誤，正確説法是：如果該金融機構在持牌法團獲授權地方並無實體存在，並且為非受到整個集團有效監管的受規管金融集團的成員，則持牌法團不得與金融機構建立跨境代理關係。也就是説只在某些情況下，才**不能**建立跨境代理關係。

選項 B 錯誤，正確説法是：持牌法團與相關外地金融機構建立跨境代理關係，則可以簡化的方法來採取額外盡職審查措施及其他減低風險的措施。留意是「簡化的方式進行額外盡職審查」，因為是跟境外機構建立代理關係，所以要採用額外的盡職審查措施；但由於持牌法團的境外同業很多也是具有一定規模的機構，所以可採用簡化的額外措施。

選項 D 是無中生有的內容，因為該金融機構是否是集團性質的公司，並不是唯一的衡量標準，還要考察有沒有實體存在。

至於正確的選項 C，説得淺白些，意思是在這類跨境代理業務之中，只要位於香港的持牌法團具有足夠的反洗錢資源，哪怕這種資源是屬於其母公司的，只要最終能夠達成反洗錢的效果，香港監管當局都接受這種安排。

### 39. 答案：D

選項 D 前半句不正確，投資銀行或資產管理人獲正式授權的員工，通常**不會**被視為看似代表客戶行事的人。

另外，小心選項 A，「可疑交易」特指與洗錢和恐怖分子資金籌集相關的交易，而操縱市場活動確實有一部分交易是因這種目的而進行，所以是正確的說法。

### 40. 答案：D

中國內地對海外（指非中國內地）持有上市公司的擁有權設有兩項限制：一、任何單一名海外投資者不可持有超過 10% 的某上市公司已發行股份；二、海外投資者所持有某上市公司的擁有權總量，不可超過該上市公司已發行股份總數的 30%。當上交所／深交所通知香港交易所該等限額正趨近時，香港交易所將在其網站公佈該通知。當超過了 30% 的限額時，海外投資者會被要求售出股份，所以選項 A 及 B 皆錯誤。

選項 C 亦錯誤，所有海外投資者總計持有一家內地公司 30% 的已發行股票，才會被要求賣出，選項中未提及持股總額，所以無法判斷合規與否。

### 41. 答案：C

選項 C 錯誤，南向交易**不允許**無擔保賣空。

### 42. 答案：A

選項 A 錯誤。除了交還相同性質證券，還可以選擇**向借出人交付於該日期與所借證券價值相等的款項**。

**43. 答案：C**

選項 C 錯誤。只有在認可證券市場進行交易，才可以被看成是獲准許的賣空。

**44. 答案：C**

選項 C 錯誤。此情況下，正確說法應該是**持續淨額交收制度**。

**45. 答案：A**

選項 IV 有誤，正確說法是：可即時（不需要 T+1 日）行使該證券。因為這裏存在預付現金，對於中央結算公司來說，風險已經降到最低，所以允許即時行使證券。

**46. 答案：B**

選項 III 錯誤，正確說法為**一定是**。選項 IV 為無中生有，沒有「間接結算參與者」這種資格，只有**直接結算參與者**和**全面結算參與者**兩種。

**47. 答案：B**

只有選項 IV 不正確。就結構性投資產品發出送達通知人士的資格，並沒有具體的禁止性規定。

**48. 答案：A**

只是認可財務機構不符合發行人條件，所以可排除選項 IV。認可財務機構的範圍要大於銀行，所以選項 I 正確，但選項 IV 不一定正確。

**49. 答案：C**

選項 C 説法錯誤。正確是：並無向公眾銷售的集體投資計劃，證監會**仍可**透過發牌或註冊制度作出規管。

**50. 答案：A**

選項 A 的正確説法應該是「緊密參與編制新申請人的上市檔」。跟選項 A 的説法相比，參與程度並不一樣。

**51. 答案：A**

選項 II 選項，《守則》並不是直接向對手施加資格規定。選項 IV 錯誤，正確説法是：產品安排人均須確保與主要產品對手的交易均按公平市值及當時可取得的最佳條款訂立。

**52. 答案：C**

選項 A 説法錯誤，不論集體投資計劃管理公司的活動是否需要持牌或註冊，都會受到證監會的監管。選項 B 錯在字眼「所有的」，如果是自行管理的集體投資計劃，就不需要委任管理公司。選項 D 錯誤，自行管理的集體投資計劃在香港並不普遍。

**53. 答案：A**

選項 III 錯誤，衍生權證**不可於** GEM 上市。選項 IV 錯誤，正確是**不得少於一年或多於五年**，並且**不得**轉換為該等時間範圍外其他可認購證券的權利。

## 54. 答案：C

選項 C 錯誤。正確的説法是：在香港以外地方作第一上市的公司，只要香港的股東已獲充分保障，通常也會豁免該公司遵守《股份回購守則》。

## 55. 答案：A

選項 I 錯誤，高壓推銷證券活動所出售的證券可能是真實或是虛假的。選項 III 亦錯誤，一般都是通過電話、電郵或傳真作聯繫，而不會登門與投資者見面。

## 56. 答案：B

選項 A 錯誤，未獲邀約的造訪不屬於市場失當行為。選項 C 不正確，因為題目中的杜先生為固有客戶，而且屬於已經持有該證券的人士，不受《未獲邀約造訪規則》的限制。選項 D 為無中生有的概念，現實並沒有這種規定。

## 57. 答案：B

選項 II 説法錯誤，電話交談一定**不屬於**獲准許的通訊。選項 III 錯誤，互動式對話中有一部分可以看成是獲准許的通訊。選項 IV 有誤，選項中的情況屬於**被允許的**未獲邀約的造訪。

依據法規條文，獲准許的通訊是不在下列過程中作出的通訊：

(a) 親身探訪；

(b) 電話談話；或

(c) 任何其他互動式對話，而在對話過程中會即時交換陳述及對該等陳述的回應。

但如互動式對話擁有下列最少一項特點，則會被視作獲准許的通訊：

(i) 以相同的用語向多於一名接收者作出通訊；

(ii) 有關通訊是透過有通訊紀錄的系統作出的，而該紀錄是可供接收人於其後作參考用的；及/ 或

(iii) 有關通訊是透過無須作出即時回應的系統作出的。

## 58. 答案：**D**

選項 A 錯誤，老鼠倉屬於不當行為（而非市場失當行為）。選項 B 説法錯誤，應該是以較高的價格分配。選項 C 也是説法錯誤，老鼠倉行為往往並非不執行客戶的操作，而是延期執行。

## 59. 答案：**D**

因為發短訊這種行為本身就不可能事先經過客戶允許，所以未獲邀約的造訪，但互動式對話若擁有下列最少一項特點，則會被視作**獲准許的**通訊：

(i) 以相同的用語向多於一名接收者作出通訊；

(ii) 有關通訊是透過有通訊紀錄的系統作出的，而該紀錄是可供接收人於其後作參考用的；及/ 或

(iii) 有關通訊是透過無須作出即時回應的系統作出的。

發短訊符合特點 (i) 的要求。

## 60. 答案：**D**

選項 I 錯誤，不當交易手法與市場失當行為可同時存在，後者不包含前者。選項 III 錯誤，有部分不當交易行為涉及違反法例。

# 模擬試卷．三　答案及解析

**1. 答案：D**

督導貿易及就業政策的制定**是**財政司司長的職責之一，故選項 III 錯誤。

需要注意的是，行政長官對於證監會亦擁有很大的職權，這些權力主要集中在人事任命、預算管理、履職監督等方面，考生須注意區分。

**2. 答案：C**

選項 II 錯誤，註冊強積金計劃的行政與管理事宜由積金局監督。至於選項 IV 亦錯誤，證監會負責持續監察強積金產品投資經理的操守。

**3. 答案：C**

收購上訴委員會是證監會成立的監督委員會，前者不獨立於後者，所以選項 I 錯誤。負責執行《公司收購、合併及股份回購守則》的是證監會的企業融資部，故選項 III 不正確。負責註冊及規管開放式基金公司的是證監會投資產品部，所以 IV 亦錯誤。

**4. 答案：B**

選項 II 錯誤，在香港，《公司條例》以披露為本，且具有法律效力。而選項 III 亦有誤，正確説法為兩者之間並無清晰界線，並經常互相重疊。

### 5. 答案：D

選項 I 有誤，正確説法是證監會獲《證券及期貨條例》授予廣泛的權力，據此制定相關規則。與刑事法不同，民事法並非旨在處罰違法者，所以選項 IV 錯誤。

### 6. 答案：C

中德公司可以從資本中就可贖回股份作出付款，所以選項 II 錯誤。股東和公司都可以贖回，具體操作可視乎發行條款而定，所以選項 IV 錯誤。

### 7. 答案：D

每間私人公司（上市公司集團的成員除外）須有最少一名自然人董事，所以選項 I 錯誤。對於幕後董事的定義，是不包括以專業身份提供意見的人（如法律顧問），故選項 II 亦不正確。

### 8. 答案：A

任何成員都可以向法院提出呈請將公司清盤，所以選項 III 錯誤。選項 IV 的數值錯誤，正確是持有 **5%** 附帶投票權的已繳股本成員才可以要求召開成員大會。

### 9. 答案：A

選項 I 説法錯誤，正確日期是提前 **14 天**。選項 III 錯誤，公司需要經**特別決議**通過後才可以由法院清盤。

### 10. 答案：C

賠償物件**包括**非交易所參與者，所以選項 I 錯誤。投資者賠償基金的來源是交易所收取的相關徵費，不涉政府撥款，故選項 II 亦不正確。

## 11. 答案：B

只有選項 I 説法錯誤，受規管人士不一定是證監會持牌人。譬如參與持牌法團業務管理的人，雖然是受規管人士，但不一定是持牌人。

## 12. 答案：A

選項 III 錯誤，因《內幕消息披露指引》沒有法律效力，故違反該《指引》不代表違法。無論股份是否已上市發行，董事都要履行權益披露責任，所以選項 IV 説法錯誤。

## 13. 答案：C

除董事和最高行政人士，其他人如果持有該公司的有關股本權益達 5% 時，均須作出披露，所以選項 I 説法錯誤。選項 II 説法錯誤，正確是按照好倉和淡倉（即不作任何淨額計算）的標準來披露。

另外，選項 III 的陳述正確，相關法規的表述為：因持股量達 5% 或以上而須履行披露責任的人士，就持股量變動作進一步披露時，僅須就跨越一個百分率整數顯示其持股量的增減（或持股量跌至低於 5%）。而選項 III 中的增量符合上述變化，所以應作出權益披露。

## 14. 答案：A

中介人只需要在證券抵押品總市值**超出**保證金貸款總額的 140% 時才需要作出行動，故 I 的説法錯誤。選項 IV 錯誤，如果要減值抵押物價值，須在**下一個**營業日結束前操作。

## 15. 答案：B

選項 II 中的已轉移至海外資金，不受《客戶款項規則》規管。選項 IV 有誤，正確是還要減去黃先生欠中德公司的款項，即以淨額為准。

## 16. 答案：D

按照《客戶證券規則》，中介人或有聯繫實體可發出口頭或書面指示出售或就該出售指令進行交收，所以選項 A 正確。

選項 D 的做法不正確，不能使用常設授權進行這種轉移。因為《客戶證券規則》不允許中介人或其有聯繫實體使用常設授權進行下列事項（除非是將客戶的證券或證券抵押品存入獨立的信託帳戶或客戶帳戶）：

(a) 將客戶證券或證券抵押品轉移至中介人、其有聯繫實體或任何與該中介人存在控權實體關係或透過控權實體關係與該有聯繫實體存在連系的實體；或

(b) 向上述實體的任何高級人員或雇員（除非該高級人員或雇員是該客戶）作出任何有關轉移；或

(c) 以不合情理的方式處理客戶證券或證券抵押品。

選項 D 並未將黃先生的證券存放到獨立的信託帳戶或客戶帳戶，因此不允許採用常設授權的方式來處理客戶證券。

## 17. 答案：C

只有選項 II 錯誤，如果是證券抵押品，可以這樣做，但題目說的是證券，那是不允許存放在以中介人為名稱的帳戶內。

附帶一提，選項 I 正確，因為存放對象是有聯繫實體，無論是證券還是證券抵押品都可以這樣做。選項 III 亦正確，因為證券和證券抵押品要分開存放，所以不可以只開設一個帳戶。

## 18. 答案：C

選項 IV 不正確。只有客戶的證券抵押品才可以存放在中介人為名稱的帳戶，證券則不可以這樣做。

## 19. 答案：A

選項 I 錯誤，核准介紹代理人**毋須**維持繳足股本。核准介紹代理人**屬於**證券及期貨交易商的其中一類，所以選項 II 亦錯誤。選項 III 的正確說法是「**以客戶**的名義將要約轉交予交易所」。

## 20. 答案：B

只有選項 B 說法錯誤。若是認可財務機構，可豁免就從事槓杆式外匯交易申請牌照。

另外，選項 A 其實是正確的，因為對於認可財務機構來說，證券保證金融資是其職能範圍內的業務（已通過金管局核准），不需要再申請證監會的有關牌照。

## 21. 答案：C

選項 I 說法有誤，公司整體應當擁有至少**兩名**負責人員。每類受規管活動只需要一名負責人員長駐香港，所以選項 II 的說法不一定正確。

## 22. 答案：D

持牌代表的申請人不得在香港或其他地方未獲解除破產，所以選項 I 錯誤。證監會的考察包括申請人並未曾受制於專業組織的紀律行動，所以選項 III 亦錯誤。

## 23. 答案：A

選項 B 的正確說法是「持有已發行股份總數的 **10% 以上**的權益」，才算是大股東。選項 C 正確說法同樣是要求 **10% 以上**。

選項 D 的正確說法是：黃先生在光大投票權**不少於 35%**，光大公司在中信公司股東大會上擁有 **10% 以上**投票權，他才可被視為中信公司大股東。

## 24. 答案：A

選項 B 說法錯誤，《基金經理操守準則》**適用於**未獲認可的集體投資計劃。選項 C 是證監會在作出懲罰時會考慮基金經理的規模。選項 D 是**所有的**廣告及市場推廣資料都必須獲證監會認可（不考慮豁免的前提下）。

## 25. 答案：C

選項 C 錯誤，這種情況應當允許，只有基金經理**以代理人身份**行事時，才應當禁止。

至於 B 選項，很多考生不理解「將價格標高」這個做法為甚麼正確。價格標高的意思其實是提高收費，只要提高收費屬於公平合理地釐定，即被允許。

## 26. 答案：B

選項 B 錯誤，正確的説法是：**可以**使用第三方保管人（獨立於對手方），以確保有關的開倉保證金與對手方的資產適當地分離。

另外，選項 D 正確，根據規定，「持牌人不得以再質押等方式再使用有關開倉保證金，惟在對手方發出書面同意的情況下則除外，而於獲授同意的情況下，持牌人亦僅可為對沖其因與對手方建立的持倉量所承擔的風險而如此行事。」

## 27. 答案：B

只有選項 B 不正確。持牌人或註冊人（中介人）必須合乎「已告知法團專業投資者被視為專業投資者身份的後果，説明該身份僅與某特定產品及市場有關，解釋其享有於任何時候撤回該身份的權利，獲得客戶的書面同意；並每年確認該身份狀態，以書面形式提醒客戶該身份的風險及後果」，再加上「合理信納對方擁有合適的企業架構及投資程序和監控措施，負責做出投資決定的人士擁有充足的投資背景及經驗，及法團專業投資者對作出投資決定人士的風險有所認知」兩個前提均成立，B 説法才適用，並非必然。

附帶一提，根據規定，中介人可因應不同類別的為專業投資者，在提供資料方面豁免某些規定。對選項 A 與 D 提及的機構專業投資者，中介人**毋須**確立對方的投資經驗、投資目標，以及對衍生工具的認識。而就選項 C 的個人專業投資者，中介人則**不獲豁免**提供有關複雜產品的充分資料。

**28. 答案：C**

只有選項 C 正確，預托證券轉換為股份的操作毋須作出報告。

考生要注意 2023 年 9 月後有規例上的更新：中介人（不論是作為主事人或代理人）若參與毋須向聯交所作出交易匯報的場外證券交易，則須直接向證監會匯報該場外交易。如股份轉移是根據結構性產品或衍生工具的條款或因將預托證券轉換為股份（反之亦然）而進行，則匯報責任並不適用。

**29. 答案：D**

只有選項 II 錯誤，因某類客戶屬於例外。如果客戶為持牌法團或認可財務機構，又或者是在由證監會釐定的「可資比較的場外衍生工具司法管轄區」內作為受規管的場外衍生工具交易商或銀行，於上述情況下，**可免除**額外的風險披露。

**30. 答案：A**

根據規定，若干資產可獲接納為抵押品，當中包括現金、有價債務證券、黃金及上市股份等資產，所以選項 A 正確。

然而，有若干證券**不合資格**，當中包括與持牌人屬同一綜合集團的公司所發行的證券（選項 B）、與對手方的信用質素或相關非中央結算場外衍生工具的價值有重大相關性的證券（選項 C），以及信貸質素並非屬投資級別的證券（選項 D）。

## 31. 答案：D

選項 A 正確應該是降低**系統性風險**；選項 B 所描述為**變動保證金**（並非開倉保證金）的特點。選項 C 的正確說法應該是：由場外衍生工具**交易雙方互相提供及收取**（即交換抵押品），主要旨在保障雙方免受另一方可能違責的影響。

## 32. 答案：B

選項 B 不正確，第 10 類受規管活動不包括在內。

## 33. 答案：B

題目只是說張先生的姓名命中，卻未提及其他資訊（如證件號碼等）也命中，按此情況需要進一步核實，所以只有選項 B 正確。

## 34. 答案：A

若僱員的銷售業績出現**不尋常或預期以外**的增幅，才有可能涉及洗錢。而就題目的說法，選項 A 這種情況的業績增長，並無明顯的不正常。

另外，不願意休假或許涉及洗錢活動的理由是：因為涉事員工一旦休假，就會有人暫時接替其工作，如果該員工之前在業務上做假，就有機會被別人發現。至於選項 D，若有此情況，間接表明員工在一定程度上控制了客戶的帳戶，有可能方便員工藉該帳戶進行洗錢活動。

## 35. 答案：D

選項 I 錯誤，《打擊洗錢條例》是涵蓋**指定的非金融業務及專業**才對。選項 III 亦錯誤，正確說法是**減低**（而非消除）洗錢風險。

## 36. 答案：C

選項 C 錯誤，正確説法是：交易前研究報告應**僅在許可情況下**向機構投資者分發。

## 37. 答案：C

選項 I 明顯錯誤，正確説法是「查核是否有可運用的資金或信貸（如屬買盤）」，換言之客戶可通過借貸來進行買盤。選項 II 也不正確，只要客戶的有關特別指示是合理合法，都可以被允許，而不是一概拒絕。

## 38. 答案：A

選項 IV 陳述有誤，正確的説法是：「所取得與持牌法團進行每項交易有關的數據及資料的紀錄，應足以重組個別交易，從而提供犯罪活動的證據以進行檢控（如需要）。」顯然這個要求的標準更高。

另外，有考生不明白選項 II 是甚麼意思。舉例説，從銀行角度出發，肯定是客戶要買投資產品，銀行才會備存客戶的風險評估紀錄。如果客戶只是一般存款，並無需要備存相關紀錄，銀行亦必須解釋清楚備存該些紀錄的目的，且理由要合理。

## 39. 答案：A

選項 III 錯誤，不可能每項投資意見都要經由董事會批准，正確説法是：確保收取酬金的投資意見均有顧問合約作為依據，並確保投資意見是經過深入分析而作出，並適合有關客戶；同時，妥善地記錄有關資料。

選項 IV 亦錯誤，公司顯然不可能完全避免利益衝突和客戶損失，正確説法是：減低出現利益衝突的可能性，而當可能出現利益衝突且不能合理地避免時，須確保客戶完全掌握有關情況，並得到公平對待。

**40. 答案：D**

四個選項的說法都正確。

**41. 答案：C**

只有選項 IV 錯誤。在所述情況下，期交所參與者**不可以**代該既有客戶進行即日盤買賣。

**42. 答案：C**

選項 II 不正確。只有「非聯交所期權結算所參與者的聯交所期權買賣交易所參與者」才需要這樣做，但題目中並未說明中德公司的具體情況，所以陳述使用「必須」一詞，並不恰當。

**43. 答案：C**

HKATS 是用於買賣屬於聯交所產品的交易所期權；OTP-C 是聯交所使用的系統，買賣包括股票、衍生權證、債券等產品；CCASS 即中央結算系統，用於證券結算及交收。上述三個系統都不適用於股票期權結算。

**44. 答案：A**

選項 IV 錯誤，正確的說法應該是視為客戶失責。

**45. 答案：D**

選項 D 錯誤。正確的說法是：徵費目的是為了會計及財務匯報局就其運作自負盈虧。另請留意，此為 2022 年起的更新內容，考生須加以掌握。

## 46. 答案：C

聯交所和期交所的交易權是各自獨立的，交易所及結算所的參與者資格也是獨立處理，所以選項 I 和 IV 錯誤。至於選項 III 是前半句話正確，後半句話錯誤，因為很明顯只有一部分期交所參與者才是期貨結算所參與者。

註：並非期貨結算所參與者的期交所參與者，屬於「非結算參與者」。

## 47. 答案：D

選項 A 說法錯誤，正確是：審核委員會成員必須**全部**是非執行董事。選項 B 的正確說法是至少有 **3 名**成員。選項 C 正確是獨立**非執行**董事須佔成員的大多數。

## 48. 答案：D

《上市規則》規定，控股股東為任何：(i) 有權行使或控制 **30% 或以上**的投票權股份或 (ii) 可控制組成發行人董事會的大部分成員的一名或一組人士。所以選項 A（數值不對）和選項 B（非必須）的說法都不正確。至於選項 C 錯在末句，僅檢視股東名冊並不足以構成完整的盡職審查。

## 49. 答案：D

按規定，上市申請人必須在相若的管理層管理下，具備至少前 3 個會計年度的營業紀錄**及**至少最近一個經審計的會計年度直至緊貼發售及/ 或配售成為無條件前的擁有權維持不變，所以選項 A 與 B 的說法都只片面符合，不算正確。至於選項 C 說法亦欠完整，正確是：「擁有權和控制權維持不變」規定是指控股股東**或（如沒有控股股東）最大單一股東**所持投票權的擁有權及控制權。

## 50. 答案：C

先確認三項定量測試的要求（各測試所列之要求均須全部符合）：

| | 最近一年股東應佔盈利 | 前兩年累計股東應佔盈利 | 市值 | 經審計的最近一個會計年度收益 | 前3個會計年度的現金流入總和 |
|---|---|---|---|---|---|
| 盈利測試 | 不低於 3,500 萬元 | 不低於 4,500 萬元 | N/A | | |
| 市值／收益／現金流量測試 | N/A | | 至少 20 億元 | 至少 5 億元 | 至少 1 億元 |
| 市值／收益測試 | N/A | | 至少 40 億元 | 至少 5 億元 | N/A |

貨幣單位：港元

維基公司的前兩年累計股東應佔盈利明顯不符合盈利測試要求，故選項 A 錯誤。而題目未說明該公司的前 3 個會計年度現金流入，故無法判斷 B 為正確。不過，該公司符合市值／收益測試要求，換言之選項 C 正確（同時亦確認 D 錯誤）。

## 51. 答案：C

該等公司須通過下列兩項條件的其中一項：

(a) 於上市時其市值必須至少為 400 億港元；或

(b) 於上市時其市值必須至少為 100 億港元，而其於經審計的最近一個會計年度收益必須至少為 10 億港元。

兩項條件只須具備其中一項就可以，所以選項 C 不正確。

## 52. 答案：**C**

選項 A 說法錯誤，將予授出的期權總數是有限制的。選項 B 錯誤，正確說法應該是：不得超過於計劃**批准當時**已發行的有關類別證券的 10%。選項 D 亦錯誤，正確說法是：計劃的有效期不得超過 **10 年**，行使價亦**受到**其他限制。

另外注意選項 D，很多考生會混淆了股份期權計劃和認股權證。股份期權計劃是向公司內部人士（如僱員、董事）發放，作為激勵用途，其有效期為不超過 10 年。認股權證則是公開發行的購買股份權利，誰都可以買，其行權期是不超過 5 年。

## 53. 答案：**D**

選項 A 錯誤，正確的說法是：發行人的代理人才是穩定價格的操作人。選項 B 的說法不夠嚴謹，準確說法是「**發行人或包銷商**就公開發售實施穩定價格活動，不會被認為是操縱證券市場」，換言之並非任何人在任何時候進行穩定價格活動都不會被視為操縱證券市場。選項 C 錯誤，《穩定價格規則》並**不適用**在少於 1 億港元的發售。

## 54. 答案：**B**

選項 B 說法錯誤，正確是：計劃的財產管理**不受**計劃參與者的日常控制。

## 55. 答案：**B**

這種情況下，客戶必須作出書面授權，否則就可能被歸入「未經授權的交易」，所以選項 III 的說法正確。另外，若是已獲書面授權的委託帳戶，選項 IV 的做法是沒有問題的。

### 56. 答案：A

維基公司的操作並非僅僅為了賺取佣金而進行，因此**不算是**不當交易行為，所以排除選項 B 及 C。而張經理的行為不具備扒頭交易的特點——在客戶進行交易前搶先利用中介人自己的戶口進行交易，故亦可排除選項 D。

### 57. 答案：C

選項 A 不正確，儘管可採用民事和刑事雙軌途徑來處理市場失當行為，但不能同時進行，提交審裁處或刑事法庭必須二選一。選項 B 不完全正確，證監會**有權力**提交，惟具體審訊是由律政司和法院處理。選項 D 說法不準確，證監會提交市場失當行為予審裁處前必須先經律政司司長同意，而非直接提交。

### 58. 答案：C

題目中並未說明該虛假資訊是從內部或是不為人知的途徑取得，無法判斷是否涉內幕交易，所以排除選項 A。而該資訊也並未涉及受禁交易，所以不能選 B。另外，不能以客戶有否盈利來判斷該行為是否屬於市場失當行為，故選項 D 不正確。

### 59. 答案：D

未獲邀約的造訪屬於不當交易手法（而非市場失當行為）。不當交易手法包括：高壓推銷證券業務、過分頻密的交易、「老鼠倉」交易、提供不適當的意見、未經授權的交易。

而市場失當行為包括：內幕交易、虛假交易、操控價格、披露關於受禁交易的資料、披露虛假或具誤導性的資料以誘使進行交易、操縱證券市場。

### 60. 答案：B

選項 I 說法不準確，也可以無關，只要該人士獲得內幕消息就可以適用。選項 III 亦錯誤，內幕消息也可以通過間接渠道獲得。

選項 II 的陳述是正確的，內幕交易可以擴展至未發行/未上市的證券，只要當時可合理預見會發行或上市，而其後有關證券確實如此發行及上市。

這裏重溫一下有關「內幕消息」和「與法團有關連的人」的法規原文定義：

(a)「內幕消息」指與該法團、其股東或高級人員，或其上市證券或它們的衍生工具有關的具體消息，且：

  (i) 並非普遍為慣常或相當可能會買賣其上市證券的人士所知；

  (ii) 但如該等消息普遍為該等人士所知，則相當可能會對上市證券的價格造成重大影響。

(b) 與法團有關連的人包括：

  (i) 該法團及其有連系法團的董事、僱員或大股東（就這目的而言，指持有有關股本中股份總數至少 5% 的人士）；

  (ii) 因與該法團或其有連系法團存在專業或業務關係而可合理預期其可取得內幕消息的人士或該法團或有連系法團的任何高級人員或大股東；及

  (iii) 如內幕消息與兩個法團之間的交易有關，則指另一法團的關連人士。

# 模擬試卷・四　答案及解析

**1. 答案：C**

考生很容易選錯 D。程序覆檢委員會是行政長官委任的獨立實體，作用是檢討證監會運作程序是否公平公正和合理，並向財政司司長匯報，以及向證監會提供監察和制衡。

**2. 答案：A**

該證監會諮詢委員會並非執行部門，亦不會以任何方式監察證監會，所以選項 I 及 II 均錯誤。而該委員會由證監會主席擔任主席，故選項 III 也錯誤。

**3. 答案：B**

程序覆檢委員會的最主要性質是**獨立於**證監會，而選項 I、II 和 IV 都是**從屬於**證監會的各種專門職責委員會，所以應該選 B。

考生注意，這裏要小心區分選項 III 和 IV。選項 IV 的委員會名稱有「上訴」二字，因為那是針對證監會管轄的專業事項，即針對收購及合併委員會的上訴，所以並非獨立於證監會的；而 III 的委員會涉及「仲裁」，顯然一定要獨立於證監會才可以作出裁決。

**4. 答案：B**

四個選項中只有 III 錯誤，證監會的一般責任包括避免**限制**競爭（而非避免過度競爭）。

**5. 答案：C**

公司可以被主動或被動解散，不一定會永久延續，所以選項 II 錯誤。擔保公司是沒有股本的，故選項 III 不正確。《公司條例》規定，私人公司是限制將其股份進行轉讓的，所以 IV 也錯誤。

**6. 答案：D**

成員可以通過授權委任代表來進行投票，所以選項 I 錯誤。選項 II 錯誤，正確是需要在大會前 **14** 天發出通知。減少股本需要特別決議通過，所以選項 III 亦不正確。

**7. 答案：D**

未獲解除破產的人士不得出任董事，而選項 II 是說已經解除破產，即不受影響，故 II 錯誤。之前如果出任無力償債公司的董事期間被評為不合格董事，才會影響董事資格，所以選項 III 的說法不準確。

**8. 答案：D**

董事的權力可淩駕股東之上，所以選項 I 錯誤。留意「淩駕於」此字眼並無貶義，因為公司日常管理的權力歸於董事，才能在免受其他不必要的影響下更好地營運，而且公司還可循別的途徑監督董事。

選項 III 亦錯誤，董事不受成員在成員大會上通過的決議所規限。

## 9. 答案：D

董事酬金應當於公司成員大會上釐定，所以選項 A 說法錯誤。董事酬金一般包括董事袍金，所以選項 B 亦錯誤。選項 C 的情況下，是**需要**訂立服務合同的。

只有選項 D 正確，若公司向董事「作出的貸款價值不超過公司的淨資產的 5%」，是可以不用公司成員批准的。

## 10. 答案：A

證監會只能在法院批准的前提下，才可介入有關個案，所以選項 II 的說法不正確。選項 IV 所說的《規則》屬於附屬法例，而不屬於守則，故也是錯誤。

## 11. 答案：A

選項 III 說法有誤，必須是**與審計工作有關**的業務內容。選項 IV 屬於無中生有的說法，相關規例上無此項內容。

## 12. 答案：D

選項 D 說法有誤，上訴審裁處是獨立於證監會的實體（並非由證監會成立），而且須由法官擔任上訴審裁處主席。

## 13. 答案：D

選項 A 和 B 說反了。交易所控制人是指香港交易及結算所有限公司，而交易所公司則是指聯交所及期交所。選項 C 資料錯誤，香港目前有 **4 間**結算所。

### 14. 答案：D

選項 A 屬於定義的豁免條件之一，即以主事人身份與專業投資者進行交易，不屬於證券交易的定義。

只有選項 D 符合證券交易定義，即「為了賺取報酬，而代第三者與證券交易商訂立協議或要約」。

### 15. 答案：A

常設授權續期必須按客戶**書面要求**而訂立，所以選項 I 錯誤。選項 IV 的說法亦有誤，若是經過證監會核准，非香港公司**可以**在香港收取中介人的客戶資產。

### 16. 答案：B

選項 III 和 IV 屬於證券保證金融資中的**豁除**情況，皆不選擇。餘下選項 I 及 II 則符合證券保證金融資定義。

有考生會對選項 I、II 和 III、IV 的區別感到困惑，為甚麼前兩者屬於證券保證金融資，後兩者不屬於。其實關鍵在於證券保證金融資的定義，是由證監會釐定的一個範圍。當落入這個範圍內，就屬於須監管的證券保證金融資；不落入範圍的，哪怕行為實質上具有證券保證金融資的特點，也不會被證監會視為須受其監管的證券保證金融資。

說淺白些，納入證監會規管範圍的證券保證金融資活動有一個共通特點：持牌法團（大多數情況下排除註冊機構）通過借出資金讓客戶從事購買證券，以此來賺取出借資金的回報，並作為主營業務活動，而非經營其他業務的順帶動作。

考生請仔細理解上述說法。

## 17. 答案：A

選項 I、II 均為正確說法，問題出在選項 III 和 IV。按照證監會的《帳目及審計規則》，**活躍的持牌法團**須擬備於財政年度終結時的財務報表附加資料，包括速動資金計算表、業務及風險管理問卷，以及對各種借款及客戶帳戶分析。由於題目中未言明維基公司是否屬於活躍的持牌法團，無法判斷正確與否，故不選 III 和 IV。

## 18. 答案：B

根據《財政資源規則》，若從事第 9 類受規管活動（資產管理）且不涉及持有客戶資產，毋須就速動資金及規定速動資金提交每月申報表，故選項 A 及 D 均可排除。再比較餘下兩選項，B 的說法較 C 更準確（因為第 9 類受規管活動也有可能會持有客戶資產，C 有機會錯誤）。

另外，或有考生疑惑，為甚麼資產管理公司可以不持有客戶資產？其實只要該公司把錢放到託管機構，如銀行或證券公司，就不算持有客戶資產。

## 19. 答案：A

選項 IV 說法錯誤，即便之前被豁免了匯報責任，然而一旦該持牌法團的持倉超過相關門檻，當即永久失去豁免待遇。意思是之前的豁免不能保證後續不會產生匯報責任。

另外，注意選項 III 是正確的，一旦產生了匯報責任，即使將來對於場外衍生工具的持倉降到匯報責任的門檻以下，也依然要進行匯報。

**20. 答案：A**

選項 III 的説法錯誤，不是必須，而是**可以**呈交兩份核數師報告。選項 IV 亦不正確，這種情況下不是向公司索要資料，而是應當向證監會報告。

**21. 答案：C**

常設授權的有效期一般不超過 12 個月，所以 A 説法錯誤。選項 B 的正確説法應該是 12 個月。

另外，考生很容易選錯 D，其實在常設授權有效期屆滿前的任何時候，客戶都可以要求續期，只不過如果客戶甚麼都不做，中介人就須在有效期屆滿前的 14 天提醒客戶。

**22. 答案：A**

只有選項 IV 錯誤。日結單的發出只受《成交單據規則》所約束和規管，不受客戶主觀意願影響，不是客戶要求或同意提供，中介人就有義務製備。

**23. 答案：D**

選項 II 説法不準確，必須是**經證監會認可**的集體投資計劃才適用於《客戶證券規則》。選項 III 説法有誤，必須是**香港收取**的證券才適用。選項 IV 亦不正確，《客戶證券規則》**不適用於**由中介人客戶以其本身名義於該中介人或其有聯繫實體以外的人士開立的帳戶內的客戶證券。

## 24. 答案：C

選項 III 屬於一般行政或物品，選項 IV 屬於會籍費用，這兩者都不可以接受。

至於選項 II，可視為與資料相關的電腦硬體，屬於證監會的許可範圍。

## 25. 答案：C

只有選項 III 説法不正確。在此情況下，中介人也可以先作出口頭披露，然後繼續交易。

## 26. 答案：B

選項 II 錯誤，一般情況下**不能**作出一次性披露。選項 III 説法亦不正確，應該是披露有關收益的**特定**百分比。題目中選項 III 的説法，其實屬於不可量化收益的做法。

## 27. 答案：D

客戶之間的衝突也屬於利益衝突，故選項 I 不正確。選項 III 的説法錯誤，中介人**可以**將數名客戶的交易指示合併處理。

## 28. 答案：B

注意，選項 B 的説法錯在不夠嚴謹。正確是香港持牌銀行開立的帳戶，而不是任一銀行。

## 29. 答案：D

選項 II 有誤，正確説法取得客戶身份證明文件**副本**。選項 IV 亦錯誤，必須要透過客戶指定的已登記銀行戶口進行。

## 30. 答案：B

選項 II 説法錯誤，客戶可以作出全權委託授權，也可以施加若干條件。委託帳戶的授權每年可以自動續期，故選項 IV 亦錯誤。

## 31. 答案：C

選項 IV 錯誤，證監會將同時考慮高級管理層的實際和表面權力。所謂實際權力是指實質上掌控的權力（影響力），表面權力則是指擔任的職務。比如有「幕後董事」這個概念，即全部或過半數的董事實質上都要聽從該表面上並無董事職務者的指令行事。

## 32. 答案：C

選項 II 錯誤，正確是使用**客戶選擇**的語言。選項 IV 亦錯誤，正確説法是：風險主要是海外收取或持有的資產可能不會受到香港法律保障。

## 33. 答案：B

選項 I 説法有誤，正確是：外部核數師須對股東、監管機構及客戶負責，而非對客戶的高級管理層負責。選項 II 的説法並沒有依據，更準確的説法應是：可以與外部核數師協議界定內部審計及外部核數師間彼此的角色、責任和工作關係。

## 34. 答案：D

只有選項 I 說法不準確。《內部監控指引》僅要求「實施聘請適當人選的程序，並在有需要時安排有關人士領取牌照或註冊」，並未要求實際工作前必須先申領證監會牌照。

可能有考生會以為選項 IV 是錯誤，其實說法正確。雖然沒要求合規主任一定要持有證監會的牌照，但只要不是選項 I 中那種強迫的做法，就沒有不妥。以下引用《內部監控指引》說法：一般而言，證監會亦期望下列兩類核心職能主管的人士應獲發牌及核准為負責人員：(i) 負責整體管理監督職能的任何人士（即負責對法團整體營運的有效管理進行日常指導及監督）；及 (ii) 負責主要業務職能的任何人士（即負責指導及監督由一類或多類受規管活動組成的業務）。

合規主任屬於上述範疇的人員，故證監會是鼓勵持牌的。

## 35. 答案：D

選項 D 錯誤，監察及內部審計應當劃分。換言之，在本題中，杜先生應向審計部門彙報。監察和審計的區別在於監察的範圍較大，而審計的範圍則較小，審計的專業程度高於監察。

## 36. 答案：C

選項 C 錯誤，對職員的交易應採取**事前**報告和審批制度。

## 37. 答案：A

選項 A 不正確。除了香港金融業，還涉及指定的非金融業務及專業。

另外順帶一提，選項 C 所談及的洗錢三階段分別為：存放；分層交易；整合。

## 38. 答案：A

選項 IV 錯誤，正確做法是應該提高警惕，並要核實所屬國籍是否為高風險地區，不能簡單地拒絕開戶。

## 39. 答案：C

只有選項 C 是錯誤的，法團不能為外部核數師訂明權責。

## 40. 答案：D

選項 D 錯誤，正確説法應該是**不遲於 T 時段內**支付。

## 41. 答案：A

選項 I 錯誤，正確説法是「符合所有資格準則的深證綜合指數成分股」。選項 II 錯誤，事實上並沒有此規定。選項 III 也錯誤，正確説法是「所有於深交所上市的 A 股，同時有 H 股於聯交所上市的公司」。

## 42. 答案：D

選項 D 錯誤，正確説法是：CCEP 必須已在 **T-1 日**或之前向聯交所發出配對資料文件。

## 43. 答案：B

選項 B 錯誤，正確說法是：在北向交易中，保證金買賣僅限於由上交所／深交所指明為合資格可進行保證金買賣的股份，而非一律禁止。

## 44. 答案：D

中國對於海外（指非中國內地）持有上市公司的擁有權設有兩項限制：(i) 任何單一一名海外投資者不可持有超過 10% 的某上市公司已發行股份；及 (ii) 海外投資者所持有某上市公司的擁有權總量，不可超過該上市公司已發行股份總數的 30%。當上交所／深交所通知香港交易所該等限額正趨近時，香港交易所將在其網站公佈該通知。當 30% 的限額已超過，海外投資者會被要求售出股份。

按照上述規定，可知選項 D 錯誤。至於選項 B 說法為甚麼正確？因為張先生雖然沒有超過 10% 的限制，但由於對整體海外投資者有 30% 的限制，因此張先生依然**有可能**無法持有麗穎公司已發行股份總數的 8%。

## 45. 答案：C

選項 C 說法有誤，正確是：獲證監會發牌或註冊的人士，可以在香港直接或間接使用聯交所的期權買賣市場的交易系統及設施，從事交易所買賣期權業務。

## 46. 答案：A

選項 I 錯誤，正確說法是：存放於中央結算公司託管商參與者也可以開立特別獨立戶口（SPSA）。選項 III 有誤，正確應是：若 SPSA 中有足夠的股份，賣盤即會被執行。

另外，注意選項 IV 的說法是正確的，相對應的是在標準前段監控下，此等轉移操作需要在作出賣盤前進行。換言之，優化的前端監控和標準的前端監控的最大區別是，優化的前端監控在執行賣盤之前，股份不必存放在其交易所參與者開設的帳戶中。

## 47. 答案：D

注意條文內容有更新，目前受託人/ 保管人已被納入證監會的發牌體系中（第 13 類受規管活動），所以選項 A 與 B 的陳述均正確。

另外，互惠基金公司**必須有**保管人，因此選項 D 的陳述不正確。

## 48. 答案：A

選項 B 的陳述錯誤，正確的說法是：收購及合併委員會的所有非紀律聆訊都是**非正式及以非公開**形式進行。選項 C 錯誤，該做法只適用於一般情況，但在特殊情況下，例如為將商業機密資料保密則除外。選項 D 錯誤，正確的說法是：收購及合併委員會**並無**訂立任何證據規則。

另外，選項 A 是正確的，這裏指的是受紀律處分的對象服從並配合紀律行動，執行人員只需要按照下達的紀律處分措施執行即可。

## 49. 答案：D

選項 D 説法錯誤，正確是：必須有一名**個人**獲證監會核准可就認可集體投資計劃收取證監會發出的通知及決定的核准人士，並須向證監會提供該人士的聯絡辦法詳情；證監會有權核准聯絡人，或撤回有關的核准，此聯絡人可以為非董事。

## 50. 答案：C

結構性產品只可於兩種情況下向香港的公眾人士發售或作市場推廣：(i) 在聯交所上市，或 (ii) 根據《證券及期貨條例》獲證監會認可。基於上述規定，選項 A 及 B 錯誤。

另外，《證券及期貨條例》要求必須有一名個人獲證監會核准可就認可結構性產品收取證監會發出的通知及決定的核准人士，實際上，證監會要求該人士須就第 1 類（證券交易）或第 4 類（就證券提供意見）受規管活動獲發牌或註冊，並須向證監會提供該人士的聯絡辦法詳情，所以選項 D 亦錯誤。

## 51. 答案：D

受託人/ 保管人的帳目必須經獨立審計，其繳足股本及非分派資本儲備至少為 1,000 萬港元或等值外幣。如受託人/ 保管人是具規模的財務機構（控股公司）的全資附屬公司，則上述規定可獲得豁免，但須符合下列條件：

(a) 控股公司發出持續有效的承擔文件，承諾若證監會要求，將會認購額外的資本額，以符合規定；或

(b) 控股公司承諾不會任由其全資附屬公司不履行責任，同時，如未獲證監會事先許可，不會自行處置受託人/ 保管人的股本或容許受託人/ 保管人的股本受到處置或予以發行，以致受託人/ 保管人不再成為控股公司的全資附屬公司。

據此分析選項 A，「至少……才可以……」的說法明顯錯誤，因為上述重點說明的是**豁免**這個要求的情況。而選項 B「一年的承擔文件」設有期限，表明控股公司不一定能夠**持續有效地**履行承諾，所以不正確。

另外，注意選項 D，「有可能」是正確的說法，因為除了要符合「是具規模的財務機構」這條件外，還應當滿足其他兩個條件，所以符合「有可能」之意。

## 52. 答案：B

只有選項 IV 說法錯誤，正確應是：若干《證券及期貨條例》的市場失當行為條文**不適用**於虛擬資產。

附帶一提，選項 III 是正確的。在現實情況中，虛擬資產並非在認可交易所（如聯交所）進行買賣。

## 53. 答案：D

選項 A 錯誤，正確的說法是：需要按《打擊洗錢及恐怖分子資金籌集條例》獲發牌。選項 B 錯誤，正確說法是：任何一項或多項該等資產符合證券的定義，需要按《證券及期貨條例》獲發牌或註冊。選項 C 錯誤，準確的說法是：僅僅是**有可能**需要遵守（並非必需），因為是否需要遵守是取決於虛擬資產的特性是否符合《證券及期貨條例》對證券或期貨合約的定義，以及所進行活動的性質。

**54. 答案：C**

選項 IV 說法不準確。聯交所不是禁止參加任何會議，正確說法是：禁止顧問（將為中介人）在指定期間出席執行人員或收購及合併委員會的會議。另外，請注意題目所說的是「上市公司或相關人員」，即是有可能包括中介人（企業融資顧問），那麼可採取行動所涉及的範圍便不只涵蓋上市公司。

**55. 答案：A**

該交易並沒有通過場內市場進行，也沒有通過這種交易製造交投活躍、控制或操控價格的主觀意圖，所以不算市場失當行為。另外，D 選項說法錯誤，我們來分析一下虛假交易和配對交易的異同。虛假交易是指任何涉及買賣證券，但證券的實益擁有權並無改變的交易；配對交易是指要約出售（或購買）證券，而要約人或該要約人的有聯繫者則實際或擬要約購買（或出售）價格大致相同及數量大致相同的相同證券作配對。換言之，虛售交易實際上是證券沒有轉移，而配對交易則有轉移。再參考題目背景中的行為並不構成配對交易，故排除選項 D。

**56. 答案：A**

要判定杜先生的行為，關鍵在於他是否明知或有合理理由相信李先生會利用該消息進行交易，目前從題目中看不到杜先生是故意或者明知的跡象，所以不算市場失當行為中的內幕交易。

### 57. 答案：C

如果杜先生構成內幕交易，需要具備兩個條件：第一，張先生需要是與維基公司有關聯的人士；第二，杜先生需要明確地知曉張先生為維基公司的有關聯人士。單靠題目現有資訊看，並未交代上述兩個條件的情況，所以只有選項 C 正確。

### 58. 答案：D

選項 A 錯誤，不論是間接或直接參與都可能算是虛假交易。而在香港買賣境外產品以至在境外買賣香港產品都可能被歸類為虛假交易，因此選項 B 和 C 不正確。

### 59. 答案：D

選項 A 錯誤，這種情況有可能屬於內幕消息。選項 B 亦錯誤，這種情況可能屬於內幕消息，但具體還要看該消息是否不為常人所知等條件。選項 C 有誤，準確的說法是：「內幕消息」是指與法團、其股東或高級人員，或其上市證券或它們的衍生工具有關的具體消息，而且：

(a) 並非普遍為慣常或相當可能會買賣其上市證券的人士所知；

(b) 但如該等消息普遍為該等人士所知，則相當可能會對上市證券的價格造成重大影響。

而選項 C 不符合上述條件 (b)，因此不一定屬於內幕消息。

**60. 答案：C**

操縱價格僅適用於場內交易或透過認可自動化交易服務進行的交易，所以只有 C 是正確答案。

有些考生可能會對選項 B 提及的操縱證券市場，跟操控價格的區別感困難。操縱證券市場更側重於通過自己的行為影響證券市場，不光是價格方面，還有他人的決策等，牽涉的範圍比操控價格為大。

# 模擬試卷・五　答案及解析

## 1. 答案：A

選項 III 錯誤，《破產條例》是由**破產管理署**執行。

選項 IV 也錯誤，公司註冊處處長不會直接監管有限責任合夥公司。這裏我們必須注意一個問題，就是公司註冊處只管理基本的公司註冊事宜，對於註冊後公司在專業領域的經營，則分別由專門機構進行監管。比如持牌法團在公司註冊處註冊後，前線監管事項會由證監會來監管，只有遇到法團基本訊息變更或破產清算等事項時，才會再跟公司註冊處打交道。

## 2. 答案：A

選項 III 有邏輯錯誤，提供資料的大前提正是必須符合公眾利益。選項 IV 說法錯誤，符合一定條件（如公眾利益）的前提下，就算涉及機密資料亦可以提供。

## 3. 答案：C

選項 I 不準確，證監會的規管目標是儘量減少（而非力求完全避免）證券及期貨市場的罪行及失當行為。選項 IV 亦錯誤，正確是：減低在證券及期貨業內的系統風險。

## 4. 答案：C

選項 II 錯誤，正確說法是**由特首委任**。選項 IV 錯誤，金銀業貿易場**不受**直接監督。

## 5. 答案：C

此種調查可以有法院的調查令，也可以沒有，如無調查令則需要滿足一些條件（見下附相關法規原文），所以選項 I 的說法不正確。被調查公司的代理人（如往來銀行）均有責任協助調查，如有需要，審查員可提出訴訟迫使相關方配合調查，所以選項 IV 亦錯誤。

按規例，倘無法院調查令，財政司司長在以下情況亦可委任審查員：

(a) 指明數目的成員提出申請；

(b) 公司通過要求委任審查員的特別決議；

(c) 財政司司長懷疑：(i) 公司的事務正以或曾以不公平地損害普遍成員或某名或某些成員的利益的方式處理；(ii) 有人正在或曾經出於欺詐公司的債權人或任何其他人的債權人的意圖，而處理該公司的事務；

(d) 財政司司長懷疑有關公司的組成或其事務的管理的人，在該公司的組成或管理方面，作出欺詐行為或其他不當行為。

## 6. 答案：A

選項 IV 錯誤。如果公司未能達到其主要宗旨，在這種情況下，法院將認為強制清盤是公平的。

## 7. 答案：D

只有選項 II 錯誤，民事案件允許推論的存在。

## 8. 答案：C

選項 I 說法不正確，私人公司的股份轉讓是設有限制的。選項 III 不正確，私人公司**不可**向公眾發放債權證。

另外，關於選項 II，按守則原文是「私人公司的成員人數不得超過 50 人（不包括身為成員的現時僱員及一直身為成員的先前僱員）」，成員的意思是非僱員，一般來說就是特指股東，但不包括僱員，所以選項 II 的說法無誤。

## 9. 答案：B

選項 II 錯誤，法院下達清盤令屬於強制清盤，不符合題目所問的自動清盤。選項 III 亦有誤，說法太片面，正確是：如公司的董事或（如公司有多於兩名董事）過半數董事交付清盤陳述書，聲明已於董事會會議上通過決議，如為只有一名董事的私人公司，唯一董事可作出清盤陳述書。

## 10. 答案：A

選項 B 錯誤，是必須提供的。選項 C 說法有誤，不是向中介人匯報，而是向證監會匯報。選項 D 亦不正確，此要求不適用於認可財務機構的。

## 11. 答案：A

只有 IV 錯誤，受調查人士並非必須提供證據，但他需要就因所陳述理由而不能提供證據作出法定聲明。

附帶一提，根據《證券及期貨條例》，獲證監會授權的調查人員可以「對任何人士」進行調查，故選項 II 是正確的。

## 12. 答案：**A**

只有 A 選項正確。因為杜先生是上市公司的董事，所以無論其持股比例為多少，都需要作出披露。

## 13. 答案：**B**

刪除跟審計有關的資料才屬於犯罪，惟選項 I 的內容不足以判斷公司資料是否關乎審計工作，故不能確認是否犯罪行為。至於選項 II，只要操作目的不是逃避審計責任或造假，而是正常地簡化審計工作，就不算犯罪。

## 14. 答案：**A**

這裏不能靠背，需要消化理解。其實這題説的四項均有集體投資計劃的特點，尤其是選項 I 和 II，但不包含於《證券及期貨條例》資產管理的定義，是因為該《條例》規管的主要是「**以盈利為目的**之集體投資計劃」，故選項 I 和 II 不符合。至於選項 III 的保險業務則本身既不算是集體投資計劃，亦非該《條例》規管範圍。

## 15. 答案：**C**

選項 I 和 IV 符合《證券及期貨條例》所述的數個情況之二，若是為賺取報酬而「代第三者與證券交易商訂立上述協議或要約」或「使證券交易商與第三者互相介紹」，均會被視為進行證券交易。

## 16. 答案：B

選項 I 的說法不準確，並非所有結構性產品都算證券，只有一部分才算；如就結構性產品向公眾作出要約，而有關要約已根據《證券及期貨條例》第 104A 條獲認可或須如此獲得認可，該產品才會被視為證券。也就是說這一類的結構性產品還需要獲認可才能算證券。

選項 III 的說法亦錯誤，正確是：通常稱為證券的權益、權利或財產，不論屬文書或其他形式。

## 17. 答案：B

選項 II 錯誤，正確說法是：於第二個營業日結束前向客戶發出收據。選項 IV 說法不準確，正確是：向證監會提出申請後，並在不抵觸證監會的指示的情況下，才可查閱由中介人備存的成交單據、戶口結單及收據的副本。

## 18. 答案：B

選項 I 是錯誤的，注意律師的豁免是有條件的，必須為「完全因其專業身份而附帶進行該類活動的」，而非直接豁免。選項 II 的情況，正確是無論是付費還是免費觀看，都可以豁免發牌。選項 IV 也錯誤，1 號牌持有人亦是有條件豁免，須為「完全因為進行該類交易活動而附帶提供上述意見」才適用。

**19. 答案：C**

選項 I 錯誤，不一定要以書面形式保留，也可以使用能夠隨時轉為書面形式的任何其他格式備存。選項 III 說法有誤，應當是中文**或**英文。至於選項 IV，儘管《備存紀錄規則》中對紀錄的定義沒提到電話錄音，但《證監會持牌人或註冊人操守準則》載有保存電話錄音紀錄的規定（備存至少 6 個月），所以說沒有規定是錯誤的。

**20. 答案：B**

只有選項 IV 的做法不正確。正確是「履行該客戶就該法團獲發牌進行的受規管活動而欠該法團或有聯繫實體的款項」，其中要注意兩點：(i) 是該法團而不是別的法團，(ii) 是與發牌活動有關的欠款。

**21. 答案：B**

選項 I 不正確，可以存放於持有 1 號牌照的中介人，但必須是另一個中介人。選項 II 亦錯誤，只能存放於：認可財務機構、核准保管人或另一獲發牌進行證券交易（第 1 類受規管活動）的中介人，選項內容不足以判斷該有聯繫實體是否屬於這三類之一，故不肯定正確。

另外，或許有考生會誤以為選項 III 不正確。其實中介人在收到客戶的證券後，可以以有關客戶或該中介人有聯繫實體的名義進行登記；如果是證券抵押品，還允許以中介人本身的名義進行登記。

### 22. 答案：D

選項 I 的説法不正確，因為 6 號牌照比較特殊，如果打算從事保薦人工作，牌照中還必須容許從事保薦人的工作，所以僅僅持有 6 號牌照不一定能夠從事保薦人工作。選項亦 IV 錯誤，保薦人須符合最低資本規定，時刻維持 1,000 萬港元最低實繳股本。

### 23. 答案：C

選項 I 錯誤，實際上只需要遵守一部分法例，不是全部。選項 III 錯誤，正確的説法是需要任命**兩名**主管人員。選項 IV 亦錯誤，註冊機構的前線監管機構是**金管局**才對。

### 24. 答案：C

選項 II 的説法不正確，應該是與某特定產品及市場有關。選項 III 也不正確，因為客戶有權利可以隨時撤回專業投資者的身份。

### 25. 答案：D

選項 I 錯誤，交易所是機構專業投資者。選項 II 的正確説法應該是兩者**都屬於**機構專業投資者。選項 IV 所指的應是機構專業投資者。

補充一下，機構專業投資者和法團專業投資者的定義是人為劃分的，兩者的區別主要在於前者更側重於大型專業機構，而後者則特指如具備一定條件的信託公司、法團或合夥；前者涵蓋的對象較多，後者包含的對象較少且有特定條件。具體定義詳見本書講義。

## 26. 答案：C

選項 I 錯誤，正確是屬於機構專業投資者。選項 III 說法不準備，正確是「獲委託總資產不少於 4,000 萬港元的信託公司」才屬於法團專業投資者。選項 IV 亦不正確，「擁有不少於 4,000 萬港元總資產的法團或合夥」才算是法團專業投資者。

## 27. 答案：C

法團專業投資者的定義為：(i) 獲委託總資產不少於 4,000 萬港元（或其等值的任何外幣）的信託公司；(ii) 擁有不少於 800 萬港元（或其等值的任何外幣）的投資組合或不少於 4,000 萬港元（或等值貨幣）總資產的法團或合夥；(iii) 主要作為投資控股公司並由上述其中一項、個人專業投資者或機構專業投資者所全資擁有的法團；及 (iv) 全資擁有上文 (ii) 提述的法團的法團。

根據題目的內容來看，甲法團滿足上述條件中的 (ii) 項，因此選項 I 正確。而乙法團全資擁有甲，加上甲屬於專業投資者，所以乙滿足上述條件中的 (iv) 項，也是專業投資者，即選項 III 亦正確。

## 28. 答案：B

選項 I 錯誤，在某些條件下，如有關交易是按照公平條款及最佳條件執行，而佣金率不高於慣常適用於機構投資者的比率，則可以進行交易。選項 II 的說法錯誤，此種情況應當適用更優惠的利率。選項 III 亦不正確，客戶之間進行交叉盤是被允許的，但前提是應當公平地進行，以免任何客戶遭受損失。

## 29. 答案：**B**

選項 II 錯誤，公司和客戶的買賣盤**可以**合併處理，前提是符合客戶的最佳利益下。選項 IV 錯誤，如果獲得合規主任或高級管理層指派的其他人員的書面同意，並以書面方式記錄給予同意的原因，是可以先於基金進行交易的。

## 30. 答案：**B**

選項 I 正確，若基金經理負責託管安排，且其牌照容許其處理基金資產，基金經理可負責保管存放在獨立信託帳戶內的資產，或委任具備適當資格的代管人。

選項 II 錯誤，如果海外銀行受到嚴格監管，是**可以**包括的。

## 31. 答案：**A**

選項 I 錯誤，正確説法是：取得由客戶透過電子簽署方式簽訂的客戶協議，連同該客戶的身份證明文件副本。也就是説選項 I 的做法其實是中介人通過郵遞方式來確定客戶的身份，而非在網上與客戶建立業務關係需要採取的步驟，換言之這裏是兩種並列的確定客戶身份方式。

選項 II 不正確，金額應該是「不少於 **10,000** 港元」。選項 III 錯誤，正確説法是「日後就客戶交易戶口作出的所有存款及提款**只能**透過指定銀行戶口進行」，因此「透過其他戶口」的説法是錯誤的。

## 32. 答案：D

根據規則，基金經理——

(a) 不應提供或接受任何可能會使其對客戶的責任產生重大利益衝突的誘因；

(b) 應設定關於職員及隸屬法團負責進行受規管活動的人員對提供及接受饋贈、回佣或其他利益（包括金額上限）的書面指引，該等指引應反映上述禁止的情況；並應備存一份登記冊，以記錄所收取並高於指定限額的任何利益。

因此，選項 I 不正確，基金經理不是不能收取任何饋贈，而是這種饋贈不能對客戶的責任產生重大利益衝突。選項 II 的邏輯不正確，是否能夠接受饋贈，以及接受饋贈的上限是多少，應當由中介人制定政策，再將相關收取的情況記錄在冊，並非記錄在冊就可以。

## 33. 答案：D

選項 I 並不一定涉及可疑交易，「與同一實益擁有人或不尋常的控制者開立多個戶口」才是。選項 II 也不準確，因為不能以最終是否盈利來判斷，若「買賣活動不尋常或並無明顯目的」才有可疑。

## 34. 答案：C

選項 I 錯誤，張女士**不可以**向客戶發出通知或警告。選項 II 的做法也不合適，張女士要保存證據。

**35. 答案：C**

選項 I 錯誤，備存紀錄還包括系統的測試、檢視和糾正。選項 II 亦錯誤，相關文件在系統停用後應繼續保存**不少於兩年**。

**36. 答案：C**

只有選項 IV 不正確，應該是至少**每天**在**離線媒體**進行備份。

**37. 答案：C**

選項 C 錯誤，並不需要永久保留，而是不要保留超過該等資料的使用時間。

**38. 答案：D**

選項 I 錯誤，正確説法是只包括在交易所進行的。選項 IV 亦不正確，另類交易平台應是由持牌人或註冊人經營的。

**39. 答案：A**

只有選項 IV 錯誤，正確説法是：香港交易所、交易所及結算所除管理業務風險、執行其本身的上市、交易、結算及交收的規則外，不會負責對市場參與者進行前線的審慎及操守規管，此等職能由證監會執行。

**40. 答案：C**

選項 C「都可以」的説法不正確。這種情況是有前提條件的，即 CCASS 結算參與者須「於 T+2 日預先繳付現金款項」才可透過中央結算系統終端機輸入指示。

## 41. 答案：C

選項 C 正確。在一般情況下，任何一類期權的按金間距損失達 50%，便會自動觸發即日追收按金。

## 42. 答案：B

只有選項 II 説法錯誤，正確應是：HKATS 電子交易系統的同一參與者**可以**同時代表期交所買賣雙方行事。

另外，注意選項 IV 的説法是正確的。這裏需要理解一個概念，就是「責務變更程序」，通過該程序，原有的買賣雙方的結算，變成了分別與結算所進行結算，即由結算所分別承擔與買賣雙方作結算的責任，以增加結算的安全性。

## 43. 答案：C

選項 A 説法錯誤，南向交易（即買賣港股）正確是在 **T+2** 日交收。選項 B 亦不正確，北向交易（即買賣 A 股）的**證券**是在 **T+0** 日交收，**款項**才是在 T+1 日交收。選項 D 説法錯誤，兩者的交收規則相同。

總結一下：南向交易的款項和證券均為 T+2 日交收；北向交易的證券是 T+0 日交收，款項是 T+0/1 日交收。

## 44. 答案：B

選項 A 錯誤，正確説法是：跟蹤的標的指數發佈時間必須**至少滿一年**。選項 C 錯誤，是設有一些硬性標準要求的。選項 D 説法錯誤，在這種情況下，該交易所買賣基金會被指定為只供賣出的證券，被暫停買入（與選項所説的被強制賣出和贖回有區別）。

## 45. 答案：C

證監會是中介人的前線監管機構，負責有關違反《證券及期貨條例》、法定規則、規例操守準則的一切紀律事宜。

附帶一提，聯交所只負責證監會監管範圍以外的紀律事宜，即有關買賣、結算、交收及違反《上市規則》的紀律處分事宜。

## 46. 答案：C

選項 C 錯誤，正確的説法是**不需要**在上市後經股東批准。

另外，請注意選項 D，很多考生質疑是否應該為 1 年至 5 年？小心這裏不要把股份期權計劃和認股權證混淆。股份期權計劃是向公司內部人士（如僱員、董事等）發放作激勵用途的，這個計劃有效期不超過 10 年；認股權證則是股買股份的權利，而且是公開發行的，即誰都可以買，行使權利的期限不超過 5 年。

## 47. 答案：C

在香港，一些擁有權益的團體有時會尋求發行「A」類別及「B」類別股份，該兩類別股份附有不同的權利，容許其中一組別的股東可行使較大的投票權。倘公司在香港聯合交易所有限公司上市，以上的雙重股權架構被視為偏離「一股一票」原則，惟現在根據《上市規則》第八 A 章載列的若干情況下，該架構現已獲得許可，故選項 C 正確。

48. 答案：**D**

保薦人如隨後發覺提供任何不符合《上市規則》或其他適用法律或監管規定的重要資料，以及包括有關其獨立性的資料有變時，盡快向聯交所匯報；而且責任在停任保薦人後仍將繼續有效，但只限於有關其出任保薦人時段獲悉的資料。由此可知選項 A、B 均錯誤。另因不知道維基公司是在何時完成上市，所以也不能肯定選項 C 正確與否。

49. 答案：**C**

《GEM 上市規則》的上市資格與《主板上市規則》的上市資格不同。例如，一般來説，在相若的管理層管理下的營業紀錄必須涵蓋至少兩個年度，但聯交所在若干情況下，也可接納較短的營業紀錄，包括新成立的工程項目公司、天然資源開採公司及其他特殊情況。因此選項 C 的説法錯誤。

50. 答案：**B**

須在相若的管理層管理下具備至少 **3 個**會計年度的營業紀錄，所以選項 A 錯誤。聯交所在若干情況下，也可接納較短的營業紀錄（見上一題的答案解析），故 C 不正確。新發行人上市時須至少有 **300 名**股東，所以 D 亦錯誤。

### 51. 答案：D

只有選項 D 才符合要求，具體規定是：如該董事從上市發行人或其附屬公司收取股份，是作為其董事袍金的一部分，又或是按根據《上市規則》而設定的股份計劃而收取的，則此行為不影響董事的獨立性。

順帶一提，倘符合選項 A 的情況「持股超過 1%」、B 的「在被建議委任前的兩年內，曾向上市發行人控股公司提供服務之專業顧問的董事」或 C 的「與上市發行人任何核心關連人士之間的有重大商業交易」，該人士均須向聯交所確認獨立性。

### 52. 答案：B

選項 II 的説法和選項 I 相反，選項 I 正確，該情況可以認為是獨立的，那麼選項 II 自然不會被認為是獨立的。選項 III 不是必須的條件，屬於無中生有。

選項 IV 正確，屬於必需條件。參照相關法規原文，受託人/ 保管人及管理公司必須各自獨立且須符合以下條件：

(a) 受託人/ 保管人及管理公司均非對方的附屬公司；

(b) 受託人/ 保管人及管理公司並無相同的董事；及

(c) 受託人/ 保管人及管理公司共同簽署承諾書，聲明會獨立行事。

### 53. 答案：D

只有選項 D 正確，申請人在上市完成前停任保薦人，應盡快向聯交所匯報原因。而其餘三個選項均為無中生有的內容。

## 54. 答案：B

題目中的案例關鍵在於，無論李先生是故意還是疏忽，只要是披露了虛假或具誤導性資料，都可視作市場失當行為。而且他並非在直播中單純傳遞該消息，而是有加上自己主觀的分析，所以不能以「在直播中充當傳送渠道」來抗辯。

## 55. 答案：C

選項 I 錯誤，正確說法是**最長 5 年**（並非永久）。選項 II 的正確說法應該是「禁止在香港市場進行投資或交易」（冷淡對待令），即李先生當時的評論已構成市場失當行為。

## 56. 答案：D

選項 I 的說法錯誤，公訴和簡易程序都可以定罪。選項 III 也錯誤，個人的求償與市場失當行為審裁處的裁判是相互獨立的。

## 57. 答案：B

不能僅因為市場失當行為曾就該等交易或因該等交易而發生，而判定交易屬無效或可使無效，故選項 B 的說法正確。

至於其他選項，即交易最終是否全部/ 部分有效或必須取消，單單從題目現時提供的內容看，缺乏足夠資訊來判斷正確與否。

### 58. 答案：A

只有選項 A 正確。證監會獲賦予權力，訂立規則把若干行為從市場失當行為的釋義中豁除；證監會亦制訂《證券及期貨（穩定價格）規則》，允許及規管發行人或包銷商就公開發售實施穩定價格行動，讓指定的穩定價格活動得以合法進行。

### 59. 答案：D

選項 A 中的兩種做法不能同時進行。選項 B 錯誤，市場失當行為審裁處會以民事準則的「相對可能性」作出判斷。選項 C 説法有誤，正確是「經律政司同意」。

### 60. 答案：D

只有選項 D 符合下述説法：《打擊洗錢及恐怖分子資金籌集指引（適用於持牌法團）》規定，持牌法團須在所識別的風險較高或較低的情況下，分別加強或簡化該制度。

# 30小時實戰精讀

大嶼 surepass 著


責任編輯　梁嘉俊

裝幀設計　Sands Design Workshop

排　　版　陳美連

印　　務　劉漢舉

出　　版　非凡出版

香港北角英皇道 499 號北角工業大廈 1 樓 B

電話：(852) 2137 2338　傳真：(852) 2713 8202

電子郵件：info@chunghwabook.com.hk

網址：http://www.chunghwabook.com.hk

發　　行　香港聯合書刊物流有限公司

香港新界荃灣德士古道 220-248 號

荃灣工業中心 16 樓

電話：(852) 2150 2100　傳真：(852) 2407 3062

電子郵件：info@suplogistics.com.hk

版　　次　2025 年 3 月初版





規　　格　16 開（220mm x 150mm）

ISBN　978-988-8912-20-9